JN278932

非線形解析 III

測度・エントロピー・フラクタル

青木統夫 著

共立出版

まえがき

　非線形現象から誘導される力学系を明らかにする方法の一つに実解析的手法がある．この方法は測度論を基礎におくエルゴード理論にあって，多くの研究者が利用してきた．しかし，当初において実解析的手法の理論は難解で幾何的手法による理論展開との関連性が不明であった．その後用いる道具は整理され，かつ明確になって実解析的手法による展開は予想以上に面白い内容をもたらしてきた．

　実解析的手法による理論が面白いと実感できる段階に達するためには当然のことながら内容を理解しなくてはならない．そのために初学者をその段階まで導く教科書の必要性を感じた．そこで歴史的背景をもつ力学系理論の主な手法であった幾何的扱いを含め，実解析的手法の現状を容易に理解することができるように，話題を2次元，または3次元ユークリッド空間に制限して力学系の構造を捉えやすくするように努めた．

　したがって，測度論と位相空間論の初歩の準備があれば，読み進むことができ，本書に関連する「非線形解析Ⅰ　力学系の実解析入門」，「非線形解析Ⅱ　エルゴード理論と特性指数」を参考にすれば，より正確に入門から始まって最先端に到達することができるように配慮した．

　よって本書は単なる入門書で終わることなく近年大いに注目を受けてきた成果を含めている．これらの成果を本の形にまとめることはバラバラであったときよりも利用しやすく，幾何的手法と実解析的手法の融合による非線形現象の解析の広い構図が生まれ，新たな展開への一助となることも期待できると思う．

　数多い成果のすべてを解説することは筆者の力では不可能であることから，

基本と思われる内容を選び収めた．しかし，削除した話題も数多くある．したがって，最後に挙げた参考文献を参照していただきたい．

最後に，守安一峰（徳島大学），鷲見直哉（都立大学），鄭容武（広島大学）各氏から多くの御意見を寄せていただき，また平出まさ子さんには筆者の希望に添う形で本書を整えていただいた．御協力いただいた皆さんに感謝申し上げる．

本シリーズ I，II 巻に引き続き，本書の出版に御尽力をいただいた共立出版編集部の赤城圭さんに感謝申し上げる次第である．

著　者

目　　次

第 0 章　はじめに　　1
　0.1　単一的クラスと非単一的クラス 1
　0.2　物理的測度 2
　0.3　測度による次元 4
　0.4　フラクタル次元 5
　0.5　エントロピー公式 7
　0.6　SRB 条件 8
　0.7　SRB アトラクター 10
　0.8　多重フラクタル 11
　0.9　相関関数 13
　0.10　測度的安定性 14
　0.11　高次元非一様双曲的集合 15
　0.12　3 次元の力学系 25

第 1 章　フラクタル次元　　28
　1.1　ハウスドルフ次元, ボックス次元, 情報次元 29
　1.2　次元公式 47
　1.3　ラミネイションと可測分割 54
　1.4　準エントロピーとリャプノフ指数 63

第 2 章　非可算生成系とエントロピー　　75
　2.1　不安定多様体の局所的次元 76
　2.2　ラミネイションのリプシッツ連続性 111
　2.3　ギブス測度の局所積構造 134

2.4　ルエル–エックマン予想 139
　2.5　部分的非一様双曲性とフラクタル次元 156

第3章　物理的測度　　170
　3.1　SRB 測度 170
　3.2　ペシン–ルドラピエ–ヤンの公式 177
　3.3　絶対連続性（非一様双曲的） 195
　3.4　絶対連続な測度と SRB 条件をもつ測度 206
　3.5　多重フラクタル構造とエルゴード的測度 220
　3.6　非一様双曲的集合のスペクトル分解 236
　3.7　局所エルゴード性 240
　3.8　SRB 条件の崩壊 250
　3.9　エノン写像 258

第4章　拡大写像のエルゴード的性質　　264
　4.1　円すい形と射影距離 267
　4.2　拡大写像とペロン–フロベニウス作用素 276
　4.3　拡大写像を不変にする滑らかな測度 284
　4.4　指数的混合性 286
　4.5　拡大写像の中心極限定理 289
　4.6　測度的安定性 302

第5章　アトラクターのエルゴード的性質　　313
　5.1　微分同相写像と円すい形 314
　5.2　ペロン–フロベニウス作用素の縮小性 324
　5.3　アトラクターの上の物理的測度 336
　5.4　アトラクターの上の中心極限定理 349

文　献　　356

索　引　　366

第0章 はじめに

0.1 単一的クラスと非単一的クラス

　位相的手法を用いて得られた成果を測度論の立場で見直す場合に，ボレル (Borel) クラスを生成する生成系の存在が必要不可欠である．その理由はエントロピーを効果的に利用するためである．

　生成系とは可測分割 ξ に保測変換 f を施すときに，$\bigvee_{i=-n}^{n} f^i(\xi)$ が $n \to \infty$ のとき各点分割になることである．このような生成系が存在する力学系とそうでない力学系の 2 つのクラスに分類して，後者の力学系に対してその力学的構造を明らかにする．

　微分同相写像が有限分割からなる生成系をもつとき，その力学系を**単一的**であると呼ぶことにする．このクラスに属する力学系にアノソフ (Anosov) 微分同相写像，公理 A 微分同相写像そして双曲的アトラクターをもつ微分同相写像がある．いわゆる一様双曲的な力学系である．しかし，一様双曲的とは限らない拡大性をもつ微分同相写像も単一的力学系のクラスに属する．

　一方において，有限分割では生成系をなさないが，非可算分割では生成系をなす力学系を**非単一的**と呼ぶ．このクラスには数学にとどまらず他分野においても重視されている力学系が含まれる．

　単一，または非単一のいずれの力学系においても位相的エントロピーが正であることを前提とする．このとき，変分原理を通して測度的エントロピーが正となる不変測度が存在する．しかし，不変測度はコンパクト凸集合をなすほど無数にある．よって，この集合を解析しない限り従来から知られている以上の新しい力学的成果は期待できない．

　コンパクト凸集合は端点集合をもち，その集合はエルゴード的測度の集合と一

致する．さらに，エルゴード的測度の凸包は不変測度の集合で稠密であるから，結果的にエルゴード測度は無数に存在する．また，不変測度はエルゴード的測度に分解可能であるから，エルゴード的測度の族は不変測度の集合の**基礎集合**であるといえる．

無数のエルゴード的測度，すなわち互いに特異なエルゴード的測度が双曲型であればカトック (Katok) の追跡性補題（**非一様追跡性補題**）が保証され，測度の台にフラクタル構造を与えることができる．よって，力学系に対して無数に存在するエルゴード的測度をフラクタル構造を用いて分類可能となる．

0.2 物理的測度

次の (1), (2) は力学系において共通の認識となっている：

物理系の時間発展がアトラクターを導く場合に

(1) アトラクターの上の観測値 φ の平均量を求めるために，初期条件 x_0 の時間の変化にしたがって，その変動 $\varphi(f^t x_0)$ を観測する．この観測が T まで進んだときの平均量

$$\frac{1}{T}\int_0^T \varphi(f^t x_0)dt$$

をアトラクターの上の近似的な φ の平均量であると考える．

力学系のアトラクターをコンピュータによって視覚的に捉える場合に

(2) x_0 を出発して，十分に大きな $n > 0$ までの x_0 の変動 $x_i = f^i(x_0)$ をプロットする．このとき，プロットされたその形をアトラクターとして認識し，観測値の平均量は

$$\frac{1}{n}\sum_{i=0}^{n-1}\varphi \circ f^i(x_0)$$

であると考える．

(1), (2) の考え方には，ほとんどすべての初期条件に対して，その軌道は $n \to \infty$ のときに，うまく定義された分布をもっていて，この分布は初期条件の選び方に依存しないことを仮定している．より詳しく述べると

$$\frac{1}{n}\sum_{i=0}^{n-1}\delta_{f^i(x)} \longrightarrow \mu \quad (n \to \infty)$$

なる不変ボレル確率測度 μ の存在を仮定していることである.

よって, (1) では μ に関して φ の平均量を測ることを主張していて, (2) でもアトラクターは確率測度 $\frac{1}{n}\sum_{i=0}^{n-1}\delta_{f^i(x)}$ をもって μ であると考えている.

ところで, すべての軌道は同じ漸近的軌道をもつとは限らない. 例えば, 周期軌道もあれば, そうでない軌道もある. よって, 測度論的手法で議論を進めるときには, μ–a.e. を無視することはできない.

さらに, μ はルベーグ (Lebesgue) 測度, またはルベーグ測度に関して絶対連続であることを期待している. したがって, そのような測度であることを保証することが重要である.

実際に, 力学系がルベーグ測度を不変にして, エルゴード的であれば, バーコフ (Birkhoff) のエルゴード定理により, 平均量は観測可能である. しかし, 散逸系に対しては多くのデリケートな問題があって, ルベーグ測度を反映する測度を見いだすことは困難である. その一つにルベーグ測度に関して特異な不変測度の存在がある. このような測度は何故に存在するのかを探ることも試みる.

ところが, 双曲的アトラクターは微分構造と位相構造から見いだされた概念であって, 測度に関係していない. しかし, 双曲的アトラクターの上には自然な測度の一つである SRB 条件をもつ測度が存在する. よって双曲的アトラクターは (1), (2) を理論的に保証した典型的な例になっている. その他に SRB 測度, 滑らかな測度 (ルベーグ測度に同値な測度) がある. SRB 測度, 次に述べる SRB 条件をもつ測度の詳細は後で解説する.

SRB 測度, SRB 条件をもつ測度, 絶対連続な測度, 滑らかな測度を単に**物理的測度** (physical measure) と呼んでいる. 自然な測度と見られている 4 種類の測度の間に

滑らかな測度 $\Rightarrow$ 絶対連続な測度 $\Rightarrow$ SRB 条件をもつ双曲型測度 $\Rightarrow$ SRB 測度

なる関係がある. ここに測度 μ が双曲型であるとは, 後で述べる μ に関する f のリャプノフ (Lyapunov) 指数が非零であるときをいう.

力学系に物理的測度が存在するか否かを調べるとき, SRB 測度の構成を試みる場合が多い. ところで, SRB 条件をもつ測度は力学系を解析する場合に便利な測度である. したがって, 上で述べた矢印の逆の関係を調べる問題が非一様双曲的な力学系に対して提起されている (関連論文 [Be-Yo]).

0.3 測度による次元

上に述べたようにルベーグ測度に関して特異な不変ボレル確率測度の存在，またはアトラクターの構造などを理解するためには次元と力学系との不変量の間に関係を見いだすことが重要な課題である．力学系の平均量にリャプノフ指数，測度的エントロピー（簡単に，エントロピーと呼ぶ）がある．これらの不変量と次元との関係を簡単な例で見ることから始める．

そのために，フラクタルの構成から始める．図 0.3.1(a) が示すように円板の中に 3 つの小円板をおく．さらに，小円板の中に (a) を縮小した図形をおく（(b) を参照）．この仕方を繰り返して (c) を得る．このことを無限に続けてカントール (Cantor) 集合 Λ を構成する．

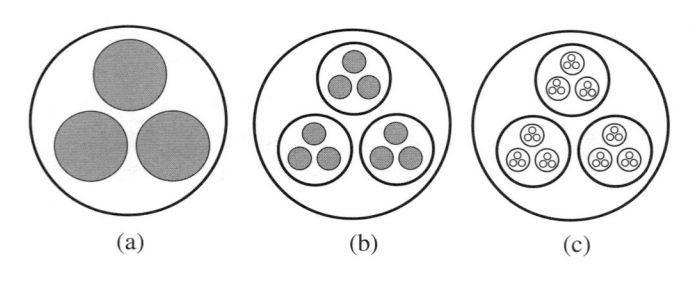

図 0.3.1

力学系の言葉で説明し直すと，最初に，与えた円板 (a) を B として，その中に含まれる小円板を B_i とする．各 B_i を B に写す写像を $f : \bigcup_i B_i \to B$ とする．このときカントール集合 Λ は $\Lambda = \bigcap_{n=0}^{\infty} f^{-n}(\bigcup_i B_i)$ である．各 B_i の半径は同じであると仮定して

$$\lambda = \log(B \text{ の半径}/B_i \text{ の半径}),$$
$$h = \log(B_i \text{ の個数})$$

とかく．h, λ と Λ のフラクタル次元 δ との間に関係を 図 0.3.2 を用いて説明する．図 0.3.2(a), (b) において，h を固定して λ を増加させるとき，δ が減少する．図 0.3.2(b), (c) において，λ を固定して，h を増加させるとき，δ は増加する．

このような関係を 一般の力学系の特性として表現することを試みる．そのために，測度論的な手法で力学系の平均量を用いる必要がある．

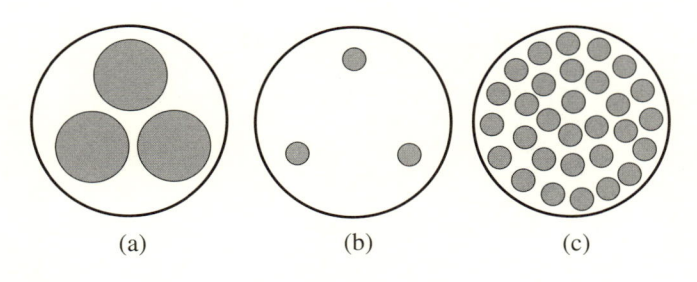

図 **0.3.2**

f は $\mathbb{R}^2$ の有界な開集合 U から U への C^2-微分同相写像として，μ は f-不変ボレル確率測度とする．リャプノフ指数は互いに近い2つの軌道がいかに速く離れるのかを幾何学的に示す平均量である．

μ がエルゴード的であるとき，カトックの定理を通してエントロピー $h_\mu(f)$ の働きを見ると，次のように説明される：

U の分割 $\mathfrak{a}$ は十分に細かいとして，n を十分に大きく選ぶ．このとき μ-測度の値が小さい集合を除くとき，$h > 0$ があって，残された μ-測度の値が1の部分集合を被覆する $\bigvee_{i=0}^{n-1} f^{-i}(\mathfrak{a})$ に属する集合の個数は e^{nh} で，それぞれの μ-測度の値は e^{-nh} に近い値である．このことから，$h \sim h_\mu(f)$ が導かれる．

よって，μ-測度のもとで意味をもつ軌道だけに注目して，f の挙動の複雑さの量を h として採用し，さらに乗法エルゴード定理を通して μ に関係するリャプノフ指数を用いる．そのリャプノフ指数もエントロピーも測度 μ に関係している．ハウスドルフ次元を μ に関係するように定義すれば，3つの量は測度 μ に関係づけられたことになる．これらの3つの量が一つの関係式（エントロピー公式）をなすことを見ることができる．

0.4 フラクタル次元

X はコンパクト距離空間とし，μ は X の上のボレル確率測度とする．$x \in X$, $\rho > 0$ に対して $B(x, \rho)$ は x を中心とする半径 ρ の閉球を表す．μ の次元を

$$\dim(\mu) = \lim_{\rho \to 0} \frac{\log \mu(B(x, \rho))}{\log \rho}$$

で与える．これを**局所的次元** (local dimension) という．局所的次元が存在するとき，μ を**完全次元測度** (exactly dimensional measure) という．μ の**ハウスドルフ次元** (Hausdorff dimension) を

$$HD(\mu) = \inf\{HD(Y) \,|\, \mu(Y) = 1\}$$

で定義する．ここに $HD(Y)$ は Y のハウスドルフ次元を表す．$\dim(\mu)$ が存在すれば

$$\dim(\mu) = HD(\mu)$$

が成り立つ．

Z は部分集合とする．$\varepsilon > 0$ に対して $N(Z, \varepsilon)$ は Z を被覆するために必要とする直径 ε の開被覆の最小個数とし

$$\underline{\dim}_B(Z) = \liminf_{\varepsilon \to 0} \frac{\log N(Z, \varepsilon)}{-\log \varepsilon},$$
$$\overline{\dim}_B(Z) = \limsup_{\varepsilon \to 0} \frac{\log N(Z, \varepsilon)}{-\log \varepsilon}$$

とおく．

$$\underline{\dim}_B(Z) = \overline{\dim}_B(Z) = \dim_B(Z)$$

が成り立つとき，$\dim_B(Z)$ は Z の**ボックス次元** (box dimension) という．明らかに $\mathrm{HD}(Z) \leq \dim_B(Z)$ である．

μ に関して

$$\underline{\dim}_B(\mu) = \lim_{\delta \to 0}\{\inf[\underline{\dim}_B(Z)\,|\,\mu(Z) > 1 - \delta]\},$$
$$\overline{\dim}_B(\mu) = \lim_{\delta \to 0}\{\inf[\overline{\dim}_B(Z)\,|\,\mu(Z) > 1 - \delta]\}$$

を定義する．

$$\underline{\dim}_B(\mu) = \overline{\dim}_B(\mu) = \dim_B(\mu)$$

が成り立てば，$\dim_B(\mu)$ を μ に関する Z の**ボックス次元**という．

ξ は可算可測分割とし，ξ のエントロピー

$$H_\mu(\xi) = -\sum_{C \in \xi} \mu(C) \log \mu(C)$$

が有限であるとき

$$H_\mu(\varepsilon) = \inf\{H_\mu(\xi) \,|\, H_\mu(\xi) < \infty, \mathrm{diam}(\xi) < \varepsilon\}$$

とおく．$\mathrm{diam}(\xi)$ は ξ の各要素の直径の上限を表す．

$$\underline{I}(\mu) = \liminf_{\varepsilon \to 0} \frac{H_\mu(\varepsilon)}{-\log \varepsilon},$$
$$\overline{I}(\mu) = \limsup_{\varepsilon \to 0} \frac{H_\mu(\varepsilon)}{-\log \varepsilon}$$

に対して
$$\underline{I}(\mu) = \overline{I}(\mu) = I(\mu)$$
のとき，$I(\mu)$ を μ に関する**情報次元** (information dimension) という．

μ–a.e. で局所次元 $\dim(\mu)$ が存在すれば
$$\dim(\mu) = HD(\mu) = \dim_B(\mu)$$
が成り立つ（関連論文 [Yo1]）．この場合，μ に関して**フラクタル次元** (fractal dimension) が存在するという．

0.5 エントロピー公式

m 次元ユークリッド空間 $\mathbb{R}^m$ ($m \geq 2$) の有界開集合 U の上の C^2–微分同相写像 f ($f(U) \subset U$) を不変にする測度 μ はエルゴード的であるとして
$$0 < \chi_u < \chi_{u-1} < \cdots < \chi_1$$
は μ に関する f の正のリャプノフ指数とする．各 i に対して $W^i(x)$ は $\bigoplus_{j \leq i} E_j(x)$ に対応する x の第 i 不安定多様体とする．このとき，不安定多様体の族
$$W^1 \subset W^2 \subset \cdots \subset W^u$$
は分割をなす（力学系に C^2–級を仮定するのは不安定多様体を構成するときに必要なためである）．

定理 0.5.1 (**ルドラピエ–ストレルシン** (Ledrappier–Strelcyn))　　W^i に対して，次を満たす可測分割 ξ^i が存在する：

(1) $\xi^i \leq f^{-1}(\xi^i)$,

(2) μ–a.e. x に対して $\xi^i(x)$ は $W^i(x)$ の近傍を含む，

(3) $\bigcup_{n \geq 0} f^n(\xi^i(f^{-n}x)) = W^i(x)$　μ–a.e. x,

(4) $\{f^{-n}(\xi^i) | n \in \mathbb{Z}\}$ の生成する σ–集合体は Λ のボレルクラス $\mathcal{B}$ と μ–a.e. で一致する．

この分割を不安定多様体に沿う **μ–可測分割** (μ–measurable partition) という．

力学系がマルコフ (Markov) 分割をもつ場合に，不安定多様体，安定多様体を用いて (1), (2), (3), (4) を満たす分割を構成することができる．

μ–可測分割 ξ^i によって準エントロピー h_i が定義される（邦書文献 [Ao2]）．ξ^i に関する μ の条件付き確率測度の標準系に対して，その測度の次元 δ_i が求まり，次の (1), (2), (3) を満たす：

(1)　$h_1 = \delta_1 \chi_1,$

(2)　$2 \leq i \leq u$ に対して
$h_i - h_{i-1} = (\delta_i - \delta_{i-1})\chi_i,$

(3)　$h_\mu(f) = h_u.$

すなわち次のエントロピー公式が成り立つ：

定理 0.5.2（ルドラピエ–ヤン (Ledrappier–Young)）

$$h_\mu(f) = (\delta_u - \delta_{u-1})\chi_u + \cdots + (\delta_2 - \delta_1)\chi_2 + \delta_1\chi_1.$$

上の定理は異なるリャプノフ指数が数多くある場合，エントロピーを記述するために多くの不変量 δ_i を必要とすることを示している．

定理 0.5.3　（バレイラ–シメイリング–ペシン (Barreira–Schmeling–Pesin)，ルドラピエ–ヤン）　エルゴード的測度が双曲型であれば，μ は完全次元測度である．

この定理はルエル–エックマン (Ruelle–Eckmann) 予想を解決している．

0.6　SRB 条件

不安定多様体に沿う μ–可測分割 ξ に関する μ の条件付き確率測度の標準系を $\{\mu_x^\xi\}$（μ–a.e. x）で表し，不安定多様体 $W^u(x)$ の上のルベーグ測度を m_x で表す．このとき

$$\mu_x^\xi \ll m_x \quad (\mu\text{–a.e. } x)$$

が成り立つとき，μ は **SRB 条件** (SRB condition) をもつという．

定理 0.6.1（ペシン–ルドラピエ）　f は C^2-微分同相写像として，μ は SRB 条件をもつ測度とする．このとき

(1) 高々可算個の集合 $\{\Lambda^i\}$ が次を満たすように存在する：

  (i)　$\mu(\Lambda^i) > 0$,

  (ii)　$\mu\left(\bigcup_i \Lambda^i\right) = 1$,

  (iii)　$\mu_{|\Lambda^i}$ はエルゴード的,

  (iv)　$\mu_{|\Lambda^i}$ は SRB 条件をもつ.

(2) 各 Λ^i は次を満たす有限個の部分集合 $\{\Lambda^{i,j}\}$ に分割される：

  (i)　$\Lambda^i = \Lambda^{i,1} \cup \cdots \cup \Lambda^{i,n_i}$,

  (ii)　$f(\Lambda^{i,j}) = \Lambda^{i,j+1}$,

  (iii)　$f(\Lambda^{i,n_i}) = \Lambda^{i,1}$,

  (iv)　$f^{n_i}_{|\Lambda^{i,1}} : \Lambda^{i,1} \to \Lambda^{i,1}$ は完全正のエントロピーをもつ.

$$B(\mu) = \left\{ x \; \middle| \; \lim_{n \to \infty} \frac{1}{n} \sum_{i=0}^{n-1} \varphi(f^i(x)) = \int \varphi d\mu, \; \varphi : 連続関数 \right\}$$

がルベーグ測度 m の値を正にするとき $B(\mu)$ は物理的に観測可能な集合であることを主張している.

　不変ボレル測度 μ に対して $m(B(\mu)) > 0$ を満たすならば，μ を **SRB 測度** (SRB measure) という．$\mu(B(\mu)) > 0$ のとき SRB 測度はエルゴード的である.

　SRB 条件をもつ測度は公理 A アトラクターの拡張である**エルゴード的アトラクター** (ergodic attractor) を導く．A がエルゴード的アトラクターであるとは，エルゴード的ボレル確率測度 μ があって，$m(W) > 0$ を満たす W が次の条件をもつことである：

m–a.e. $w \in W$ に対して

(1)　$d(f^i(w), A) \longrightarrow 0 \; (i \to \infty)$,

(2)　$w \in B(\mu)$.

　エルゴード的アトラクターを μ に関する **SRB アトラクター**と呼ぶ場合もある．
　一様双曲的アトラクターはエルゴード的アトラクターの典型的な例である．

定理 0.6.2 A が μ に関して SRB アトラクターであれば，μ は SRB 測度である．逆に，μ が SRB 測度であれば，μ に関する SRB アトラクターが存在する．

0.7 SRB アトラクター

μ が SRB 条件をもつ測度とするとき，μ の台 $S = \mathrm{Supp}(\mu)$ は μ に関する SRB アトラクターをなし，双曲的アトラクターと類似な性質をもつ．

SRB アトラクターの場合：

(1) 拡張された圧力 $\overline{P}_S(f, \varphi^u) = 0$ （命題 3.4.3(1)），
ここに $\varphi^u(x) = -\log|\det(D_x f_{E^u(x)})|$ である，

(2) μ–a.e. $x \in S$ に対して $W^u(x) \subset S$ （注意 3.1.5），

(3) $f|_S : S \to S$ は位相推移的である．

μ が双曲型であれば (2) により

(4) 非一様追跡性補題の追跡点は S に含まれる（邦書文献 [Ao3]），

(5) $\mu(R) = 1$ なる $R \subset S \cap \Lambda$ に対して，$m(W^s(R)) > 0$ （定理 3.4.2(1)），

(6) f_S の双曲的周期点の集合 $P(f|_S)$ は S で稠密である（[Ao3], 定理 5.3.1），

(7) f_S は拡大性をもたない．

上述の (1)〜(7) に対応する双曲的アトラクター Γ の性質：

(1)′ 位相的圧力 $P_\Gamma(f, \varphi^u) = 0$，

(2)′ $x \in \Gamma$ があって $\hat{W}^u(x) \subset \Gamma$，

(3)′ $f|_\Gamma : \Gamma \to \Gamma$ は位相推移的である（双曲的アトラクターの定義により），

(4)′ 一様追跡性補題の追跡点は Γ に含まれる，

(5)′ $m(\hat{W}^s(\Gamma)) > 0$ （(1)′ と同値），

(6)′ 周期点の集合 $P(f|_\Gamma)$ は Γ で稠密である，

(7)′ f_Γ は拡大性をもつ．

双曲型測度によって構成される SRB アトラクターは拡大性を除けば双曲的アトラクターとほとんど変わらない位相的性質をもっている．

0.8　多重フラクタル

ハウスドルフ次元，ボックス次元によって $\mathbb{R}^2$ の部分集合 Z の幾何的構造を明らかにしても，これらの次元だけでは力学系の性質を捕らえることはできない．例えば，周期軌道からなる集合が双曲性をもっていても，そうでなくともその集合の次元はいずれも 0 である．

力学系を不変にするボレル確率測度を得るためには Z の幾何的構造だけでなく f の反復による軌道の分析が必要である．言い換えると，Z の部分集合 Y に対して，Z の点が Y に訪れるその様子を見ることである．μ が f–不変ボレル確率測度で，エルゴード的であって $\mu(Y) > 0$ であるとき，Z のほとんどの点による Y への訪問回数の平均は $\mu(Y)$ である．よって，軌道の分布は μ によって決定され，μ は軌道の分布によって構成される．

この事実は力学系のタワー拡大（邦書文献 [Ao2]）を導き，またコンピュータ解析に広く利用されている．これを理論的に保証するのが SRB 測度の存在，さらに SRB 条件をもつ測度の存在にある．SRB 測度は自然な測度の一つと見られているが，SRB 条件をもつ測度よりも弱い概念である．

ホット・スポット (hot spot) とコールド・スポット (cold spot) への軌道の遍歴は非一様であって，スケールの織り交った構造をもっている．このような軌道のコンピュータ・プロットによるその分布から不変測度が見いだされる．このとき，幾何的構造は不変測度の特性を決定することができる．例えば，ストレンジ・アトラクター (strange attractor) が双曲性をもつとき，対応する測度はそのアトラクターの幾何的構造によって SRB 測度と呼ばれる自然な測度の存在を保証する．

ホット・スポット–コールド・スポットへの軌道の遍歴の分布はスケールによって変化する．小さい不変集合を拡大するとき，ホット・スポット–コールド・スポットのもう一つの図が見えてくる．定めたスケールによって軌道の遍歴を捕らえるために，不変集合 K を被覆するサイズ r の小領域を設け，各領域のボール B_i に対して p_i は B_i への軌道の訪問回数の平均を表すとする．$\{p_i\}$ はスケール r の小領域での軌道の分布状態を表している．$p_i = r^{\alpha_i}$ によってスケール指数 (scaling exponent) α_i を定義して，$r \to 0$ のとき，α_i は極限値 α（局所的次元）をもてば，小領域に局所的次元が存在する．各小領域が局所的次元をもつとき，

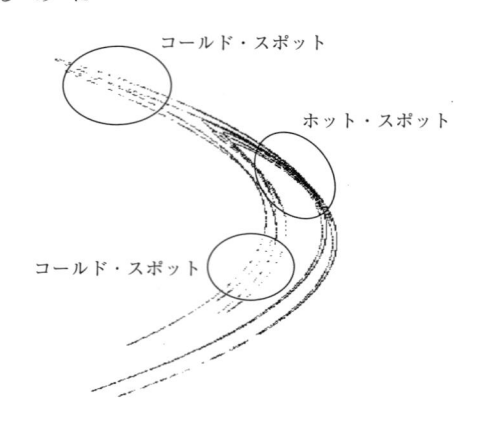

図 0.8.1 の位置にコールド・スポット、ホット・スポット、コールド・スポットのラベルがついた図。

K は**多重フラクタル構造** (multifractal structure) をもつことになる．

ペシン (Pesin) は距離空間に多重フラクタルの概念を与えた．この考え方を力学系に適用するとき，次の形で定義することができる：

f–不変ボレル集合 Z の上の不変ボレル確率測度の集合を $\mathcal{M}_f(Z)$ で表し，$\mathcal{E}(Z)$ は $\mathcal{M}_f(Z)$ に属するエルゴード的測度の集合とする．$(Z, \mathcal{E}(Z))$ が**フラクタル分割** (fractal decomposition) をもつとは

(1) $\mathcal{E}(Z) \neq \emptyset$,

(2) $\mathcal{E}(Z)$ の各 μ は局所的次元をもち，μ–a.e. でその次元は一定,

(3) $\hat{Z} = Z \setminus \bigcup_{\mu \in \mathcal{E}(Z)} B(\mu)$ は可測

を満たす分割 $Z = \bigcup_\mu B(\mu) \cup \hat{Z}$ をもつことである．フラクタル分割が

$$HD(\mu) \neq HD(\nu)$$

を満たす $\mu, \nu \in \mathcal{E}(Z)$ の存在を保証するとき，$(Z, \mathcal{E}(Z))$ は**多重フラクタル構造** (multi fractal structure) をもつという．

定理 0.8.1 一様双曲的アトラクターは多重フラクタル構造をもつ．

0.9 相関関数

$f: X \to X$ を力学系として，μ は f-不変ボレル確率測度とする．関数 $\varphi: X \to \mathbb{R}$ を力学系 f の観測量であるとして，それの時系列

$$\varphi, \quad \varphi \circ f, \quad \varphi \circ f^2, \quad \cdots$$

から測度論的な性質を見いだす．そのために，$\{\varphi \circ f^n\}$ を確率空間 $(X, \mathcal{B}, \mu)$ の上の確率変数と見る．

このとき，(f, μ) がエルゴード的であれば，$\{\varphi \circ f^n\}$ に対して大数の強法則がバーコフのエルゴード定理 $\left(\dfrac{1}{n}\sum_{n=0}^{n-1} \varphi \circ f^n \to \int \varphi d\mu \quad \mu\text{-a.e.}\right)$ により保証される．このとき $\{\varphi \circ f^n\}$ に対して中心極限定理が成り立つか否かの問題が提起される．これを見るために，ψ と $\varphi \circ f^n$ との間の相関

$$\Phi(n) = \left| \int (\varphi \circ f^n) \psi d\mu - \int \psi d\mu \int \varphi d\mu \right|$$

の収束の速度が問題になる．$\Phi(n)$ を **相関関数** (correlation function) という．$n \to \infty$ のとき，すべての φ, ψ に対して $\Phi(n) \to 0$ であれば，(f, μ) は **混合的** (mixing) であるという．混合性はエルゴード性よりも強い性質である．

(f, μ) が混合性をもつとき，$\Phi(n)$ の 0 への収束の速さが中心極限定理や測度的安定性が成り立つか否かに関係する．例えば，$\alpha > 0$ があって，すべての φ に対して $\Phi(n) \sim e^{-\alpha n}$ であるとき，(f, μ) の相関関数は **指数的減衰** (exponential decay) であるという．$\Phi(n) \sim n^{-\alpha}$ のとき，相関関数は **多項式的減衰** (polynomial decay) であるという．

相関関数が指数的減衰を保証する十分条件として，SRB 条件をもつ測度の存在がある．このような測度は部分的非一様双曲性をもつ力学系にも存在する．

しかし，非一様双曲性をもつ力学系に SRB 条件をもつ測度があっても，相関関数の収束の速さが指数的であるか否かは知られていない．ごく最近において，非一様双曲性の典型的な例であるビリヤード系，エノン (Hénon)・アトラクター，ロジスティック写像に対して，相関関数の収束問題が解決されている．これは誘導変換を通してタワー拡大という手法を用いることによって明らかにされた．ところが，一様双曲性をもつ力学系が SRB 条件をもつ測度をもつためには，その力学系は拡大写像を含むアノソフ系であるか，または双曲的アトラクターに限る．この場合には，それらに対応するペロン–フロベニウス (Perron–Frobenius) 作用素を用いて相関関数の指数的減衰を示すことができる．

0.10 測度的安定性

スメール (Smale)（関連論文 [Sm]）によって始まったプログラムの一つに構造安定性問題があった．

r は $r > 0$ なる整数とする．微分同相写像 f が $\boldsymbol{C^r}$**–構造安定** (C^r–structurally stable) であるとは，f の C^r–近傍に属する g は座標の連続的な変換を除いて f と一致することである．すなわち，同相写像 h があって，$g = h \circ f \circ h^{-1}$ (f と g は位相共役) が成り立つことである．

定理 0.10.1 (ロビン–ロビンソン–マニエ (Robbin–Robinson–Mañé)) 境界をもたないコンパクト連結多様体の上の C^1–微分同相写像 f が構造安定である必要十分条件は，f が公理 A を満たし，非遊走集合 $\Omega(f)$ の点 x, y に対して $W^u(x)$ と $W^s(y)$ が交わるとき横断的である．

構造安定であるための十分条件はロビン，ロビンソンによって示され，その逆はマニエによって示された．

f の C^1–近傍に属する g が非遊走集合の上で f と位相共役，すなわち同相写像 $h : \Omega(f) \to \Omega(g)$ があって $g_{|\Omega(g)} = h \circ f_{|\Omega(f)} \circ h^{-1}$ が成り立つとき，f は Ω–**安定** (Ω–stable) であるという．この安定性はパリス (Palis) によって解決されている．

非一様双曲的な力学系において，SRB アトラクターでさえ公理 A を満たさないことから，そのアトラクターの上の力学系は安定でない．したがって，非一様双曲的な力学系の安定性の概念を導入するために，力学系のわずかな摂動は軌道の漸近的分布を激しく変えないという弱い条件を与える必要がある．すなわち，U は $f(U) \subset U$ を満たす有界な開集合とする．$\varepsilon > 0$ に対して，f の ε–近傍 $\mathcal{U}(f)$ が

$$f_i(U) \subset U \quad (f_i \in \mathcal{U}(f))$$

を満たすように選ばれて，さらにボレル確率測度 μ_ε と $m(B) > 0$ (m はルベーグ測度) を満たすボレル集合 $B \subset U$ があって

$$x_j = f_j \circ \cdots \circ f_1(x) \quad (m\text{–a.e. } x \in B, \ j > 0)$$

に対して

$$\lim_{n\to\infty} \frac{1}{n} \sum_{j=0}^{n-1} \varphi(x_j) = \int \varphi d\mu_\varepsilon \quad (\varphi \in C^0(U, \mathbb{R})) \quad (*)$$

$$\int \varphi d\mu_\varepsilon \longrightarrow \int \varphi d\mu \quad (\varepsilon \to \infty)$$

を満たすとき，(f, μ) は **測度的安定** (stochastic stable) であるという．

$\varepsilon > 0$ が十分に小さいとき，$(*)$ は

$$\frac{1}{n} \sum_{j=0}^{n-1} \delta_{x_j} \sim \frac{1}{n} \sum_{j=0}^{n-1} \delta_{f^j(x)}$$

を示している．よって，小さいランダム摂動は軌道の漸近的分布と同じであることを主張している．

物理的測度をもつ力学系が測度的安定性を満たす結果に：

定理 0.10.2 (ルエル–リベラーニ (Ruelle–Liverani))　拡大 C^2-微分同相写像は測度的安定性を満たす．

定理 0.10.3 (ルエル–キイファー–リベラーニ (Ruelle–Kiffer–Liverani))　アノソフ C^2-微分同相写像は測度的安定性を満たす．

これらは一様双曲性に対する結論である．非一様双曲性の場合に対しては，ベネディクト–ヤン (Benedicks–Young) がエノン写像 $f_{a,b}$ のパラメータ (a, b) が $(2, 0)$ に近いとき，$f_{a,b}$ は SRB 条件を満たす測度をもち，測度的安定性を満たすことを報告している．

上の 2 つの定理の証明方法として，リベラーニはある種の関数空間の凸円すい形の上に射影距離関数を与え結論を導いている．この手法は非一様双曲性の場合に同様な結論を得るために有効であるように思われる．

0.11　高次元非一様双曲的集合

非一様双曲的な力学系の基本的性質は邦書文献 [Ao3] で 2 次元に制限して解説をしている．これらの性質は高次元の場合にも成り立つ．

m 次元ユークリッド空間 $\mathbb{R}^m$ ($m \geq 2$) の上の C^1-微分同相写像 f が有界開集合 U に対して $f(U) \subset U$ を満たしている場合，またはコンパクト・リーマン (Riemann) 多様体 M の上の C^1-微分同相写像 f が非一様双曲的である場合の性質を次のように与えることができる：

M はコンパクト・リーマン多様体の場合に，十分に大きな m があって M は $\mathbb{R}^m$ に埋め込む（埋め込み定理）ことができて，$x \in M$ に対して x の接空間 $T_x M$ は $\mathbb{R}^m$ の部分空間で

$$\mathbb{R}^m = T_x M \oplus (T_x M)^\perp$$

である．

M の上の C^1-微分同相写像 f に対して，$\mathbb{R}^m$ の上の C^1-微分写像 $g : \mathbb{R}^m \to \mathbb{R}^m$ があって $g|_M = f$ を満たす．

点 x を固定して，$T_x M$ に特性指数 $\chi(x, v)$ ($0 \neq v \in T_x M$) を制限するとき，それは $-\infty$ を除いて高々 M の次元 $n = \dim(M)$ までの実数を値にもつ関数である．それらの値を

(1) $\quad \chi_1(x) < \chi_2(x) < \cdots < \chi_{s(x)}(x)$

と表し

$$L_i(x) = \{ v \in T_x M \,|\, \chi(x, v) \leq \chi_i(x) \}$$

とおく．このとき，$L_i(x)$ は $T_x M$ の部分空間であって

(2) $\quad 0 = L_0(x) \subset L_1(x) \subset \cdots \subset L_{s(x)}(x) = T_x M$

が成り立つ．$k_0(x) = 0$ とおき，$i > 0$ に対して

$$\dim(L_i(x)) = k_i(x)$$

とおく．$k_i(x)$, $s(x)$, $L_i(x)$ ($1 \leq i \leq s(x)$) は x の関数である．

特性指数 χ を微分同相写像 f によって具体的に見いだすために，$x \in M$ に対して f の軌道 $\{f^n(x)\}$ を考え，微分の族 $\{D_x f^n\}$ を用いて

(3) $\quad \chi(\{D_x f^n\}_0^\infty, v) = \limsup_{n \to \infty} \frac{1}{n} \log \|D_x f^n(v)\| \qquad (0 \neq v \in T_x M)$

を与える．ここに，$\|\cdot\|$ は $\mathbb{R}^m$ の通常のノルムを表す．

x を固定して，$\chi(\{D_x f^n\}_0^\infty, v)$ は v の関数として，$\mathbb{R}^m \setminus \{0\}$ の上で有限値をとる．このとき $\chi(\{D_x f^n\}_0^n, v)$ は高々 $\dim(M)$ 個の実数を値にもつ関数である．

その値を f の**リャプノフ指数** (Lyapunov exponent) という．(3) において，上極限が極限に置き換えられるとき，v は x で**完全指数** (exact exponent)，またはリャプノフの意味で**前方正則** (forward regular) であるという．$n \to \infty$ としての上極限を $n \to -\infty$ に置き換えて得られる $\chi(\{D_x f^n\}_0^{-\infty}, v)$ $(0 \neq v \in T_x M)$ がリャプノフの意味で前方正則であるとき，点 x はリャプノフの意味で**後方正則** (backward regular) であるという．前方，後方の両方に関してリャプノフの意味で正則であるとき，点 x を単に**正則** (regular)，または**リャプノフ正則** (Lyapunov regular) であるという．

　C^1-微分同相写像 f は不変ボレル確率測度 ν をもつとする．このとき，ν に関する f の正則点の集合 Λ は可測で ν-測度の値が 1 で，オセレデツ (Oseledec) の乗法エルゴード定理が成り立つ．すなわち

$$\chi(\{D_x f^n\}_0^\infty, e_i(x)) = \chi_j(x), \quad k_{j-1}(x) < i \leq k_j(x) \quad (1 \leq j \leq s(x))$$

を満たす $T_x M$ の基底 $\mathbf{e}(x) = (e_i(x))$ の存在が保証される．このとき

$$\mathbf{e}_{k_i(x)} = \{e_1(x), \cdots, e_{k_i(x)}(x)\} \ (1 \leq i \leq s),$$
$$\mathbf{e}_{k_1(x)}(x) \subset \cdots \subset \mathbf{e}_{s(x)}(x) = \mathbf{e}(x)$$

を満たす．$E_j(x)$ は $e_j(x)$ によって生成された部分空間とするとき，次の (4)〜(7) が成り立つ：

(4) $L_i(x) = \bigoplus_{j=1}^{k_i(x)} E_j(x) \quad (1 \leq i \leq s(x))$,

(5) $\lim_{n \to \pm\infty} \dfrac{1}{|n|} \log \|D_x f^n(v)\| = \pm \chi_i(x) \quad (0 \neq v \in E_i(x))$,

(6) $\lim_{n \to \pm\infty} \dfrac{1}{n} \log |\det(D_x f^n)| = \sum_{i=1}^{s(x)} \chi_i(x) \dim(E_i(x))$,

(7) $D_x f^n(E_i(x)) = E_i(f^n(x)) \quad (n \geq 0)$.

　(5) により

$$\chi_i(fx) = \chi_i(x) \quad \nu\text{-a.e. } x$$

である．

　$x \in \Lambda$ に対して，$T_x M$ の部分空間 $E^1(x)$, $E^2(x)$ があって，さらに可測関数

$$\lambda(x), \ \mu(x), \ \varepsilon(x), \ \ell(x), \ K(x)$$

が存在して，次の (8)〜(12) が成り立つ：

(8) $\lambda(x) \leq 1 < \mu(x),\ \mu(x) - \lambda(x) > \varepsilon(x) > 0,$
$\mu(f(x)) = \mu(x),\ \lambda(f(x)) = \lambda(x),\ \varepsilon(f(x)) = \varepsilon(x),$

(9) $T_x M = E^1(x) \oplus E^2(x),\ D_x f(E^i(x)) = E^i(f(x))\ (i=1,2),$

(10) $0 < \ell(f^n(x)) \leq \ell(x) e^{\varepsilon(x)n},\ K(f^{-n}(x)) \geq K(x) e^{-\varepsilon(x)n} \qquad (n \geq 0),$

(11) $\|D_x f^n(v)\| \leq \ell(x)\lambda^n(x)\|v\| \qquad (v \in E^1(x),\ n \geq 0),$
$\|D_x f^n(v)\| \geq \ell(x)^{-1}\mu^n(x)\|v\| \qquad (v \in E^2(x),\ n \geq 0),$

(12) $\sin(\angle(E^1(x), E^2(x))) \geq K(x).$

Λ の各点が (8)〜(12) を満たすとき，f は**部分的非一様双曲性** (partially non uniform hyperbolicity) をもつという．特に，(8) の条件の一つ ($\lambda(x) \leq 1 < \mu(x)$) が $\lambda(x) < 1 < \mu(x)$ ($x \in \Lambda$) であるときに，f は**非一様双曲性** (non-uniform hyperbolicity) をもつという．

ν がエルゴード的であるときに，$\mu(f(x)) = \mu(x),\ \lambda(f(x)) = \lambda(x)$ であるから，μ, λ は ν–a.e. で定数である．

$$\lambda_1 = \lambda, \quad \lambda_2 = \mu$$

と表す．このとき，Λ を含む集合 Λ' と Λ' の部分集合の列 $\{\Lambda_l\}$ が存在して，次の (13)〜(19) を満たす：

(13) $\Lambda_1 \subset \Lambda_2 \subset \cdots \subset \bigcup_{l \geq 1} \Lambda_l = \Lambda',$

(14) 各 Λ_l は閉集合である，

(15) $f^{\pm}(\Lambda_l) \subset \Lambda_{l+1} \qquad (l \geq 1),$

(16) $x \in \Lambda'$ に対して

$$E^s(x) = \bigoplus_{\chi_i < 0} E_i(x),$$
$$E^c(x) = \bigoplus_{\chi_i = 0} E_i(x),$$
$$E^u(x) = \bigoplus_{\chi_i > 0} E_i(x)$$

とおくと，$D_x f(E^\sigma(x)) = E^\sigma(f(x))\ (\sigma = s, u)$ であって

$$T_x M = E^s(x) \oplus E^c(x) \oplus E^u(x)$$

は可測分解である．

(17) 各 Λ_l の上で $T_xM = E^s(x) \oplus E^c(x) \oplus E^u(x)$ は C^0–分解される．

$f: M \to M$ が C^2，または $C^{1+\alpha}$–微分同相写像である場合に，次の (18)，(19) に基づいて，それ以降が成り立つ．

(18) ν–a.e. $x \in \Lambda_l$ に対して

$$\|D_xf^n(v)\| \leq C_l\lambda_1^n\|v\| \qquad (v \in E^s(x),\ n \geq 0),$$

$$\|D_xf^n(v)\| \leq \|v\| \qquad (v \in E^c(x),\ n \geq 0),$$

$$\|D_xf^n(v)\| \geq C_l^{-1}\lambda_2^n\|v\| \qquad (v \in E^u(x),\ n \geq 0).$$

ここに，$C_l > 0$ は Λ_l に依存する定数である．

(19) $\displaystyle\lim_{n \to \infty} \frac{1}{n} \log \sin(\angle(E^s(f^n(x)),\ E^u(f^n(x)))) = 0 \qquad (x \in \Lambda')$.

Λ' を ν に関する**ペシン集合** (Pesin set) という．Λ' の各部分集合 Λ_l の上で双曲性は (18) により一様であるが，Λ_l は不変ではない ((15) により)．

ν はエルゴード的であるから，Λ' の上で ν による f のリャプノフ指数は定数である．このとき

$$\chi_1 > \chi_2 > \cdots > \chi_u > 0$$

であるとき，$1 \leq i \leq u$ に対して

$$W^i(x) = \left\{ y \in M \ \middle|\ \limsup_{n \to \infty} \frac{1}{n} \log d(f^{-n}(x), f^{-n}(y)) \leq -\chi_i \right\} \qquad (x \in \Lambda')$$

は M にはめ込まれた部分多様体をなす．ここに，d はノルムによって導入された距離関数を表す．$W^i(x)$ を**第 i 不安定多様体**といい

$$W^1(x) \subset W^2(x) \subset \cdots \subset W^u(x),$$

$$W^i(f(x)) = f(W^i(x)) \qquad (1 \leq i \leq u)$$

が成り立つ．第 u 不安定多様体を単に**不安定多様体** (unstable manifold) という．

同様にして，f の代わりに f^{-1} を用いて，Λ の各点の**安定多様体** (stable manifold) が定義される．

$$u = \dim(E^u),$$

$$c = \dim(E^c),$$

$$s = \dim(E^s)$$

とおき，$u > 0$ を仮定する．

$$(x, y, z) \in \mathbb{R}^u \times \mathbb{R}^c \times \mathbb{R}^s = \mathbb{R}^{u+c+s}$$

に対して

$$|||(x, y, z)||| = \max\{\|x\|_u, \|y\|_c, \|z\|_s\}$$

とおく．$\|\cdot\|_u, \|\cdot\|_c, \|\cdot\|_s$ は $\mathbb{R}^u, \mathbb{R}^c, \mathbb{R}^s$ の通常のノルムを表す．原点 o を中心として半径 ρ の $\mathbb{R}^u$ の閉球を $B^u(\rho)$ で表す．同様にして，$B^c(\rho), B^s(\rho)$ を定義して

$$B(\rho) = B^u(\rho) \times B^c(\rho) \times B^s(\rho)$$

とおく．

$$\chi^+ = \min\{\chi_i \mid \chi_i > 0\},$$
$$\chi^- = \max\{\chi_i \mid \chi_i < 0\}$$

とする．$\varepsilon > 0$ は $2\varepsilon < \chi^+ - \chi^-$ を満たすように十分小さく選ぶ．ν はエルゴード的であるから，(10) の $l(x), K(x)$ は

$$l(x) = e^{\varepsilon l}, \qquad K(x) = e^{-\varepsilon l} \quad (x \in \Lambda_l)$$

である．

邦書文献 [Ao3] の第 3.2 節で述べたと同様に

(20) $\tau_x(0) = 0$,

(21) $\tau_x(\mathbb{R}^s) = E^s(x)$, $\tau_x(\mathbb{R}^c) = E^c(x)$, $\tau_x(\mathbb{R}^u) = E^u(x)$,

(22) $\tau_x : (\mathbb{R}^{s+c+u}, \langle \cdot, \cdot \rangle) \to (T_x M, \langle \cdot, \cdot \rangle_x)$ は等長的

を満たす線形写像

$$\tau_x : \mathbb{R}^{s+c+u} \longrightarrow T_x M$$

が存在する．ここに，$\langle \cdot, \cdot \rangle$ は $\mathbb{R}^{s+c+u}$ の通常の内積，$\langle \cdot, \cdot \rangle_x$ はリャプノフ計量を表す（邦書文献 [Ao3]）．記号を簡単にするために

$$\Phi_x = \exp_x \circ \tau_x$$

と表す．このとき

(23)
$$\Phi_x(0) = x,$$
$$D_0\Phi_x : \mathbb{R}^u \longrightarrow E^u(x),$$
$$D_0\Phi_x : \mathbb{R}^c \longrightarrow E^c(x),$$
$$D_0\Phi_x : \mathbb{R}^s \longrightarrow E^s(x).$$

(24)
$$f_x = \Phi_{f(x)}^{-1} \circ f \circ \Phi_x,$$
$$f_x^{-1} = \Phi_{f^{-1}(x)}^{-1} \circ f^{-1} \circ \Phi_x$$

とおくと

$$e^{\chi^+ - \varepsilon}\|v\| \leq \|D_0 f_x(v)\| \quad (v \in \mathbb{R}^u),$$
$$e^{-\varepsilon}\|v\| \leq \|D_0 f_x(v)\| \leq e^{\varepsilon}\|v\| \quad (v \in \mathbb{R}^c),$$
$$e^{\chi^- + \varepsilon}\|v\| \geq \|D_0 f_x(v)\| \quad (v \in \mathbb{R}^s).$$

(25) $L(g)$ は g のリプシッツ (Lipschitz) 定数を表す．このとき十分に小さい $\delta_0 > 0$ を固定して，$\varepsilon > 0$ を小さく選び直すとき

$$L(f_x - D_0 f_x) \leq \varepsilon,$$
$$L(f_x^{-1} - D_0 f_x^{-1}) \leq \varepsilon,$$
$$L(D_0 f_x) \leq \delta_0,$$
$$L(D_0 f_x^{-1}) \leq \delta_0.$$

(26) $K > 0$ があって $x \in \Lambda'$ に対して，$x \in \Lambda_l$ のとき

$$K^{-1}d\left(\Phi_x(z), \Phi_x(z')\right) \leq \|z - z'\| \leq e^{l\varepsilon}d\left(\Phi_x(z), \Phi_x(z')\right)$$
$$(z, z' \in B(e^{-\varepsilon l})).$$

ここに，$B(e^{-\varepsilon l})$ は原点を中心とする半径 $e^{-\varepsilon l}$ の閉球を表す．

(24), (25) により

(27) $\varepsilon > 0$ に依存しない $\chi > 0$ があって，$x \in \Lambda_l$ に対して

$$|||f_x(z)||| \leq e^{\chi}|||z||| \quad (z \in B(e^{-\chi - \varepsilon}e^{-\varepsilon l})),$$

$$f_x(B(e^{-\chi-\varepsilon}e^{-\varepsilon l})) \subset B(e^{-\varepsilon}e^{-\varepsilon l}).$$

$0 < \delta \leq 1$ とする．$x \in \Lambda'$ に対して

$$S_\delta^{cu}(x) = \{z \in B(e^{-\varepsilon l}) \mid |||\Phi_{f^{-n}(x)}^{-1} \circ f^{-n} \circ \Phi_x(x)||| \leq \delta e^{-n\varepsilon l}, \ n \geq 0\}$$

は点 x での f の**中心不安定集合** (center unstable set) という．$n > 0$ に対して

$$\begin{aligned} f_x^{-n} &= \Phi_{f^{-n}(x)}^{-1} \circ f^{-n} \circ \Phi_x \\ &= f_{f^{-n+1}(x)}^{-1} \circ \cdots \circ f_{f^{-1}(x)}^{-1} \circ f_x^{-1} \end{aligned}$$

と表す．

点 $x \in \Lambda_l$ での**局所不安定多様体** (local unstable manifold) は x を含む

$$W^u(x) \cap \Phi_x(B(\delta e^{-\varepsilon l}))$$

の連結成分 $W_{loc}^u(x)$ をいう．

$$W_{x,\delta}^u(x) = \Phi_x^{-1}(W_{loc}^u(x)) \subset \mathbb{R}^{s+c+u}$$

とおく．このとき次が成り立つ：

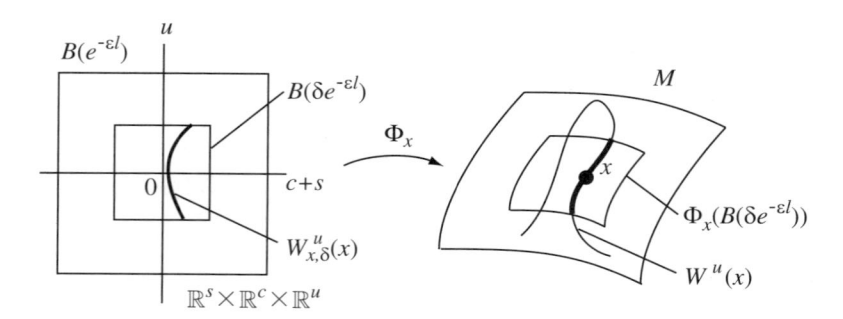

図 0.11.1

(28) $g_x(0) = 0$, $|||D_0 g_x||| \leq 1/3$ を満たす微分同相写像

$$g_x : B^u(\delta e^{-\varepsilon l}) \longrightarrow B^{c+s}(\delta e^{-\varepsilon l})$$

があって $W_{x,\delta}^u(x)$ は g_x のグラフである．

(29) $W_{x,\delta}^u(x) \subset S_\delta^{cu}(x)$ が成り立つ.

(30) $\chi > 0$ は (27) の数とする.このとき $0 < \delta \leq e^{-\chi-\varepsilon}$ に対して

$$f_x(W_{x,\delta}^u(x)) \cap B(\delta e^{-\varepsilon(l+1)}) = W_{f(x),\delta}^u(f(x)).$$

$x \in \Lambda_l$, $0 < \delta \leq \dfrac{1}{4}$ とする.$y \in \Lambda' \cap \Phi_x(S_\delta^{cu}(x))$ に対して

$$W_{x,2\delta}^u(y) = \Phi_x^{-1}\{W^u(y) \cap \Phi_x(B(2\delta e^{-\varepsilon l})) \text{ の } y \text{ を含む連結成分}\}$$

とおくと

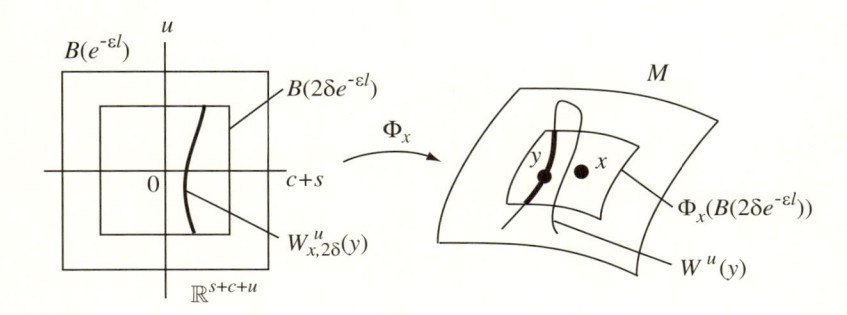

図 0.11.2

$$\Phi_x(W_{x,2\delta}^u(y))$$

は $W^u(y)$ での y の開近傍を含み,y の局所不安定多様体である.一般に

$$\Phi_y(W_{y,\delta}^u(y)) \neq \Phi_x(W_{x,\delta}^u(y))$$

である.

(31) $0 < \delta \leq \dfrac{1}{4}$ として $x \in \Lambda_l$ を固定する.$y \in \Lambda' \cap S_\delta^{cu}(x)$ に対して
   (i) $g_{x,y} : B^u(2\delta e^{-\varepsilon l}) \longrightarrow B^{c+s}(2\delta e^{-\varepsilon l})$
       があって
       (a) $\text{graph}(g_{x,y}) = W_{x,2\delta}^u(y)$,
       (b) $\|Dg_{x,y}\| \leq \dfrac{1}{3}$.
   (ii) $W_{x,2\delta}^u(y) \subset S_{4\delta}^{cu}(x)$.

(32) $0 < \delta \leq \min\left\{\dfrac{1}{4}, \dfrac{1}{2}e^{-\chi-\varepsilon}\right\}$ とする．ν–a.e. $x \in \Lambda_l$, $f(y) \in S_\delta^{cu}(f(x))$ を満たす $y \in \Lambda' \cap S_\delta^{cu}(x)$ に対して

(i) $\quad f_x(W_{x,2\delta}^u(y)) \cap B(2\delta e^{-\varepsilon(l+1)}) \subset W_{f(x),\,2\delta}^u(f(y))$,

(ii) $\quad S_{2\delta}^{cu}(x) \cap \Phi_x^{-1}(W^u(y)) \subset W_{x,2\delta}^u(y)$
$$\subset S_{4\delta}^{cu}(x) \cap \Phi_x^{-1}(W^u(y)).$$

(28) により，$x \in \Lambda_l$ に対して，$\varepsilon_l > 0$ があって局所不安定多様体は

$$W_{\varepsilon_l}^u(x) = \{y \in M \,|\, d\,(f^{-n}(x),\, f^{-n}(y)) \leq \varepsilon_l,\, n \geq 0\}$$

と表され

(33) $W_{\varepsilon_l}^u(x)$ は Λ_l の上で連続的に変化する．

(34) $0 < \lambda < 1$ があって，$x \in \Lambda'$ に対して，$l \geq 1$ が存在して $x \in \Lambda_l$ であれば，$C_l > 0$ があって $y \in W_{\varepsilon_l}^u(x)$ に対して

$$d\,(f^{-n}(x),\, f^{-n}(y)) \leq C_l \lambda^n d(x, y) \qquad (n \geq 1).$$

(35) $x \in \Lambda'$ に対して

$$y \notin W^u(x),\, y \in \Lambda' \Longrightarrow W^u(x) \cap W^u(y) = \emptyset.$$

(36) $x \in \Lambda'$ に対して

$$y \in W^u(x) \cap \Lambda' \Longrightarrow W^u(x) = W^u(y).$$

(37) $x \in \Lambda'$ に対して，$f(W^u(x)) = W^u(f(x))$ が成り立つ．

f を f^{-1} に置き換えたとき，Λ' の各点に**局所安定多様体** (local stable manifold) が存在する．

ν がエルゴード性を満たさないとき，エルゴード分解定理によって Λ をエルゴード的，不変ボレル確率測度 ν_x をもつエルゴード的ファイバー Λ_x に分解する．ν_x に関するペシン集合 $\Lambda'_x = \bigcup_l \Lambda_{x,l}$ を構成する．各 $l \geq 1$ に対して，$\Lambda_l = \bigcup_x \Lambda_{x,l}$ とおく．このとき，Λ_l は可測集合（閉集合とは限らない）で，$\Lambda' = \bigcup_l \Lambda_l$ は $\nu(\Lambda') = 1$ を満たす集合である．Λ' を ν に関する f の**ペシン集合**という．

0.12　3次元の力学系

　本書を通して，重要ないくつかの定理を解説するために，3次元に空間を制限した．その理由は力学的構造を明確に捉えるためである．3次元ユークリッド空間 $\mathbb{R}^3$ の上の C^2-微分同相写像 f が有界開集合 U に対して，$f(U) \subset U$ を満たし，$f : U \to U$ は不変ボレル確率測度 μ をもつとする．

　μ はエルゴード的であると仮定する．このとき $h_\mu(f) > 0$ であれば，μ に関する f のリャプノフ指数 χ_1, χ_2, χ_3 は定数で，μ–a.e. に対して

(i)　$\chi_1 < 0 < \chi_2 = \chi_3$,

(ii)　$\chi_1 < 0 < \chi_2 < \chi_3$,

(iii)　$\chi_1 < 0 = \chi_2 < \chi_3$

に分類される．

　$\Lambda = \bigcup_l \Lambda_l$ は μ に関するペシン集合とする．(ii) の場合に，$x \in \Lambda$ に対して χ_1 に対応する安定多様体 $W^1(x) = W^s(x)$，χ_2 に対応する不安定多様体 $W^2(x) = W^u(x)$，χ_3 に対応する第1不安定多様体 $W^3(x)$ が存在する．(i) の場合は不安定多様体 $W^2(x)$ と第1不安定多様体 $W^3(x)$ は同じである（$W^2(x) = W^3(x)$）．(iii) の場合は $\chi_2 = 0$ であるから第1不安定多様体 $W^3(x)$ が不安定多様体である．

　よって，安定多様体，不安定多様体，第1不安定多様体が存在したとき，それぞれの多様体に沿うそれぞれの μ–可測分割 $\xi^1 = \xi^s$, $\xi^2 = \xi^u$, ξ^3 が存在する．ξ^σ ($\sigma = 1, 2, 3$) に関する μ の条件付き確率測度の標準系を $\{\mu_x^\sigma\}$ (μ–a.e. x) で表す．

　次の3つの定理が示される：

定理 0.12.1 (ルドラピエ–ヤン)

$$\lim_{r \to 0} \frac{\log \mu_x^1(B^1(x, r))}{\log r} = \delta_1 \quad \mu\text{–a.e.}\, x,$$

$$\lim_{r \to 0} \frac{\log \mu_x^2(B^2(x, r))}{\log r} = \delta_2 \quad \mu\text{–a.e.}\, x,$$

$$\lim_{r \to 0} \frac{\log \mu_x^3(B(x, r))}{\log r} = \delta_3 \quad \mu\text{–a.e.}\, x.$$

ここに $B^i(x,r)$ は x を中心とする $\xi^i(x)$ に沿った半径 r の近傍を表す．

準エントロピー（邦書文献 [Ao3]），リャプノフ指数と次元との間に次の定理が成り立つ：

定理 0.12.2 (ルドラピエ–ヤン)
$$\hat{H}_\mu(\xi^u \mid f(\xi^u)) = (\delta_2 - \delta_3)\chi_2 + \delta_3\chi_3.$$

この定理を証明する過程から，準エントロピーと測度的エントロピーは一致することが示される．すなわち

定理 0.12.3 (ルドラピエ–ヤン)
$$\hat{H}_\mu(\xi^u \mid f(\xi^u)) = h_\mu(f).$$

μ に関する f のリャプノフ指数が非零の場合，すなわち μ が双曲型の場合に δ_1, δ_2 が存在することからルエル–エックマン予想が成り立つ．すなわち

定理 0.12.4 (バレイラ–ペシン–シメイリング，ルドラピエ–ヤン) μ が双曲型であれば
$$HD(\mu) = \delta_1 + \delta_2$$
が成り立つ．

上の3つの定理を含め本書で詳細に解説する．この解説から一般次元の場合も理解することができる．

最後に，部分的非一様双曲性をもつ (iii) の場合に中心多様体が構成されることを解説する．

$x \in \Lambda$ に対して，$\mathbb{R}^3$ は $D_x f$ 不変部分空間 $E_i(x)$ $(i = 1, 2, 3)$ があって
$$\mathbb{R}^3 = E_1(x) \oplus E_2(x) \oplus E_3(x)$$
に分解され，邦書文献 [Ao3] の 4.2 節の線形写像 $\tau_x : \mathbb{R}^3 \to \mathbb{R}^3$ が
$$\tilde{E}_i(x) = \tau_x^{-1}(E_i(x)) \quad (i = 1, 2, 3),$$
$$\tilde{E}_1(x) = \mathbb{R} \times \{0\} \times \{0\},$$
$$\tilde{E}_2(x) = \{0\} \times \mathbb{R} \times \{0\},$$
$$\tilde{E}_3(x) = \{0\} \times \{0\} \times \mathbb{R}$$

を満たし，$\Phi_x = \tau_x + x : \mathbb{R}^3 \to \mathbb{R}^3$ は

$$f_x = \Phi_{f(x)}^{-1} \circ f \circ \Phi_x$$

によって

$$D_0 f_x(\tilde{E}_i(x)) = \tilde{E}_i(f(x)) \qquad (i = 1, 2, 3)$$

を満たす．さらに，$0 < \lambda < 1$ があって支配的分解

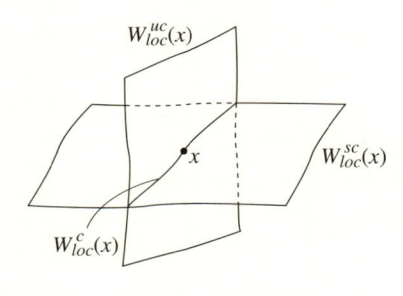

図 0.12.1

$$\|D_0 f_x|_{\tilde{E}_1(x) \oplus \tilde{E}_2(x)}\| \|D_0 f_x^{-1}|_{\tilde{E}_3(f(x))}\| \leq \lambda,$$
$$\|D_0 f_x|_{\tilde{E}_1(x)}\| \|D_0 f_x^{-1}|_{\tilde{E}_2(f(x)) \oplus \tilde{E}_3(f(x))}\| \leq \lambda$$

が成り立つ．

このことによって，埋め込み多様体定理が成り立って，x の局所中心安定多様体，局所中心不安定多様体と呼ばれる $W_{loc}^{sc}(x), W_{loc}^{uc}(x)$ が構成される（図 0.12.1）．このとき

$$W_{loc}^c(x) = W_{loc}^{sc}(x) \cap W_{loc}^{uc}(x)$$

を x の**中心多様体** (center manifold) という．

本書は，非線形現象を実解析的手法のもとで明らかになった多くの成果から，代表的と思われる結果を選び容易に理解できるように 2 次元，または 3 次元の場合に制限して解説する．

第1章　フラクタル次元

　力学系を理解するために次元の概念を用い，次元と他の不変量との間にどれほどの関係があるかを明らかにする試みがある．

　次元の概念をボレル確率測度によって与えるとき，その次元を測度による次元といい，

> ハウスドルフ次元 (Hausdorff dimension),
>
> ボックス次元 (box dimension),
>
> 情報次元 (information dimension)

などがある．これらの次元が一致する場合に，その次元を**フラクタル次元** (fractal dimension) という．そこで用いたボレル確率測度を**完全次元測度** (exactly dimensional measure) と呼び，このような測度の存在を明らかにする．

　実際に，2次元，またはコンホーマルな力学系に対して，測度 μ のエントロピーが正であるとき，μ は完全次元測度である．

　非一様双曲的な力学系は拡大性，（一様）追跡性と呼ばれる性質をもち得ないから，マルコフ分割は存在しない．したがって，この種の力学系を解析するためには新たな概念が必要である．

　エントロピーが正である場合には不安定多様体が存在することから，この多様体を用いて非可算分割は構成される．これを不安定多様体に沿う可測分割といい，準エントロピー（邦書文献 [Ao2]）が定義され一般の場合に，準エントロピー，次元，リャプノフ指数の間の関係式が導かれる．さらに，多重フラクタル構造が見いだされる．

1.1 ハウスドルフ次元，ボックス次元，情報次元

次元は集合の幾何的構造を明らかにする一つの概念である．力学系において，アトラクターを明らかにする突破口として，その次元と力学系の不変量との間の関係を調べることが重要視されていた．関係式の存在は互いに特異なエルゴード的測度の存在を明らかにしてくれることも期待される．この節ではボレル確率測度による次元を解説し，次節において不変量（エントロピー）との関係を説明する．

X はコンパクト距離空間として，$\delta > 0$ を固定し，部分集合 Y と $\varepsilon > 0$ に対して

$$H_\varepsilon^\delta(Y) = \inf\left\{\sum_{i=1}^\infty (\operatorname{diam}(U_i))^\delta \,\bigg|\, \{U_i\} \text{ は } \operatorname{diam}(U_i) < \varepsilon \text{ を満たす } Y \text{ の可算被覆}\right\}$$

を定義する．Y の **δ–次元測度** (δ– measure) を

$$H^\delta(Y) = \lim_{\varepsilon \to 0} H_\varepsilon^\delta(Y)$$

によって定義する．このとき

$$\begin{aligned}\delta_0 &= \inf\{\delta \,|\, H^\delta(Y) = 0\} \\ &= \sup\{\delta \,|\, H^\delta(Y) = \infty\}\end{aligned}$$

を満たす δ_0 を Y の**ハウスドルフ次元** (Hausdorff dimension) といい，$\operatorname{HD}(Y) = \delta_0$ で表す．有限集合（空集合でない）のハウスドルフ次元は 0 である．$\mathbb{R}^2$ の部分集合 Z のルベーグ測度の値が正であれば，$HD(Z) = 2$ である．しかし，逆は一般に成り立たない（洋書文献 [Fa] を参照）．

注意 1.1.1 閉区間 $[0,1]$ において，C_1 は長さ $\dfrac{1}{q}$ の小閉区間 $I_q^{(i)}$ の p 個の和集合

$$C_1 = I_q^{(1)} \cup \cdots \cup I_q^{(p)}$$

とする．各 $I_q^{(i)}$ は長さ $\left(\dfrac{1}{q}\right)^2$ の小閉区間 $I_{q^2}^{(i,k)}$ の p 個の和集合

$$I_q^{(i)} = I_{q^2}^{(i,1)} \cup \cdots \cup I_{q^2}^{(i,p)}$$

であって
$$C_2 = \bigcup_{i,k} I_{q^2}^{(i,k)}$$
とする．この仕方によって，部分集合の列 $\{C_i\}$ を構成する．このとき
$$C = \bigcap_{n=1}^{\infty} C_n$$
を**カントール集合** (Cantor set) という．C のハウスドルフ次元は
$$HD(C) = \frac{\log p}{\log q}$$
である．

注意 1.1.2 (1) X の部分集合 Y, Z が $Z \subset Y$ を満たしているならば
$$\mathrm{HD}(Z) \le \mathrm{HD}(Y).$$

(2) $Z_1 \subset Z_2 \subset \cdots$ ならば
$$HD\left(\bigcup_{i=0}^{\infty} Z_i\right) = \sup_i \mathrm{HD}(Z_i).$$

証明 (1) は定義から明らかである．

(2) を示す．(1) により $HD(\bigcup_i Z_i) \ge \sup_i HD(Z_i)$ である．逆を示すために，$HD(\bigcup_i Z_i) > 0$ の場合を示せば十分である．$HD(\bigcup_i Z_i) > \delta > 0$ を満たす δ に対して，$H^\delta(\bigcup_i Z_i) = \infty$ である．H^δ は外測度であるから，明らかに $\sum_i H^\delta(Z_i) = \infty$ である．よって，$H^\delta(Z_i) > \delta$ なる i が存在するから，$\sup_i H^\delta(Z_i) > \delta$ である．$\delta > 0$ は任意であるから，$HD(\bigcup_i Z_i) \le \sup_i HD(Z_i)$ が成り立つ． □

$f : \mathbb{R}^2 \to \mathbb{R}^2$ は C^2–微分同相写像とし，$f(U) \subset U$ を満たす U は有界開集合とする．不変ボレル確率測度 μ はエルゴード的で双曲型（2つのリャプノフ指数が零でない）であるとする．このとき，μ に関するペシン集合 Λ の各点 x に対して安定多様体 $W^s(x)$ が存在する．邦書文献 [Ao2] の注意 2.4.8 により $x \in \Lambda \cap B(\mu)$ に対して
$$W^s(x) \subset \hat{W}^s(x) \subset B(\mu).$$

ここに $B(\mu)$ はエルゴード的鉢である．$W^s(x)$ は C^1-曲線であるから

$$HD(B(\mu)) \geq 1$$

を得る．

X の部分集合 E の上の同相写像 $f : E \to E$ が

$$d(f(x), f(y)) \leq Ld(x,y), \quad d(f^{-1}(x), f^{-1}(y)) \leq Ld(x,y) \quad (x, y \in E)$$

を満たす $L > 0$ が存在するときに，f は E の上で**リプシッツ条件** (Lipschitz condition) をもつといい，f は E の上で**リプシッツ同相写像** (Lipschitz homeomorphism) であるという．

注意 1.1.3 ハウスドルフ次元はリプシッツ同相写像（両側リプシッツ）に関して不変である．

証明 部分集合 E は $HD(E) = \beta$ であるとする．$f(E)$ の δ-開被覆 $\{U_\delta(x_i)\}$ に対して，$\{f^{-1}(U_\delta(x_i))\}$ は E の開被覆であって

$$U_{L^{-1}\delta}(f^{-1}(x_i)) \subset f^{-1}(U_\delta(x_i)) \subset U_{L\delta}(f^{-1}(x_i)).$$

よって

$$(L^{-1})^\beta H_\delta^\beta(f(E)) \leq H_\delta^\beta(E) \leq L^\beta H_\delta^\beta(f(E))$$

であるから，$\delta \to 0$ として

$$(L^{-1})^\beta H^\beta(f(E)) \leq H^\beta(E) \leq L^\beta H^\beta(f(E)).$$

よって，$\beta < HD(E)$ のとき $H^\beta(f(E)) = \infty$ であって，$\beta > HD(E)$ のとき $H^\beta(f(E)) = 0$ である．このことから，$HD(E) = HD(f(E)) = \beta$ である．□

注意 1.1.4 (ベシコビッチ (Besicovitch)**)** μ は $\mathbb{R}^2$ の有限ボレル測度とする．このとき

$$\inf_{0 < \varepsilon < 1} \frac{\mu(B(x, \varepsilon))}{\varepsilon^2} > 0 \qquad \mu\text{-a.e. } x.$$

ここに $B(x, \varepsilon) = \{y \in \mathbb{R}^2 \,|\, \|x - y\| \leq \varepsilon\}$ で $\|\ \|$ は通常のノルムである．

注意 1.1.4 により

$$\limsup_{\varepsilon \to 0} \frac{\log \mu(B(x, \varepsilon))}{\log \varepsilon} < 2$$

が示される．

注意 1.1.4 を示すために, $g \in L^1(\mu)$ に対して

$$g_\delta(x) = \frac{1}{\mu(B(x,\delta))} \int_{B(x,\delta)} g d\mu \tag{1.1.1}$$

とおき, $g(x) > 0$ $(x \in \mathbb{R}^2)$ のとき

$$\begin{aligned} g^*(x) &= \sup_{\delta>0} g_\delta(x), \\ g_*(x) &= \inf_{\delta>0} g_\delta(x) \end{aligned} \tag{1.1.2}$$

とおく.

注意 1.1.5 $c > 0$ があって, $\lambda > 0$ に対して

(1) $\mu(\{x \in U \,|\, g^*(x) > \lambda\}) \leq \dfrac{c}{\lambda} \int g d\mu$,

(2) $d\nu = g d\mu$ とする. このとき

$$\nu(\{x \in U \,|\, g_*(x) < \lambda\}) \leq c\lambda.$$

証明 (1) の証明:$A = \{x \in U \,|\, g^*(x) > \lambda\}$ とおく. $x \in A$ に対して $\delta(x) > 0$ があって, $g_\delta(x) > \lambda$ とできる. よって

$$\int_{B(x,\delta(x))} g d\mu \geq \lambda \mu(B(x,\delta(x))).$$

A の被覆 $\mathcal{A} = \{B(x,\delta(x)\,|\,x \in A)\}$ に対して, ベシコビッチの被覆定理 (邦書文献 [Ao2], 注意 2.1.13) により, $\mathcal{A}' \subset \mathcal{A}$ があって

$$\begin{aligned} \mu(A) &\leq \sum_{B \in \mathcal{A}'} \mu(B) \\ &\leq \frac{1}{\lambda} \sum_{B \in \mathcal{A}'} \int_B g d\mu \\ &\leq \frac{c}{\lambda} \int g d\mu. \end{aligned}$$

ここに, c はベシコビッチの被覆定理の重複度を表す. (2) も同様にして示される. □

注意 1.1.4 の証明 注意 1.1.5 と同様にして示すことができる.

$\lambda > 0$ に対して
$$A = \left\{ x \in U \ \middle|\ \sup_{0 < \delta < 1} \frac{\delta^2}{\mu(B(x,\delta))} > \lambda \right\}$$
とおく．このとき，$x \in A$ に対して $\delta(x) > 0$ があって
$$\delta^2(x) \geq \lambda \mu(B(x, \delta(x))).$$
$A \subset U$ であるから，A の有限部分被覆 $\mathcal{A}' = \{B(x, \delta(x))\}$ があって
$$\mu(A) \leq \sum_{\mathcal{A}'} \mu(B) \leq \frac{\#\mathcal{A}'}{\lambda}.$$
よって
$$\mu\left(\left\{ x \in U \ \middle|\ \inf_{0 < \delta < 1} \frac{\mu(B(x,\delta))}{\delta^2} < \frac{1}{\lambda} \right\}\right) = \mu(A) \leq \frac{\#\mathcal{A}'}{\lambda}.$$
$\lambda > 0$ は任意であるから，$\lambda \to \infty$ とすれば結論を得る．　　□

U は $\mathbb{R}^2$ の有界な開集合とする．C^1-微分同相写像 $f : \mathbb{R}^2 \to \mathbb{R}^2$ は $f(U) \subset U$ を満たすとして，$\|D_x f\| < 1\ (x \in U)$ であるとする　($\|\cdot\|$ は $\mathbb{R}^2$ の通常のノルムを表す)．$\Lambda = \bigcap_{i=0}^{\infty} f^i(U)$ とおくとき，$f(\Lambda) = \Lambda$ である．このとき，一般に Λ のルベーグ測度の値は 0 である．ハウスドルフ次元は 0 と 2 の間の値をもつ場合に，その値を直接的に求めることは困難である．ところが，与えられたボレル確率測度の値が正である集合の次元を決める重要な定理がある．

コンパクト距離空間 X の上のボレル確率測度 μ を固定する．このとき
$$\mathrm{HD}(\mu) = \inf \{\mathrm{HD}(Y) \mid \mu(Y) = 1\}$$
によって定義される $\mathrm{HD}(\mu)$ を μ による X の**ハウスドルフ次元** (Hausdorff dimension) という．

半径 r の点 x を中心とした閉球 $B(x, r) = \{y \mid d(x, y) \leq r\}$ に対して
$$\underline{\delta}(x) = \liminf_{r \to 0} \frac{\log \mu(B(x, r))}{\log r},$$
$$\bar{\delta}(x) = \limsup_{r \to 0} \frac{\log \mu(B(x, r))}{\log r}$$
が $\underline{\delta}(x) = \bar{\delta}(x)$ を満たすときに，それを $\delta(x)$ と表し $\delta(x)$ を μ の**局所的次元** (local dimension) という．注意 1.1.4 により $\bar{\delta}(x) < \infty$ である．

注意 1.1.6 $\underline{\delta}(x)$, $\overline{\delta}(x)$ はボレル可測関数である.

実際に, $\mu(B(x,r))$ は x に関して連続で, r に関して右連続であることから明らかである.

注意 1.1.7 m は $\mathbb{R}^2$ の上のルベーグ測度とする. このとき $x \in \mathbb{R}^2$ に対して
$$\lim_{r \to 0} \frac{\log m(B(x,r))}{\log r} = 2$$
が成り立つ.

注意 1.1.8 μ は $\mathbb{R}^2$ の有界な連結開集合の上のボレル確率測度とし, ルベーグ測度 m に関して絶対連続 ($\mu \ll m$) であるとする. このとき
$$\lim_{\delta \to 0} \frac{\log \mu(B(x,\delta))}{\log \delta} = 2 \quad \mu\text{--a.e. } x$$

証明 密度関数を $\dfrac{d\mu}{dm} = g$ で表す. $\delta > 0$ に対して
$$g_\delta(x) = \frac{1}{m(B(x,\delta))} \int_{B(x,\delta)} g \, dm = \frac{\mu(B(x,\delta))}{m(B(x,\delta))}$$
であるから, 邦書文献 [Ao2] の注意 2.11.1 により
$$g(x) = \lim_{\delta \to 0} g_\delta(x) = \lim_{\delta \to 0} \frac{\mu(B(x,\delta))}{m(B(x,\delta))} \quad m\text{--a.e. } x.$$
よって
$$\log g(x) = \lim_{\delta \to 0} \log \frac{\mu(B(x,\delta))}{m(B(x,\delta))} \quad m\text{--a.e. } x.$$
$m(B(x,\delta)) = \pi\delta^2$ であることに注意し, μ--a.e. x に対して
$$A_\delta = \frac{\log \mu(B(x,\delta))}{\log \delta}, \quad B_\delta = \frac{\log \pi}{\log \delta} + \frac{\log g(x)}{\log \delta} + 2 \quad (\delta > 0)$$
とおく. このとき $\varepsilon > 0$ に対して, $\delta_0 > 0$ があって
$$|A_\delta - B_\delta| < \varepsilon, \quad |B_\delta| < \varepsilon \quad (0 < \delta \le \delta_0)$$
が成り立つから
$$\lim_{\delta \to 0} \frac{\log \mu(B(x,\delta))}{\log \delta} = 2 \quad \mu\text{--a.e. } x$$
を得る. □

定理 1.1.9 μ は連続なボレル確率測度とする．μ–a.e. $x \in X$ に対して，$\left\{\dfrac{\log \mu(B(x,r))}{\log r}\right\}$ が収束するとき，すなわち

$$\lim_{r \to 0} \frac{\log \mu(B(x,r))}{\log r} = \delta \qquad \mu\text{–a.e.}$$

であるとき，δ は μ による X のハウスドルフ次元 $\mathrm{HD}(\mu)$ を与える ($\mathrm{HD}(\mu) = \delta$).

定理 1.1.9 の条件 ($\underline{\delta}(x) = \overline{\delta}(x)$) は測度によるハウスドルフ次元，ボックス次元，情報次元が一致するという決定的な性質をもっている．ボックス次元，情報次元は次の補題の後で定義される．

定理 1.1.9 は次の補題から求まる：

補題 1.1.10 (フロストマン (Frostman) の補題) μ はコンパクト距離空間 X の上の連続なボレル確率測度として，X の部分集合 Z に対して，$\mu(Z) > 0$ とする．このとき

$$\delta_1 \le \underline{\delta}(x) \le \overline{\delta}(x) \le \delta_2 \qquad (x \in Z)$$

を満たす $\delta_1, \delta_2 \ge 0$ に対して

$$\delta_1 \le \mathrm{HD}(Z) \le \delta_2$$

が成り立つ．

注意 1.1.11 補題 1.1.10 において，$\underline{\delta}(x) = \overline{\delta}(x) = \delta \ (x \in Z)$ であるとする．このとき $\delta_1, \delta_2 > 0$ は任意であるから，$\delta_1 \nearrow \delta, \delta_2 \searrow \delta$ とすれば

$$HD(Z) = \delta$$

が成り立つ．

補題 1.1.10 の証明 最初に，$\mu(Z) > 0$ のとき $r_0 > 0$ が存在して，$0 < r \le r_0$ に対して

$$\delta_1 \le \frac{\log \mu(B(x,r))}{\log r} \le \delta_2 \qquad (x \in Z) \tag{1.1.3}$$

ならば

$$\delta_1 \le \mathrm{HD}(Z) \le \delta_2$$

が成り立つことを示す．

$\varepsilon > 0$ に対して，部分集合 Z の各点の半径 a の閉球の族

$$\mathfrak{R}(\varepsilon, Z) = \{B(x,a) \mid x \in Z,\ 0 < a \leq \varepsilon\}$$

を定義する．

$$r(\mu) = \inf \left[r \,\middle|\, \lim_{\varepsilon \to 0} \left[\inf \left\{ \sum_{B \in \mathfrak{D}} \mu(B)^r \,\middle|\, \mathfrak{D} \subset \mathfrak{R}(\varepsilon, Z) \text{ は } Z \text{ の可算被覆} \right\} \right] = 0 \right]$$

とおく．μ の連続性により $r(\mu) = 1$ である．

実際に，$\varepsilon > 0$ に対して $\delta > 0$ があって $\mu(B(x,\delta)) < \varepsilon$ が成り立つ．$s > r$ に対して

$$\mu(B(x,\delta))^s = \mu(B(x,\delta))^{s-r} \mu(B(x,\delta))^r$$
$$\leq \varepsilon^{s-r} \mu(B(x,\delta))^r.$$

よって

$$\mathcal{H}^s(\mu) \leq \varepsilon^{s-r} \mathcal{H}^{r-s}(\mu).$$

ここに

$$\mathcal{H}^r(\mu) = \lim_{\delta \to 0} \inf_{\mathfrak{D}} \left\{ \sum_{B \in \mathfrak{D}} \mu(B)^r \,\middle|\, \mathfrak{D} \subset \mathfrak{R}(\varepsilon, Z) \text{ は } Z \text{ の可算被覆} \right\}$$

である．$\mathcal{H}^1(\mu) < \infty$ であるから，$s > 1$ に対して

$$\mathcal{H}^s(\mu) \leq \varepsilon^{s-1} \mathcal{H}^1(\mu).$$

$\varepsilon > 0$ は任意であるから $\mathcal{H}^s(\mu) = 0$ である．よって $r(\mu) = 1$ である．

よって $r > 1$, $\alpha > 0$ に対して，$\sum_{B \in \mathfrak{D}} \mu(B)^r \leq \alpha$ を満たす $0 < \varepsilon < r_0$ と Z の可算被覆 $\mathfrak{D} \subset \mathfrak{R}(\varepsilon, Z)$ が存在する．(1.1.3) により

$$\frac{\log \mu(B)}{\log(\frac{1}{2} \operatorname{diam}(B))} \leq \delta_2 \quad (B \in \mathfrak{D})$$

であるから

$$\sum_{B \in \mathfrak{D}} (\operatorname{diam}(B))^{r\delta_2} \leq 2^{r\delta_2} \sum_{B \in \mathfrak{D}} \mu(B)^r$$
$$\leq 2^{r\delta_2} \alpha\,.$$

よって
$$H_\varepsilon^{r\delta_2}(Z) \leq 2^{r\delta_2}\alpha.$$
$r > 1$ と ε は任意であるから，$H^{\delta_2}(Z) \leq 2^{\delta_2}\alpha < \infty$ である．よって $\mathrm{HD}(Z) \leq \delta_2$ が成り立つ．

$0 < \varepsilon < r_0$ と Z の可算被覆 $\mathfrak{D} \subset \mathfrak{R}(\varepsilon)$ に対して，(1.1.3) により
$$\delta_1 \leq \frac{\log \mu(B)}{\log(\frac{1}{2}\mathrm{diam}(B))} \qquad (B \in \mathfrak{D})$$
であるから
$$\sum_{B \in \mathfrak{D}} (\mathrm{diam}(B))^{\delta_1} \geq 2^{\delta_1} \sum_{B \in \mathfrak{D}} \mu(B)$$
$$\geq 2^{\delta_1}\mu(Z)$$
$$> 0.$$
$\varepsilon \to 0$ とすれば
$$\mathrm{HD}(Z) \geq \delta_1$$
が成り立つ．

補題 1.1.10 の仮定によって，$\varepsilon > 0$ とする．このとき，単調減少列 $r_n \searrow 0$ があって
$$Z_k = \left\{ x \in Z \,\middle|\, \delta_1 - \varepsilon \leq \frac{\log \mu(B(x, r_n))}{\log r_n} \leq \delta_2 + \varepsilon,\, n \geq k \right\} \qquad (k \geq 1)$$
とおけば，$Z_k \nearrow Z$ が成り立つ．$\mu(Z_k) > 0$ ならば上で見たように，$\delta_1 - \varepsilon \leq \mathrm{HD}(Z_k) \leq \delta_2 + \varepsilon$ である．注意 1.1.2(2) により，$\delta_1 - \varepsilon \leq \mathrm{HD}(Z) \leq \delta_2 + \varepsilon$ が成り立つ．$\varepsilon \to 0$ とすれば，$\delta_1 \leq \mathrm{HD}(Z) \leq \delta_2$ が成り立つ． □

部分集合 $Z \subset X$ を固定する．$\varepsilon > 0$ に対して，$N(Z, \varepsilon)$ は Z を被覆するために必要とする直径 ε の開被覆の最小個数を表すとして
$$\underline{\dim}_B(Z) = \liminf_{\varepsilon \to 0} \frac{\log N(Z, \varepsilon)}{\log \frac{1}{\varepsilon}},$$
$$\overline{\dim}_B(Z) = \limsup_{\varepsilon \to 0} \frac{\log N(Z, \varepsilon)}{\log \frac{1}{\varepsilon}}$$
とおく．
$$\underline{\dim}_B(Z) = \overline{\dim}_B(Z) = \dim_B(Z)$$
が成り立つとき，$\dim_B(Z)$ は Z の**ボックス次元** (box dimension) という．

注意 1.1.12 $HD(Z) \leq \underline{\dim}_B(Z)$.

証明 $\underline{\dim}_B(Z) < C$ とする．このとき，$\varepsilon > 0$ があって Z は直径が ε である閉球 B によって被覆され，その個数は N であるとすると

$$\frac{\log N}{\log \frac{1}{\varepsilon}} \leq C$$

と表される．よって

$$\sum_B (\mathrm{diam}(B))^C \leq N\varepsilon^C \leq 1$$

を得る．よって $HD(Z) \leq C$ である．C は任意であるから結論を得る． □

明らかに
$$HD(Z) \leq \underline{\dim}_B(Z) \leq \overline{\dim}_B(Z)$$
であるが，どのような場合に等式が成り立つのかを見る．

そのために次の定義を与える：

$$\underline{\dim}_B(\mu) = \lim_{\delta \to 0} \{\inf[\underline{\dim}_B(Z) \,|\, \mu(Z) > 1 - \delta \text{ を満たす } Z]\},$$
$$\overline{\dim}_B(\mu) = \lim_{\delta \to 0} \{\inf[\overline{\dim}_B(Z) \,|\, \mu(Z) > 1 - \delta \text{ を満たす } Z]\}.$$

このとき
$$\underline{\dim}_B(\mu) \leq \overline{\dim}_B(\mu)$$
が成り立つ．
$$\underline{\dim}_B(\mu) = \overline{\dim}_B(\mu) = \dim_B(\mu)$$
であるとき，$\dim_B(\mu)$ を μ に関する Z の**ボックス次元**という．

その他に μ による情報次元がある．ξ は可算可測分割とし，ξ のエントロピー
$$H_\mu(\xi) = -\sum_{C \in \xi} \mu(C) \log \mu(C)$$

は有限であるとして
$$H_\mu(\varepsilon) = \inf\{H_\mu(\xi) \,|\, H_\mu(\xi) < \infty,\ \mathrm{diam}(\xi) \leq \varepsilon\}$$

とおく.

$$\underline{I}(\mu) = \liminf_{\varepsilon \to 0} \frac{H_\mu(\varepsilon)}{\log \frac{1}{\varepsilon}},$$

$$\overline{I}(\mu) = \limsup_{\varepsilon \to 0} \frac{H_\mu(\varepsilon)}{\log \frac{1}{\varepsilon}}$$

に対して

$$\underline{I}(\mu) = \overline{I}(\mu) = I(\mu)$$

を満たすとき, $I(\mu)$ を μ に関する**情報次元** (information dimension) という.

μ による 3 つの次元に対して, 次の定理が成り立つ:

定理 1.1.13 (ヤン) μ は $\mathbb{R}^2$ の上の連続なボレル確率測度とする. このとき

$$\underline{\delta}(x) = \overline{\delta}(x) = \delta \qquad \mu\text{–a.e. } x \tag{1.1.4}$$

であれば

$$HD(\mu) = \dim_B(\mu) = I(\mu) = \delta$$

が成り立つ. すなわち, μ に関するハウスドルフ次元, ボックス次元, 情報次元が一致する.

(1.1.4) が成り立つ, すなわち μ–a.e. で局所的次元が存在して, その次元が一定であるとき, ボレル確率測度 μ を**完全次元測度** (exactly dimensional measure) といい, 三つの次元を単に μ に関する**フラクタル次元** (fractal dimension) という.

注意 1.1.14 コンパクト距離空間の上のボレル確率測度 μ の台 $\mathrm{Supp}(\mu)$ が有限集合であるとする. このとき, μ は完全次元測度で $\delta(x) = 0$ $(x \in \mathrm{Supp}(\mu))$ である.

証明 $x \in \mathrm{Supp}(\mu)$ とする. $\varepsilon > 0$ に対して $\mu(B(x, \varepsilon)) \geq \mu(\{x\}) > 0$ であるから

$$\frac{\log \mu(B(x, \varepsilon))}{\log \varepsilon} \leq \frac{\log \mu(\{x\})}{\log \varepsilon}.$$

よって $\delta(x) = 0$ $(x \in \mathrm{Supp}(\mu))$ である. □

測度 μ に関する 3 種類の次元の間で，ハウスドルフ次元は他の次元に比べて精密である．しかし，その次元を直接求めることは容易ではない．この困難さを回避するためにボックス次元が与えられた．

よって，3 種類の次元が同一の次元であることを主張できる判定基準を見いだすことは重要である．その判定基準の一つが完全次元測度の存在である．次節以降において，双曲型測度は完全次元測度であることを解説する．

定理 1.1.13 は次の 3 つの命題と補題 1.1.10 から結論される：

命題 1.1.15 μ はコンパクト距離空間 X の上の連続なボレル確率測度とする．このとき
$$HD(\mu) \leq \underline{\dim}_B(\mu).$$

証明 $C \geq \underline{\dim}_B(\mu)$ を満たす C と $\alpha > 0$ を固定する．$n \geq 1$ に対して $\delta_n = \dfrac{\alpha}{2^n}$ とする．$\varepsilon_n \searrow 0$ なる ε_n と
$$\mu(A_n) \geq 1 - \delta_n$$
を満たすボレル集合 A_n は直径が ε_n の閉球の N_n 個によって被覆され
$$\frac{\log N_n}{\log \dfrac{1}{\varepsilon_n}} \leq C$$
とできる．

$A = \bigcap_{n \geq 1} A_n$ とおくと，$\mu(A) \geq 1 - \alpha$ で ε_n に対して
$$\inf_{\substack{\kappa = A \text{ の被覆} \\ \operatorname{diam}(\kappa) \leq \varepsilon_n}} \sum_{B \in \kappa} (\operatorname{diam}(B))^C \leq N_n \varepsilon_n^C \leq 1.$$

よって $HD(A) \leq C$ である．α は任意であるから $HD(Y) \leq C$ であって，$\mu(Y) = 1$ なる $Y \subset X$ が存在する． $\square$

命題 1.1.16 μ は $\mathbb{R}^2$ の上の連続なボレル確率測度で，$\Lambda \subset \mathbb{R}^2$ は $\mu(\Lambda) > 0$ を満たすとする．このとき $x \in \Lambda$ に対して
$$\underline{\delta} \leq \underline{\delta}(x) \leq \overline{\delta}(x) \leq \overline{\delta}$$
であれば
$$\underline{\delta} \leq \underline{\dim}_B(\mu) \leq \overline{\dim}_B(\mu) \leq \overline{\delta}.$$

証明 注意 1.1.14 と補題 1.1.10 により

$$\underline{\delta} \leq HD(\mu) \leq \underline{\dim}_B(\mu) \leq \overline{\dim}_B(\mu).$$

$\overline{\dim}_B(\mu) \leq \overline{\delta}$ を示すために, $\eta > \overline{\delta}$, $\delta > 0$ に対して $\mu(U) > \mu(\Lambda) - \delta$ を満たす $U \subset \Lambda$ があって

$$\overline{\dim}_B(U) \leq \eta$$

を示せば十分である.

$\mathfrak{R}(\varepsilon, U)$ は U の各点の半径 ε の閉球の全体を表す.

$$r(\mu) = \inf \left[r \,\middle|\, \lim_{\varepsilon \to 0} \left[\inf \left\{ \sum_{B \in \mathcal{D}} \mu(B)^r \,\middle|\, \mathcal{D} \subset \mathfrak{R}(\varepsilon, U) \text{ は } U \text{ の有限被覆} \right\} \right] = 0 \right]$$

とおくと, 補題 1.1.10 の証明と同様にして $\overline{\dim}_B(U) \leq \eta$ を得る. □

定理 1.1.13 の仮定により, $\underline{\delta}(x) = \overline{\delta}(x) = \delta$ (μ–a.e. x) であるから, 定理 1.1.9 により

$$\underline{\delta}(x) = \overline{\delta}(x) = \delta = HD(\mu) \quad (\mu\text{–a.e. } x)$$

である. 命題 1.1.16 の $\underline{\delta}, \overline{\delta}$ として $\underline{\delta} = \underline{\delta}(x) = \overline{\delta}(x) = \overline{\delta}$ に選べば

$$HD(\mu) = \underline{\dim}_B(\mu) = \overline{\dim}_B(\mu) = \dim_B(\mu)$$

が成り立つ. 次の命題 1.1.17 により

$$\dim_B(\mu) \geq \overline{I}(\mu) \geq \underline{I}(\mu) \geq \underline{\delta}(x)$$

であるから, 定理 1.1.13 の結論を得る.

命題 1.1.17 μ はコンパクト距離空間 X の上の連続なボレル確率測度とする. このとき

(1) $\overline{\dim}_B(X) < \infty \Longrightarrow \overline{I}(\mu) \leq \overline{\dim}_B(\mu),$

(2) $\underline{\delta}(x) \geq \alpha_0$ (μ–a.e. x) $\Longrightarrow \underline{I}(\mu) \geq \alpha_0.$

証明 (1) の証明: $\delta > 0$ を固定する. $B_1, B_2, \cdots, B_{N(\varepsilon,\delta)}$ は μ–測度の値が $1-\delta$ より大きいボレル集合 (μ–測度の値 $\geq 1-\delta$) を被覆する ε–閉球とする. その集

合の分割を構成するために

$$\tilde{B}_1 = B_1, \qquad \tilde{B}_n = B_n \setminus \bigcup_{i=1}^{n-1} \tilde{B}_i \quad (2 \leq n \leq N(\varepsilon,\delta))$$

とおく．$U_1, U_2, \cdots, U_{N(\varepsilon)}$ は X を被覆する ε–閉球として

$$\tilde{U}_1 = U_1 \setminus \bigcup_i \tilde{B}_i, \qquad \tilde{U}_n = U_n \setminus \left\{ \bigcup_{i=1}^{n-1} \tilde{U}_i \cup \bigcup_i \tilde{B} \right\}$$

とおく．このとき

$$\kappa = \{\tilde{B}_1, \cdots, \tilde{B}_{N(\varepsilon,\delta)}, \tilde{U}_1, \cdots, \tilde{U}_{N(\varepsilon)}\}$$

は X の分割である．κ の各集合は直径 $\leq 2\varepsilon$ ($\mathrm{diam}(\kappa) \leq 2\varepsilon$) である．

一般的に，$\sum_{i=1}^{s} p_i = t$, $0 \leq p_i \leq 1$, $0 < t \leq 1$ であるとき

$$-\sum_{i=1}^{s} p_i \log p_i \leq -t \log t + t \log s$$

が成り立つ．よって

$$H_\mu(2\varepsilon) \leq H_\mu(\kappa) \leq \log N(\varepsilon,\delta) + \{-\delta \log \delta + \delta \log N(\varepsilon)\}.$$

よって

$$\bar{I}(\mu) = \limsup_{\varepsilon \to 0} \frac{H_\mu(2\varepsilon)}{\log \dfrac{1}{\varepsilon}}$$

$$\leq \limsup_{\varepsilon \to 0} \frac{\log N(\varepsilon,\delta)}{\log \dfrac{1}{\varepsilon}} + \limsup_{\varepsilon \to 0} \frac{\{-\delta \log \delta + \delta \log N(\varepsilon)\}}{\log \dfrac{1}{\varepsilon}}.$$

$\delta > 0$ は任意であり，$\overline{\dim}_B(X) < \infty$ であるから，(1) を得る．

(2) の証明：$0 < \alpha < \alpha_0$, $\delta > 0$ とする．U は $\mu(U) > 1-\delta$ を満たすとする．$\varepsilon > 0$ を固定する．このとき $\underline{\delta}(x) \geq \alpha_0 > \alpha$ (μ–a.e. x) であるから，$x \in U$ に対して $0 < \rho_x < \varepsilon$ があって

$$\mu(B(x,\rho_x)) \leq \rho_x^\alpha \tag{1.1.5}$$

を満たすようにできる．

$\kappa = \{A_1, \cdots, A_r\}$ は $\{B(x, \rho_x) \mid x \in U\}$ と $X \setminus \bigcup_{x \in U} B(x, \rho_x)$ によって構成された直径が ε 以下である X の分割として

$$\beta_1 = \{A \in \kappa \mid A \cap U \neq \emptyset\},$$
$$\beta_2 = \kappa \setminus \beta_1$$

とおく．このとき，$\mu(\bigcup_{A \in \beta_2} A) \leq \delta$ である．$A \in \beta_1$ に対して，$x \in U$ があって $A \subset B(x, \varepsilon)$ であるから，(1.1.5) により $\mu(A) \leq \varepsilon^\alpha$ である．よって

$$\begin{aligned} H_\mu(\kappa) &\geq - \sum_{A \in \beta_1} \mu(A) \log \mu(A) \\ &\geq \frac{1 - 2\delta}{\varepsilon^\alpha}(-\varepsilon^\alpha \log \varepsilon^\alpha) \\ &\geq (1 - 2\delta)\alpha \log \frac{1}{\varepsilon}. \end{aligned}$$

$\delta > 0$ は任意であるから (2) が求まる． □

U は $\mathbb{R}^2$ の有界な開集合とし，μ は U の上のボレル確率測度とする．U の可測分割を ξ で表し，ξ に関する μ の条件付き確率測度の標準系 $\{\mu_x^\xi\}$ (μ–a.e. x) が存在するとする．

注意 1.1.18 μ–a.e. $x \in U$ に対して

$$\limsup_{\varepsilon \to 0} \frac{\log \mu(B(x, \varepsilon))}{\log \varepsilon} \leq \triangle \Longrightarrow \limsup_{\varepsilon \to 0} \frac{\log \mu_x^\xi(B(x, \varepsilon))}{\log \varepsilon} \leq \triangle.$$

証明 $\delta > 0$ を固定する．$n > 0$ に対して

$$B_n(\delta) = \{x \in U \mid \mu(B(x, e^{-n})) \geq e^{-n(\triangle + \delta)}\}$$

とおく．仮定によって

$$\limsup_{n \to \infty} \mu(B_n(\delta)) = 1 \qquad (\delta > 0).$$

$n > 0$ に対して

$$A_n(\delta) = \{x \in B_n(\delta) \mid \mu_x^\xi(B(x, 2e^{-n})) \leq e^{-n(\triangle + 2\delta)}\}$$

を定義する．$n > 0$ を固定する．μ–a.e. x に対して

$$\mu(A_n(\delta) \cap B(x, e^{-n})) = \int \mu_x^\xi(A_n(\delta) \cap B(x, e^{-n})) d\mu$$

であるから $y \in \xi(x) \cap A_n(\delta) \cap B(x, e^{-n})$ に対して

$$\mu_y^\xi(A_n(\delta) \cap B(x, e^{-n})) \leq \mu_y^\xi(B(x, 2e^{-n})) \leq e^{-n(\triangle+2\delta)}.$$

$y \in A_n(\delta)$ であるから $y \in B_n(\delta)$ で

$$\mu_y^\xi(A_n(\delta) \cap B(x, e^{-n})) \leq e^{-n\delta}\mu(B(x, e^{-n})).$$

ベシコビッチの被覆定理 (邦書文献 [Ao2]) により, U の被覆 $\mathcal{A} = \{B(x, e^{-n}) \mid x \in U\}$ ($n > 0$ を固定) に対して可算被覆 $\mathcal{A}' \subset \mathcal{A}$ と重複度 $c(3) > 0$ があって, $\mathcal{A}'$ は U を被覆する. よって

$$\begin{aligned}\mu(A_n(\delta)) &= \mu\left(A_n(\delta) \cap \bigcup_{\mathcal{A}'} B(x, e^{-n})\right) \\ &\leq \sum_{\mathcal{A}'} \mu(A_n(\delta) \cap B(x, e^{-n})) \\ &\leq e^{-n\delta} \sum_{\mathcal{A}'} \mu(B(x, e^{-n})) \\ &\leq e^{-n\delta} c(3).\end{aligned}$$

$$\sum_{n=0}^{\infty} \mu(A_n(\delta)) < \infty$$

であるから, ボレル–カンテリー (Borel–Cantelli) の補題により, $\mu\left(\bigcap_{n\geq 1} \bigcup_{i\geq n} A_i(\delta)\right) = 0$ である. よって, $z \notin \bigcap_{n\geq 1} \bigcup_{i\geq 1} A_i(\delta)$ であれば, $z \in \bigcup_{n\geq 1} \bigcap_{i\geq 1} A_i(\delta)^c$ である. よって μ–a.e. z に対して

$$\limsup_n -\frac{\log \mu_x^\xi(B(z, 2e^{-n}))}{n} \leq \triangle + 2\delta.$$

よって結論を得る. □

μ に関するハウスドルフ次元 $HD(\mu)$ とボックス次元 $\dim_B(\mu)$ が一致するために μ のもつ性質が完全次元的であれば十分であることを述べてきた (定理 1.1.13).

ところで, 一様双曲的な力学系の枠内で, 双曲的集合 Λ のハウスドルフ次元 $HD(\Lambda)$ とボックス次元 $\dim_B(\Lambda)$ が一致するための条件は位相的圧力 $P_\Lambda(f, \varphi)$ に関係する (位相圧力の定義と性質は邦書文献 [Ao2] を参照).

$\mathbb{R}^n$ ($n \geq 2$) の上の微分同相写像 f が双曲的集合 Λ をもつとする. f が Λ の上で **u–等角** (u–conformal) であるとは, Λ の上の連続関数 $a^u(x)$ があって

$$D_x f_{|E^u(x)} = a^u(x) \mathrm{Isom}_x$$

が成り立つことである．同様にして，s–**等角** (s–conformal) であるとは，連続関数 $a^s(x)$ があって

$$D_x f_{|E^s(x)} = a^s(x)\mathrm{Isom}_x$$

が成り立つことである．ここに，Isom_x は等長写像を表す．

明らかに，$x \in \Lambda$ に対して $|a^u(x)| > 1$，$|a^s(x)| < 1$ が成り立つ．f が u–等角，かつ s–等角であるときに，単に f は**等角** (conformal) であるという．

双曲的集合 Λ は**局所的極大** (locally maximal) 言い換えると**孤立的**(isolated)，すなわち Λ の閉近傍 V があって

$$\Lambda = \bigcap_{n=-\infty}^{\infty} f^n(V)$$

を満たすとする．

連続関数 $t \log a^\sigma(x)$ ($t \in \mathbb{R}$ は固定) に対して，ボウエン (Bowen) 方程式

$$P_\Lambda(f, t \log a^\sigma) = 0$$

を満たす t を固定して，$t \log a^\sigma(x)$ に関する平衡測度を μ^σ とする．

注意 1.1.19 (マニング (Manning)) Λ は局所的極大な双曲的集合で，f は位相混合性をもつ C^2–微分同相写像で，かつ等角であれば，δ_σ ($\sigma = s, u$) があって

$$\delta_u = \frac{h_{\mu^u}(f)}{\int \log |a^u| d\mu^u}, \qquad \delta_s = \frac{h_{\mu^s}(f)}{\int -\log |a^s| d\mu^s}$$

とおくと

(i) $P_\Lambda(f, -\delta_u \log |a^u|) = 0, \qquad P_\Lambda(f, \delta_s \log |a^s|) = 0$,

(ii) $HD(\Lambda) = \dim_B(\Lambda) = \delta_u + \delta_s$

が成り立つ．

第3章3.4節で非一様双曲性の場合に注意 1.1.19 を含む結果を与える．よって注意 1.1.19 の証明は与えない．

双曲的集合 Λ の上で f が等角でない場合に，注意 1.1.19 に対応する結果として次の注意 1.1.20 がある：

Λ の上の関数 $\underline{\varphi}^u, \bar{\varphi}^u$ を

$$\underline{\varphi}^u(x) = -\log \|D_x f_{|E^u}\|, \qquad \bar{\varphi}^u(x) = \log \|D_x f_{|E^u}^{-1}\|$$

によって定義し，$\underline{\varphi}^s$, $\bar{\varphi}^s$ を

$$\underline{\varphi}^s(x) = -\log \|D_x f^{-1}_{|E^s}\|, \qquad \bar{\varphi}^s(x) = \log \|(D_x f^{-1})^{-1}_{|E^s}\|$$

によって定義する.

$\mathcal{R} = \{R_1, \cdots, R_p\}$ は小さい直径をもつ Λ のマルコフ分割（邦書文献 [Ao3]）として，$x \in \Lambda$ に対して

$$\Lambda^u(x) = W^u_{loc}(x) \cap R(x), \qquad \Lambda^s(x) = W^s_{loc}(x) \cap R(x)$$

とおく.

$x \in \Lambda$ に対して，$\underline{t}^u(x)$, $\bar{t}^u(x)$ はボウエン方程式

$$P_{\Lambda^u(x)}(f, t\underline{\varphi}^u) = 0, \qquad P_{\Lambda^u(x)}(f, t\bar{\varphi}^u) = 0$$

の解であって，$\underline{t}^s(x)$, $\bar{t}^s(x)$ は

$$P_{\Lambda^s(x)}(f, t\underline{\varphi}^s) = 0, \qquad P_{\Lambda^s(x)}(f, t\bar{\varphi}^s) = 0$$

の解であるとする．このとき

注意 1.1.20（バレイラ） f は C^2–微分同相写像であれば，$x \in \Lambda$ に対して

(i) $\underline{t}^u(x) \leq HD(W^u_{loc}(x) \cap \Lambda) \leq \underline{\dim}_B(W^u_{loc}(x) \cap \Lambda)$
    $\leq \overline{\dim}_B(W^u_{loc}(x) \cap \Lambda) \leq \bar{t}^u(x),$

(ii) $\underline{t}^s(x) \leq HD(W^s_{loc}(x) \cap \Lambda) \leq \underline{\dim}_B(W^s_{loc}(x) \cap \Lambda)$
    $\leq \overline{\dim}_B(W^s_{loc}(x) \cap \Lambda) \leq \bar{t}^s(x).$

μ は不変ボレル確率測度とする．μ に関する f のリャプノフ指数が重複したとき，1つずつ数えると全部で空間の次元だけ存在する．すべてのリャプノフ指数が0でないとき，μ は**双曲型** (hyperbolic) であるという．空間が2次元のとき，$h_\mu(f) > 0$ であればルエルの不等式（邦書文献 [Ao3]）により，μ は双曲型である.

等角でない C^2–微分同相写像であっても，それが双曲型測度をもっていれば注意 1.1.19 が成り立つ（第2章）．さらに注意 1.1.20 よりも精密な結果も成り立つ．注意 1.1.19(iii) はルエル–エックマン (Ruelle–Eckmann) 予想の特別な場合である．

1.2 次元公式

測度による次元がエントロピーとリャプノフ指数に関係する簡単な例を与える.

注意 1.2.1 行列 $A = \begin{pmatrix} 1 & 1 \\ 1 & 0 \end{pmatrix}$ によって導かれる 2 次元トーラス $\mathbb{T}^2$ の上の自己同型写像 $f_A : \mathbb{T}^2 \to \mathbb{T}^2$ は双曲的である. 実際に, $Df_A = A$ の固有値は $\lambda_s = \dfrac{1-\sqrt{5}}{2}$, $\lambda_u = \dfrac{1+\sqrt{5}}{2}$ である. f_A は $\mathbb{T}^2$ の上のルベーグ測度 m を不変にして
$$h_m(f_A) = \log \lambda_u$$
である. よって
$$h_m(f_A) \left[\frac{1}{\log \lambda_u} - \frac{1}{\log |\lambda_s|} \right] = 2 = HD(m)$$
が成り立つ.

次元公式は, 力学系を特徴づける公式として意味をもっている.

定理 1.2.2 (ヤンの次元公式) U は $\mathbb{R}^2$ の有界な開集合とし, $f : U \to U$ を C^2–微分同相写像とする. U の上の f–不変ボレル確率測度 μ がエルゴード的であって, μ に関する f のリャプノフ指数 χ_1, χ_2 が $\chi_2 > 0 > \chi_1$ (μ–a.e.) を満たすとする. すなわち, μ は双曲型であるとする. このとき
$$\mathrm{HD}(\mu) = h_\mu(f) \left(\frac{1}{\chi_2} - \frac{1}{\chi_1} \right)$$
が成り立つ.

証明の概略 f は局所的に固有値 $e^{\chi_1} < 1$, $e^{\chi_2} > 1$ をもつ線形写像と見なし, $\rho > 0$ に対して $\varepsilon > 0$, $n_1 > 0$, $n_2 > 0$ を
$$\varepsilon e^{n_1 \chi_1} = \rho = \varepsilon e^{-n_2 \chi_2}$$
が成り立つように選ぶ. $\mathbb{R}^2$ の通常のノルムを $\|\cdot\|$ で表す. 点 x を中心とする半径 ρ の閉近傍 $B(x, \rho) \subset \mathbb{R}^2$ は
$$B_{n_1, n_2}(x, \varepsilon) = \{ y \mid \|f^i(x) - f^i(y)\| \leq \varepsilon, \ -n_1 \leq i \leq n_2 \}$$

によって近似される．局所エントロピー定理（邦書文献 [Ao2]），すなわち

$$h_\mu(f) = \lim_{\varepsilon \to 0} \lim_{\substack{n_1 \to \infty \\ n_2 \to \infty}} -\frac{1}{n_1 + n_2} \log \mu(B_{n_1,n_2}(x,\varepsilon)) \qquad \mu\text{-a.e. } x$$

を用いて次の近似式を得る：

$$\log \mu(B(x,\rho)) \sim \log \mu(B_{n_1,n_2}(x,\varepsilon)) \sim -(n_1+n_2) h_\mu(f) \quad \mu\text{-a.e.}$$

ところで

$$n_2 = -\frac{\log \dfrac{\rho}{\varepsilon}}{\chi_2}, \quad n_1 = \frac{\log \dfrac{\rho}{\varepsilon}}{\chi_1}$$

であるから，$\dfrac{1}{\log \rho}$ を近似式に乗じて

$$\lim_{\rho \to 0} \frac{\log \mu(B(x,\rho))}{\log \rho} = \lim_{\rho \to 0} \frac{\left[\dfrac{1}{\chi_2} - \dfrac{1}{\chi_1}\right] h_\mu(f) \log \dfrac{\rho}{\varepsilon}}{\log \rho}$$

$$= h_\mu(f) \left(\frac{1}{\chi_2} - \frac{1}{\chi_1}\right) \quad \mu\text{-a.e.}$$

を得る．

定理 1.2.2 の証明 μ が完全次元測度であることを示せば十分である．Y_μ は（μ に関して）乗法エルゴード定理（邦書文献 [Ao3]）を満たす点の集合とする．このとき Y_μ は μ に関するペシン集合 $\Lambda = \bigcup_{l>0} \Lambda_l$ の部分集合である．E は局所エントロピー定理を満たす点の集合とする：

$x \in E$ に対して

$$h_\mu(f) = \lim_{r \to 0} \limsup_{\substack{m \to \infty \\ n \to \infty}} -\frac{1}{n+m} \log \mu(B_{n,m}(x,r)).$$

$x \in Y_\mu \cap E$ を固定する．このとき，$\alpha > 0$ に対して $\hat{\gamma} = \hat{\gamma}(x,\alpha) > 0$ があって

$$\left| \limsup -\frac{1}{n+m} \log \mu(B_{n,m}(x,r)) - h_\mu(f) \right| < \alpha \quad (0 < r \leq \hat{\gamma})$$

が成り立つ．よって $n_0 = n_0(r), \ m_0 = m_0(r) > 0$ があって

$$\exp(-(n+m)(h_\mu(f) + \alpha)) \leq \mu(B_{n,m}(x,r))$$
$$\leq \exp(-(n+m)(h_\mu(f) - \alpha)) \quad (n \geq n_0, \ m \geq m_0).$$

χ_1, χ_2 に対して, $\chi_1 \leq -\chi_2$ であるか, または $\chi_1 > -\chi_2$ のいずれかが成り立つ. そこで, 前者であると仮定して一般性を失わない. χ_1 を用いて, $0 < \rho < 1$ に対して n があって

$$\exp(n\chi_1) > \rho \geq \exp((n+1)\chi_1)$$

とできる.

$$B_{n,m}(x, \rho) \subset B(x, \rho) \quad (n > 0)$$

は明らかであるから, $0 < r < \hat{\gamma}$ に対して

$$\begin{aligned}
\mu(B(x,r)) &\geq \mu(B_{n,m}(x,r)) \\
&\geq \exp(-2n(h_\mu(f) + \alpha)) \quad (n \geq \max\{n_0, m_0\}) \\
&= \exp(-n\chi_2)^{(h_\mu(f)+\alpha)\frac{1}{\chi_2}} \exp(-n\chi_1)^{(h_\mu(f)+\alpha)\frac{1}{\chi_1}} \\
&\geq \exp(n\chi_1)^{(h_\mu(f)+\alpha)\left(\frac{1}{\chi_2} - \frac{1}{\chi_1}\right)}.
\end{aligned}$$

よって

$$\frac{\log \mu(B(x,r))}{\log r} \leq (h_\mu(f) + \alpha)\left(\frac{1}{\chi_2} - \frac{1}{\chi_1}\right)\frac{n\chi_1}{\log r}.$$

$$\lim_{r \to 0} \frac{n\chi_1}{\log r} = 1$$

であるから

$$\limsup_{r \to 0} \frac{\log \mu(B(x,r))}{\log r} \leq (h_\mu(f) + \alpha)\left(\frac{1}{\chi_2} - \frac{1}{\chi_1}\right).$$

$\alpha > 0$ は任意であるから

$$\limsup_{r \to 0} \frac{\log \mu(B(x,r))}{\log r} \leq h_\mu(f)\left(\frac{1}{\chi_2} - \frac{1}{\chi_1}\right) \quad (x \in Y_\mu \cap E). \quad (1.2.1)$$

定理を得るために, しばらく準備をする.

0.11 節の (24) のように

$$f_x = \Phi_{f(x)}^{-1} \circ f \circ \Phi_x : \mathbb{R}^2 \to \mathbb{R}^2 \quad (x \in Y_\mu \cap E)$$

を定義する. f_x は C^2-微分同相写像であるから, $v \in B_1 = \{v \in \mathbb{R}^2 | \ ||v|| \leq 1\}$ に対して

$$||f_x(v) - D_0 f_x(v)|| \leq \sup_{w \in B_1} ||D_w^2 f_x|| ||v|| \quad (x \in Y_\mu \cap E)$$

$$||f_x^{-1}(v) - D_0 f_x^{-1}(v)|| \leq \sup_{w \in B_1} ||D_w^2 f_x^{-1}|| ||v||$$

が成り立つ.

$\delta > 0$ とする. 0.11 節の (25) により $v \in B_1$ に対して

$$\begin{aligned}\|f_x(v)\| &\leq \|D_0 f_x(v)\| + \delta\|v\| \\ \|f_x^{-1}(v)\| &\leq \|D_0 f_x^{-1}(v)\| + \delta\|v\|.\end{aligned} \qquad (x \in \Lambda) \qquad (1.2.2)$$

固定した点 x は $Y_\mu \cap E$ に属していた. よって Λ_l があって $x \in \Lambda_l$ である. このとき次が成り立つ (証明は邦書文献 [Ao3], リャプノフ座標系).

(1) $u \in \mathbb{R} \times \{0\}$ $(u \neq 0)$ に対して

$$\exp(\chi_1 - 12\varepsilon) \leq \frac{\|D_0 f_x(v)\|}{\|v\|} \leq \exp(\chi_1 + 12\varepsilon),$$

(2) $u \in \{0\} \times \mathbb{R}$ $(u \neq 0)$ に対して

$$\exp(\chi_2 - 12\varepsilon) \leq \frac{\|D_0 f_x(v)\|}{\|v\|} \leq \exp(\chi_2 + 12\varepsilon),$$

(3) x に依存しない $C' > 0$ があって $u, v \in \mathbb{R}^2$ に対して

$$C'^{-1}\|\tau_x(u) - \tau_x(v)\| \leq \|u - v\| \leq C' \exp(9\varepsilon l)\|\tau_x(u) - \tau_x(v)\|.$$

$$D = (C')^2 C_l$$

とおく. $\delta > 0$ を固定する.

このとき, $0 < \rho < \dfrac{r}{D}$ を満たす十分に小さい ρ に対して $n, m \geq \max\{n_0, m_0\}$ があって

$$\exp(-m(\chi_2 + 12\varepsilon + \delta))\frac{r}{D} > \rho \geq \exp(-(m+1)(\chi_2 + 12\varepsilon + \delta))\frac{r}{D},$$
$$\exp(n(\chi_1 - 12\varepsilon - \delta))\frac{r}{D} > \rho \geq \exp((n+1)(\chi_1 - 12\varepsilon - \delta))\frac{r}{D}$$

を満たす. このとき

$$B(x, \rho) \subset B_{n,m}(x, r) \qquad (1.2.3)$$

が成り立つ.

実際に, $z \in B(x, \rho)$ に対して

$$w = \Phi_x^{-1}(z)$$

とおく. このとき

$$\begin{aligned}
||w|| &\leq C'C_l||x-z|| \\
&\leq C'C_l \exp(-m(\chi_2+12\varepsilon+\delta))\frac{r}{D} \\
&= \exp(-m(\chi_2+12\varepsilon+\delta))\frac{r}{C'} \\
&< \frac{r}{C'}.
\end{aligned} \qquad (1.2.4)$$

よって

$$(C')^{-1}||x-z|| \leq ||w|| \leq \frac{r}{C'}.$$

$||w|| \leq \dfrac{r}{C'}$ であるから

$$||f_x(w)|| \leq ||D_0 f_x(w)|| + \delta||w||,$$
$$||f_x^{-1}(w)|| \leq ||D_0 f_x^{-1}(w)|| + \delta||w||.$$

$i > 0$ に対して

$$f_x^i(w) = f_{f^{i-1}(x)}(f_x^{i-1}(w)) = (w_1^i, w_2^i)$$

と表す. $i = 0$ のとき

$$w = (w_1^0, w_2^0)$$

とおく. このとき

$$\begin{aligned}
||f_x(w)|| &\leq ||D_0 f_x(w)|| + \delta||w|| \\
&= ||D_0 f_x(w_1^0, 0) + D_0 f_x(0, w_2^0)|| + \delta||w|| \\
&\leq \max\{||D_0 f_x(w_1^0, 0)||, ||D_0 f_x(0, w_2^0)||\} + \delta||w|| \\
&\leq \max\{\exp(\chi_1+12\varepsilon)|w_1^0|, \exp(\chi_2+12\varepsilon)|w_2^0|\} + \delta||w|| \\
&\leq \exp(\chi_2+12\varepsilon)||w|| + \delta||w|| \\
&\leq \exp(\chi_2+12\varepsilon+\delta)||w|| \\
&\leq \exp((1-m)(\chi_2+12\varepsilon+\delta))\frac{r}{C'} \qquad ((1.2.4) により).
\end{aligned}$$

よって

$$\begin{aligned}
(C')^{-1}||f(x)-f(z)|| &\leq ||f_x(w)|| \\
&\leq \exp((1-m)(\chi_2+12\varepsilon+\delta))\frac{r}{C'} \\
&\leq \frac{r}{C'}.
\end{aligned}$$

$m \geq 1$ に対して

$$||f_x^{m-1}(w)|| \leq \exp(-(\chi_2 + 12\varepsilon + \delta))\frac{r}{C'}$$
$$< \frac{r}{C'}$$

であるとき

$$\begin{aligned}
||f_x^m(w)|| &= ||f_{f^{m-1}(x)}(f_x^{m-1}(w))|| \\
&\leq ||D_0 f_{f^{m-1}(x)}(f_x^{m-1}(w)) + \delta||f_x^{m-1}(w)|| \qquad ((1.2.1) \text{ により}) \\
&= ||D_0 f_{f^{m-1}(x)}((w_1^{m-1}, 0)) + D_0 f_{f^{m-1}(x)}((0, w_2^{m-1}))|| + \delta||f_x^{m-1}(w)|| \\
&\leq \max\{\exp(\chi_1 + 12\varepsilon)|w_1^{m-1}|, \ \exp(\chi_2 + 12\varepsilon)|w_2^{m-1}|\} + \delta||f_x^{m-1}(w)||.
\end{aligned}$$

$|w_1^{m-1}|, \ |w_2^{m-1}| \leq ||f_x^{m-1}(w)||$ であるから

$$||f_x^m(w)|| \leq \exp(\chi_2 + 12\varepsilon + \delta)||f_x^{m-1}(w)||$$
$$< \frac{r}{C'}.$$

よって $0 \leq i \leq m$ に対して

$$||f^i(x) - f^i(z)|| \leq r.$$

同様にして $-n \leq i \leq 0$ に対して

$$||f^i(x) - f^i(z)|| \leq r$$

が求まる．(1.2.3) が成り立つ．

よって

$$\begin{aligned}
\mu(B(x,\rho)) &\leq \mu(B_{n,m}(x,r)) \\
&\leq \exp(-(n+m)(h_\mu(f) - \alpha)) \\
&= \exp(-m\chi_2)^{(h_\mu(f) - \alpha)\frac{1}{\chi_2}} \exp(n\chi_1)^{-(h_\mu(f) + \alpha)\frac{1}{\chi_1}} \\
&\leq \max\{\exp(-m\chi_2), \ \exp(n\chi_1)\}^{(h_\mu(f) - \alpha)\left(\frac{1}{\chi_2} - \frac{1}{\chi_1}\right)}
\end{aligned}$$

であるから

$$\frac{\log \mu(B(x,\rho))}{\log \rho} \geq (h_\mu(f) - \alpha)\left(\frac{1}{\chi_2} - \frac{1}{\chi_1}\right)\frac{\max\{-m\chi_2, \ n\chi_1\}}{\log \rho}.$$

ところで
$$\lim_{\rho \to 0} \frac{-m\chi_2}{\log \rho} = \lim_{\rho \to 0} \frac{n\chi_1}{\log \rho} = 1$$
であるから，結果的に
$$\liminf_{\rho \to 0} \frac{\log \mu(B(x,\rho))}{\log \rho} \geq h_\mu(f) \left(\frac{1}{\chi_2} - \frac{1}{\chi_1} \right) \quad (x \in Y_\mu \cap E). \quad (1.2.5)$$
よって前半で得た不等式と併せて
$$\liminf_{\rho \to 0} \frac{\log \mu(B(x,\rho))}{\log \rho} = h_\mu(f) \left(\frac{1}{\chi_2} - \frac{1}{\chi_1} \right) \quad (x \in Y_\mu \cap E)$$
を得る．μ は完全次元測度である． $\square$

定理 1.2.2 を得るために
$$\lim_{\rho \to 0} \frac{\log \mu(B(x,\varepsilon))}{\log \rho} = h_\mu(f) \left(\frac{1}{\chi_2} - \frac{1}{\chi_1} \right) \quad \mu\text{-a.e. } x$$
を示した．この式は局所エントロピー定理，すなわち
$$h_\mu(f) = \lim_{r \to 0} \liminf_{\substack{n_1 \to \infty \\ n_2 \to \infty}} -\frac{1}{n_1 + n_2} \log \mu(B_{n_1,n_2}(x,r))$$
が成り立つ点の集合 E と Y_μ との共通集合 $E \cap Y_\mu$ の点に対して求めている．よって注意 1.1.11 により
$$HD(E \cap Y_\mu) = h_\mu(f) \left(\frac{1}{\chi_2} - \frac{1}{\chi_1} \right)$$
が成り立つ．

μ が f–不変ボレル確率測度でエルゴード的であるとき，μ に関する f のリヤプノフ指数 χ_1, χ_2 が $\chi_1 < 0 < \chi_2$ (μ–a.e.) を満たしていれば（双曲型測度であれば），(1.2.1) と (1.2.5) により $\underline{\delta}(x) = \overline{\delta}(x) = \delta$ (μ–a.e. x) であるから，μ は完全次元測度である．すなわち
$$\lim_{\rho \to 0} \frac{\log \mu(B(x,\rho))}{\log \rho} = \delta \quad \mu\text{-a.e. } x$$
が成り立つ．よって定理 1.1.13 により，μ に関するハウスドルフ次元，ボックス次元，情報次元は一致する．

2 次元の場合に力学系がエルゴード的双曲型測度をもてば，その測度は完全次元的であることを知った．しかし，高次元空間の場合には f が等角でない限りこの節での議論は適用できない．

注意 1.2.3 定理 1.2.2 において，$h_\mu(f) = \chi_2$ であれば $HD(\mu) = 1 - \dfrac{\chi_2}{\chi_1}$ が成り立つ．

1.3 ラミネイションと可測分割

$\mathbb{R}^2$ の上の C^2–微分同相写像 f は有界な開集合 U に対して $f(U) \subset U$ とする．μ は f–不変ボレル確率測度であって，エルゴード的であるとする．$\chi_1 \leq 0 < \chi_2$ (μ–a.e.) は μ に関する f のリャプノフ指数として，$\Lambda = \bigcup_l \Lambda_l$ はペシン集合とする．

$\mu(\Lambda) = 1$ であるから，$\mu(\Lambda_l) > 0$ を満たす Λ_l が存在する．$r_l > 0$ が存在して $x \in \Lambda_l$, $0 < r \leq r_l$ に対して，中心 x の 1 辺 r の矩形を $B(x,r)$ で表す．このとき $y \in \Lambda_l \cap B(x,r)$ に対して，局所不安定多様体 $W^u_{loc}(y)$ は $B(x,r)$ を突き抜けるようにできる．$W^u_{loc}(y) \cap B(x,r)$ の y を含む連結成分を $\gamma(y)$ で表すとき，$\varepsilon_l > 0$ があって

$$S(x,r) = \bigcup_{y \in \Lambda_l \cap B(x, \varepsilon_l r)} \gamma(y)$$

が定義される．ここで $x \in \Lambda_l$ は

$$\mu(\Lambda_l \cap B(x, \varepsilon_l r)) > 0$$

なる点とする．明らかに，$\mu(S(x,r)) > 0$ が成り立つ．

$$\{\gamma(y) \mid y \in \Lambda_l \cap B(x, \varepsilon_l r)\}$$

は $S(x,r)$ のラミネイション (lamination) という．

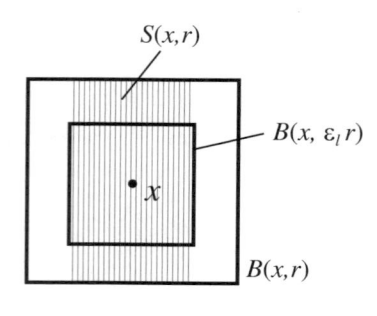

図 1.3.1

$0 < r \leq r_l$ を満たす r を固定して，U の分割 ξ_r を

$$\xi_r = \{\gamma(y) \mid y \in \Lambda_l \cap B(x, \varepsilon_l r)\} \cup \{U \setminus S(x,r)\} \tag{1.3.1}$$

によって定義して

$$\xi = \bigvee_{i=0}^{\infty} f^i(\xi_r) \tag{1.3.2}$$

とおく．ξ の Λ への制限は Λ の可測分割である．この場合に ξ を単に（可測）**分割**という．

μ はエルゴード的であるから

$$S_r = \bigcup_{n \geq 0} f^n(S(x, r)) \tag{1.3.3}$$

の μ–測度の値は 1 である（$\mu(S_r) = 1$）．

注意 1.3.1 分割 ξ は Λ とエルゴード的測度 μ に依存して構成され，その構成は一意的ではない．

定理 1.3.2（ルドラピエ–ストレルシン）　μ はエルゴード的とする．このとき次を満たす可測分割 ξ が存在する：

(1) $\xi \leq f^{-1}(\xi)$,

(2) μ–a.e. x に対して，$\xi(x)$ は $W^u(x)$ の近傍を含む，

(3) $\bigcup_{n \geq 0} f^n(\xi(f^{-n}(x))) = W^u(x)$　μ–a.e. x,

(4) $\{f^{-n}(\xi) \mid n \in \mathbb{Z}\}$ の生成する σ–集合体は U のボレルクラス $\mathcal{B}$ と μ–a.e. で一致する．

定理 1.3.2 の分割 ξ は μ に依存して構成されている．よって，ξ を **μ–可測分割**（μ–measurable partition）と呼ぶことにする．

注意 1.3.3　行列 $A = \begin{pmatrix} 1 & 1 \\ 1 & 0 \end{pmatrix}$ によって導かれた $\mathbb{T}^2$ の上の自己同型写像 f_A の微分 $D_x f = A$ $(x \in \mathbb{T}^2)$ の固有値 $\lambda_u = \dfrac{1 + \sqrt{5}}{2}$（固有ベクトルは $v^u = (2, \sqrt{5} - 1)$），$\lambda_s = \dfrac{1 - \sqrt{5}}{2}$（固有ベクトルは $v^s = (2, -\sqrt{5} - 1)$）であった．E^u は λ_u の固有空間，E^s は λ_s の固有空間を表す．邦書文献 [Ao2] の図 1.6.4 の矩形 R_2 に対して

$$\gamma^u(x) = W^u(x) \cap R_2, \quad \gamma^s(x) = W^s(x) \cap R_2 \quad (x \in R_2)$$

とおき

$$\hat{\xi}^u = \{\gamma^u(x) | x \in R_2\} \cup \{\mathbb{T}^2 \setminus R_2\},$$
$$\hat{\xi}^s = \{\gamma^s(x) | x \in R_2\} \cup \{\mathbb{T}^2 \setminus R_2\}$$

を定義する．

f_A はルベーグ測度に関してエルゴード的であるから，$\mu(\bigcup_{i=0}^{\infty} f^i(R_2)) = 1$ である．よって

$$\xi^u = \bigvee_{i=0}^{\infty} f^i(\hat{\xi}^u),$$
$$\xi^s = \bigvee_{i=0}^{\infty} f^{-i}(\hat{\xi}^s)$$

は μ–a.e. で $\mathbb{T}^2$ の分割をなし，定理 1.3.2(1), (2), (3), (4) を満たす．

注意 1.3.4 邦書文献 [Ao2] の図 1.6.4 のような $\mathbb{T}^2$ のマルコフ分割 $\{R_1, R_2\}$ を選び，それを固定する．$\mathbb{T}^2$ の葉層構造 $\{W^u(x)\}$ を用いて可測分割 ξ^u を次のように定義する：

$$\xi^u = \{R_i \cap W^u(x) : x \text{ の連結成分} | i = 1, 2, \ x \in \mathbb{T}^2\}.$$

このとき，ξ^u は定理 1.3.2 を満たす不安定多様体に沿う可測分割である．同様にして，$\{W^s(x)\}$ を用いて可測分割 ξ^s を

$$\xi^s = \{R_i \cap W^s(x) : x \text{ の連結成分} | i = 1, 2, \ x \in \mathbb{T}^2\}$$

によって定義すると定理 1.3.2 を満たす可測分割である．

定理 1.3.2 の証明 (1.3.2) の分割 $\xi = \bigvee_{i=0}^{\infty} f^i(\xi_r)$ は定理 1.3.2(1)〜(4) を満たすように r が定まることを示す．

明らかに ξ は (1) を満たす．

$\mu(S_r) = 1$ である．$z \in S_r \cap \Lambda$ に対して，(1.3.3) により，$n \geq 0$ があって $\xi_r(f^{-n}(z)) = \gamma(z')$ を満たす $z' \in \Lambda_l$ が存在する．このとき

$$\xi(z) \subset f^n(\xi_r(f^{-n}(z))) = f^n(\gamma(z')) \subset W^u(f^n(z')) = W^u(z)$$

であるから，(2) を得るために

$$y \in W^u(z), \text{ かつ } d^u(y,z) \leq \beta_r(z) \Longrightarrow y \in \xi(z) \quad (1.3.4)$$

を満たす $\beta_r > 0$ の存在を示せば十分である．ここに，d^u は $W^u(z)$ に沿った距離関数である．実際に，μ–a.e. z に対して $\beta_r(z) > 0$ で (1.3.4) が成り立てば (2) が求まる．

(1.3.4) を示すために，$z \in \bigcup_l \Lambda_l$ に対して

$$l(z) = \inf\{l' \,|\, z \in \Lambda_{l'}\}$$

とおき

$$\beta_r(z) = \inf_{n \geq 0} \left\{ r_{l(z)}, \; \frac{1}{2C_{l(z)}} d(f^{-n}(z), \partial B(x,r)) e^{nB}, \; \frac{r}{C_{l(z)}} \right\} \quad (1.3.5)$$

を定義する（邦書文献 [Ao3]，注意 4.3.11）．ここに，d は U の上の距離関数を表す．

$z \in \bigcup_l \Lambda_l$ とする．$y \in W^u(z)$ に対して

$$d^u(y,z) \leq \beta_r(z) \Longrightarrow \xi_r(f^{-n}(y)) = \xi_r(f^{-n}(z)) \quad (n \geq 0)$$

である．実際に

$$d^u(y,z) \leq r_{l(z)} \quad (y \in W^u(z))$$

であれば 0.11 節の (34)，または邦書文献 [Ao3] の注意 4.3.11 により，$n \geq 0$ に対して

$$\begin{aligned} d^u(f^{-n}(y), f^{-n}(z)) &\leq C_{l(z)} e^{-nB} d^u(y,z) \\ &\leq C_{l(z)} e^{-nB} \beta_r(z) \\ &\leq \frac{1}{2} d(f^{-n}(z), \partial B(x,r)). \end{aligned} \quad (1.3.6)$$

よって $n \geq 0$ に対して

$$f^{-n}(z) \in B(x,r) \Longleftrightarrow f^{-n}(y) \in B(x,r).$$

$z \in S_r$ であるから，$n \geq 0$ と $z' \in \Lambda_l \cap B(x, \varepsilon_l r)$ があって

$$f^{-n}(z) \in \xi(f^{-n}(z)) = \gamma(z') \subset W^u(z') \cap B(x,r).$$

さらに (1.3.6) により

$$\begin{aligned} d^u(f^{-n}(z), f^{-n}(y)) &\leq \frac{1}{2} d(f^{-n}(z), \partial B(x, r)) \\ &\leq d(f^{-n}(z), \partial B(x, r)) \\ &\leq d^u(f^{-n}(z), \partial B(x, r)) \end{aligned}$$

であるから

$$f^{-n}(z) \in \gamma(z') \iff f^{-n}(y) \in \gamma(z')$$

であるか，または

$$f^{-n}(z) \in U \setminus S(x, r) \iff f^{-n}(y) \in U \setminus S(x, r)$$

を得る．

よって (1.3.4) が成り立つ．しかし，μ–a.e. z に対して $\beta_r(z) > 0$ を満たす $0 < r \leq r_l$ の存在を示さないと，(2) が証明されたことにならない．

$0 < r < r_l$ があって，$\beta_r(z) > 0$ (μ–a.e. z) を示すために，(1.3.5) により $0 < r < r_l$ があって

$$\inf_k \left\{ \frac{e^{kB}}{2C_{l(z)}} d(f^{-k}(z), \partial B(x, r)) \right\} > 0 \quad (\mu\text{–a.e.}\, z) \quad (1.3.7)$$

を示せば十分である．実際に，$r_l(z) > 0$, $C_{l(z)} > 0$ であるからである．

$[0, r_l]$ の上の有限測度 ν を

$$\nu(A) = \mu(\{z \in U \,|\, d(x, z) \in A\}) \quad (A \text{ は } [0, r_l] \text{ のボレル集合})$$

によって定義する．このとき，$\nu(\{t\}) > 0$ ($t \in [(0, r_l])$ なる t は高々可算個である．

集合

$$K = \left\{ r \,\middle|\, 0 < r \leq r_l, \sum_{k=0}^{\infty} \mu(\{z \in U \,|\, |d(x, z) - r| < e^{-kB}\}) < \infty \right\}$$

のルベーグ測度の値は r_l である（邦書文献 [Ao2], 注意 2.1.2）．よって，ルベーグ測度の値が 0 である集合を除いて，$[0, r_l]$ の点 r に対して

$$\sum_{k=0}^{\infty} \mu(\{z \in U \,|\, |d(x, z) - r| < e^{-kB}\}) < \infty.$$

f は μ–不変であるから

$$K = \left\{ r \;\middle|\; 0 < r \le r_l, \; \sum_{k=0}^{\infty} \mu(\{z \in U \,|\, |d(x, f^{-k}(z)) - r| < e^{-kB}\}) < \infty \right\}$$

が成り立つ．

$\tau > 0$ に対して $\dfrac{1}{2} < D < 1$ があって

$$|d(x,z) - r| \le D\tau \Longrightarrow d(z, \partial B(x,r)) \le \tau$$

であるから，$r \in K$ に対して

$$\sum_{k=0}^{\infty} \mu\left(\left\{z \in U \;\middle|\; d(f^{-k}(z), \partial B(x,r)) \le \frac{e^{-kB}}{D}\right\}\right) < \infty.$$

よって，ボレル–カンテリーの補題により，μ–a.e. z に対して

$$d(f^{-k}(z), \partial B(x,r)) \le \frac{e^{-kB}}{D}$$

を満たす k は有限個 $\{k_1, \cdots, k_z\}$ だけである．よって，$k \notin \{k_1, \cdots, k_z\}$ のとき

$$d(f^{-k}(z), \partial B(x,r)) > \frac{e^{-kB}}{D} \quad \mu\text{–a.e. } z \quad (1.3.8)$$

である．

$$\mathcal{T} = \left\{ r \;\middle|\; \mu\left(\bigcup_n f^n(\partial B(x,r))\right) > 0 \right\}$$

は高々可算集合で，$\nu(\mathcal{T}) = 0$ である．

$r \in K \setminus \mathcal{T}$ とするとき，μ–a.e. z に対して $k_1, \cdots, k_z$ 以外の k に対して (1.3.8) が成り立つ．$r \notin \mathcal{T}$ であるから $\mu(\bigcup_n f^n(\partial B(x,r))) = 0$ である．よって $z \notin \bigcup_n f^n(\partial B(x,r))$ であるから

$$d(f^{-k}(z), \partial B(x,r)) > 0 \qquad (k = k_1, \cdots, k_z)$$

が成り立つ．よって (1.3.7) が示された（$\beta_r \le r_{l(y)}$ に注意）．

ν–a.e. r を固定して，$\beta = \beta_r$ とおき (3) を示す．$n \ge 0$，μ–a.e. $z \in S_r$ に対して

$$f^n(\xi(f^{-n}(z))) \subset W^u(z)$$

は明らかである．$y \in W^u(z)$ とする．このとき

$$\lim_{n \to \infty} d^u(f^{-n}(y), f^{-n}(z)) = 0.$$

一方において，$\beta(z) > 0$ (μ–a.e. z) であるから，バーコフのエルゴード定理は

$$\lim_{n\to\infty} \frac{1}{n} \sum_{i=1}^{n} \beta(f^{-i}(z)) > 0 \qquad \mu\text{–a.e.}\ z$$

を保証している．よって μ–a.e. z と $n = n(z) > 0$ があって

$$\beta(f^{-n}(z)) > d^u(f^{-n}(y), f^{-n}(z)).$$

(1.3.4) により，$f^{-n}(y) \in \xi(f^{-n}(z))$ であるから

$$y \in f^n(\xi(f^{-n}(z))).$$

(3) が示された．

(4) を示す．すなわち，$\{f^{-n}(\xi) | n \in \mathbb{Z}\}$ が $\mathcal{B}$ を生成することを示す．$\mu(S_r) = 1$ であるから，$y, z \in S_r$ ($y \neq z$) に対して，$n \in \mathbb{Z}$ があって

$$(f^{-n}(\xi))(z) \neq (f^{-n}(\xi))(y)$$

を示せば十分である．

実際に

$$(f^{-n}(\xi))(z) = (f^{-n}(\xi))(y) \qquad (n \in \mathbb{Z})$$

を仮定する．このとき $(f^{-n}(\xi))(z) = f^{-n}\xi(f^n(z))$ であるから $\xi(f^n(z)) = \xi(f^n(y))$ $(n \in \mathbb{Z})$ である．よって

$$C_{l(z)} \lambda_u^n d(z, y) \leq d(f^n(z), f^n(y)) \leq r \qquad (n \geq 0)$$

となって矛盾を得る．　　□

$f : U \to U$ を C^2–微分同相写像として，ν は不変ボレル確率測度とする．ν を f–不変ボレル確率測度であるとして，ξ を可測分割とする．このとき ξ が**不安定多様体に沿う** (subordinated unstable manifold) とは，次の (1)〜(4) を満たすことである：

(1) $f(\xi) \leq \xi$.

(2) ν–a.e. x に対して，$\xi(x)$ は $W^u(x)$ の区間を含む．

(3) ν–a.e. x に対して，点 x を含む ξ に属する集合 $\xi(x)$ に対して
$\bigcup_{n>0} f^n(\xi(f^{-n}(x))) = W^u(x)$ を満たす．

(4) $\bigvee_{i=0}^{\infty} f^{-i}(\xi)$ は μ–a.e. で各点分割である.

このような ξ を**不安定多様体に沿う ν–可測分割**という. ξ が不安定多様体に沿う ν–可測分割であれば, $f^{-1}(\xi)$ も同じ条件をもつ.

注意 1.3.5 ν がエルゴード的であれば, 正のリャプノフ指数をもつ力学系は定理 1.3.2 によって不安定多様体に沿う ν–可測分割をもつ. さらに, 一様双曲性をもつ力学系は拡大性と追跡性の 2 つの性質だけでマルコフ分割 (Markov partition) が構成される. この分割は有限分割であって, その各集合の u–方向の葉の全体からなる分割は不安定多様体に沿う分割である.

部分的非一様双曲性の力学系を解析する場合に, 不安定多様体に沿う分割はマルコフ分割に対応する重要な役割を果たす.

注意 1.3.6 ξ は不安定多様体に沿う μ–可測分割とする. このとき
$$\xi_1 \leq \xi_2 \leq \cdots \leq \bigvee_j \xi_j = \xi$$
を満たす有限可測分割の列 $\{\xi_j\}$ が存在する.

証明 ξ の構成の出発点にもどると, (1.3.1) により
$$\xi_r = \{\xi_r(y) \mid y \in \Lambda_l \cap B(x, \varepsilon_l r)\} \cup \{U \setminus S(x, r)\},$$
$$\xi = \bigvee_{i=0}^{\infty} f^i(\xi_r).$$

よって矩形 $B(x, \varepsilon_l r)$ の横の辺を n 等分し, 左側から順番に $\dfrac{1}{n}$ 以下の小区間 I_1 のなかで $\xi_r(y)$ が横断的に通過する点を y_1 とする. 点 y_1 から右に $\dfrac{1}{n}$ 以下の小区間を I_2 とし, I_2 内を横断的に通過する $\xi_r(z)$ のその横断的な点を y_2 とする. このことを繰り返して, $B(x, \varepsilon_l r)$ の横の辺を有限個の小区間 $J_1, J_2, \cdots, J_n$ に分割する. 小区間 J_1 と $\xi_r(y_1)$ によってできる $B(x, \varepsilon_l r)$ 内の図形を γ_1 とし, $\xi_r(y_1)$ と J_2 と $\xi_r(y_2)$ できまる図形を γ_2 とする. このようにして $\gamma_1, \gamma_2, \cdots, \gamma_n$ を構成し, 最後に $\gamma_1, \gamma_2, \cdots, \gamma_n$ は $B(x, \varepsilon_l r)$ の分割になるように調節する.
$$\eta_n = \{\gamma_i \mid 1 \leq i \leq n\} \cup \{U \setminus S(x, r)\}$$

によって U の有限分割を構成する．このとき

$$\xi_n = \bigvee_{i=0}^{n} f^i(\eta_n)$$

とおくと

$$\xi_1 \leq \xi_2 \leq \cdots \leq \bigvee_n \xi_n = \xi$$

が成り立つ． □

不安定多様体の族 $\{W^u(x)\,|\,x \in \Lambda\}$ によって生成される σ–集合体を $\mathcal{B}^u$ で表す．$\mathcal{B}^u$ はボレルクラス $\mathcal{B}$ の部分 σ–集合体である．

ν は f–不変ボレル確率測度とする．可測分割 $\alpha = \{A, U \setminus A\}$ に対して，$h_\nu(f, \alpha) = 0$ である集合 A の全体を含む最小の σ–集合体を $\mathcal{B}_\pi$ で表す．$\mathcal{B}_\pi$ は**ピンスカー σ–集合体** (Pinskerσ–field) という．

$\mathcal{B}_\xi$ は可測分割 ξ によって生成された σ–集合体とする．

命題 1.3.7 ξ は不安定多様体に沿う μ–可測分割とする．このとき $\mathcal{B}^u = \mathcal{B}_\pi$ (μ–a.e.) が成り立つ．

証明 定理 1.3.2(3) により

$$\mathcal{B}_\xi \supset \mathcal{B}_{f(\xi)} \supset \cdots \supset \bigcap_{n \geq 0} \mathcal{B}_{f^n(\xi)}$$

であって，$\bigcap_{n \geq 0} \mathcal{B}_{f^n(\xi)} = \mathcal{B}^u$ が成り立つ．このとき $\mathcal{B}^u = \mathcal{B}_\pi (\mu\text{–a.e.})$ である（邦書文献 [Ao2], 注意 3.3.10, 3.3.12）． □

命題 1.3.8 $\mathcal{B}_{in}$ は f–不変可測集合からなる σ–集合体とする．このとき，$\mathcal{B}_{in} \subset \mathcal{B}^u$ が成り立つ．

証明 2乗可積分関数の全体を $L^2(\mu)$ として，$L^2(\mu)$ に属する $\mathcal{B}_{in}$–可測関数の集合を $L^2(\mathcal{B}_{in})$ で，$\mathcal{B}^u$–可測関数の集合を $L^2(\mathcal{B}^u)$ で表す．このとき

$$L^2(\mathcal{B}_{in}) \subset L^2(\mathcal{B}^u)$$

を示せば十分である．

バーコフのエルゴード定理により，$\varphi \in C^0(U, \mathbb{R})$ に対して，$\mu(U_\varphi) = 1$ を満たす f-不変可測集合 U_φ があって，$x \in U_\varphi$ に対して

$$\varphi^-(x) = \lim_{n \to \infty} \frac{1}{n} \sum_{i=0}^{n-1} \varphi(f^{-i}(x))$$

が成り立つ．$P: L^2(\mu) \to L^2(\mathcal{B}_{in})$ は直交射影とする．$\{P(\varphi) \mid \varphi \in C^0(U, \mathbb{R})\}$ は $L^2(\mathcal{B}_{in})$ で稠密である．よって $\varphi^- = P(\varphi)$ を示している．

$W^u(\Lambda) = \bigcup_{x \in \Lambda} W^u(x)$ とおく．明らかに，$\Lambda \subset W^u(\Lambda)$ である．$x, y \in U_\varphi$ に対して $z \in \Lambda$ があって，$x, y \in W^u(z)$ であるとき

$$\lim_{n \to \infty} d(f^{-n}(x), f^{-n}(y)) = 0$$

であるから，$\varphi^-(x) = \varphi^-(y)$ が成り立つ．よって，$\{P(\varphi) \mid \varphi \in C^0(U, \mathbb{R})\}$ に属する関数は不安定多様体を U_φ に制限した集合の上で定数である．よって，その関数は $\mathcal{B}^u$-可測関数に μ-測度の値が 0 の集合を除いて一致する． □

1.4　準エントロピーとリャプノフ指数

1.2 節において，双曲型測度をもつ力学系の次元公式を空間が 2 次元の場合に求めた．ここでは，高次元空間の場合にも適用できる次元公式を解説する．しかし，議論の複雑さを避けるために，この節でも 2 次元の場合に話題を制限する．第 2 章で高次元の場合を議論する．この節で用いる準エントロピーの定義とそのエントロピーがもつ性質は邦書文献 [Ao2] に述べられている．

$f: \mathbb{R}^2 \to \mathbb{R}^2$ は C^2-微分同相写像とする．U は $\mathbb{R}^2$ の開集合で $f(U) \subset U$ を満たすとして，μ は f-不変ボレル確率測度であるとする．

μ はエルゴード的であると仮定して，μ に関するペシン集合 $\Lambda = \bigcup_l \Lambda_l$ の上でリャプノフ指数は $\chi_1 \leq 0 < \chi_2$ (μ-a.e.) を満たすとする．したがって，μ は双曲型とは限らない．

しかし，定理 1.3.2 の条件を満たす U の可測分割（不安定多様体に沿う μ-可測分割）ξ が存在し，ξ は注意 1.3.6 を満たす．よって ξ に関する μ の条件付き確率測度の標準系 $\{\mu_x^\xi\}$ が存在する（邦書文献 [Ao2]）．すなわち $\mathcal{B}_\xi$ は ξ によって生成された $\mathcal{B}$ の部分 σ-集合体とする．

(i) $B \in \mathcal{B}$ に対して，$x \mapsto \mu_x^\xi(B)$ は $\mathcal{B}_\xi$-可測関数であって

$$\mu(E \cap B) = \int_E \mu_x^\xi(B) d\mu \qquad (E \in \mathcal{B}_\xi)$$

を満たす ξ に関する μ の条件付き測度の族 $\{\mu_x^\xi\}$ (μ–a.e. x) が一意的に存在する．

さらに，注意 1.3.6 により U の可算可測分割の列 $\{\xi_n\}$ があって

$$\xi_1 \leq \xi_2 \leq \cdots \leq \bigvee_{i=1}^{\infty} \xi_i = \xi$$

を満たすから

(ii) 条件付き測度 μ_x^ξ は

$$\mu_x^\xi(\xi(x)) = 1 \qquad \mu\text{–a.e. } x$$

を満たす．

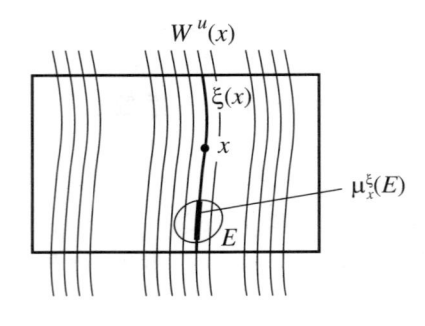

図 1.4.1

d は U の上の通常のノルムから導かれる距離関数とし，d^u は各葉 $W^u(x)$ の上の距離関数とする．$\varepsilon > 0$ とする．$x \in \Lambda$ に対して

$$B_n^u(x, \varepsilon) = \{y \in W^u(x) \mid d^u(f^k(x), f^k(y)) \leq \varepsilon,\ 0 \leq k < n\}$$

とおき

$$\underline{h}(x, \varepsilon, \xi) = \liminf_{n\to\infty} -\frac{1}{n} \log \mu_x^\xi(B_n^u(x, \varepsilon)),$$
$$\bar{h}(x, \varepsilon, \xi) = \limsup_{n\to\infty} -\frac{1}{n} \log \mu_x^\xi(B_n^u(x, \varepsilon))$$

を定義する．明らかに，$\underline{h}$, $\bar{h}$ は可測関数である．$\varepsilon \searrow 0$ としたとき，$\underline{h}(x, \varepsilon, \xi)$, $\bar{h}(x, \varepsilon, \xi)$ は単調増加であるから

$$\underline{h}(x, \xi) = \lim_{\varepsilon \to 0} \underline{h}(x, \varepsilon, \xi),$$

$$\bar{h}(x,\xi) = \lim_{\varepsilon \to 0} \bar{h}(x,\varepsilon,\xi).$$

このとき

$$\underline{h}(x,\xi) = \bar{h}(x,\xi) = \hat{H}_\mu(\xi \mid f(\xi)) \qquad (\mu\text{–a.e.}\,x) \tag{1.4.1}$$

を得る (邦書文献 [Ao2], 定理 3.7.17).

μ–a.e. x に対して, μ_x^ξ による $\xi(x)$ のハウスドルフ次元を定義するために

$$B^u(x,\varepsilon) = \{y \in W^u(x) \mid d^u(x,y) \le \varepsilon\}$$

とおき

$$\begin{aligned}\underline{\delta}_u(x,\xi) &= \liminf_{\varepsilon \to 0} \frac{\log \mu_x^\xi(B^u(x,\varepsilon))}{\log \varepsilon}, \\ \bar{\delta}_u(x,\xi) &= \limsup_{\varepsilon \to 0} \frac{\log \mu_x^\xi(B^u(x,\varepsilon))}{\log \varepsilon}\end{aligned} \tag{1.4.2}$$

を与える. このとき

$$\underline{\delta}_u(x,\xi) = \bar{\delta}_u(x,\xi) = \delta_u \qquad (\mu\text{–a.e.}\,x)$$

であれば, 注意 1.1.11 により δ_u は μ–a.e. x で μ_x^ξ に関する $\xi(x)$ の**局所的次元**を与えている.

不変ボレル確率測度 μ が局所的次元

$$\delta = \lim_{\varepsilon \to 0} \frac{\log \mu(B(x,\varepsilon))}{\log \varepsilon}$$

の存在を保証すれば, 定理 1.1.13 により μ に関するハウスドルフ次元 $HD(\mu)$, μ に関するボックス次元 $\dim_B(\mu)$ と情報次元 $I(\mu)$ の3つが一致する. よって μ は完全次元測度である.

高次元の場合に完全次元測度の存在はルエル–エックマン予想として提起され, 最近その答が双曲型測度の場合に与えられた. このことに関して第2章を用意する.

定理 1.4.1 (ルドラピエ–ヤン) μ はエルゴード的であるとして, μ に関する f のリャプノフ指数は $\chi_1 \le 0 < \chi_2$ (μ–a.e.) を満たすとする. このとき, μ–a.e. x に対して

$$\underline{\delta}_u(x,\xi) = \bar{\delta}_u(x,\xi) = \frac{\hat{H}_\mu(\xi \mid f(\xi))}{\chi_2}$$

が成り立つ. ここに, ξ は定理 1.3.2 で構成された不安定多様体に沿う μ–可測分割である.

注意 1.4.2 定理 1.4.1 において

(1) 不変ボレル確率測度 μ のエルゴード性は，μ に関する f のリャプノフ指数が定数であることと，不安定多様体に沿う μ–可測分割 ξ の存在を保証するために仮定されている．

(2) $\chi_1 \leq 0 < \chi_2$ であるから，$\chi_1 = 0$ とすればルエルの不等式により $h_\mu(f) = 0$ である．よって $\hat{H}_\mu(\xi|f(\xi)) = 0$ を得る（邦書文献 [Ao2]，定理 3.7.3）．

注意 1.4.3 ξ は不安定多様体に沿う μ–可測分割とする．定理 1.4.1 により，μ–a.e. x に対して μ_x^ξ による $\xi(x) \cap \Lambda$ のハウスドルフ次元は $\dfrac{\hat{H}_\mu(\xi|f(\xi))}{\chi_2}$ であるから，それを δ_u とおくと

$$\hat{H}_\mu(\xi|f(\xi)) = \delta_u \chi_2.$$

注意 1.4.4 η は安定多様体に沿う μ–可測分割で，μ に関する f のリャプノフ指数は $\chi_1 < 0 < \chi_2$ (μ–a.e.) であるとする．すなわち，μ は双曲型とする．このとき，f^{-1} に対して定理 1.4.1 を適用すれば，μ–a.e. x に対して

$$\hat{H}_\mu(\xi|f^{-1}(\xi)) = \delta_s |\chi_1|$$

が成り立つ．ここに，δ_s は安定多様体に沿う μ–可測分割 η による条件付き確率測度 μ_x^η に関する $\eta(x) \cap \Lambda$ のハウスドルフ次元である．

定理 1.4.1, 注意 1.4.3, 注意 1.4.4 により

$$\begin{aligned} HD(\mu) &= h_\mu(f)\left(\frac{1}{\chi_2} + \frac{1}{|\chi_1|}\right) \\ &\geq \frac{\hat{H}_\mu(\xi|f(\xi))}{\chi_2} + \frac{\hat{H}_\mu(\eta|f^{-1}(\eta))}{|\chi_1|} \\ &= \delta_s + \delta_u. \end{aligned} \tag{1.4.3}$$

最近に，ルドラピエ–ヤン (Ledrappier–Young) とバレイラ–ペシン–シメイリング (Barreira–Pesin–Schmeling) によって

$$HD(\mu) = \delta_s + \delta_u$$

が示された（2.4 節で解説する）．

よって
$$\hat{H}_\mu(\xi|f(\xi)) = \hat{H}_\mu(\eta|f^{-1}(\eta)) = h_\mu(f)$$
が成り立つ．

注意 1.4.5 μ に関する f のリャプノフ指数は $\chi_1 < 0 < \chi_2$ (μ–a.e.) (μ は双曲型) を満たす場合にヤンの次元公式が成り立つ．しかし，$\chi_1 \leq 0 < \chi_2$ (μ–a.e.) であっても (μ は双曲型でなくても) 定理 1.4.1 は成り立つ．

記号を簡単にするために可測分割 η に対して
$$\eta^n = \bigvee_{i=0}^{n-1} f^{-i}(\eta) \qquad (n \geq 0)$$
と表す．

エルゴード的確率測度 μ に関するペシン集合 $\Lambda = \bigcup_{l>0} \Lambda_l$ に対して，S_r は Λ_l に関して (1.3.3) で定義された f–不変集合とする．
$$S = S_r \cap \Lambda_l$$
とおく．明らかに $\mu(S) > 0$ である．$x \in \bigcup_{i=0}^\infty f^{-i}(S)$ に対して，可測関数 $n_0(\cdot)$ を
$$n_0(x) = \inf\{n > 0 \mid f^n(x) \in S\}$$
によって定義して，$\psi_\varepsilon : \bigcup_{i=0}^\infty f^{-i}(S) \to \mathbb{R}$ を
$$\psi_\varepsilon(x) = \begin{cases} \varepsilon(C'^2 C_{l+n_0(x)})^{-1} \exp\{(-\chi_2 + 13\varepsilon) n_0(x)\} & (x \in \bigcup_{i=0}^\infty f^{-i}(S)) \\ \varepsilon & (x \notin \bigcup_{i=0}^\infty f^{-i}(S)) \end{cases}$$
とおく．ここに，$C' \geq 1$ は定理 1.2.2 の証明の (3) の定数で，$\varepsilon > 0$ は十分に小さい数とする．カツ (Kac) の定理 (邦書文献 [Ao2]，命題 2.8.3) により
$$\int -\log \psi_\varepsilon d\mu < \infty.$$

注意 1.4.6 邦書文献 [Ao2] の補題 3.7.15 により，$H_\mu(\mathcal{P}_\varepsilon) < \infty$ を満たす U の分割 $\mathcal{P}_\varepsilon$ が存在して，μ–a.e. x に対して
$$\mathcal{P}_\varepsilon(x) \subset B(x, \psi_\varepsilon(x))$$

が成り立つ. ここに

$$B(x, \psi_\varepsilon(x)) = \{y \mid \|x - y\| \leq \psi_\varepsilon(x)\}.$$

補題 1.4.7 $x \in \bigcup_{i=0}^{\infty} f^{-i}(S) \cap Y_\mu$ に対して

$$\psi_\varepsilon^+(x) = (C')^{-1} \varepsilon \exp(-(\chi_2 + 13\varepsilon) n_0(x))$$

とおく. ここに Y_μ は乗法エルゴード定理（邦書文献 [Ao2]）を満たす μ–測度の値 1 の集合である. $y \in W^u(x)$ に対して

$$\|\Phi_x^{-1}(y)\| \leq \psi_\varepsilon^+(x) \Longrightarrow d(f^j(x), f^j(y)) \leq \varepsilon \quad (0 \leq j \leq n_0(x)) \quad (1.4.4)$$

が成り立つ. ここに, $\Phi_x = \tau_x + x$ は各 $x \in \Lambda$ に対して定義された写像である.

証明 $y \in W^u(x)$ に対して $w \in \Phi_x^{-1}(y)$ とする.

$$f_x^j(w) = (w_1^j, w_2^j) \quad (j > 0) \qquad w = (w_1^0, w_2^0)$$

とおく. ここに, $f_x = \Phi_{f(x)}^{-1} \circ f \circ \Phi_x$ は C^2–微分同相写像

$$f_x : (\mathbb{R}^2, \langle \cdot, \cdot \rangle) \longrightarrow (\mathbb{R}^2, \langle \cdot, \cdot \rangle)$$

である.

f_x は C^2–級であるから $v \in B_1 = \{v \mid \|v\| \leq 1\}$ に対して

$$\|D_0 f_x(v) - f_x(v)\| \leq \delta \|v\| \qquad (x \in \Lambda)$$

が成り立つ.

このとき $0 \leq j \leq n_0(x)$ に対して

$$\begin{aligned}
\|f_x^j(w)\| &= \|f_x(f_x^{j-1}(w))\| \\
&\leq \|D_0 f_{f^{j-1}(x)}(f_x^{j-1}(w))\| + \delta \|f_x^{j-1}(w)\| \\
&= \max\{\|D_0 f_{f^{j-1}(x)}(w_1^{j-1}, 0)\|, \|D_0 f_{f^{j-1}(x)}(0, w_2^{j-1})\|\} + \delta \|f_x^{j-1}(w)\| \\
&\leq \max\{\exp(\chi_1 + 12\varepsilon)|w_1^{j-1}|, \exp(\chi_2 + 12\varepsilon)|w_2^{j-1}|\} + \delta \|f_x^{j-1}(w)\| \\
&\leq \{\exp(\chi_2 + 12\varepsilon) + \delta\} \|f_x^{j-1}(w)\| \\
&\leq \exp(\chi_2 + 13\varepsilon) \|f_x^{j-1}(w)\| \\
&\quad \cdots \\
&\leq \exp\{(\chi_2 + 13\varepsilon) j\} \|w\|.
\end{aligned}$$

$\|w\| \leq \psi_\varepsilon^+(x)$ であるから

$$\|f_x^j(w)\| \leq (C')^{-1}\varepsilon \exp\{-(\chi_2 + 13\varepsilon)(n_0(x) - j)\}. \qquad (1.4.5)$$

定理 1.2.2(3) により

$$(C')^{-1}d(f^j(x), f^j(y)) \leq \|f_x^j(w)\|.$$

よって,前半の不等式と (1.4.5) により

$$d(f^j(x), f^j(y)) \leq \varepsilon \exp\{-(\chi_2 + 13\varepsilon)(n_0(x) - j)\} \quad (0 \leq j \leq n_0(x))$$

であるから,(1.4.4) を得る. □

μ はエルゴード的であるから,$\mu(\bigcup_{i=0}^\infty f^i(S)) = 1$ である.
$n > 0$ に対して

$$B_n(x) = \{y \mid \|f^i(y) - f^i(x)\| \leq \psi_\varepsilon(f^i(x)),\ 0 \leq i \leq n-1\}$$

を定義する.$\xi(x)$ の上の距離関数 d^u と $\|\cdot\|$ は同値,すなわち $c > 0$ があって

$$\|x - y\| \leq d^u(x, y) \leq c\|x - y\| \qquad (y \in \xi(x))$$

である.このとき

$$B_n^u(x) = \{y \mid d^u(f^i(y), f^i(x)) \leq c\psi_\varepsilon(f^i(x)),\ 0 \leq i \leq n-1\}$$

とおく.

補題 1.4.8 $x \in \bigcup_{i=0}^\infty f^{-i}(S) \cap Y_\mu$ に対して

$$(\mathcal{P}_\varepsilon)^n(x) \subset B_n(x, \varepsilon) \qquad (n \geq n_0(x)),$$
$$(\mathcal{P}_\varepsilon)^n(x) \cap \xi(x) \subset B_n^u(x, c\varepsilon) \qquad (n \geq n_0(x)).$$

証明 $n > n_0(x)$ とする.$y \in (\mathcal{P}_\varepsilon)^n(x)$ に対して

$$y' = f^{n_0(x)}(y),\ x' = f^{n_0(x)}(x)$$

とおく.明らかに $x' \in S,\ y' \in \mathcal{P}_\varepsilon(x')$ である.よって

$$d(x', y') \leq \psi_\varepsilon(x').$$

邦書文献 [Ao3] の定理 4.2.2(3) により

$$\begin{aligned}
\|\Phi_{x'}^{-1} y'\| &\le C' C_l d(x', y') \\
&\le C' C_l \psi_\varepsilon(x') \\
&= C_l (C' C_{l+n_0(x)})^{-1} \varepsilon \exp(-(\chi_2 + 13\varepsilon) n_0(x)) \\
&\le \psi_\varepsilon^+(x')
\end{aligned}$$

である．(1.4.4) により

$$d(f^j(x'), f^j(y')) \le \varepsilon \qquad (0 \le j < n - n_0(x)),$$

すなわち

$$d(f^j(x), f^j(y)) \le \varepsilon \qquad (n_0(x) \le j \le n).$$

$y \in (\mathcal{P}_\varepsilon)^n(x)$ であるから，$0 \le j < n$ に対して，$f^j(y) \in \mathcal{P}_\varepsilon(f^j(x))$ であって

$$\mathrm{diam}(\mathcal{P}_\varepsilon(f^j(x))) \le \psi_\varepsilon(f^j(x)).$$

よって

$$d(f^j(x), f^j(y)) \le \psi_\varepsilon(f^j(x)) < \psi_\varepsilon^+(f^j(x)) \qquad (0 \le j < n).$$

補題 1.4.7 を用いれば

$$d(f^j(x), f^j(y)) \le \varepsilon \qquad (0 \le j \le n_0(x)).$$

よって

$$d(f^j(x), f^j(y)) \le \varepsilon \qquad (0 \le j < n)$$

を得る．前半は示された．

$y \in (\mathcal{P}_\varepsilon)^n(x) \cap \xi(x)$ とすれば，y は不安定多様体に含まれ，$\xi(x)$ の上で距離関数 d^u と d は同値であるから，$y \in B_n^u(x, c\varepsilon)$ である． □

注意 1.4.2 の証明　(1.4.1) により，$\varepsilon > 0$，μ-a.e. x に対して，$\delta = \delta(x, \varepsilon) > 0$ があって

$$\hat{H}_\mu(\xi | f(\xi)) - \varepsilon \le \underline{h}(x, \delta, \xi)$$

が成り立つ．

ρ は $0 < \rho < \delta$ を満たすとする.このとき $n > 0$ があって次の不等式

$$\delta(C')^{-1} \exp(-n(\chi_2 + 13\varepsilon)) > \rho \geq \delta(C')^{-1} \exp(-(n+1)(\chi_2 + 13\varepsilon)) \tag{1.4.6}$$

が成り立つ.このとき

$$B^u(x, \rho) \subset B_n^u(x, \delta).$$

実際に,(1.2.3) と同様にして示される.
よって

$$\begin{aligned}
\underline{\delta}_u(x, \xi) &= \liminf_{\rho \to 0} \frac{\log \mu_x^\xi(B^u(x, \rho))}{\log \rho} \\
&\geq \liminf_{\rho \to 0} \frac{\log \mu_x^\xi(B^u(x, \rho))}{-n(\chi_2 + 13\varepsilon) + \log \delta(C')^{-1}} \\
&\geq \frac{1}{\chi_2 + 13\varepsilon} \liminf_{n \to \infty} -\frac{1}{n} \log \mu_x^\xi(B_n^u(x, \delta)) \\
&\geq \frac{1}{\chi_2 + 13\varepsilon} (\hat{H}_\mu(\xi | f(\xi)) - \varepsilon).
\end{aligned}$$

$\varepsilon > 0$ は任意である.よって

$$\underline{\delta}_u(x, \xi) \geq \frac{1}{\chi_2} \hat{H}_\mu(\xi | f(\xi)).$$

補題 1.4.8 により,$\rho > 0$ に対して

$$\xi(x) \cap (\mathcal{P}_\rho)^n(x) \subset B_n^u(x, c\rho) \quad (n \geq n_0(x)). \tag{1.4.7}$$

よって

$$\begin{aligned}
\overline{\delta}_u(x, \xi) &= \limsup_{\rho \to 0} \frac{\log \mu_x^\xi(B^u(x, \rho))}{\log \rho} \\
&\leq \limsup_{n \to \infty} -\frac{1}{n} \log \mu_x^\xi((\mathcal{P}_\rho \cap \xi)^n(x)) \\
&= \hat{H}_\mu(\xi | f(\xi))
\end{aligned}$$

(最後の等式は邦書文献 [Ao2], 注意 3.7.11 参照).結果的に,μ–a.e. x に対して

$$\overline{\delta}_u(x, \xi) = \underline{\delta}_u(x, \xi) = \frac{1}{\chi_2} \hat{H}_\mu(\xi | f(\xi))$$

を得る.定理 1.4.1 の証明は完了した. □

注意 1.4.9 $\mu(Z) = 1$ なる Z があって
$$HD(Z) = \frac{1}{\chi_2} \hat{H}_\mu(\xi | f(\xi))$$

証明 定理 1.4.1 により，$\mu(Z) = 1$ なる Z があって
$$\overline{\delta}_u(x, \xi) = \underline{\delta}_u(x, \xi) \quad (z \in Z).$$
よって注意 1.1.11 により結論を得る． □

注意 1.4.10 エルゴード的確率測度 μ に関する f のリャプノフ指数 χ_1, χ_2 に対して

(I) $\chi_1 < 0,\ \chi_2 < 0\ (\mu\text{–a.e.})$ の場合は，μ の台は f の周期軌道の上にあって，f の力学的挙動は自明である（邦書文献 [Ao3], 定理 4.2.7）．

(II) $\chi_1 < 0 < \chi_2\ (\mu\text{–a.e.})$ の場合は，μ の性質を邦書文献 [Ao3] に述べられている．

3 次元以上の場合に，定理 1.4.1 は次の定理に拡張される．この定理は 2.1 節を準備すれば容易に証明される．

定理 1.4.11（ルドラピエ–ヤン） f は C^2–微分同相写像として，μ はエルゴード的，f–不変ボレル確率測度とする．μ に関する f の正のリャプノフ指数を
$$0 < \chi_u < \cdots < \chi_1$$
として，第 i 不安定多様体 $(1 \leq i \leq u)$ に対して定理 1.3.2 を満たす不安定多様体に沿う μ 可測分割 ξ_i と，ξ_i に関する μ の条件付き確率測度による次元 δ_i が存在して
$$h_\mu(f) = \chi_u(\delta_u - \delta_{u-1}) + \cdots + \chi_2(\delta_2 - \delta_1) + \chi_1 \delta_1$$
が成り立つ．

═══════════ **まとめ** ═══════════

力学系を不変にするボレル確率測度は非可算の濃度で存在し，そのような測度

の集合はコンパクト凸集合をなしている．その集合に属する測度を用いて，力学系の不変量である測度的エントロピーが求まる．

一方において，空間の位相に基づく位相的エントロピー，位相的圧力がある．これら測度的エントロピー，位相的圧力は変分原理により一つの関係式をなしている．このように，力学系の性質を現実的な条件に導くことは有意義である．

さらに，現実的な条件を求めるために，不変ボレル確率測度 μ の台（サポート）の幾何学的構造を調べる方法を取り入れる．

μ はリャプノフ指数を導く．その指数を用いて μ の台の各点の振る舞い，すなわち軌道を安定多様体，または不安定多様体の族に分類する．各点の安定多様体と不安定多様体は複雑に交差している．それらの横断的交点は正則点で，その点の集合は μ の値が 1 だけ存在する．

したがって，台の代わりに正則点集合の幾何的構造を探ることになる．その手がかりとして，μ によるハウスドルフ次元，ボックス次元，情報次元を用いる（1.1 節）．ボックス次元は他の次元に比較して求めやすい次元である．よって，これらの 3 つの次元が一致する μ が存在すれば力学系を理論的に展開する上で都合がよい．3 つの次元が一致する μ を**完全次元測度**という．ところで，このような測度を見いだすことができるであろうか．

実際に，2 次元の力学系に対して，測度的エントロピーが正であるとき，その測度は完全次元測度である（注意 1.2.3）．高次元の場合，力学系がマルコフ分割をもてば，測度的エントロピーを正にもつ不変測度は完全次元測度である．しかし，マルコフ分割は一様双曲的な力学系でない限り，その存在は明らかでない．

そこで，リャプノフ指数を用いて得られる安定多様体，または不安定多様体によって，マルコフ分割に代用される分割を構成する．すなわち，正のリャプノフ指数によって不安定多様体が見いだされるから，不安定多様体に沿う分割を構成する（1.3 節）．それを **u-分割**と呼ぶことにする．

u-分割に関する条件付き確率測度，より詳しく述べると点 x を含む u-分割の要素を $u(x)$ で表すと，$u(x)$ の上の条件付き確率測度 μ_x^u は完全次元測度である．このことは準エントロピーを用いて結論される．負のリャプノフ指数によって見いだされる安定多様体は安定多様体に沿う分割（s-分割）を構成する．この場合も s-分割に関する条件付き確率測度 μ_x^s も $s(x)$ の上で完全次元測度である．

$u(x)$ と $s(x)$ の直積は μ に関する正則点集合に属する x の近傍と同相であるから，μ が μ_x^u と μ_x^s の積で表されるならば，μ は完全次元測度である．しかし，このことは一般に不可能である．μ が完全次元測度であるか否かの問題はルエル–エックマン問題として提起されていた．

最近に，ヤン，ルドラピエ，バレイラ，シメイリング，ペシン等によって，力学系のリャプノフ指数がすべて0でなければ，μは完全次元測度であることが示された．

よって，不変ボレル確率測度μに関する正則点集合の幾何的構造がμに関するボックス次元で観測されれば，その後はμに関する精密なハウスドルフ次元を用いて理論を深めることができる．しかし，ボックス次元はルベーグ測度によって観測することが現実的である．したがって，不変測度μは力学系にいかなる条件があればルベーグ測度に関係するのかが問題となる．

このように力学系を測度論的に扱うと，より現実的な成果を得ることになる．

この章は関連論文 [L-St], [L-Yo1], [L-Yo2], [Mc-Ma], [Yo2] の内容を 2 次元の場合に制限して解説した．

第2章　非可算生成系とエントロピー

$\mathbb{R}^3$ は 3 次元ユークリッド (Euclid) 空間とする．$f : \mathbb{R}^3 \to \mathbb{R}^3$ は C^2-微分同相写像として，U は $\mathbb{R}^3$ の有界な開集合とする．$f : U \to U$ の不変ボレル確率測度 μ の存在を仮定する．このとき，μ に関する f のリャプノフ指数 χ_1, χ_2, χ_3 が存在する．さらに $h_\mu(f) > 0$ と μ のエルゴード性を仮定すれば非零の指数が少なくとも 2 つあって χ_1, χ_2, χ_3 は μ–a.e. で定数で，次のように分類される：

μ–a.e. に対して

(i)　　$\chi_1 < 0 < \chi_2 = \chi_3$,

(ii)　　$\chi_1 < 0 < \chi_2 < \chi_3$,

(iii)　　$\chi_1 < 0 = \chi_2 < \chi_3$.

いずれの場合に対しても，埋め込み多様体が存在し，$\chi_1 < 0$ に対して安定多様体，$0 < \chi_2$ に対して不安定多様体，$\chi_2 < \chi_3$ に対して第 1 不安定多様体が存在する．よって安定多様体，不安定多様体に沿う μ-可測分割 ξ^1, ξ^2 がそれぞれ存在する．第 1 不安定多様体が存在すれば，それに沿う μ-可測分割 ξ^3 が存在する．

ξ^2 に関する μ の条件付き確率測度の標準系を $\{\mu_x^2\}$ (μ–a.e. x) で表す．第 1 章で見たように

(i) の場合，f は等角であるから

$$\hat{H}_\mu(\xi^2 \mid f(\xi^2)) = \delta_2 \chi_2,$$

(iii) の場合は

$$\hat{H}_\mu(\xi^3 \mid f(\xi^3)) = \delta_3 \chi_3$$

が成り立つ．

(ii) の場合は (iii) と同じ $\hat{H}_\mu(\xi^3\,|\,f(\xi^3)) = \delta_3 \chi_3$ が示され,さらに

$$\lim_{r\to 0} \frac{\log \mu_x^2(B(x,r))}{\log r} = \delta_2 \qquad \mu\text{--a.e.}\,x \qquad (*)$$

も示される.しかし

$$\hat{H}_\mu(\xi^2\,|\,f(\xi^2)) \neq \delta_2 \chi_3$$

である.このことが第 1 章の注意 1.4.2 を導く要因である.(∗) の証明はハードな解析によって結論され,その証明の仕方から

$$\hat{H}_\mu(\xi^2\,|\,f(\xi^2)) = h_\mu(f),$$
$$\hat{H}_\mu(\xi^3\,|\,f(\xi^3)) < h_\mu(f)$$

が示される.さらに (∗) からルエル–エックマン問題

$$HD(\mu) = \delta_1 + \delta_2$$

が解決される.

2.1 不安定多様体の局所的次元

$\mathbb{R}^3$ は通常のノルム $\|\cdot\|$ をもつ 3 次元ユークリッド空間とする.$\mathbb{R}^3$ の上の C^2-微分同相写像 f は不変ボレル確率測度 μ に対して $h_\mu(f) > 0$ で μ はエルゴード的であるとする.このとき f は μ に関して上の (i), (ii), (iii) をもつ.

$\Lambda = \bigcup_l \Lambda_l$ は μ に関するペシン集合とする.点 $x \in \Lambda$ を含む安定多様体を $W^s(x)$ で表し,不安定多様体を $W^u(x)$ で表す.

μ はエルゴード的であるから,定理 1.3.2 により安定多様体に沿う U の μ-可測分割 ξ^s と不安定多様体に沿う μ-可測分割 ξ^u を構成することができる.$\sigma = s, u$ に対して,ξ^σ に関する μ の条件付き確率測度の標準系を $\{\mu_x^\sigma\}$ (μ–a.e. x) で表す.

(i), (ii), (iii) のいずれの場合も,$x \in \Lambda$ に対して $W^s(x)$ は曲線であるから,f を f^{-1} に置き換えて注意 1.4.2 を応用すれば

$$\lim_{r\to 0} \frac{\log \mu_x^s(B^s(x,r))}{\log r} = \delta_s \qquad \mu\text{--a.e.}\,x \qquad (2.1.1)$$

を得る.

一方において,$W^u(x)$ は $\mathbb{R}^3$ の中で曲面(すなわち,2 次元)をなしているから,注意 1.4.2 を適用することができない.しかし,(2.1.1) と同様に次が示される:

命題 2.1.1（ルドラピエ–ヤン）

$$\lim_{r \to 0} \frac{\log \mu_x^u(B^u(x,r))}{\log r} = \delta_u \qquad \mu\text{-a.e.}\, x.$$

この節の目的は命題 2.1.1 を示すことである．

(iii) の場合は不安定多様体 $W^u(x)$ $(x \in \Lambda)$ は 1 次元であるから，邦書文献 [Ao3] の定理 5.4.2 により

$$\lim_{r \to 0} \frac{\log \mu_x^u(B^u(x,r))}{\log r} = \delta_u \qquad \mu\text{-a.e.}\, x$$

は明らかである．よって (i), (ii) の場合に証明を与えれば十分である．

(i) の場合は $x \in \Lambda$ に対して

$$\mathbb{R}^3 = E^s(x) \oplus E^u(x)$$

に分解され，$\dim(E^s(x)) = 1$, $\dim(E^u(x)) = 2$ で点 x の安定多様体

$$W^s(x) = \left\{ y \in U \,\middle|\, \limsup_{n \to \infty} \frac{1}{n} \log \|f^n(x) - f^n(y)\| \leq \chi_1 \right\}$$

と不安定多様体

$$W^u(x) = \left\{ y \in U \,\middle|\, \limsup_{n \to \infty} \frac{1}{n} \log \|f^{-n}(x) - f^{-n}(y)\| \leq -\chi_3 \right\}$$

は

$$T_x W^s(x) = E^s(x), \quad T_x W^u(x) = E^u(x)$$

を満たす．$T_x W^s(x)$ は x の接線，$T_x W^u(x)$ は x の接平面を表す．

(i) の場合は $\chi_2 = \chi_3$ であるから，f は一様双曲的であるときの等角写像に対応する．よって不安定多様体に沿う μ–可測分割 ξ^u に関する μ の条件付き確率測度の標準系を $\{\mu_x^u\}$ で表すとき，注意 1.4.2 と同じ仕方で

$$\lim_{r \to 0} \frac{\log \mu_x^u(B^u(x,r))}{\log r} = \delta_u \qquad \mu\text{-a.e.}\, x \tag{2.1.2}$$

を求めることができる．

よって，(i) の場合は命題 2.1.1 を容易に結論することができる（実際に，定理 1.4.1 の証明を繰り返せばよい）．しかし，(ii) の場合に (2.1.2) を証明するために多くの準備が必要となる．

ここから先において，$\mathbb{R}_i = \mathbb{R}$ $(i = 1, 2, 3)$ とおいて

$$\mathbb{R}^3 = \mathbb{R}_1 \times \mathbb{R}_2 \times \mathbb{R}_3$$

と表し，$x = (x_1, x_2, x_3) \in \mathbb{R}^3$ に対して

$$\|x\| = \max\{|x_1|, |x_2|, |x_3|\}$$

を与え

$$B_i(\rho) = \{x_i \in \mathbb{R}_i \mid |x_i| \leq \rho\} \quad (i = 1, 2, 3),$$
$$B(\rho) = \{x \in \mathbb{R}^3 \mid \|x\| \leq \rho\}.$$

とおく．本書を通して，断らない限り $\|\cdot\|$ は上で与えたノルムであって通常のノルムではない．

各 $x \in \Lambda$ は

$$\mathbb{R}^3 = E_1(x) \oplus E_2(x) \oplus E_3(x)$$
$$D_x f(E_i(x)) = E_i(f(x)) \quad (i = 1, 2, 3)$$

に分解され，μ はエルゴード的であるから，0.11 節に述べた (20)〜(37) の性質が成り立つ．

$\tau_x : \mathbb{R}^3 \to \mathbb{R}^3$ は

$$\tau_x(\mathbb{R}_1 \times \{0\} \times \{0\}) = E_1(x),$$
$$\tau_x(\{0\} \times \mathbb{R}_2 \times \{0\}) = E_2(x),$$
$$\tau_x(\{0\} \times \{0\} \times \mathbb{R}_3) = E_3(x)$$

を満たす x に関して連続な線形写像とする．τ_x を用いて $\Phi_x = \tau_x + x$ とおいて

$$f_x = \Phi_{f(x)}^{-1} \circ f \circ \Phi_x : \mathbb{R}^3 \longrightarrow \mathbb{R}^3$$

を定義すると次が成り立つ：

注意 2.1.2 (1) $\Phi_x(0) = x$,

(2) 十分に小さい $\varepsilon > 0$ とする．$v \in \mathbb{R}_i$ に対して

$$e^{\chi_i - \varepsilon}\|v\| \leq \|D_0 f_x(v)\| \leq e^{\chi_i + \varepsilon}\|v\| \quad (x \in \Lambda,\ i = 1, 2, 3),$$

(3)　$L(g)$ は g のリプシッツ定数を表す．このとき $\delta > 0$ に対して
$$L(f_x - D_0 f_x) \leq \delta, \quad L(f_x^{-1} - D_0 f_x^{-1}) \leq \delta \quad (x \in \Lambda)$$
が成り立つようにできる．

(4)　$C > 0$ があって，$x \in \Lambda$ に対して $x \in \Lambda_l$ であれば，$C_l > 0$ があって
$$C^{-1} d(\Phi_x(z), \Phi_x(z')) \leq \|z - z'\| \leq C_l d(\Phi_x(z), \Phi_x(z')) \quad (z, z' \in B(\alpha)).$$
ここに，d は $\|\cdot\|$ によって導入された距離関数である．

$x \in \Lambda$ とする．このとき
$$W^i(x) = \left\{ y \in U \;\middle|\; \limsup_{n \to \infty} \frac{1}{n} \log \|f^{-n}(x) - f^{-n}(y)\| \leq -\chi_i \right\} \quad (i = 2, 3),$$
$T_x W^3(x) = E^3(x)$,
$T_x W^2(x) = E^2(x) \oplus E^3(x)$

を満たす部分多様体 $W^i(x)$ が存在する．$W^2(x)$ は不安定多様体といい，$W^u(x) = W^2(x)$ で表す．明らかに
$$W^3(x) \subset W^u(x) \quad (x \in \Lambda).$$
$W^1(x)$ は x の安定多様体といい，$W^s(x) = W^1(x)$ で表す．

各 $W^i(x)$ は C^1 の滑らかさをもつから，$x \in \Lambda_l$ であれば，$0 < r_l < \dfrac{1}{2}$ を十分に小さく選び x を含む $W^i(x) \cap \Phi_x(B(r_l))$ の連結成分を
$$C_i(x) = C(W^i(x) \cap \Phi_x(B(r_l)))$$
と表し
$$W_x^i(x) = \Phi_x^{-1}(C_i(x))$$
とおく．

注意 2.1.3　$x \in \Lambda_l$ に対して
$$g_x^1 : B_1(r_l) \longrightarrow B_2(r_l) \times B_3(r_l),$$
$$g_x^2 : B_2(r_l) \times B_3(r_l) \longrightarrow B_1(r_l) \times B_2(r_l) \times B_3(r_l),$$
$$g_x^3 : B_3(r_l) \longrightarrow B_1(r_l) \times B_2(r_l)$$
があって，$i = 1, 2, 3$ に対して

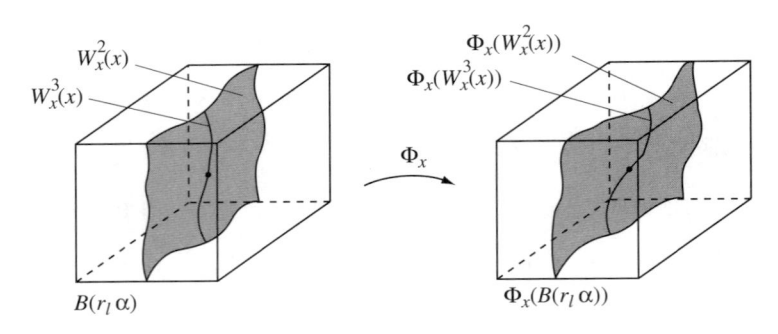

図 2.1.1

(1) $g_x^i(0) = 0$,

(2) $D_0 g_x^i = 0$,

(3) $\|Dg_x^i\| \leq \dfrac{1}{3}$ ($\|\cdot\|$ は通常のノルム),

(4) $\mathrm{graph}(g_x^i) \cap B(r_l) = W_x^i(x)$ ($\mathrm{graph}(g)$ は g のグラフを表す),

(5) $f_x^{-1}(W_x^i(x)) \subset W_{f^{-1}(x)}^i(f^{-1}(x))$ $(i = 2, 3)$,
$f_x(W_x^1(x)) \subset W_{f(x)}^1(f(x))$.

注意 2.1.4 $x \in \Lambda_l$ とする. このとき $y \in \Phi_x(W_x^2(x)) \cap \Lambda_l$ に対して

$$g_{x,y}^1 : B_1(r_l) \longrightarrow B_2(r_l) \times B_3(r_l),$$
$$g_{x,y}^2 : B_2(r_l) \times B_3(r_l) \longrightarrow B_1(r_l) \times B_2(r_l) \times B_3(r_l),$$
$$g_{x,y}^3 : B_3(r_l) \longrightarrow B_1(r_l) \times B_2(r_l).$$

があって, $i = 1, 2, 3$ に対して

(1) $\Phi_x^{-1}(y) \in \mathrm{graph}(g_{x,y}^i)$,

(2) $\|Dg_{x,y}^i\| \leq \dfrac{1}{3}$ ($\|\cdot\|$ は通常のノルム),

(3) $g_{x,y}^i$ のグラフは, $i = 2, 3$ に対して

$$\mathrm{graph}(g_{x,y}^i)$$

$$= \left\{ z \in W_x^i(x) \,\middle|\, \limsup_{n \to \infty} \frac{1}{n} \log \|f_x^{-n}(z) - f_x^{-n}(\Phi_x^{-1}(y))\| \leq -\chi_i \right\}$$

であって

$$W_x^i(y) = \text{graph}(g_{x,y}^i)$$

と表す．$i = 1$ に対して

$$\text{graph}(g_{x,y}^1)$$
$$= \left\{ z \in W_x^1(x) \,\middle|\, \limsup_{n \to \infty} \frac{1}{n} \log \|f_x^n(z) - f_x^n(\Phi_x^{-1}(y))\| \leq \chi_1 \right\}$$

であって

$$W_x^1(y) = \text{graph}(g_{x,y}^1)$$

と表す．

$W_x^3(y)$ は $\Phi_x^{-1}(y)$ を通過する**第 1 局所不安定多様体**といい，$W_x^2(y) = W_x^u(y)$ を**第 2 局所不安定多様体**，または単に局所不安定多様体といい，$W_x^1(y) = W_x^s(y)$ は**局所安定多様体**という．

注意 2.1.5 $y \in \Phi_x(W_x^2(x)) \cap \Lambda_l$ に対して

(1) $W_x^3(y) \subset W_x^2(y)$, $W_x^1(y)$ は $W_x^2(y)$ と横断的に交わる．

(2) $z \in \Phi_x(W_x^2(y)) \cap \Lambda_l$ に対して $W_x^3(y) = W_x^3(z)$ であるか，または $W_x^3(y) \cap W_x^3(z) = \phi$,

(3) $y \in W^2(x) \cap \Lambda_l$ に対して
$\Phi_x^{-1}(W^3(y)) \cap W_x^2(x) = W_x^3(y)$.

$x \in \Lambda_l$ とする．$r_l > 0$ があって $0 < r \leq r_l$ に対して

$$\mathcal{F}^3 = \{W_x^3(y) \,|\, y \in \Phi_x(W_x^2(x) \cap B(r) \cap \Lambda_l)\}$$

の和集合は $W_x^2(x) \cap B(r)$ を含む $W_x^2(x)$ の部分集合をなしている．$\mathcal{F}^3$ を**ラミネイション** (lamination) という．

$W^2(x) = W^u(x)$, $W^3(x)$ $(x \in \Lambda)$ を用いて，定理 1.3.2 を満たす μ–可測分割を構成する．そのために，$\mu(\Lambda_l) > 0$ なる $l > 0$ を固定する．このとき，$0 < \varepsilon_l < 1$ があって $0 < r \leq r_l$ と $x \in \Lambda_l$ に対して中心 x の半径 r の閉近傍を $B(x, r)$ で，半径 $\varepsilon_l r$ の閉近傍を $B(x, \varepsilon_l r)$ で表す．

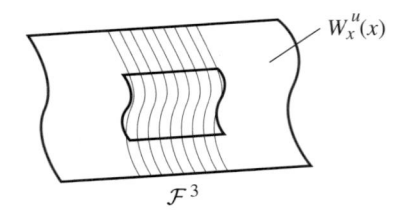

図 2.1.2

r は十分に小さいとする.$y \in \Lambda_l \cap B(x, \varepsilon_l r)$ に対して,$W^3(y) \cap B(x, r)$ の y を含む連結成分を $\gamma(y)$ で表し

$$S^3(x, r) = \bigcup_{y \in \Lambda_l \cap B(x, \varepsilon_l r)} \gamma(y)$$

とおく.U の分割 ξ_r^3 を

$$\xi_r^3 = \{\gamma(y) \mid y \in \Lambda_l \cap B(x, \varepsilon_l r)\} \cup \{U \setminus S^3(x, r)\}$$

によって与える.このとき $0 < r \leq r_l$ があって

$$\xi^3 = \bigvee_{n=0}^{\infty} f^n(\xi_r^3)$$

は定理 1.3.2 を満たす.

同様にして,$y \in \Lambda_l \cap B(x, \varepsilon_l r)$ に対して $W^2(y) \cap B(x, r)$ の y を含む連結成分を $\gamma^2(y)$ で表し

$$S^2(x, r) = \bigcup_{y \in \Lambda_l \cap B(x, \varepsilon_l r)} \gamma^2(y)$$

とおき

$$\xi_r^2 = \{\gamma^2(y) \mid y \in \Lambda_l \cap B(x, \varepsilon_l r)\} \cup \{U \setminus S^2(x, r)\}$$

によって U の分割を与えるとき,$0 < r \leq r_l$ があって

$$\xi^2 = \bigvee_{n=0}^{\infty} f^n(\xi_r^2)$$

は定理 1.3.2 を満たす.ここで,r は ξ^3 を構成するときに現れる r と共通に選ぶことができる.

$W^i(x)$ $(i=2,3)$ に導入された距離関数を d^i で表す. μ–可測分割 ξ^i に関する μ の条件付き確率測度の標準系を $\{\mu_x^i\}$ $(\mu$–a.e. $x)$ で表す. $\delta > 0$ は十分小さいとし, $x \in \Lambda$ とする. $n \geq 1$ に対して

$$B_n^i(x,\delta) = \{y \in W^i(x) \,|\, d^i(f^k(x), f^k(y)) \leq \delta \ (0 \leq k \leq n-1)\} \quad (i = 2,3)$$

とおく. μ–a.e. x に対して

$$\underline{h}_i(x,\delta) = \liminf_{n \to \infty} -\frac{1}{n} \log \mu_x^i(B_n^i(x,\delta)),$$
$$\overline{h}_i(x,\delta) = \limsup_{n \to \infty} -\frac{1}{n} \log \mu_x^i(B_n^i(x,\delta))$$

とおき

$$\underline{h}_i(x) = \lim_{\delta \to 0} \underline{h}_i(x,\delta),$$
$$\overline{h}_i(x) = \lim_{\delta \to 0} \overline{h}_i(x,\delta)$$

を定義する.

$$B^i(x,\delta) = B_1^i(x,\delta)$$

として

$$\underline{\delta}_i(x) = \liminf_{\delta \to 0} \frac{\log \mu_x^i(B^i(x,\delta))}{\log \delta}$$
$$\overline{\delta}_i(x) = \limsup_{\delta \to 0} \frac{\log \mu_x^i(B^i(x,\delta))}{\log \delta} \quad (2.1.3)$$

を定義する. ここで与えた4つの量は注意 1.4.2 で与えた量に類似である. 注意 1.1.4 により, $\overline{\delta}_i(x) < \infty$ $(i = 1, 2)$ である.

注意 1.4.2 により, $i = 3$ の場合

(a) $\underline{h}_3(x) = \overline{h}_3(x) = \hat{H}_\mu(\xi^3 \,|\, f(\xi^3))$ μ–a.e. x.

が成り立つ. そこで (a) の値を h_3 で表す.

$i = 1$ の場合も (a) は成り立つ. しかし, $i = 2$ の場合に対しては次の注意 2.1.6 を通して (a) を得る.

注意 2.1.6

$$\underline{h}_2(x) = \overline{h}_2(x) = \hat{H}_\mu(\xi^2 \,|\, f(\xi^2)).$$

実際に, 局所エントロピー定理 (邦書文献 [Ao2], 定理 3.5.2) から明らかである.

$\mathcal{P}$ は $H_\mu(\mathcal{P}) < \infty$ を満たす可算分割とする. 邦書文献 [Ao2] の定理 3.7.12 により, $i = 1, 2, 3$ に対して

(b) $\quad -\dfrac{1}{n} \log \mu_x^i((\mathcal{P} \vee \xi^i)^n(x)) \geq h_i - \dfrac{\varepsilon}{3} \qquad \mu\text{–a.e. } x.$

注意 1.4.2 の証明と同様にして次を示すことができる:

(c) $\quad \underline{\delta}_3(x) = \bar{\delta}_3(x) = \dfrac{\hat{H}_\mu(\xi^3 | f(\xi^3))}{\chi_3} \qquad \mu\text{–a.e. } x.$

(c) の値を δ_3 で表す. このとき

(d) $\quad \delta_3 = \lim_{n\to\infty} \dfrac{\log \mu_x^3(B^3(x, e^{-n(\chi_3 + 12\varepsilon)}))}{-n(\chi_3 + 12\varepsilon)} \qquad \mu\text{–a.e. } x.$

十分に大きな $n > 0$ に対して

(e) $\quad (\xi^2 \vee \mathcal{P})^n(x) \subset B^2(x, e^{-n(\chi_2 + \varepsilon)})$

を示すことができる.

(a)〜(e) により, 次の注意 2.1.7 を得る:

注意 2.1.7 可測関数 $n_0 : U \to \mathbb{N}$ があって, μ–a.e. x を固定する. このとき $n \geq n_0(x)$ に対して, 次の (1)〜(4) が成り立つ:

(1) $\quad \dfrac{\log \mu_x^3(B^3(x, e^{-n(\chi_2+\varepsilon)}))}{-n(\chi_2 + 12\varepsilon)} \leq \delta_3 + \varepsilon \qquad ((\text{d}) \text{ により}),$

(2) $\quad -\dfrac{1}{n} \log \mu_x^3(\mathcal{P}^n(x)) \geq h_3 - \varepsilon \qquad ((\text{b}) \text{ により}),$

(3) $\quad (\xi^2 \vee \mathcal{P})^n(x) \subset B^2(x, e^{-n(\chi_2+\varepsilon)}) \qquad ((\text{e}) \text{ により}),$

(4) $\quad -\dfrac{1}{n} \log \mu_x^2((\xi^2 \vee \mathcal{P})^n(x)) \leq h_2 + \varepsilon \qquad (\text{注意 2.1.6 により}).$

Λ は μ に関するペシン集合であった. 可測関数 $n_0(x)$ に対して

$$\Gamma = \{x \in \Lambda \,|\, n_0(x) \leq N_0\}$$

とおき, $\mu(\Gamma) > 0$ を満たす N_0 を固定する.

$x \in \Gamma$ に対して $n \geq n_0(x)$ であれば, 次の (5)〜(8) が成り立つ:

(5) $L = B^3(x, e^{-n(\chi_2+\varepsilon)}) \subset \xi^3(x),$

(6) $\dfrac{\mu_x^3(L \cap \Gamma)}{\mu_x^3(L)} \geq \dfrac{1}{2}$ （ボレルの密度定理により），

(7) $\dfrac{\log \mu_x^2(B^2(x, 2e^{-n(\chi_2+\varepsilon)}))}{-n(\chi_2+\varepsilon)} \geq \bar{\delta}_2(x) - \varepsilon$

(8) $\dfrac{1}{n} \log 2 < \varepsilon.$

μ–a.e. $x \in \Gamma$ に対して，$n(x) \geq N_0$ があって $n \geq n(x)$ に対して (1)〜(8) が成り立つ．

よって (6), (1) により
$$\mu_x^3(L \cap \Gamma) \geq \frac{1}{2}\mu_x^3(L) \geq \frac{1}{2}e^{-n(\chi_3+\varepsilon)(\delta_3+\varepsilon)}.$$

$y \in L \cap \Gamma$ に対して，(2) により
$$\mu_x^3(\mathcal{P}^n(y)) \leq e^{-n(h_3-\varepsilon)}.$$

よって
$$\sharp\{(\mathcal{P} \vee \xi^2)^n(z) \,|\, \mathcal{P}^n(z) \cap (L \cap \Gamma) \neq \phi\} \geq \mu_x^3(L \cap \Gamma) e^{n(h_3-\varepsilon)}.$$

(3) により
$$(\xi^2 \vee \mathcal{P})^n(y) \subset B^2(y, e^{-n(\chi_3+\varepsilon)}) \quad (y \in L \cap \Gamma).$$
$$L = B^3(x, e^{-n(\chi_3+\varepsilon)}) \subset B^2(x, e^{-n(\chi_3+\varepsilon)})$$

であるから，$z \in L \cap \Gamma$ があって
$$(\xi^2(z) \cap \mathcal{P})^n(z) \cap L \cap \Gamma \neq \emptyset. \tag{2.1.4}$$

$x \in \Gamma$ に対して
$$\mu_x^2(B^2(x, e^{-n(\chi_2+\varepsilon)})) \geq \sharp\{(\xi^2 \vee \mathcal{P})^n(z) \,|\, (\xi^2 \vee \mathcal{P})^n(z) \text{ は } (2.1.4) \text{ を満たす}\}$$
$$\times \min\{\mu_x^2((\xi^2 \vee \mathcal{P})^n(z))\}$$
$$= (*).$$

(4) により
$$\mu_x^2(\mathcal{P}^n(z)) \geq e^{-n(h_2+\varepsilon)}$$

であるから
$$(*) \geq \frac{1}{2} e^{-n(\chi_2+\varepsilon)(\delta_3+\varepsilon)} e^{n(h_3-\varepsilon)} e^{-n(h_2+\varepsilon)}. \tag{2.1.5}$$

(7) により
$$\mu_x^2(B^2(x, 2e^{-n(\chi_2+\varepsilon)})) \leq e^{-n(\chi_2+\varepsilon)(\bar{\delta}_2(x)-\varepsilon)}. \tag{2.1.6}$$

(2.1.5), (2.1.6) と Γ は μ に関するペシン集合の部分集合で $\varepsilon > 0$ は任意である. よって
$$\bar{\delta}_2(x) \leq \frac{h_2-h_3}{\chi_2} + \delta_3 \quad (x \in \Gamma). \tag{2.1.7}$$

N_0 は任意であるから, (2.1.7) は
$$\bar{\delta}_2(x) \leq \frac{h_2-h_3}{\chi_2} + \delta_3 \quad \mu\text{-a.e. } x$$

を主張している.

したがって, 命題 2.1.1 を結論するために
$$\underline{\delta}_2(x) \geq \frac{h_2-h_3}{\chi_2} + \delta_3 \quad \mu\text{-a.e. } x \tag{2.1.8}$$

を示せば十分である. (2.1.8) が示されたとすれば
$$\delta_2 = \frac{h_2-h_3}{\chi_2} + \delta_3$$

を得る. このとき注意 1.4.2 により
$$h_3 = \hat{H}_\mu(\xi^3 | f(\xi^3)) = \chi_3 \delta_3$$

であり
$$h_2 = \hat{H}_\mu(\xi^2 | f(\xi^2))$$

である. よって次の命題 2.1.8 を得る:

命題 2.1.8

$$\hat{H}_\mu(\xi^2 | f(\xi^2)) = (\delta_2 - \delta_3)\chi_2 + \delta_3 \chi_3.$$

この命題は定理 1.4.11 の 3 次元の場合である.

2.1 不安定多様体の局所的次元　87

(2.1.8) を示すために準備をする.

$\Lambda = \bigcup_l \Lambda_l$ は μ に関するペシン集合であるが, μ に関する f の正則点集合と仮定していることに注意する. $x \in \Lambda_l$ とする. $y \in \Phi_x(W_x^2(x)) \cap \Lambda_l$ に対して, $W_x^3(y)$ は $\mathbb{R}_1 \times \mathbb{R}_2 \times \{0\}$ と横断的に交わる. その交点を $z = (z_1, z_2, 0) \in \mathbb{R}_1 \times \mathbb{R}_2 \times \{0\}$ とする. このとき

$$p_x \circ \Phi_x^{-1}(y) = z_2$$

によって

$$p_x : \Phi_x^{-1}(S^u(x) \cap \Lambda_l) \longrightarrow \{0\} \times \mathbb{R}_2 \times \{0\}$$

を定義する. ここに

$$S^u(x) = \bigcup_{y \in \Phi_x(W_x^2(x)) \cap \Lambda_l} \Phi_x(W_x^3(y)).$$

$S^u(x)$ は $\Phi_x(W_x^2(x)) \cap \Lambda_l$ の点を通過するラミネイションである.

次の 2.2 節の命題 2.2.11 と邦書文献 [Ao3] の命題 5.5.15 は p_x がリプシッツ連続であることを保証している. すなわち, $C_p \geq 1$ があって

$$\|p_x(v) - p_x(u)\| \leq C_p \|v - u\| \quad (v, u \in W_x^2(x) \cap \Lambda) . \tag{2.1.9}$$

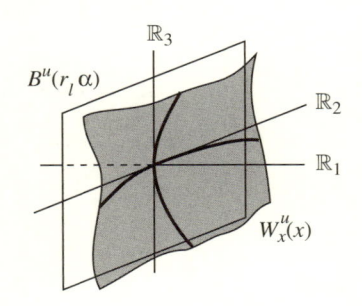

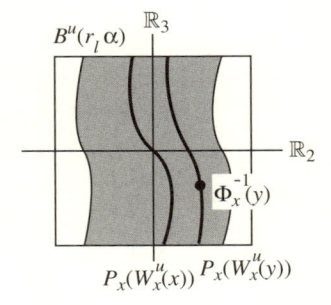

図 2.1.3

$x \in \Lambda_l$ と $0 < r \leq r_l$ を固定して

$$\mathcal{F}_r = \{W_x^3(y) \cap B(r) \,|\, y \in \Phi_x(S^u(x) \cap \Lambda_l)\}$$

とおく. $\mathcal{F}_r$ の各葉は C^1-曲線で, $B^u(r)$ に含まれる.

$\mathcal{F}_r$ の各葉が直線に平行になる座標系を導入する. そのために

$$\theta_x(v) = (0, p_x(v), v_3) \quad (v = (v_1, v_2, v_3) \in \Phi_x^{-1}(S^u(x)))$$

によって
$$\theta_x : \Phi_x^{-1}(S^u(x) \cap \Lambda_l) \longrightarrow \{0\} \times \mathbb{R}_2 \times \mathbb{R}_3$$
を定義する．

注意 2.1.9 (1) $\theta_x : \Phi_x^{-1}(S^u(x) \cap \Lambda_l) \to \theta_x(\Phi_x^{-1}(S^u(x) \cap \Lambda_l))$ は同相写像である．

(2) $u, v \in \Phi_x^{-1}(S^u(x) \cap \Lambda)$ に対して
$$p_x(u) = p_x(v) \iff u \in W_x^2(\Phi_x(v)) \cap \Lambda_l.$$

(3) θ_x, θ_x^{-1} はリプシッツ同相写像である．すなわち，$C_0 > 0$, $C_1 \geq 1$ があって
$$C_0 \|u - v\| \leq \|\theta_x(u) - \theta_x(v)\| \leq C_1 \|u - v\| \quad (u, v \in \Phi_x^{-1}(S^u(x) \cap \Lambda_l)).$$

$$\tilde{\Lambda} = \bigcup_{x \in \Lambda_l} \Phi_x(W_x^2(x)) \tag{2.1.10}$$

とおく．

$E \subset \Lambda_l$ で $\mu(E) > 0$ なる $E \subset \tilde{\Lambda}$ を次を満たすように十分に小さく選ぶ：
Φ_x は x に関して局所連続であるから
$$w \in \bigcap_{x \in E} \Phi_x(B(r))$$
なる $w \in E$ を固定する．このとき
$$\bigcap_{x \in E} \Phi_x(B(r)) \subset \Phi_w(B(r)).$$

$x \in E$ とする．このとき
$$y \in \Phi_x(W_x^2(x)) \cap \Phi_w(B(r)) \cap \Lambda_l$$
に対して
$$\gamma_x(y) = \Phi_w^{-1} \circ \Phi_x(W_x^3(y)) \cap B(r)$$
は $B_3(r) \subset \mathbb{R}_3$ の上のグラフで，その微分は $\dfrac{1}{3}$ 以下である．

2.1 不安定多様体の局所的次元   89

$x \in E$ を固定して $v = (v_1, v_2, v_3) \in \Phi_x^{-1}(S^u(x) \cap \Lambda_l)$ に対して，射影

$$p_{w,x}(v) = \Phi_w^{-1} \circ \Phi_x(W_x^3(\Phi_x v)) \text{ の第 2 座標}$$

を定義して

$$\theta_{w,x}(v) = (0, p_{w,x}(v), \Phi_w^{-1} \circ \Phi_x(v) \text{ の第 3 座標}) \quad (2.1.11)$$

によって

$$\theta_{w,x} : \Phi_x^{-1}(S^u(x) \cap \Lambda_l) \longrightarrow \{0\} \times \mathbb{R}_2 \times \mathbb{R}_3$$

を定義する．$x \in E$ を通過する第 2 局所不安定多様体を

$$\xi_r^2(x) = \Phi_x(W_x^2(x)) \cap \Phi_w(B(r))$$

と表し

$$S^2 = \bigcup_{x \in E} \xi_r^2(x) \quad (2.1.12)$$

とおく．E は十分に小さい集合であったから，$S^2 \subset \Phi_w(B(2r))$ であるとしてよい．

再び，定理 1.3.2 を満たす U の μ–可測分割を構成するために

$$\xi_r^2 = \{\xi_r^2(x) \mid x \in S^2\} \cup \{U \setminus S^2\}$$

とおく．このとき，定理 1.3.2 により $0 < r \le r_l$ があって

$$\xi^2 = \bigvee_{n=0}^{\infty} f^n(\xi_r^2)$$

は不安定多様体に沿う μ–可測分割である．x を含む ξ^2 の要素を $\xi^2(x)$ または $\xi^u(x)$ で表す．

μ–a.e. z に対して，$\xi^2(z) \subset S^2$ であるか，または $\xi^2(z) \cap S^2 = \emptyset$ である．同様にして，第 1 不安定多様体に沿う可測分割を構成するために

$$y \in \Phi_x(W_x^2(x)) \cap \Phi_w(B(r)) \quad (x \in E)$$

に対して，$y \in \Lambda_l$ であれば y を通過する第 1 局所不安定多様体が存在する．それを

$$\xi_x^3(y) = \Phi_x(W_x^3(x)) \cap \Phi_w(B(r))$$

と表し
$$S^3 = \bigcup_{x \in E} \bigcup_{y \in \Phi_x(W_x^2(x)) \cap \Phi_w(B(r)) \cap \Lambda_l} \xi_x^3(y)$$
とおく．ξ^2 を構成するときと同様に
$$\xi_r^3 = \{\xi_x^3(y) \mid y \in S^3\} \cup \{U \setminus S^3\}$$
を定義する．このとき $0 < r \leq r_l$ があって
$$\xi^3 = \bigvee_{n=0}^{\infty} f^n(\xi_r^3)$$
は定理 1.3.2 を満たす μ–可測分割である．r は ξ^2 を構成するときの r と共通に選ぶことができる．x を含む ξ^3 の要素を $\xi^3(x)$ で表す．

x が E に属していれば，$\xi^2(x) \subset \Phi_w(B(2r))$ であるから
$$\pi(y) = \theta_{w,x} \circ \Phi_w^{-1}(y) \quad (y \in S^u(x) \cap \Lambda_l,\ x \in E)$$
によって
$$\pi : S^u(x) \cap \Lambda_l \longrightarrow \{0\} \times \mathbb{R}_2 \times \mathbb{R}_3$$
を定義することができる．

μ はエルゴード的であるから，$\mu\left(\bigcup_{n \geq 0} f^{-n}(E)\right) = 1$ である．よって $x \in \bigcup_{n \geq 0} f^{-n}(E)$ に対して
$$x \in E \Longrightarrow \tilde{\pi}(x) = \pi(x),$$
$$n > 0 \text{ は } f^n(x) \in E \text{ を満たす最小整数} \Longrightarrow \tilde{\pi}(x) = \pi(f^n(x))$$
によって
$$\tilde{\pi} : E_0 \longrightarrow \{0\} \times \mathbb{R}_2 \times \mathbb{R}_3$$
が定義される．ここに
$$E_0 = \bigcup_{n \geq 0} f^{-n}(E).$$

注意 2.1.10 $x \in E_0$ を固定する．このとき
$$\tilde{\pi}_{|\xi^u(x)} : E_0 \cap \xi^2(x) \longrightarrow \tilde{\pi}(E_0 \cap \xi^2(x))$$
はリプシッツ同相写像である．

2.1 不安定多様体の局所的次元　　91

証明 $x \in E$ であれば

$$\tilde{\pi}(x) = \pi(x) = \theta_{w,x} \circ \Phi_w^{-1}(x)$$

$f^n(x) \in E$ であるとき，$n > 0$ が最小数であれば

$$\tilde{\pi}(x) = \pi(f^n x) = \theta_{w, f^n(x)} \circ \Phi_w^{-1}(f^n(x))$$

である．$x \in E$ で $\tilde{\pi}|_{\xi^2(x)} : E \cap \xi^2(x) \to \tilde{\pi}(E \cap \xi^2(x))$ の場合を示す．

注意 2.1.9(3) により，$\theta_{w,x}, \theta_{w,x}^{-1}$ はリプシッツである．よって $D_0 > 0$, $D_1 > 1$ があって，$y, y' \in \xi^2(x) \cap E$ に対して

$$D_0 \|\Phi_w^{-1}(y) - \Phi_w^{-1}(y')\| \le \|\tilde{\pi}(y) - \tilde{\pi}(y')\|$$
$$\le D_1 \|\Phi_w^{-1}(y) - \Phi_w^{-1}(y')\|.$$

$E \subset \Lambda_l$ であるから

$$D_0 (C')^{-1} \|y - y'\| \le \|\tilde{\pi}(y) - \tilde{\pi}(y')\| \le D_1 C' C_l \|y - y'\|. \quad (2.1.13)$$

同様にして一般の場合も示すことができる． □

$x \in E_0$ とする．曲面の部分集合 $\xi^2(x) \cap E_0$ の上に新しい距離関数を定義するために，$y, y' \in \xi^2(x) \cap E_0$ に対して

$$\tilde{d}_x^2(y, y') = \|\tilde{\pi}(y) - \tilde{\pi}(y')\|$$

とおく．$x, x' \in E_0$ に対して

$$\xi^2(x) = \xi^2(x') \implies \tilde{d}_x^2 = \tilde{d}_{x'}^2,$$

であるから，$\tilde{d}_x^2$ は $\xi^2(x) \cap E_0$ の上の距離関数である．

(2.1.11) の $\theta_{w,x}$ を注意 2.1.9 の θ_x に置き換える．すなわち

$$\theta_x(v) = (0, p_x(v), v_3) \quad (v = (v_1, v_2, v_3) \in \Phi_x^{-1}(S^u(x))).$$

このとき，$y \in S^u(x) \cap E_0$ に対して

$$y \longmapsto \theta_x \circ \Phi_x^{-1}(y) \in \{0\} \times \mathbb{R}_2 \times \mathbb{R}_3.$$

ここで
$$d_x(y,y') = \|\theta_x \circ \Phi_x^{-1}(f^n(y)) - \theta_x \circ \Phi_x^{-1}(f^{n'}(y'))\| \quad (y,y' \in S^u(x) \cap E_0) \tag{2.1.14}$$

によって，$S^u(x) \cap E_0$ の上に関数を定義する．ここに $n > 0$, $n' > 0$ は $f^n(y)$, $f^{n'}(y') \in E$ なる最小整数である．

注意 2.1.9(3) により，$L_0 > 0$, $L_1 > 0$ があって

$$L_0\|f^n(y) - f^{n'}(y')\| \le d_x(y,y') \le L_1\|f^n(y) - f^{n'}(y')\| \quad (y,y' \in S^u(x) \cap E_0)$$

が成り立つ．

注意 2.1.11 $N > 0$ があって $x \in E_0$, $y, y' \in \xi^2(x) \cap E_0$ に対して

(1) $\dfrac{1}{N} d_x(y,y') \le \tilde{d}_x^2(y,y') \le N d_x(y,y')$,

(2) $\tilde{d}_{f^i(x)}^2(f^i(y), f^i(y')) \le e^{(\chi_2 + 2\varepsilon)i} N^2 \tilde{d}_x^2(y,y') \quad (i \ge 0)$.

証明 (1) の証明：$y, y' \in \xi^2(x) \cap E_0$ に対して

$$\begin{aligned}\tilde{d}_x^2(y,y') &= \|\tilde{\pi}(y) - \tilde{\pi}(y')\| \\ &\le L_0^{-1} D_1 C' C_l d_x(y,y').\end{aligned}$$

一方において

$$\tilde{d}_x^2(y,y') \ge D_0(C'L_1)^{-1} d_x(y,y').$$

ここで
$$N = \max\{L_0^{-1} L_1,\ L_0^{-1} D_1 C' C_l,\ D_0^{-1} C' L_1\}$$

とおくと (1) を得る．

(2) の証明：$i \ge 0$ に対して

$$\begin{aligned}&\tilde{d}_{f^i(x)}^2(f^i(y), f^i(y')) \\ &\le N d_{f^i(x)}(f^i(y), f^i(y')) \\ &= N\|\theta_{f^i(x)} \circ \Phi_{f^i(x)}^{-1}(f^{i+n}y) - \theta_{f^i(x)} \circ \Phi_{f^i(x)}^{-1}(f^{i+n'}y')\| \\ &\le L_1 \|f_x^{i+n}(y) - f_x^{i+n'}(y')\| \qquad ((2.1.14) \text{ により})\end{aligned}$$

$$\leq L_1 e^{(\chi_3+2\varepsilon)i}\|f^n(y) - f^{n'}(y')\| \quad (\text{次の注意 2.1.12 により})$$
$$\leq L_1 L_0^{-1} e^{(\chi_3+2\varepsilon)i} d_x(y, y') \quad ((2.1.14) \text{ により})$$
$$\leq N^2 e^{(\chi_3+2\varepsilon)i} \tilde{d}_x^2(y, y') \quad ((1) \text{ により}).$$

□

注意 2.1.12 $x \in \Lambda$ とする. このとき $z, z' \in W_x^2(x)$ に対して

$$\|f_x(z) - f_x(z')\| \leq e^{\chi_3 + 2\varepsilon}\|z - z'\|,$$
$$\|f_x^{-1}(z) - f_x^{-1}(z')\| \leq e^{-\chi_2 + 2\varepsilon}\|z - z'\|.$$

証明 $z = (z_1, z_2, z_3) \in \mathbb{R}_1 \times \mathbb{R}_2 \times \mathbb{R}_3$ に対して

$$P^1(z_1, z_2, z_3) = (z_1, 0, 0),$$
$$P^{23}(z_1, z_2, z_3) = (0, z_2, z_3)$$

とする. このとき $z, z' \in W_x^2(x)$ に対して

$$\|z - z'\| = \|P^{23}(z) - P^{23}(z')\|$$

が成り立つ.

実際に否定すると $x \in \Lambda$ と $z, z' \in W_x^2(x)$ $(z \neq z')$ があって

$$\|z - z'\| = \|P^1(z) - P^1(z')\|.$$

このとき

$$\|P^1 \circ f_x^{-1}(z) - P^1 \circ f_x^{-1}(z')\|$$
$$= \|P^1 \circ f_x^{-1}(z) - P^1 \circ D_0 f_x^{-1}(z) + P^1 \circ D_0 f_x^{-1}(z) - P^1 \circ D_0 f_x^{-1}(z')$$
$$\quad + P^1 \circ D_0 f_x^{-1}(z') - P^1 \circ f_x^{-1}(z')\|$$
$$\geq \|P^1 \circ D_0 f_x^{-1}(z - z')\|$$
$$\quad - \|P^1 \circ (f_x^{-1} - D_0 f_x^{-1})(z) - P^1 \circ (f_x^{-1} - D_0 f_x^{-1})(z')\|$$
$$\geq e^{-\chi_1 - \varepsilon}\|P^1(z) - P^1(z')\| - \delta\|z - z'\| \quad (\text{注意 2.1.2(3) により})$$
$$= (e^{-\chi_1 - \varepsilon} - \delta)\|z - z'\|.$$

同様にして

$$\|P^{23} \circ f_x^{-1}(z) - P^{23} \circ f_x^{-1}(z')\| \leq e^{-\chi_2+\varepsilon}\|P^{23}(z) - P^{23}(z')\| + \delta\|z-z'\|$$
$$\leq (e^{-\chi_2+\varepsilon} + \delta)\|z-z'\| \quad (2.1.15)$$
$$\leq (e^{-\chi_1-\varepsilon} - \delta)\|z-z'\|.$$

よって

$$\|f_x^{-1}(z) - f_x^{-1}(z')\| \geq \|P^1 \circ f_x^{-1}(z) - P^1 \circ f_x^{-1}(z')\|$$
$$\geq (e^{-\chi_1-\varepsilon} - \delta)\|z-z'\|.$$

ここで

$$\|f_x^{-1}(z) - f_x^{-1}(z')\| = \|P^{23} \circ f_x^{-1}(z) - P^{23} \circ f_x^{-1}(z')\|$$

とすると

$$(e^{-\chi_1+\varepsilon} - \delta)\|z-z'\| \leq \|f_x^{-1}(z) - f_x^{-1}(z')\|$$
$$\leq (e^{-\chi_2+\varepsilon} + \delta)\|z-z'\| \quad ((2.1.15) \text{ により}).$$

$\delta > 0$ は十分に小さいから矛盾を得る．よって

$$\|f_x^{-1}(z) - f_x^{-1}(z')\| = \|P^1 \circ f_x^{-1}(z) - P^1 \circ f_x^{-1}(z')\|$$

が成り立つ．上の議論から

$$\|f_x^{-2}(z) - f_x^{-2}(z')\| \geq (e^{-\chi_1-\varepsilon} - \delta)^2\|z-z'\|.$$

帰納的に繰り返すとき，$i \geq 0$ に対して

$$\|f_x^{-i}(z) - f_x^{-i}(z')\| \geq (e^{-\chi_1-\varepsilon} - \delta)^i\|z-z'\|.$$

これは矛盾である．

よって

$$\|z-z'\| = \|P^{23}(z) - P^{23}(z')\| \quad (z, z' \in W_x^2(x))$$

が成り立つ．よって $f_x(z), f_x(z') \in W_{f(x)}^2(f(x))$ に対して

$$\|f_x(z) - f_x(z')\| = \|P^{23}(f_x z) - P^{23}(f_x z')\|$$
$$\leq e^{\chi_3+2\varepsilon}\|z-z'\|,$$
$$\|f_x^{-1}(z) - f_x^{-1}(z')\| \geq e^{-\chi_2+\varepsilon}\|z-z'\|$$

となる. □

$x \in E_0$ とする. $\tilde{d}_x^2$ を用いて $\xi^2(x) \cap E_0$ に含まれる閉近傍

$$\tilde{B}_x^2(x, \rho) = \{y \in \xi^2(x) \cap E_0 \,|\, \tilde{d}_x^2(x, y) \leq \rho\}$$

を定義して

$$\tilde{\gamma}_2(x) = \liminf_{\rho \to 0} \frac{\log \mu_x^2(\tilde{B}_x^2(x, \rho))}{\log \rho}$$

とおく. $\tilde{\gamma}_2(x)$ を**商空間** (factor space)

$$\xi^2(x)/\xi^3 = \{\xi^3(y) \,|\, y \in \xi^2(x) \cap E_0\}$$

における**横断的次元** (transverse dimension) という.

補題 2.1.13 $x \in E_0$ に対して $\underline{\delta}_2(x)$ は (2.1.3), $\delta_3(x)$ は (c) を満たしているとする. このとき

$$\underline{\delta}_2(x) - \delta_3 \geq \tilde{\gamma}_2(x)$$

が成り立つ.

証明 $y \in \xi^3(x) \cap E_0 \,(\xi^3(x) \in \xi^3)$ に対して, $\tilde{\pi}(y) = (0, \bar{y}_2, \bar{y}_3) \in \{0\} \times \mathbb{R}_2 \times \mathbb{R}_3$ と表す. このとき

$$\tilde{B}_x^2(x, \rho) = \tilde{\pi}^{-1}(\{0\} \times B_2(\bar{x}_2, \rho) \times B_3(\bar{x}_3, \rho)).$$

ここに, $B_i(\bar{x}_i, \rho) \subset \mathbb{R}_i$ は中心 $\bar{x}_i$ の半径 ρ の閉区間の部分集合を表す.

d は通常のノルムによって導入された $\mathbb{R}^3$ の上の距離関数とする. $\xi^2(x) \cap E_0$ の上の距離関数 $d^i (i = 2, 3)$ は次の関係

$$d(x, y) \leq d^2(x, y) \leq d^3(x, y) \quad (y \in \xi^3(x) \cap E_0 \subset \xi^2(x) \cap E_0)$$

にあるから, $b_1, b_2 > 0$ があって

$$d(x, y) \leq d^2(x, y) \leq b_1 d(x, y) \quad (y \in \xi^2(x) \cap E_0),$$
$$d^2(x, y) \leq d^3(x, y) \leq b_2 d^2(x, y) \quad (y \in \xi^3(x) \cap E_0).$$

(2.1.13) により

$$D_0(C')^{-1}b_1^{-1}d^2(x,y) \leq \|\tilde{\pi}(x) - \tilde{\pi}(y)\| \leq D_1 C' C_l d^2(x,y),$$
$$D_0(C')^{-1}b_2^{-1}d^3(x,y) \leq \|\tilde{\pi}(x) - \tilde{\pi}(y)\| \leq D_1 C' C_l d^3(x,y).$$
$$\bar{\rho} = \rho D_1 C' C_l, \quad \tilde{\rho} = \frac{\bar{\rho} C' b_2}{D_0}$$

とおくと次の包含関係を得る:

$$B^2(x,\rho) = \{y \in \xi^u(x) \cap E_0 \,|\, d^2(x,y) \leq \rho\}$$
$$\subset \tilde{\pi}^{-1}(\{0\} \times B_2(\bar{x}_2, \bar{\rho}) \times B_3(\bar{x}_3, \bar{\rho})),$$
$$\tilde{\pi}^{-1}(\{0\} \times B_2(\bar{x}_2, \bar{\rho}) \times \{\bar{x}_3\}) \subset B^3(x, \tilde{\rho}).$$

(2.1.3) と (d) により

$$\delta_3 = \lim_{n \to \infty} \frac{\log \mu_x^3(B^3(x, e^{-n}))}{-n} \qquad (\mu\text{–a.e. } x)$$

であるから, $\sigma > 0$ に対して $n(x) > 0$ があって

$$\mu_x^3(B^3(x, e^{-n})) \leq e^{-n\delta_3} e^{\sigma n} \quad (n \geq n(x)).$$

μ–a.e. x を固定して(実際には $x \in E_0$)

$$\nu = \mu_x^2 \circ \tilde{\pi}^{-1}$$

とおき

$$\nu_{\tilde{\pi}(z)} = \mu_z^3 \circ \tilde{\pi}^{-1}$$

と書く. ν は $\tilde{\pi}(\xi^2(x))$ の上のボレル確率測度であって, $\nu_{\tilde{\pi}(z)}$ は可測分割 $\tilde{\pi}(\xi^3 \cap E_0)$ に関する ν の条件付き確率測度で

$$\tilde{\pi}(\xi^3(x) \cap E_0) \subset \tilde{\pi}(\xi^2(x) \cap E_0).$$

$\rho > 0$ は任意であるから, $n \geq n(x)$ があって $e^{-n+1} \leq \rho \leq e^{-n}$ とできる. よって

$$\mu_x^2(B^2(x,\rho)) \leq \nu(\{0\} \times B_2(\bar{x}_2, \bar{\rho}) \times B_3(\bar{x}_3, \bar{\rho}))$$
$$= \int \nu_{\tilde{\pi}(z)}(\{0\} \times B_2(\bar{x}_2, \bar{\rho}) \times B_3(\bar{x}_3, \bar{\rho})) d\nu$$

$$= \int_{\{0\} \times B_2(\bar{x}_2,\bar{\rho}) \times B_3(\bar{x}_3,\bar{\rho})} \nu_{\tilde{\pi}(z)}(\{0\} \times B_2(z_2,\bar{\rho}) \times B_3(z_3,\bar{\rho}))d\nu$$
$$\leq \int_{\tilde{\pi}^{-1}(\{0\} \times B_2(\bar{x}_2,\bar{\rho}) \times B_3(\bar{x}_3,\bar{\rho}))} \mu_z^3(B^3(z,\tilde{\rho}))d\mu_x^2$$
$$\leq e^{-n\delta_3} e^{\sigma n} \mu_x^2(\tilde{\pi}^{-1}(\{0\} \times B_2(\bar{x}_2,\bar{\rho}) \times B_3(\bar{x}_3,\bar{\rho}))$$
$$= e^{-n\delta_3} e^{\sigma n} \mu_x^2(\tilde{B}_\pi^2(x,\bar{\rho}))$$
$$\leq e^{-n\delta_3} e^{\sigma n} \mu_x^2(\tilde{B}_\pi^2(x, D_1 C' C_l e^{-n})).$$

$e^{-n+1} < \rho$ であるから

$$\mu_x^2(B^2(x, e^{-n+1})) \leq e^{-n\delta_3} e^{\sigma n} \mu_x^2(\tilde{B}_x^2(x, D_1 C' C_l e^{-n})).$$

よって

$$\underline{\delta}_2(x) \geq \delta_3 - \sigma + \tilde{\gamma}_2(x)$$

が結論される．$\sigma > 0$ は任意であるから，補題 2.1.13 を得る． □

最後に，次の命題を用意する：

命題 2.1.14 μ–a.e. x に対して

$$\chi_2 \tilde{\gamma}_2(x) \geq h_2 - h_3$$

が成り立つ．

この命題が示されたとする．このとき補題 2.1.13 により

$$\underline{\delta}_2(x) \geq \frac{h_2 - h_3}{\chi_2} + \delta_3 \qquad \mu\text{–a.e.}\, x.$$

この不等式と (2.1.7) から

$$\underline{\delta}_2(x) = \bar{\delta}_2(x) = \frac{h_2 - h_3}{\chi_2} + \delta_3 \qquad \mu\text{–a.e.}\, x.$$

上式を $\delta_u = \delta_2$ とおけば，命題 2.1.1 が求まる．

したがって，命題 2.1.14 を示すだけである．そのために，さらに準備を必要とする．

$\pi : U \to \mathbb{R}$ は可測関数として，$\{\mu_t \,|\, t \in \mathbb{R}\}$ は μ に対して

$$\mu(E) = \int \mu_t(E) dt \quad (E \text{ はボレル集合})$$

を満たすボレル確率測度の族とする.

α は $H_\mu(\alpha) < \infty$ を満たす U の可測分割として, $t \in \mathbb{R}$, $A \in \alpha$ に対して

$$g^A(t) = \mu_t(A)$$

とおく. (1.1.1), (1.1.2) と同じ方法で g_δ^A, g_*^A を定義して

$$g(x) = \sum_{A \in \alpha} 1_A(x) g^A \circ \tau(x), \qquad (2.1.16)$$

$$g_\delta(x) = \sum_{A \in \alpha} 1_A(x) g_\delta^A \circ \tau(x),$$

$$g_*(x) = \sum_{A \in \alpha} 1_A(x) g_*^A \circ \tau(x).$$

とおく.

注意 2.1.15

(1)　$g_\delta \longrightarrow g \quad \mu$–a.e.,

(2)　$c > 0$ があって, $\int -\log g_* d\mu \leq H_\mu(\alpha) + \log c + 1$.

証明　邦書文献 [Ao2] の注意 2.1.11 により, $g_\delta^A \circ \tau(x) \to g^A \circ \tau(x)$ (μ–a.e. x) であるから, $g_\delta \to g$ (μ–a.e.) が成り立つ. (1) が示された.

(2) を示す.

$$\int -\log g_* d\mu = \int_0^\infty \mu(\{x \in U \,|\, -\log g_* > s\}) ds$$
$$= \int_0^\infty \sum_{A \in \alpha} \mu(A \cap \{x \,|\, g_*^A \circ \pi(x) < e^{-s}\}) ds.$$

明らかに

$$\mu(A \cap \{x \,|\, g_*^A \circ \tau(x) < e^{-s}\}) \leq \mu(A),$$
$$\mu(A \cap \{x \,|\, g_*^A \circ \tau(x) < e^{-s}\}) \leq \int_{\{t \,|\, g_*^A(t) < e^{-s}\}} g_*^A d\mu \circ \tau^{-1}$$
$$\leq \mu \circ \tau^{-1}(\{t \,|\, g_*^A(t) < e^{-s}\})$$
$$\leq c e^{-s} \quad (\text{注意 1.1.5(2) により}).$$

よって

$$\int -\log g_* d\mu \leq \sum_{A \in \alpha} \int_0^\infty \min\{ce^{-s}, \mu(A)\} ds$$
$$= \sum_{A \in \alpha} \int_0^{-\log \frac{\mu(A)}{c}} \mu(A) ds + \sum_{A \in \alpha} \int_{-\log \frac{\mu(A)}{c}}^\infty ce^{-s} ds$$
$$\leq H_\mu(\alpha) + \log c + 1.$$

□

N は注意 2.1.11 の数とする．$E_0 = \bigcup_{n \geq 0} f^{-n}(E)$ における E は $\mu(E) > 0$ ($E \subset \Lambda_l$) を満たす十分に小さい集合であるから

$$e^{-\beta \varepsilon} N^{2\mu(E)} < 1$$

を仮定することができる．ここに

$$\beta = \chi_2 + 2\varepsilon \tag{2.1.17}$$

とする．命題 2.1.14 を示すために，(2.1.16) の関数を定義する必要がある．

μ-a.e. y に対して

$$g(y) = \mu_y^3((f^{-1}\xi^2)(y))$$

とおく．明らかに

$$g(y) = \mu_y^3((f^{-1}\xi^3)(y)).$$

このとき

$$g : E_0 \longrightarrow \mathbb{R}$$

は有界な可測関数であるから，$\delta > 0$ に対して

$$g_\delta(y) = \frac{1}{\mu_y^2(\tilde{B}_y^2(y, \delta))} \int_{\tilde{B}_y^2(y, \delta)} \mu_z^3((f^{-1}\xi^2)(y)) d\mu_y^2,$$
$$g_*(y) = \inf_{\delta > 0} g_\delta(y)$$

が定義される．このとき

$$g_\delta(y) = \frac{\mu_y^2((f^{-1}\xi^2)(y) \cap \tilde{B}_y^2(y, \delta))}{\mu_y^2(\tilde{B}_y^2(y, \delta))}.$$

g_δ, g_* は可測関数である．さらに

注意 2.1.16

(1) $g_\delta \longrightarrow g$　μ–a.e.

(2) $\int -\log g_* d\mu < \infty.$

証明　注意 2.1.15(1) により，(1) は明らかである．
$x \in \bigcup_{n \geq 0} f^{-n}(E)$ とする．このとき
$$\alpha = (f^{-1}\xi^2)|\xi^2(x)$$
は $\xi_2(x)$ の μ_x^2–a.e. で可算分割である．

このとき，μ–a.e. x に関して $H_{\mu_x^2}(\alpha) < \infty$ である．実際に
$$H_{\mu_x^2}(\alpha) = -\sum_{C \in \alpha} \mu_x^2(C) \log \mu_x^2(C)$$
であるから
$$\begin{aligned}
\int H_{\mu_x^2}(\alpha) d\mu &= -\int \log \mu_x^2((f^{-1}\xi^2)(x)) d\mu \\
&= \hat{H}_\mu(f^{-1}\xi^2|\xi^2) \\
&\leq h_\mu(f) \quad \text{(邦書文献 [Ao2], 定理 3.7.3)} \\
&\leq \chi_2 + \chi_3 \quad \text{(ルエルの不等式)}.
\end{aligned}$$

よって $H_{\mu_x^2}(\alpha) < \infty$ (μ–a.e. x) である．

注意 2.1.15(2) により
$$\int -\log g_* d\mu_x^2 \leq \hat{H}_{\mu_x^2}(\alpha) + \log c + 1$$
を得る．両辺を積分して
$$\int -\log g_* d\mu \leq \hat{H}_\mu(f^{-1}\xi^2|\xi^2) + \log c + 1.$$

ルエルの不等式と邦書文献 [Ao2] の注意 3.7.6 により
$$\begin{aligned}
\hat{H}_\mu(f^{-1}(\xi^2)|\xi^2) &= \hat{H}_\mu(\xi^2|f(\xi^2)) \\
&\leq h_\mu(f) < \infty.
\end{aligned}$$

よって (2) を得る．　□

$n > 0$ は十分大きいとする．μ–a.e. $x \in E_0 = \bigcup_{m \geq 0} f^{-m}(E)$ に対して，整数列

$$0 \leq r_0(x) < r_1(x) < \cdots < n \qquad (2.1.18)$$

を次のように定める：

ポアンカレ (Poincaré) の回帰定理を用いて，$r_0(x)$ は

$$f^{r_0(x)}(x) \in E$$

を満たす最小整数とする．$r_1(x)$ は $r_0(x) < r_1(x)$ なる整数で

$$f^{r_1(x)}(x) \in E$$

を満たす最小数とする．(2.1.18) はこの仕方を繰り返して得られる n より小さい有限の長さの整数列である．

$0 \leq k < n$ に対して

$$r_j(x) \leq k < r_{j+1}(x)$$

であるとき

$$a(x,k) = \tilde{B}^2_{f^k(x)}(f^k(x), e^{-\beta(n-r_j(x))} N^{2j})$$

とおく．ここに，N は注意 2.1.11 の数とし，β は (2.1.17) を満たすとする．

注意 2.1.17 $n > 0$ は整数とする．このとき $0 \leq k < n$ に対して

$$a(x,k) \cap f^{-1}\xi^2(f^{k+1}x) \subset f^{-1}(a(x,k+1)).$$

証明 k を次の2つの場合に分ける：

$j \geq 0$ に対して

$$k \neq r_j(x) - 1.$$

$j \geq 0$ があって

$$k = r_j(x) - 1.$$

$j \geq 0$ に対して $k \neq r_j(x) - 1$ であるとき，$j \geq 0$ があって

$$r_j(x) < k + 1 < r_{j+1}(x)$$

である．この場合，$\tilde{d}^2_{f^k(x)}$, $\tilde{d}^2_{f^{k+1}(x)}$ は E に引き戻して定義されていることから

$$f(a(x,k)) \cap \xi^2(f^{k+1}(x)) = a(x, k+1)$$

が求まる．

次に $j \geq 0$ があって，$k = r_j(x) - 1$ のとき

$$r_{j-1}(x) \leq k < r_j(x) = k+1 < r_{j+1}(x).$$

よって $y \in a(x,k) \cap f^{-1}\xi^2(f^{k+1}x)$ に対して

$$\begin{aligned}
\tilde{d}^2_{f^{k+1}(x)}(f^{k+1}(x), f(y)) &\leq N^2 e^\beta \tilde{d}^2_{f^k(x)}(f^k(x), y) \quad (\text{注意 2.1.11(2) により}) \\
&\leq N^2 e^\beta e^{-\beta(n-r_{j-1}(x))} N^{2(j-1)} \quad (r_{j-1}(x) \leq k < r_j(x) \text{ より}) \\
&= (*).
\end{aligned}$$

$r_{j-1}(x) \leq r_j(x) - 1 < r_j(x)$ であるから，$n - r_{j-1}(x) > n - r_j(x)$ である．よって

$$(*) \leq e^{-\beta(n-r_j(x))} N^{2j}.$$

よって $y \in f^{-1}a(x, k+1)$ である． □

$$\mu^2_x(a(x,0)) = \mu^2_x(\tilde{B}^2_x(x, e^{-\beta(n-r_0(x))}))$$

の値を評価するために，$1 > \varepsilon > 0$ に対して $p = [n(1-\varepsilon)]$ とおく．このとき

$$\mu^2_x(a(x,0)) = \prod_{k=0}^{p-1} \frac{\mu^2_{f^k(x)}(a(x,k))}{\mu^2_{f^{k+1}(x)}(a(x,k+1))} \mu^2_{f^p(x)}(a(x,p)) \quad (2.1.19)$$

と表される．$0 \leq k < p$ に対して

$$\mu^2_{f^{k+1}(x)}(a(x, k+1)) = \frac{\mu^2_{f^k(x)}(f^{-1}a(x, k+1))}{\mu^2_{f^k(x)}(f^{-1}\xi^2(f^{k+1}(x)))}$$

であるから

$$\begin{aligned}
\frac{\mu^2_{f^k(x)}(a(x,k))}{\mu^2_{f^{k+1}(x)}(a(x,k+1))} &= \mu^2_{f^k(x)}(a(x,k)) \frac{\mu^2_{f^k(x)}(f^{-1}\xi^2(f^{k+1}(x)))}{\mu^2_{f^k(x)}(f^{-1}a(x, k+1))} \\
&\leq \frac{\mu^2_{f^k(x)}(a(x,k))}{\mu^2_{f^k(x)}(f^{-1}\xi^2(f^{k+1}(x)) \cap a(x,k))} \mu^2_{f^k(x)}(f^{-1}\xi^2(f^{k+1}(x)))
\end{aligned}$$

(注意 2.1.17 により)．

$0 \leq k < n(1-\varepsilon)$ に対して

$$j = \sharp\{0 \leq i \leq k \,|\, f^i(x) \in E\}$$

として

$$\delta(x,n,k) = e^{-\beta(n-r_j(x))} N^{2j}$$

とおくと

$$\frac{\mu_{f^k(x)}^2(a(x,k))}{\mu_{f^k(x)}^2(f^{-1}\xi^2(f^{k+1}(x)) \cap a(x,k))} = [g_{\delta(x,n,k)}(f^k(x))]^{-1}$$

が成り立つ．簡単のために

$$I(x) = -\log \mu_x^2((f^{-1}\xi^2)(x))$$

とおく．明らかに

$$\mu_x^2((f^{-1}\xi^2)(x)) = e^{-I(x)}.$$

(2.1.19) により

$$\log \mu_x^2(\tilde{B}_x^2(x, e^{-\beta(n-r_0(x))})) \leq -\sum_{k=0}^{p-1} \log g_{\delta(x,n,k)}(f^k(x)) - \sum_{k=0}^{p-1} I(f^{k+1}(x)).$$

$\rho > 0$ に対して $n > 0$ があって $\rho \leq e^{-\beta(n-r_0(x))}$ とできる．よって

$$\beta \liminf_{\rho \to 0} \frac{\log \mu_x^2(\tilde{B}_x^2(x,\rho))}{\log \rho}$$
$$\geq \beta \liminf_{n \to \infty} \frac{\log \mu_x^2(\tilde{B}_x^2(x, e^{-\beta(n-r_0(x))}))}{-\beta n}$$
$$\geq \liminf_{n \to \infty} \frac{1}{n} \sum_{k=0}^{[n(1-\varepsilon)]-1} \log g_{\delta(x,n,k)}(f^k(x)) + \lim_{n \to \infty} \frac{1}{n} \sum_{k=0}^{[n(1-\varepsilon)]-1} I(f^{k+1}(x)).$$

μ はエルゴード的であるから，不等式の最後の項は

$$\lim_{n \to \infty} \frac{1}{n} \sum_{k=0}^{[n(1-\varepsilon)]-1} I(f^{k+1}(x)) = (1-\varepsilon) \int -\log \mu_x^2((f^{-1}\xi)(x)) d\mu$$
$$= (1-\varepsilon) H(\xi^2 \,|\, f(\xi^2))$$
$$= (1-\varepsilon) h_2 \qquad \mu\text{-a.e.}\, x.$$

次が示されたとする：

$$\limsup_{n\to\infty} \frac{-1}{n} \sum_{k=0}^{[n(1-\varepsilon)]-1} \log g_{\delta(x,n,k)}(f^k(x)) \leq (1-\varepsilon)(h_3 + 2\varepsilon). \quad (2.1.20)$$

このとき

$$\beta \tilde{\gamma}_2(x) \geq (1-\varepsilon)h_2 - (1-\varepsilon)(h_3 + 2\varepsilon)$$
$$= (1-\varepsilon)(h_2 - h_3 - 2\varepsilon).$$

(2.1.17) により $\beta = \chi_2 + 2\varepsilon$ であって，$\varepsilon > 0$ は任意であるから

$$\tilde{\gamma}_2(x) \geq \frac{h_2 - h_3}{\chi_2}.$$

命題 2.1.14 が示された．

(2.1.20) を示すことが残るだけである．注意 2.1.15(1) により $\delta(x) > 0$ があって

$$\delta < \delta(x) \Longrightarrow -\log g_\delta(x) \leq -\log g(x) + \varepsilon.$$

$\int -\log g_* d\mu < \infty$ であるから，$\delta_1 > 0$ があって

$$A = \{x \in U \,|\, \delta(x) \geq \delta_1\} \Longrightarrow \int_{U\setminus A} -\log g_* d\mu \leq \varepsilon.$$

μ–a.e. x に対して，$n > 0$ は十分に大きいとする．このとき

$$\delta(x,n,k) \leq \delta_1 \ (0 \leq k \leq n(1-\varepsilon))$$

が成り立つ．

実際に，$N(x) > 0$ があって，$n \geq N(x)$ であれば邦書文献 [Ao2] の注意 2.2.15 により

$$j = \sharp\{0 \leq i < n \,|\, f^i(x) \in E\} \leq 2n\mu(E).$$

$n \geq N(x)$ のとき

$$\delta(x,n,k) = e^{-\beta(n-r_j(x))} N^{2j}$$
$$\leq e^{-\beta\varepsilon n} N^{4n\mu(E)}.$$

$e^{-\beta\varepsilon} N^{2\mu(E)} < 1$ であるから，十分に大きい $n > 0$ に対して

$$\delta(x,n,k) \leq \delta_1 \ (0 \leq k < n(1-\varepsilon)).$$

よって

$$\sum_{k=0}^{[n(1-\varepsilon)]-1} -\log g_{\delta(x,n,k)}(f^k(x))$$
$$\leq \sum_{\substack{k=0\\f^k(x)\in A}}^{[n(1-\varepsilon)]-1} (-\log g(f^k(x))+\varepsilon) + \sum_{\substack{k=0\\f^k(x)\notin A}}^{[n(1-\varepsilon)]-1} -\log g_*(f^k(x)). \quad (2.1.21)$$

$K = \bigcap_{n=0}^{\infty} f^{-n}(U \setminus A)$ に対して, $\mu(K) > 0$ である. μ はエルゴード的であるから, $\mu(K) = 1$ である.

よって, エルゴード定理によって μ–a.e. x に対して

$$f^k(x) \notin A \Rightarrow \lim_{n\to\infty} \frac{1}{n} \sum_{k=0}^{[n(1-\varepsilon)]-1} -\log g_*(f^k(x)) = (1-\varepsilon) \int_K -\log g_* d\mu$$
$$\leq (1-\varepsilon) \int_{U\setminus A} -\log g_* d\mu$$
$$\leq (1-\varepsilon)\varepsilon.$$

(2.1.21) の第 1 項は上から

$$(1-\varepsilon)\left(\int -\log g\, d\mu + \varepsilon\right)$$

によって評価される.

よって

$$\limsup_{n\to\infty} \frac{1}{n} \sum_{k=0}^{[n(1-\varepsilon)]-1} -\log g_{\delta(x,n,k)}(f^k(x)) \leq (1-\varepsilon)\left\{\int -\log g\, d\mu + 2\varepsilon\right\}.$$

$$\int -\log g\, d\mu = h_2$$

であるから, (2.1.20) が求まる. 命題 2.1.1 が証明された.

(i) の場合 ($\chi_1 < 0 < \chi_2 = \chi_3$) は, 一様双曲的であるときの等角写像に対応する. よって (i) の場合に, f を**等角**であると呼ぶことにする.

f が等角であれば, 注意 1.2.3 の証明を繰り返すとき, 次が成り立つ:

注意 2.1.18 μ に関する f のリャプノフ指数が (i) の場合, すなわち

$$\chi_1 < 0 < \chi_2 = \chi_3$$

であれば
$$HD(\mu) = h_\mu(f)\left(\frac{1}{\chi_2} + \frac{1}{|\chi_1|}\right)$$
が成り立つ．

等角であれば命題 1.4.2 により
$$\hat{H}_\mu(\xi^2\,|\,f(\xi^2)) = \delta_2\chi_2.$$
一方において，ξ^1 は安定多様体に沿う μ–可測分割とすれば
$$\hat{H}_\mu(\xi^1\,|\,f(\xi^1)) = \delta_s|\chi_1|.$$
2.3 節の定理 2.3.1 を用いるとき
$$HD(\mu) = \delta_s + \delta_u$$
であるから
$$\delta_u = \delta_2 = \frac{\hat{H}_\mu(\xi^2\,|\,f(\xi^2))}{\chi_2}, \quad \delta_s = \delta_1 = \frac{\hat{H}_\mu(\xi^1\,|\,f(\xi^1))}{|\chi_1|}$$
により
$$\hat{H}_\mu(\xi^2\,|\,f(\xi^2)) = h_\mu(f),$$
$$\hat{H}_\mu(\xi^1\,|\,f(\xi^1)) = h_\mu(f)$$
を得る．

f が等角でなくとも次の命題が常に成り立つ：

命題 2.1.19 (ルドラピエ–ヤン)
$$\hat{H}_\mu(\xi^2\,|\,f(\xi^2)) = h_\mu(f).$$

証明 結論は命題 2.1.1 の証明で用いた方法によって導かれる．

$\varepsilon > 0$ は十分に小さい数として，次の (1), (2) を満たす可算可測分割 $\mathcal{P}$ ($H_\mu(\mathcal{P}) < \infty$) を構成する：

(1) $\mathcal{P} \geq \{S^2, U \setminus S^2\}$,
    ここに S^2 は (2.1.12) の集合である．

(2) $h_\mu(f, \mathcal{P}) \geq h_\mu(f) - \varepsilon$.

実際に,$\xi^2 = \xi^u$, $\xi^1 = \xi^s$ はそれぞれ不安定多様体,安定多様体に沿う μ–可測分割とする.注意 1.3.6 により μ–a.e. で

$$\eta_1^\sigma \leq \eta_2^\sigma \leq \cdots \leq \bigvee_{i=1}^\infty \eta_i^\sigma = \xi^\sigma \qquad (\sigma = s, u)$$

を満たす有限分割の列 $\{\eta_i^\sigma\}$ が存在する.$i \geq 1$ に対して

$$\mathcal{P}_i = \eta_i^u \vee \eta_i^s$$

とおく.このとき μ–a.e. で $\bigvee_{i=i}^\infty \mathcal{P}_i$ は各点分割を成し

$$\mathcal{P}_i \geq \{S^2, U \setminus S^2\}.$$

$\varepsilon > 0$ に対して $\delta > 0$ と $N > 0$ があって

$$\mathrm{diam}(\mathcal{P}_i) = \sup_x \mathrm{diam}(\mathcal{P}_i(x)) < \delta$$

なる $\mathcal{P} = \mathcal{P}_i$ によって

$$-\frac{1}{n} \log \mu(\mathcal{P}^n(x)) \geq h_\mu(f) - \varepsilon \qquad (n \geq N)$$

が成り立つ(邦書文献 [Ao2],定理 3.1.18).よって分割 $\mathcal{P}$ は (1), (2) を満たす.
さらに

$$\hat{H}_\mu(\mathcal{P}^+ \,|\, f(\mathcal{P}^+)) = h_\mu(f, \mathcal{P}),$$
$$\hat{H}_\mu((\xi^2 \vee \mathcal{P}^+) \,|\, f(\xi^2 \vee \mathcal{P}^+)) = \hat{H}_\mu(\xi^2 \,|\, f(\xi^2))$$

が成り立つ(邦書文献 [Ao2],命題 3.7.2, 定理 3.7.9).

$E \subset \Lambda_l$ は $\mu(E) > 0$ を満たす十分に小さい集合とし

$$E_0 = \bigcup_{n \geq 0} f^{-n}(E)$$

とおく.μ はエルゴード的であるから $\mu(E_0) = 1$ である.$x \in E$ とする.$y \in \mathcal{P}^+(x) \cap E$ に対して

$$\overline{y} = \Phi_x^{-1}(\xi^2(y)) \cap \mathbb{R}_1 \times \{0\} \times \{0\}$$

とおき
$$d_x(y,y') = \|\overline{y} - \overline{y}'\| \quad (y, y' \in \mathcal{P}^+(x) \cap E)$$
を定義する．$x \in E_0$ に対して n は $f^n(x) \in E$ なる最小整数とする．$y \in \mathcal{P}^+(x) \cap E_0$ に対して $\bar{n}$ は $f^{\bar{n}}(x) \in E$ なる最小整数として
$$\overline{y}_n = \Phi_{f^n(x)}^{-1}(\xi^2(f^{\bar{n}}(y))) \cap \mathbb{R}_1 \times \{0\} \times \{0\}$$
とおき
$$d_x(y,y') = \|\overline{y}_n - \overline{y}'_n\| \quad (y, y' \in \mathcal{P}^+(x) \cap E_0)$$
を定義する．$x, x' \in E$ に対して $\mathcal{P}^+(x) = \mathcal{P}^+(x')$ であっても，$x \neq x'$ のとき $d_x \neq d_{x'}$ であるから d_x は $\mathcal{P}^+(x) \cap E_0$ の上の距離関数ではない．

$r > 0$ を十分に小さく選び
$$\bigcap_{x \in E} \Phi_x(B(r)) \subset \Phi_w(B(r))$$
なる $w \in E$ を固定する．$w \in \Lambda_l$ であるから $\mathbb{R}^2 = E_1(x) \oplus E_2(x)$ なる分解が存在する．$E_1(w)$ の 0 を含む相対近傍を V とし
$$T = V + w$$
とおく．$x \in E$ と $y \in \mathcal{P}^+(x) \cap E$ に対して
$$\overline{\overline{y}} = \Phi_x^{-1}(\xi^2(y)) \cap \Phi_x^{-1}(T)$$
とおき，ポアンカレ写像 $\theta : \overline{y} \to \overline{\overline{y}}$ を定義する．次の節の命題 2.2.17（2 次元の場合）を応用すれば，θ はリプシッツ連続である．
$$d_x^+(y,y') = \|\overline{\overline{y}} - \overline{\overline{y}}'\| \quad (y, y' \in \mathcal{P}^+(x) \cap E, x \in E)$$
は $\mathcal{P}^+(x) \cap E$ の上の距離関数である．$x \in E_0$ の場合は $f^n(x) \in E$ なる最小整数 $n > 0$ とする．$y \in \mathcal{P}^+(x) \cap E_0$ に対して $\bar{n} > 0$ は $f^{\bar{n}}(y) \in E$ なる最小整数であるとき
$$\overline{\overline{y}}_n = \Phi_{f^n(x)}^{-1}(\xi^2(f^{\bar{n}}(y))) \cap \Phi_{f^n(x)}^{-1}(T)$$
$y' \in \mathcal{P}^+(x) \cap E_0$ に対して同様な仕方で $\overline{\overline{y}}'_n$ とおき
$$d_x^+(y,y') = \|\overline{\overline{y}}_n - \overline{\overline{y}}'_n\| \quad (y, y' \in \mathcal{P}^+(x) \cap E_0)$$

を定義する．このとき $N>0$ があって

$$\frac{1}{N}d_x(y,y') \le d_x^+(y,y') \le Nd_x(y,y') \quad (y,y' \in \mathcal{P}^+(x) \cap E_0, x \in E_0)$$
(2.1.22)

が成り立つ（注意 2.1.11(1) の証明と同様な仕方で示される）．

$z \in \mathcal{P}^+(x) \cap E(x \in E)$ として

$$\bar{z} = \Phi_x^{-1}(\xi^2(z)) \cap \mathbb{R}_1 \times \{0\} \times \{0\},$$
$$\tilde{z} = \Phi_{f(x)}^{-1}(\xi^2(f(z))) \cap \mathbb{R}_1 \times \{0\} \times \{0\}$$

とおく．$\Phi_x^{-1}(\xi^2(z))$ は関数 $g_{x,z}$ のグラフで $\|Dg_{x,z}\| \le 1/3$ で，$f_x \circ \Phi_x^{-1}(\xi^2(z))$ のスロープは 1 以下である．よって

$$\|\tilde{z}\| \le \|P^1(f_x(z))\| + \|P^{23}(f_x(z))\|$$

が成り立つ．$1 > \varepsilon > 0$ に対して注意 2.1.2(2), (3) により

$$\|P^{23}(f_x(\bar{z}))\| \le \delta\|\bar{z}\|, \quad \|P^1(f_x(\bar{z}))\| \le (\delta + e^\varepsilon)\|\bar{z}\|$$

を得る．よって $\delta > 0$ を十分に小さく選べば

$$\|\tilde{z}\| \le e^{3\varepsilon}\|\bar{z}\|.$$

このことと (2.1.22) を用いて $i \ge 0$ に対して

$$d_{f^i(x)}^+(f^i(y), f^i(y')) \le Ne^{i\beta}d_x^+(y,y') \quad (y,y' \in \mathcal{P}^+(x) \cap E_0, x \in E_0)$$

が求まる．ここに β は ε に依存して $0 < \beta < 1$ であるように任意に選ぶことができる．

$\{\mu_y^+\}$ は $\mathcal{P}^+$ に関する μ の条件付き確率測度の標準系とし，$\{\mu_y\}$ は $\xi^2 \vee \mathcal{P}^+$ に関する μ の条件付き確率測度の標準系とする．

$\delta > 0$ に対して

$$B_y^+(y,\delta) = \{z \in \mathcal{P}^+(y) \cap E_0 \mid d_y^+(y,z) \le \delta\}$$

とおく．注意 1.1.4 により

$$\liminf_{\delta \to 0}\frac{\log \mu_y^+(B_y^+(y,\delta))}{\log \delta} < \infty$$

である.
可測関数
$$g(y) = \mu_y((f^{-1}\mathcal{P}^+)(y)),$$
$$g_\delta(y) = \frac{1}{\mu_y^+(B_y^+(y,\delta))} \int_{B_y^+(y,\delta)} g d\mu_y^+$$
を定義する.
$$f^{-1}(\mathcal{P}^+) \leq f^{-1}(\xi^2 \vee \mathcal{P}^+)$$
であるから
$$g(y) = \mu_y((f^{-1}(\xi^2 \vee \mathcal{P}^+))(y))$$
が成り立つ.

注意 2.1.17, (2.1.19) により
$$\log \mu_y^+(B_y^+(y, e^{-\beta(n-r_0(y))})) \leq -\sum_{k=0}^{p-1} \log g_{\delta(y,n,k)}(f^k(y)) - \sum_{k=0}^{p-1} I(f^{k+1}(y))$$
を得る. ここに
$$I(y) = -\log \mu_y^+((f^{-1}\mathcal{P}^+)(y)),$$
$$p = [n(1-\varepsilon)]$$
である. よって

$$\beta \liminf_{\delta \to 0} \frac{\log \mu_y^+(B_y^+(y,\delta))}{\log \delta}$$
$$\geq \beta \liminf_{n \to \infty} \frac{\log \mu_y^+(B_y^+(y, e^{-\beta(n-r_0(y))}))}{-n\beta}$$
$$\geq \liminf_{n \to \infty} \frac{1}{n} \sum_{k=0}^{[n(1-\varepsilon)]-1} \log g_{\delta(y,n,k)}(f^k(y)) + \lim_{n \to \infty} \frac{1}{n} \sum_{k=0}^{[n(1-\varepsilon)]-1} I(f^{k+1}(y))$$
$$= (*).$$

エルゴード定理により
$$\lim_{n \to \infty} \frac{1}{n} \sum_{k=0}^{[n(1-\varepsilon)]-1} I(f^{k+1}(y)) = (1-\varepsilon)h_\mu(f, \mathcal{P}) \quad \mu\text{-a.e. } y.$$

(2.1.19) により

$$(*) \geq -(1-\varepsilon)\hat{H}_\mu(\xi^2|f(\xi^2)) + (1-\varepsilon)(h_\mu(f) - \varepsilon)$$
$$= (1-\varepsilon)(h_\mu(f) - \hat{H}_\mu(\xi^2|f(\xi^2))) - \varepsilon.$$

$\beta > 0$ は任意であるから

$$\hat{H}_\mu(\xi^2|f(\xi^2)) \geq h_\mu(f) - \varepsilon.$$

$\varepsilon > 0$ も任意であるから邦書文献 [Ao3] の注意 5.3.2, 邦書文献 [Ao2] の定理 3.5.2 と併せて結論を得る. □

2.2 ラミネイションのリプシッツ連続性

$\mathbb{R}^3$ の上の C^2-微分同相写像 f が $\mathbb{R}^3$ の有界開集合 U に対して, $f(U) \subset U$ を満たし, μ は U の上の不変ボレル確率測度でエルゴード的であるとする.

この節を通して, μ に関する f のリャプノフ指数は

$$\chi_1 < 0 < \chi_2 < \chi_3$$

であると仮定する. $\mathbb{R}^3$ の空間を

$$\mathbb{R}^3 = \mathbb{R}_1 \times \mathbb{R}_2 \times \mathbb{R}_3, \quad \mathbb{R}_i = \mathbb{R} \quad (i=1,2,3)$$

と表し, $x = (x_1, x_2, x_3) \in \mathbb{R}^3$ に対して $\mathbb{R}^3$ のノルムを

$$\|x\| = \max\{|x_1|, |x_2|, |x_2|\}$$

で与え

$$B_i(\rho) = \{x_i \in \mathbb{R}_i \,|\, |x_i| \leq \rho\} \quad (i=1,2,3)$$
$$B(\rho) = \{x \in \mathbb{R}^3 \,|\, \|x\| \leq \rho\}$$

とおく.

μ に関するペシン集合 $\Lambda = \bigcup_{l>0} \Lambda_l$ の各点 x の接空間 $T_x U = \mathbb{R}^3$ の分解

$$\mathbb{R}^3 = E_1(x) \oplus E_2(x) \oplus E_3(x)$$

は次の性質を満たす:

(I) 十分に小さい $\varepsilon > 0$ があって $x \in \Lambda$ に対して

(1) $D_x f(E_i(x)) = E_i(f(x)) \qquad (i = 1, 2, 3),$

(2) $\exp(\chi_1 - \varepsilon)\|v\| \leq \|D_0 f_x(v)\| \leq \exp(\chi_1 + \varepsilon)\|v\| \qquad (v \in \mathbb{R}_1),$
$\exp(\chi_2 - \varepsilon)\|v\| \leq \|D_0 f_x(v)\| \leq \exp(\chi_2 + \varepsilon)\|v\| \qquad (v \in \mathbb{R}_2),$
$\exp(\chi_3 - \varepsilon)\|v\| \leq \|D_0 f_x(v)\| \leq \exp(\chi_3 + \varepsilon)\|v\| \qquad (v \in \mathbb{R}_3).$

さらに，$x \in \Lambda_l$ に関して連続な線形写像 $\tau_x : \mathbb{R}^3 \to \mathbb{R}^3$ が

$$\tau_x(\mathbb{R}_1 \times \{0\} \times \{0\}) = E_1(x),$$
$$\tau_x(\{0\} \times \mathbb{R}_2 \times \{0\}) = E_2(x),$$
$$\tau_x(\{0\} \times \{0\} \times \mathbb{R}_3) = E_3(x)$$

を満たすようにできる．

$$\Phi_x = \tau_x + x : \mathbb{R}^3 \longrightarrow \mathbb{R}^3$$

とおき

$$f_x = \Phi_{f(x)}^{-1} \circ f \circ \Phi_x : \mathbb{R}_1 \times \mathbb{R}_2 \times \mathbb{R}_3 \longrightarrow \mathbb{R}_1 \times \mathbb{R}_2 \times \mathbb{R}_3$$

を定義する．このとき

$$(f^{-1})_x = (f_{f^{-1}(x)})^{-1}, \qquad (f_x)^{-1} = (f^{-1})_{f(x)}.$$

以後において

$$f_{f^{-1}(x)}^{-1} = (f_{f^{-1}(x)})^{-1}, \qquad f_x^{-1} = (f_x)^{-1}$$

と表す．

Λ_l の各点 x に安定多様体 $W^1(x)$，不安定多様体 $W^2(x)$，第 1 不安定多様体 $W^3(x)$ が存在して

$$W^3(x) \subset W^2(x), \quad W^1(x) \cap W^i(x) = \{x\} \ (i = 2, 3)$$

が成り立つ．$\lambda = -2\chi_1$ として

$$C_l = e^{\lambda l}$$
$$C_{l+k} = e^{k\lambda} C_l \qquad (k \geq 0)$$

とおく．$0 < \delta \leq 1$ を固定して $x \in \Lambda_l$ とする．$k \in \mathbb{Z}$ に対して

$$W^i_{f^k(x),\delta}(f^k(x))$$
$$= \Phi^{-1}_{f^k(x)}(W^i(f^k(x))) \cap B(\delta C^{-1}_{l+|k|}) \text{ の } x \text{ を含む連結成分} \quad (i=2,3) \quad (2.2.1)$$

を定義する（C_l^{-1} は 2.1 節で用いた r_l に対応する．実際にはペシン集合を定義するときに用いる $e^{\varepsilon l}$ に関係する）．注意 2.1.3 により

$$g_x^2 : B_2(\delta C_l^{-1}) \times B_1(\delta C_l^{-1}) \longrightarrow B(\delta C_l^{-1}),$$
$$g_x^3 : B_3(\delta C_l^{-1}) \longrightarrow B(\delta C_l^{-1})$$

が存在して次を満たす：

(II) $i = 2, 3$ に対して

  (1) $g_x^i(0) = 0, \quad D_0 g_x^i(0) = 0,$

  (2) $\|Dg_x^i\| \leq \dfrac{1}{3} \quad$ ($\|\cdot\|$ は通常のノルム)，

  (3) $\mathrm{graph}(g_x^i) = W^i_{x,\delta}(x).$

$y \in \Phi_x(W^2_{x,\delta}(x)) \cap \Lambda_l$ に対して

$$g^3_{x,y} : B_3(\delta C_l^{-1}) \longrightarrow B(\delta C_l^{-1})$$

があって

(1) $\Phi_x^{-1}(y) \in \mathrm{graph}(g^3_{x,y}),$

(2) $\|Dg^3_{x,y}\| \leq \dfrac{1}{3} \quad$ ($\|\cdot\|$ は通常のノルム)，

(3) $\mathrm{graph}(g^3_{x,y})$
$$= \left\{ z \in W^2_{x,\delta}(x) \;\middle|\; \limsup_n \frac{1}{n} \log \|f_x^{-n}(z) - f_x^{-n}(y)\| \leq -\chi_3 \right\}.$$

簡単のために
$$W^3_{x,\delta}(y) = \mathrm{graph}(g^3_{x,y})$$

と表す．
$$W^2_{x,\delta}(x) = \mathrm{graph}(g^2_{x|B(\delta C_l^{-1})})$$

であるから次の (1), (2), (3), (4) が成り立つ：

(III) (1) $W^3_{x,\delta}(y) \subset W^2_{x,\delta}(x)$,

(2) $y, z \in \Phi_x(W^2_{x,\delta}(x)) \cap \Lambda_l$ に対して

$$W^3_{x,\delta}(y) = W^3_{x,\delta}(z) \text{ であるか, } W^3_{x,\delta}(y) \cap W^3_{x,\delta}(z) = \emptyset,$$
$$W^3_{x,\delta}(y) = W^3_{x,\delta}(z) \Longrightarrow g^3_{x,y} = g^3_{x,z},$$

(3) $T_y W^3_{x,\delta}(y) = \mathbb{R}_3$,

(4) $\Phi_x^{-1}(W^3(y)) \cap W^2_{x,\delta}(x) = W^3_{x,\delta}(y)$.

$\mu(\Lambda_l) > 0$ であれば, μ のエルゴード性によって

$$\mu\left(\bigcup_{i \geq 0} f^i(\Lambda_l)\right) = 1$$

である. よって以後 $\mu(\Lambda_l) > 0$ であるとして $x \in \Lambda_l$ に対して

$$S^2_\delta(f^i(x)) = \bigcup_{y \in \Phi_{f^i(x)}(W^2_{f^i(x)}(f^i(x))) \cap f^{|i|}(\Lambda_l)} W^3_{f^i(x),\delta}(y) \qquad (i \in \mathbb{Z})$$

を定義する. 明らかに $B(\delta C_l^{-1})$ の部分集合

$$S^2_\delta(x) = \bigcup_{y \in \Phi_x(W^2_{x,\delta}(x)) \cap \Lambda_l} W^3_{x,\delta}(y)$$

は次の包合関係を満たす:

$$S^2_\delta(x) \subset W^2_{x,\delta}(x) \subset B(\delta C_l^{-1}).$$

$z \in S^2_\delta(x)$ に対して, $y \in \Lambda_l$ があって $z \in W^3_{x,\delta}(y)$ であるから

$$g_0(z) = D_z g^3_{x,y} : \mathbb{R}_3 \longrightarrow \mathbb{R}_1 \times \mathbb{R}_2$$

によって

$$g_0 : S^2_\delta(x) \longrightarrow BL(\mathbb{R}_3, \mathbb{R}_1 \times \mathbb{R}_2)$$

を定義する. ここに

$$BL(\mathbb{R}_3, \mathbb{R}_1 \times \mathbb{R}_2) = \left\{g \in L(\mathbb{R}_3, \mathbb{R}_1 \times \mathbb{R}_2) \,\middle|\, \|g\| \leq \frac{1}{3}\right\}$$

で, $L(\mathbb{R}_3, \mathbb{R}_1 \times \mathbb{R}_2)$ は $\mathbb{R}_3$ から $\mathbb{R}_1 \times \mathbb{R}_2$ への線形写像の集合を表す.

2.2 ラミネイションのリプシッツ連続性

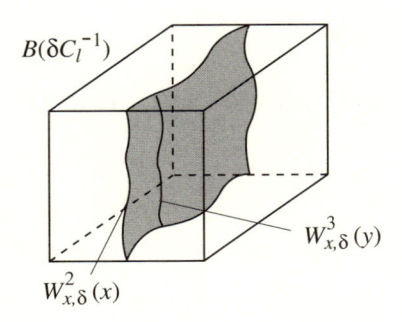

図 2.2.1

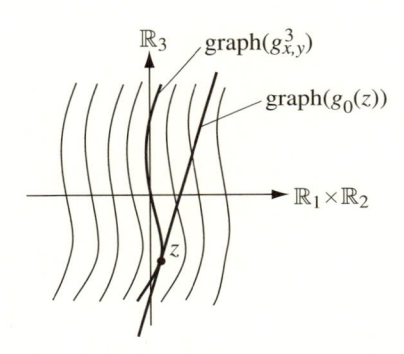

図 2.2.2

g_0 は点 $z, z' \in S_\delta^2(x)$ が属する葉 $z \in W_{x,\delta}^3(y)$, $z' \in W_{x,\delta}^3(y')$ によって $g_0(z)$ は $T_z W_{x,\delta}^3(y)$ の上，$g_0(z')$ は $T_{z'} W_{x,\delta}^3(y')$ の上の線形写像である．

f は C^2-微分同相写像であるから，各葉は C^1-級の滑らかさであって葉の上で g_0 は C^1-級である．g_0 は $S_\delta^2(x)$ の上でリプシッツ連続であることを示す．

命題 2.2.1 $D > 0$ があって，$x \in \Lambda$ に対して

$$g_0 : S_\delta^2(x) \longrightarrow BL(\mathbb{R}_3, \mathbb{R}_1 \times \mathbb{R}_2)$$

は

$$\|g_0(z) - g_0(z')\| \leq D\|z - z'\| \qquad (z, z' \in S_\delta^2(x)).$$

命題 2.2.1 を証明するために準備をする．

$v \in L(\mathbb{R}_3, \mathbb{R}_1 \times \mathbb{R}_2)$ に対して

$$(v, id)w = (v(w), w) \qquad (w \in \mathbb{R}_3),$$
$$v(w) \in \mathbb{R}_1 \times \mathbb{R}_2$$

によって線形写像

$$(v, id) : \mathbb{R}_3 \longrightarrow \mathbb{R}_1 \times \mathbb{R}_2 \times \mathbb{R}_3$$

を表す.$z = (z_1, z_2, z_3) \in \mathbb{R}_1 \times \mathbb{R}_2 \times \mathbb{R}_3$ に対して

$$P^3(z) = (0, 0, z_3),$$
$$P^{12}(z) = (z_1, z_2, 0)$$

によって射影を与え

$$\Psi_z(v) = (P^{12} \circ D_z f_x \circ (v, id)) \circ (P^3 \circ D_z f_x \circ (v, id))^{-1}$$

によってグラフ変換

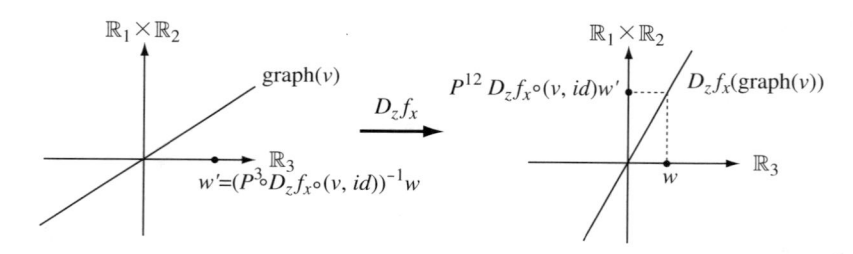

図 2.2.3

$$\Psi_z : L(\mathbb{R}_3, \mathbb{R}_1 \times \mathbb{R}_2) \longrightarrow L(\mathbb{R}_3, \mathbb{R}_1 \times \mathbb{R}_2)$$

を定義する.このとき次の注意が成り立つ:

注意 2.2.2 $v \in L(\mathbb{R}_3, \mathbb{R}_1 \times \mathbb{R}_2)$ に対して

$$D_z f_x(\mathrm{graph}(v)) = \mathrm{graph}(\Psi_z(v)) \qquad (z \in \mathbb{R}_1 \times \mathbb{R}_2 \times \mathbb{R}_3).$$

$D_0 f_x(\mathbb{R}_i) = \mathbb{R}_i$ $(i = 1, 2, 3)$ であるから,$D_0 f_x$ は

$$D_0 f_x = \left(\begin{array}{c|c} D & 0 \\ \hline 0 & a \end{array}\right) : \mathbb{R}_1 \times \mathbb{R}_2 \times \mathbb{R}_3 \longrightarrow \mathbb{R}_1 \times \mathbb{R}_2 \times \mathbb{R}_3,$$

$$D = \left(\begin{array}{c|c} d_1 & 0 \\ \hline 0 & d_2 \end{array}\right) : \mathbb{R}_1 \times \mathbb{R}_2 \longrightarrow \mathbb{R}_1 \times \mathbb{R}_2$$

に行列表示される.このとき

$$\exp(\chi_3 - \varepsilon) \leq |a|,$$
$$\exp(\chi_2 - \varepsilon) \leq |d_2|,$$
$$|d_1| \leq \exp(\chi_1 + \varepsilon)$$

を満たす.

V は原点 o を含む十分に小さい近傍 $(V \subset B(\delta C_l^{-1}))$ とする.このとき, $z \in V$ に対して $\|D_z f_x - D_0 f_x\|$ は小さくできる.すなわち,$\varepsilon_1 > 0$ に対して V があって

$$\|D_z f_x - D_0 f_x\| < \varepsilon_1 \qquad (z \in V) \tag{2.2.2}$$

(邦書文献 [Ao3],注意 4.2.6).よって $D_z f_x$ の行列表示

$$D_z f_x = \left(\begin{array}{c|c} D(z) & C(z) \\ \hline B(z) & a(z) \end{array}\right) : \mathbb{R}_1 \times \mathbb{R}_2 \times \mathbb{R}_3 \longrightarrow \mathbb{R}_1 \times \mathbb{R}_2 \times \mathbb{R}_3,$$
$$B(z) = (b_1(z), b_2(z)) : \mathbb{R}_1 \times \mathbb{R}_2 \longrightarrow \mathbb{R}_1 \times \mathbb{R}_2,$$
$$C(z) = \begin{pmatrix} c_1(z) \\ c_2(z) \end{pmatrix} : \mathbb{R}_1 \times \mathbb{R}_2 \longrightarrow \mathbb{R}_1 \times \mathbb{R}_2,$$
$$D(z) = \begin{pmatrix} d_{11}(z) & d_{12}(z) \\ d_{21}(z) & d_{22}(z) \end{pmatrix} : \mathbb{R}_1 \times \mathbb{R}_2 \longrightarrow \mathbb{R}_1 \times \mathbb{R}_2$$

に対して

$$|a - a(z)| < \varepsilon_1,$$
$$\|B(z)\| < \varepsilon_1,$$
$$\|C(z)\| < \varepsilon_1,$$
$$\max\{|d_2 - d_{22}(z)|, |d_1 - d_{11}(z)|\} < \varepsilon_1,$$
$$\max\{|d_{12}(z)|, |d_{21}(z)|\} < \varepsilon_1$$

が成り立つ.

補題 2.2.3 V は原点の十分に小さい近傍とする．このとき，$0 < \nu < 1$ があって $y \in V$, $u, v \in BL(\mathbb{R}_3, \mathbb{R}_1 \times \mathbb{R}_2)$ に対して

$$\|\Psi_y(u) - \Psi_y(v)\| \leq \nu \|u - v\|.$$

証明 $0 \neq w \in \mathbb{R}_3$ に対して

$$(P^3 \circ D_y f_x \circ (v, id))^{-1} w = w'$$

とする．簡単な計算により

$$w' = \frac{w}{a(y) + b_2(y)v_2 + b_1(y)v_1}.$$

ここに $v = (v_1, v_2) \in \mathbb{R}_1 \times \mathbb{R}_2$ である．

$$A_u = a(y) + b_2(y)u_2 + b_1(y)u_1,$$
$$A_v = a(y) + b_2(y)v_2 + b_1(y)v_1$$

とおく．このとき

$$\Psi_y(u)w = \frac{1}{A_u}(C(y)w + D(y)v(w)) \tag{2.2.3}$$

である．

補題 2.2.3 の $0 < \nu < 1$ を求めるために次の評価をする:

$$\left|\frac{1}{A_u} - \frac{1}{A_v}\right| = \left|\frac{A_v - A_u}{A_u A_v}\right|$$
$$\leq \frac{\varepsilon}{(\exp(\chi_3 - \varepsilon) - 2\varepsilon/3)^2} \|u - v\|,$$
$$\|D\| \leq \exp\left(\frac{1}{2}(\chi_1 + \chi_2) + \varepsilon\right),$$
$$\|C\| \leq \varepsilon.$$

このとき

$$\|\Psi_y(u) - \Psi_y(v)\|$$
$$\leq \|C\|\left|\frac{1}{A_u} - \frac{1}{A_v}\right| + \|D\|\left|\frac{1}{A_u} - \frac{1}{A_v}\right|\|u\| + \|D\|\left|\frac{1}{A_v}\right|\|u - v\|$$

であるから，$\varepsilon_1 > 0$ を十分に小さく選べば，y, u, v に依存しない $0 < \nu < 1$ があって，上の不等式の最後の項は $\nu \|u - v\|$ よりも小さくできる． $\square$

注意 2.2.4 V は補題 2.2.3 の近傍とする．このとき $y, y' \in V$ に対して
$$\|\Psi_y(v) - \Psi_{y'}(v)\| \leq \frac{2}{3}\|D_y f_x - D_{y'} f_x\| \qquad (v \in BL(\mathbb{R}_3, \mathbb{R}_1 \times \mathbb{R}_2)).$$

証明 (2.2.3) により
$$\begin{aligned}
&\|\Psi_y(v) - \Psi_{y'}(v)\| \\
&= \left\|\frac{1}{A_v}C(y) + D(y)v\left(\frac{1}{A_v}\right) - \frac{1}{A_v}C(y') - D(y')v\left(\frac{1}{A_v}\right)\right\| \\
&\leq \left\{\left|\frac{1}{A_v}\right| + \left|\frac{1}{A_v}\right|\|v\|\right\}\|D_y f_x - D_{y'} f_x\| \\
&\leq \frac{2}{3}\|D_y f_x - D_{y'} f_x\|.
\end{aligned}$$
$\square$

$x = (x_1, x_2, x_3) \in \mathbb{R}_1 \times \mathbb{R}_2 \times \mathbb{R}_3$ に対して
$$P^{23}(x_1, x_2, x_3) = (0, x_2, x_3),$$
$$P^1(x_1, x_2, x_3) = (x_1, 0, 0)$$
を定義する．

注意 2.2.5 $y, y' \in S_\delta^2(x)$ に対して
$$\|f_x^{-1}(y) - f_x^{-1}(y')\| \leq e^{-\chi_2 + 2\varepsilon}\|y - y'\|.$$

証明 注意 2.1.12 の証明の前半から, $x \in \Lambda$ であれば, $y, y' \in W_{x,\delta}^2(x)$ に対して
$$\|y - y'\| = \|P^{23}(y) - P^{23}(y')\|$$
が成り立つ．よって $f_x^{-1}(y), f_x^{-1}(y') \in W_{f^{-1}(x),\delta}^2(f^{-1}x)$ に対して
$$\begin{aligned}
\|f_x^{-1}(y) - f_x^{-1}(y')\| &= \|P^{23} \circ f_x^{-1}(y) - P^{23} \circ f_x^{-1}(y')\| \\
&\leq (e^{-\chi_2 + \varepsilon} - \varepsilon)\|y - y'\|.
\end{aligned}$$
$\square$

V は補題 2.2.3 の近傍とする．$g : V \to L(\mathbb{R}_3, \mathbb{R}_1 \times \mathbb{R}_2)$ に対して
$$G_x(g)(z) = \Psi_{f_x^{-1}(z)}(g(f_x^{-1}(z))) \qquad (z \in f_x(V))$$

によって
$$G_x(g) : f_x(V) \longrightarrow L(\mathbb{R}_3, \mathbb{R}_1 \times \mathbb{R}_2)$$
を定義する．

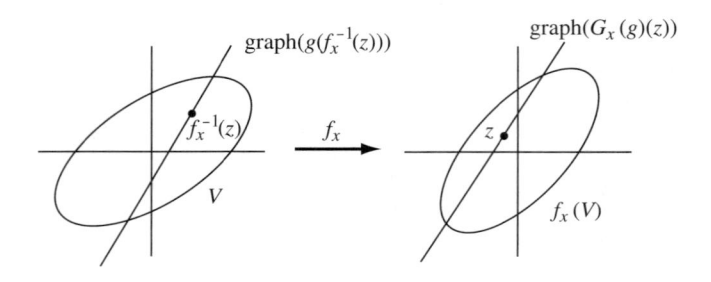

図 2.2.4

補題 2.2.6 $\hat{\delta} > 0$ に対して原点の十分に小さい近傍 V が存在して
$$g : f_x(V) \longrightarrow L(\mathbb{R}_3, \mathbb{R}_1 \times \mathbb{R}_2)$$
がリプシッツ連続であれば，$G_x(g)$ のリプシッツ定数は
$$L(G_x(g)_{|S^2_\delta(x) \cap f_x(V)}) \leq \nu e^{-\chi_2 + 2\varepsilon} L(g) + \frac{2}{3}\hat{\delta} e^{-\chi_2 + 2\varepsilon}$$
である．

証明 $y, y' \in V \cap S^2_\delta(x)$ に対して $f_x(y), f_x(y') \in S^2_\delta(x) \cap f_x(V)$ であるとする．このとき

$$\begin{aligned}
&\|G_x(g)(f_x(y)) - G_x(g)(f_x(y'))\| \\
&= \|\Psi_y(g(y)) - \Psi_{y'}(g(y'))\| \\
&\leq \|\Psi_y(g(y)) - \Psi_y(g(y'))\| + \|\Psi_y(g(y')) - \Psi_{y'}(g(y'))\| \\
&\leq \nu \|g(y) - g(y')\| + \frac{2}{3}\|D_y f_x - D_{y'} f_x\| \\
&\qquad\qquad\qquad\text{(補題2.2.3, 注意2.2.4により)} \\
&\leq \nu \|g(y) - g(y')\| + \frac{2}{3}\hat{\delta}\|y - y'\| \\
&\qquad\qquad\qquad\text{(V を十分に小さく選ぶ)}.
\end{aligned}$$

よって

$$\frac{\|G_x(g)(f_x(y)) - G_x(g)(f_x(y'))\|}{\|f_x(y) - f_x(y')\|}$$
$$\leq \nu \frac{\|g(y) - g(y')\|}{\|y - y'\|} \frac{\|y - y'\|}{\|f_x(y) - f_x(y')\|} + 4\delta \frac{\|y - y'\|}{\|f_x(y) - f_x(y')\|}$$
$$\leq \nu L(g) e^{-\chi_2 + 2\varepsilon} + \frac{2}{3}\hat{\delta} e^{-\chi_2 + 2\varepsilon} \quad (\text{注意 2.2.5 により}).$$

□

注意 2.2.7 $\lambda = -2\chi_1$ とする．このとき $x \in \Lambda$ に対して

$$\|f_x^{-1}(z)\| \leq e^\lambda \|z\| \quad (z \in \mathbb{R}^3).$$

証明 注意 2.1.2(3) により十分に小さい $\delta' > 0$ に対して

$$\|D_0 f_x^{-1} - f_x^{-1}\| \leq \delta'$$

であるから，$z \in \mathbb{R}^3$ に対して

$$\|f_x^{-1}(z)\| \leq \delta' \|z\| + \|D_0 f_x^{-1}(z)\|.$$

$z = (z_1, z_2, z_3) \in \mathbb{R}^3$ と表すとき

$$\|D_0 f_x^{-1}(z)\| = \max\{|D_0 f_x^{-1}(z_i)| \mid i = 1, 2, 3\}$$
$$\leq \exp(-\chi_1 + \varepsilon)\|z\|.$$

よって

$$\|f_x^{-1}(z)\| \leq (\delta' + \exp(-\chi_1 + \varepsilon))\|z\|$$
$$\leq \exp(-\chi_1 + 2\varepsilon)\|z\|.$$

$\varepsilon > 0$ は十分に小さく選ばれているから，$2\varepsilon < -\chi_1$ であると仮定して一般性を失わない．よって $\lambda = -2\chi_1$ とおけば $\|f_x^{-1}(z)\| \leq e^\lambda \|z\|$ を得る． □

注意 2.2.8 $x \in \Lambda_l$ とする．このとき

$$f_x(W^2_{x,\delta}(x)) \supset W^2_{f(x),\delta}(f(x)),$$
$$f_x(W^3_{x,\delta}(x)) \supset W^3_{f(x),\delta}(f(x)).$$

証明 $C_l = e^{\lambda l}$ で $C_{l+k} = e^{\lambda k} C_l$ $(k \geq 0)$ であった. (2.2.1) により

$$f_x(W_{x,\delta}^2(x)) = f_x \circ \Phi_x^{-1}(W^2(x)) \cap f_x(B(\delta C_l^{-1})) \text{ の } x \text{ を含む連結成分}.$$

注意 2.2.7 により

$$B(\delta C_{l+1}^{-1}) = B(e^{-\lambda} \delta C_l^{-1}) \subset f_x(B(\delta C_l^{-1})). \tag{2.2.4}$$

よって

$$W_{f(x),\delta}^2(f(x)) \subset f_x(W_{x,\delta}^2(x)).$$

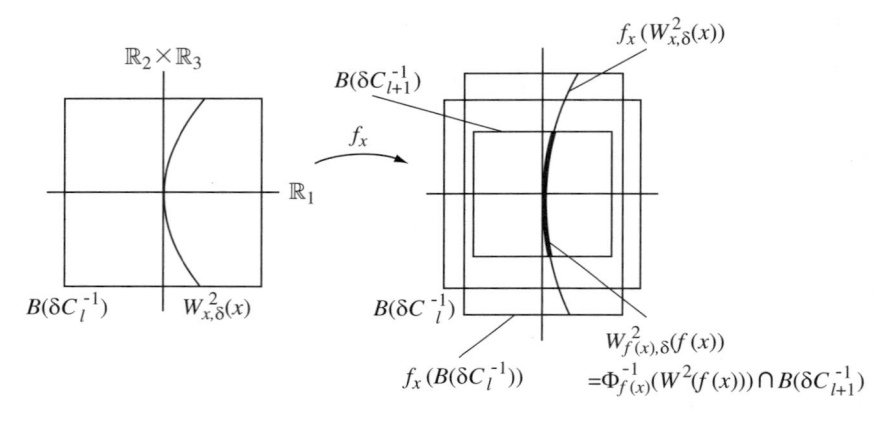

図 2.2.5

(III) (4) により

$$W_{x,\delta}^3(y) = \Phi_x^{-1}(W^3(y)) \cap W_{x,\delta}^2(x)$$

であるから

$$\begin{aligned}
f_x(W_{x,\delta}^3(y)) &= f_x \circ \Phi_x^{-1}(W^3(y)) \cap f_x(W_{x,\delta}^2(x)) \\
&\supset \Phi_{f(x)}^{-1}(W^3(f(y))) \cap W_{f(x),\delta}^2(f(x)) \\
&= W_{f(x),\delta}^3(f(y)).
\end{aligned}$$

□

注意 2.2.9 $x \in \Lambda_l$ に対して

$$S_\delta^2(f(x)) \subset f_x(S_\delta^2(x)).$$

2.2 ラミネイションのリプシッツ連続性

証明 $x \in \Lambda_l$ であるから $f(x) \in f(\Lambda_l)$ により

$$\begin{aligned}
S_\delta^2(f(x)) &= \bigcup_{y \in \Phi_{f(x)}(W_{f(x),\delta}^2(f(x))) \cap f(\Lambda_l)} W_{f(x),\delta}^3(y) \\
&\subset \bigcup_{y \in \Phi_{f(x)}(f_x(W_{x,\delta}^2(x))) \cap f(\Lambda_l)} W_{f(x),\delta}^3(y) \\
&\subset \bigcup_{f^{-1}(y) \in \Phi_x(W_{x,\delta}^2(x)) \cap \Lambda_l} f_x(W_{x,\delta}^3(f^{-1}(y))) \\
&= f_x\left(\bigcup_{z \in \Phi_x(W_{x,\delta}^2(x)) \cap \Lambda_l} W_{x,\delta}^3(z)\right) \\
&= f_x(S_\delta^2(x)).
\end{aligned}$$

□

原点 o の十分に小さい近傍 V (補題 2.2.3) に対して

$$S_\delta^2(x) \subset V$$

であると仮定して一般性を失わない (x は C^2-微分同相写像が作用している Λ_l の点であることに注意). $n > 0$ に対して

$$S_\delta^2(x) \subset f_{f^{-n}(x)}^n(S_\delta^2(f^{-n}(x)))$$

であるから

$$\Sigma_{f^{-n}(x)} = \{g \,|\, g : f_{f^{-n}(x)}^n(S_\delta^2(f^{-n}(x))) \to BL(\mathbb{R}_3, \mathbb{R}_1 \times \mathbb{R}_2)\}$$

を定義し, 距離関数

$$\rho_{f^{-n}(x)}(g_1, g_2) = \sup_{y \in f_{f^{-n}(x)}^n(S_\delta^2(f^{-n}(x)))} \|g_1(y) - g_2(y)\|$$

を与える. 明らかに

$$\|g_1(y) - g_2(y)\| = \sup_{0 \neq v \in \mathbb{R}_3} \frac{\|g_1(y)v - g_2(y)v\|}{|v|} \leq \frac{2}{3}.$$

$(\Sigma_{f^{-n}(x)}, \rho_{f^{-n}(x)})$ は完備距離空間である.

$g \in \Sigma_{f^{-1}(x)}$ に対して

$$G_{f^{-1}(x)}(g)(z) = \Psi_{f_{f^{-1}(x)}^{-1}(z)}(g(f_{f^{-1}(x)}^{-1}(z))) \qquad (z \in f_{f^{-1}(x)}(S_\delta^2(f^{-1}(x))))$$

である．$G_{f^{-1}(x)}(g)$ を $S_\delta^2(x)$ に制限する．すなわち

$$G_{f^{-1}(x)}(g) : S_\delta^2(x) \longrightarrow BL(\mathbb{R}_3, \mathbb{R}_1 \times \mathbb{R}_2)$$

と考えると

$$G_{f^{-1}(x)}(g) \in \Sigma_x.$$

$n > 0$ のとき，$g \in \Sigma_{f^{-n}(x)}$ に対して

$$G_{f^{-n}(x)}(g) \in \Sigma_x$$

を得る．$g_1, g_2 \in \Sigma_{f^{-1}(x)}$ に対して補題 2.2.3 により

$$\rho_x(G_{f^{-1}(x)}(g_1), G_{f^{-1}(x)}(g_2)) \leq \nu \rho_{f^{-1}(x)}(g_1, g_2).$$

$n \geq 1$ に対して

$$h_{-n}(y) = 0 \qquad (y \in f_{f^{-n}(x)}^n(S_\delta^2(f^{-n}(x))))$$

とおく．$L(h_{-n}) = 0$ であるから

$$h_{-n} : f_{f^{-n}(x)}^n(S_\delta^2(f^{-n}(x))) \longrightarrow BL(\mathbb{R}_3, \mathbb{R}_1 \times \mathbb{R}_2)$$

はリプシッツ連続で，$h_{-n} \in \Sigma_{f^{-n}(x)}$ である．ここで

$$G_x^n(h_{-n}) = G_{f^{-1}(x)} \circ G_{f^{-2}(x)} \circ \cdots \circ G_{f^{-n}(x)}(h_{-n})$$

によって

$$h_{-n} \longmapsto G_x^n(h_{-n}) \in \Sigma_x$$

を定義する．このとき $y \in S_\delta^2(x)$ に対して

$$G_x^n(h_{-n})(y) = \Psi_{f_x^{-1}(y)} \circ \Psi_{f_x^{-2}(y)} \circ \cdots \circ \Psi_{f_x^{-n}(y)}(h_{-n}(f_x^{-n}(y)))$$

が成り立つ．明らかに $\{G_x^n(h_{-n})\}$ は Σ_x でコーシー列 (Cauchy sequence) である．よって $\tilde{g}_0 \in \Sigma_x$ があって

$$G_x^n(h_{-n}) \longrightarrow \tilde{g}_0 \qquad (n \to \infty).$$

注意 2.2.10 $\tilde{g}_{0|S_\delta^2(x)} = g_0$ が成り立つ（命題 2.2.1 以降は g_0 を $S_\delta^2(x)$ の上のリプシッツ連続と考えている）．

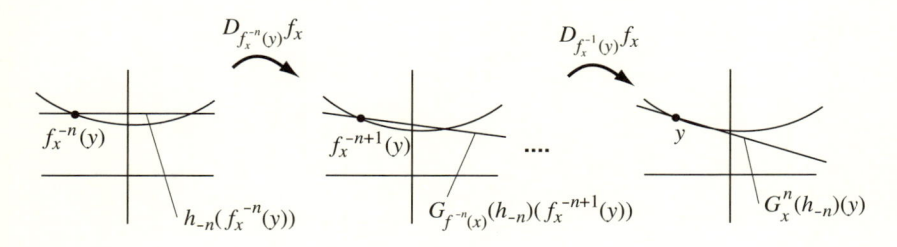

2.2 ラミネイションのリプシッツ連続性 125

図 2.2.6

証明 $n \geq 1$ とする. $z \in f_{f^{-n}(x)}(S^2_\delta(f^{-n}(x)))$ に対して $y \in \Lambda$ があって

$$z \in f^n_{f^{-n}(x)}(W^3_{f^{-n}(x),\delta}(y))$$

であるから

$$g_{-n}(z) = D_z g^3_{f^{-n}(x),y}$$

とおくと, $g_{-n} \in \Sigma_{f^{-n}(x)}$ である. このとき

$$\rho_{f^{-n}(x)}(h_{-n}, g_{-n}) \leq \frac{2}{3}$$

であって

$$\rho_x(G^n_x(h_{-n}), G^n_x(g_{-n})) \leq \frac{2}{3}\nu^n.$$

よって

$$G^n_x(g_{-n}) \longrightarrow \tilde{g}_0 \qquad (n \to \infty).$$

$z \in S^2_\delta(x)$ のとき, 注意 2.2.9 により $f_x^{-1}(z) \in S^2_\delta(f^{-1}(x))$ であるから

$$g_{-1}(f_x^{-1}(z)) = D_{f_x^{-1}(z)} g^3_{f^{-1}(x), f^{-1}(y)}$$

と表される. よって

$$\operatorname{graph}(g_{-1}(f_x^{-1}(z))) = \operatorname{graph}(D_{f_x^{-1}(z)} g^3_{f^{-1}(x), f^{-1}(y)})$$
$$= T_{f_x^{-1}(z)} W^3_{f^{-1}(x),\delta}(f^{-1}(y)).$$

一方において

$$\operatorname{graph}(G_x(g_{-1})(z)) = D_{f_x^{-1}(z)} f_x(T_{f_x^{-1}(z)} W^3_{f^{-1}(x),\delta}(f^{-1}(y)))$$
$$= T_z W^3_{x,\delta}(y)$$
$$= \operatorname{graph}(g_0(z))$$

であるから
$$G_x(g_{-1})(z) = g_0(z) \qquad (z \in S_\delta^2(x)).$$

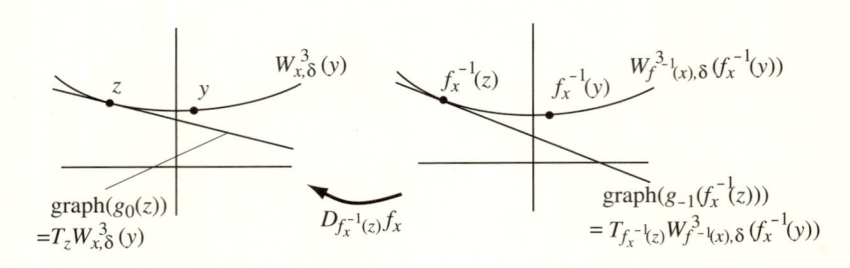

図 2.2.7

帰納的に繰り返したとき
$$z \in S_\delta^2(x) \Longrightarrow G_x^n(g_{-n})(z) = g_0(z) \qquad (n \geq 1)$$
を得る．よって
$$\tilde{g}_0(z) = \lim_n G_x^n(g_{-n})(z) = g_0(z) \qquad (z \in S_\delta^2(x)).$$
□

命題 2.2.1 の証明 補題 2.2.6 により，$n \geq 1$ に対して
$$L(G_x^n(h_{-n})) \leq \nu e^{-\chi_2 + 2\varepsilon} L(G_x^{n-1}(h_{-n+1})) + \frac{2}{3} e^{-\chi_2 + 2\varepsilon} \hat{\delta}$$
$$\vdots$$
$$\leq \frac{2}{3} e^{-\chi_2 + 2\varepsilon} \hat{\delta} \sum_{i=0}^{n-1} (\nu e^{-\chi_2 + 2\varepsilon})^i.$$
よって
$$D = \frac{2}{3} e^{-\chi_2 + 2\varepsilon} \hat{\delta} \sum_{i=0}^{\infty} (\nu e^{-\chi_2 + 2\varepsilon})^i$$
とおけば，$L(G_x^n(h_{-n})) \leq D$ を得る．

$z, z' \in S_\delta^2(x)$ とする．$\rho > 0$ に対して $n > 0$ があって
$$\|G_x^n(h_{-n})(z) - g_0(z)\| < \rho,$$
$$\|G_x^n(h_{-n})(z') - g_0(z')\| < \rho$$

とできるから

$$\|g_0(z) - g_0(z')\|$$
$$\leq \|g_0(z) - G_x^n(h_{-n})(z)\| + \|G_x^n(h_{-n})(z) - G_x^n(h_{-n})(z')\|$$
$$+ \|G_x^n(h_{-n})(z') - g_0(z')\|$$
$$\leq 2\rho + D\|z - z'\|.$$

$\rho > 0$ は任意であるから，結論を得る． □

μ はエルゴード的で，μ に関する f のリャプノフ指数は $\chi_1 < 0 < \chi_2 < \chi_3$ であると仮定して議論を進めてきた．

μ に関するペシン集合 Λ の点 x を固定する．このとき $l > 0$ があって $x \in \Lambda_l$ である．よって，十分に小さい $r > 0$ があって x を中心とする 1 辺が r である立方体を $B(x,r)$ とする．$y \in B(x,r) \cap \Lambda_l$ に対して $W^u(y) \cap B(x,r)$ の y を含む連結成分を $V^u(y)$ で表す．

第 1 不安定多様体 $W^1(y)$ ($y \in V^u(x) \cap \Lambda_l$) と $V^u(x)$ との共通部分の y を含む連結成分を $V_x^1(y)$ で表す．$z \in V^u(x)$ に対して $W^s(z)$ は各 $V_x^1(y)$ ($y \in B(x,r) \cap \Lambda_l$) と横断的に交わる点として

$$z(y) = V_x^1(y) \cap W^s(z)$$

とおく（図 2.2.8）．

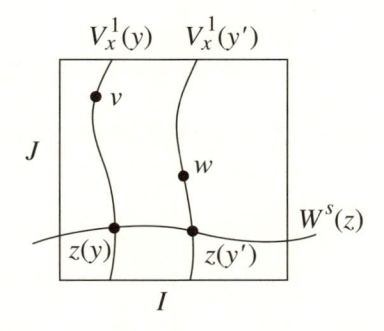

図 2.2.8

命題 2.2.11 $D > 0$ があって $v \in V_x^1(y)$, $w \in V_x^1(y')$ に対して

$$\|z(y) - z(y')\| \leq D\|v - w\|$$

が成り立つ.

命題 2.2.11 の証明は命題 2.2.1 を用いて示すことができる（邦書文献 [Ao3], 命題 5.5.15）.

命題 2.2.1 は 3 次元での議論で，$x \in \Lambda$ を固定するとき $W^2(x) = W^u(x)$ に含まれる第 1 不安定多様体 $W^3(y)$ に関して，線形写像族 $\{D_z g_{x,y}^2 \mid z \in S_\delta^2(x)\}$ は z に関してリプシッツ連続であることを示している.

この結果を 2 次元の場合に適用する. すなわち，$\mathbb{R}^2$ の上の C^2–微分同相写像 f が有界開集合 U に対して $f(U) \subset U$ であるとする. U の上の不変ボレル確率測度 μ はエルゴード的であるとして，μ に関する f のリャプノフ指数が

$$\chi_1 < 0 < \chi_2$$

の場合に命題 2.2.1 と同様な結論を導く.

$\Lambda = \bigcup_{l>0} \Lambda_l$ は μ に関するペシン集合とする. $0 < \delta < 1$, $x \in \Lambda_l$ とする. 安定多様体 $W^1(x)$ に対して

$$W_{f^i(x),\delta}^1(f^i(x)) = \Phi_{f^i(x)}^{-1}(W^1(f^i(x))) \cap B(\delta C_{l+|i|}^{-1}) \quad (i \in \mathbb{Z}), \quad (2.2.5)$$

を定義して $y \in \Phi_x(W_{x,\delta}^1(x)) \cap \Lambda_l$ に対して

$$W_{f^i(x),\delta}^2(f^i(y)) = \Phi_{f^i(x)}^{-1}(W^2(f^i(y))) \cap B(\delta C_{l+|i|}^{-1}) \quad (i \in \mathbb{Z})$$

とおく. ここに $W^2(x)$ は x の不安定多様体を表す. $y \in \Phi_x(W_{x,\delta}^1(x)) \cap \Lambda_l$ であるから，$f(y) \in \Lambda_{l+1}$ である. よって

$$\begin{aligned}
W_{f(x),\delta}^2(f(y)) &= \Phi_{f(x)}^{-1}(W^2(f(y))) \cap B(\delta C_{l+1}^{-1}) \\
&= \Phi_{f(x)}^{-1}(fW^2(y)) \cap B(\delta C_{l+1}^{-1}) \\
&\subset \Phi_{f(x)}^{-1}(fW^2(y)) \cap f_x(B(\delta C_l^{-1})) \\
&\quad \text{（注意 2.2.7, (2.2.4) により）} \\
&= f_x(W_{x,\delta}^2(y)).
\end{aligned}$$

(2.2.5) は

$$\begin{aligned}
W^1_{f(x),\delta}(f(x)) &= \Phi^{-1}_{f(x)}(W^1(f(x))) \cap B(\delta C^{-1}_{l+1}) \\
&\subset \Phi^{-1}_{f(x)}(fW^1(x)) \cap f_x(B(\delta C^{-1}_l)) \\
&= f_x(W^1_{x,\delta}(x))
\end{aligned}$$

を満たす．よって

$$S_\delta(f^i(x)) = \bigcup_{y \in \Phi_{f^i(x)}(W^1_{f^i(x),\delta}(f^i(x))) \cap f^{|i|}(\Lambda_l)} W^2_{f^i(x),\delta}(y) \qquad (i \in \mathbb{Z})$$

とおくと

$$S_\delta(f(x)) \subset f_x(S_\delta(x))$$

が成り立つ．$y \in \Phi_x(W^1_{x,\delta}(x)) \cap \Lambda_l$ に対して $W^2_{x,\delta}(y)$ のグラフを

$$g^2_{x,y} : B_2(\delta C^{-1}_l) \longrightarrow B(\delta C^{-1}_l)$$

で表す．

$z \in S_\delta(x)$ に対して，$y \in \Lambda_l$ があって $z \in W^2_{x,\delta}(y)$ であるから

$$g_0(z) = D_z g^2_{x,y} : \mathbb{R}_2 \longrightarrow \mathbb{R}_1$$

によって

$$g_0 : S_\delta(x) \longrightarrow BL(\mathbb{R}_2, \mathbb{R}_1)$$

を定義する．ここに

$$BL(\mathbb{R}_2, \mathbb{R}_1) = \left\{ g \in L(\mathbb{R}_2, \mathbb{R}_1) \,\middle|\, |g \text{ の傾き}| \leq \frac{1}{3} \right\}$$

で，$L(\mathbb{R}_2, \mathbb{R}_1)$ は $\mathbb{R}_2$ から $\mathbb{R}_1$ への線形写像の集合を表す．

命題 2.2.12 $x \in \Lambda$ に対して

$$g_0 : S_\delta(x) \longrightarrow BL(\mathbb{R}_2, \mathbb{R}_1)$$

は

$$\|g_0(z) - g_0(z')\| \leq D\|z - z'\| \qquad (z, z' \in S_\delta(x))$$

を満たす．$D > 0$ は x に依存しない定数である．

命題 2.2.12 の証明に対して，グラフ変換 Ψ_z を次のように定義する：
$v \in L(\mathbb{R}_2, \mathbb{R}_1)$ に対して

$$\Psi_z(v) = (P^1 \circ D_z f_x \circ (v, id)) \circ (P^2 \circ D_z f_x \circ (v, id))^{-1}.$$

ここに $(v, id)w = (v(w), w)$ $(w \in \mathbb{R}_2)$ を表し

$$\begin{aligned} P^2(z) &= (0, z_2) \\ P^1(z) &= (z_1, 0) \end{aligned} \qquad (z = (z_1, z_2) \in \mathbb{R}_1 \times \mathbb{R}_2).$$

このとき

$$D_z f_x(\mathrm{graph}(v)) = \mathrm{graph}(\Psi_z(v)) \qquad (z \in \mathbb{R}_1 \times \mathbb{R}_2)$$

が成り立つ．

V を原点の十分に小さい近傍とする．

注意 2.2.13 $0 < \nu < 1$ があって $y \in V$, $u, v \in BL(\mathbb{R}_2, \mathbb{R}_1)$ に対して

$$\|\Psi_y(u) - \Psi_y(v)\| \leq \nu \|u - v\|.$$

補題 2.2.3 の証明と同様に進めれば結論を得る．

注意 2.2.14 $y, y' \in V$ に対して

$$\|\Psi_y(v) - \Psi_{y'}(v)\| \leq \frac{2}{3} \|D_y f_x - D_{y'} f_x\| \qquad (v \in BL(\mathbb{R}_2, \mathbb{R}_1)).$$

注意 2.2.4 と同様にして示すことができる．

注意 2.2.15 $y, y' \in S_\delta(x)$ に対して

$$\|f_x^{-1}(y) - f_x^{-1}(y')\| \leq e^{-\chi_2 + 2\varepsilon} \|y - y'\|.$$

証明 注意 2.2.5 と同様な仕方で示すことができる．$x \in \Lambda_l$ であれば $y, y' \in S_\delta(x)$ に対して

$$\|y - y'\| = \|P^2(y) - P^2(y')\| \qquad (2.2.6)$$

が成り立つ．実際に否定すると $x \in \Lambda_l$ と $y, y' \in S_\delta(x)$ $(y \neq y')$ があって
$$\|y - y'\| = \|P^1(y) - P^1(y')\|.$$
このとき
$$\|P^1 \circ f_x^{-1}(y) - P^1 \circ f_x^{-1}(y')\| \geq (e^{-\chi_1 - \varepsilon} - \delta)\|y - y'\|$$
であって
$$\|P^2 \circ f_x^{-1}(y) - P^2 \circ f_x^{-1}(y')\| \leq (e^{-\chi_2 + \varepsilon} + \delta)\|y - y'\|.$$
よって
$$\|f_x^{-1}(y) - f_x^{-1}(y')\| \geq (e^{-\chi_1 - \varepsilon} - \delta)\|y - y'\|$$
を得る．
$$\|f_x^{-1}(y) - f_x^{-1}(y')\| = \|P^2 \circ f_x^{-1}(y) - P^2 \circ f_x^{-1}(y')\|$$
を仮定すると
$$(e^{-\chi_2 + \varepsilon} + \delta)\|y - y'\| \geq \|f_x^{-1}(y) - f_x^{-1}(y')\| \geq (e^{-\chi_1 - \varepsilon} - \delta)\|y - y'\|$$
となって矛盾を得る．よって
$$\|f_x^{-1}(y) - f_x^{-1}(y')\| = \|P^1 \circ f_x^{-1}(y) - P^1 \circ f_x^{-1}(y')\|$$
であるから，上の議論を繰り返すと
$$\|f_x^{-2}(y) - f_x^{-2}(y')\| \geq (e^{-\chi_1 - \varepsilon} - \delta)^2 \|y - y'\|.$$
帰納的に
$$\|f_x^{-i}(y) - f_x^{-i}(y')\| \geq (e^{-\chi_1 - \varepsilon} - \delta)^i \|y - y'\| \quad (i \geq 0) \tag{2.2.7}$$
が求まる．

$y \in S_\delta(x)$ であるから $z \in \Lambda_l$ があって $y \in W_{x,\delta}^2(z)$ である．よって $i \geq 0$ に対して
$$\begin{aligned} f_x^{-i}(y) &\in f_x^{-i}(W_{x,\delta}^2(z)) \\ &\subset W_{f^{-i}(x),\delta}^2(f^{-i}(z)) \\ &= \Phi_{f^{-i}(x)}^{-1}(W^2(f^{-i}(z))) \cap B(\delta C_{l+i}^{-1}) \\ &\subset B(\delta C_l^{-1}). \end{aligned}$$

よって
$$\|f_x^{-i}(y)\| \leq \delta C_l^{-1} \quad (i \geq 0).$$

上の不等式と (2.2.7) により
$$(e^{-\chi_1-\varepsilon} - \delta)^i \|y - y'\| \leq 2\delta C_l^{-1} \quad (i \geq 0).$$

このことは矛盾である．よって (2.2.6) が成り立つ．
$$f_x^{-1}(y), f_x^{-1}(y') \in f_x^{-1}(S_\delta(x)) \subset S_\delta(f^{-1}(x))$$

であるから (2.2.6) により
$$\|f_x^{-1}(y) - f_x^{-1}(y')\| = \|P^2 \circ f_x^{-1}(y) - P^2 \circ f_x^{-1}(y')\|$$
$$\leq (e^{-\chi_2+\varepsilon} + \delta)\|y - y'\|$$
$$\leq e^{-\chi_2+2\varepsilon}\|y - y'\|$$

を得る． □

$x \in \Lambda_l$ と $y, y' \in S_\delta(x)$ に対して，$z, z' \in \Lambda_l$ があって $y \in W_{x,\delta}^2(z)$, $y' \in W_{x,\delta}^2(z')$ であって注意 2.2.15 が成り立つ．

以後において $\delta > 0$ は
$$S_\delta(x) \subset V \quad (x \in \Lambda_l)$$

であるように十分小さく選ばれているとする．

$g : V \to L(\mathbb{R}_2, \mathbb{R}_1)$ に対して
$$G_x(g)(z) = \Psi_{f_x^{-1}(z)}(g(f_x^{-1}(z))) \quad (z \in f_x(V))$$

によって
$$G_x(g) : f_x(V) \longrightarrow BL(\mathbb{R}_2, \mathbb{R}_1)$$

を定義する．

注意 2.2.16 $\hat{\delta} > 0$ に対して原点の十分に小さい近傍 V があって $g : f_x(V) \to L(\mathbb{R}_2, \mathbb{R}_1)$ はリプシッツ連続であれば，$G_x(g)$ のリプシッツ定数は
$$L(G_x(g)_{|S_\delta(x) \cap f_x(V)}) \leq \nu e^{-\chi_2+2\varepsilon} L(g) + \frac{2}{3}\hat{\delta} e^{-\chi_2+2\varepsilon}.$$

補題 2.2.6 の証明を繰り返せばよい．
V は上で用いた原点の近傍として $n > 0$ に対して

$$S_\delta(x) \subset f^n_{f^{-n}(x)}(S_\delta(f^{-n}(x)))$$

であるから

$$\Sigma_{f^{-n}(x)} = \{g \mid g : f^n_{f^{-n}(x)}(S_\delta(f^{-n}(x))) \to BL(\mathbb{R}_2, \mathbb{R}_1)\}$$

を定義し

$$\rho_{f^{-n}(x)}(g_1, g_2) = \sup_{y \in f^n_{f^{-n}(x)}(S_\delta(f^{-n}(x)))} \|g_1(y) - g_2(y)\|$$

を与える．このとき $(\Sigma_{f^{-n}(x)}, \rho_{f^{-n}(x)})$ は完備距離空間である．
$n > 0$ に対して

$$h_{-n}(y) = 0 \qquad (y \in f^n_{f^{-n}(x)}(S_\delta(f^{-n}(x))))$$

とおく．h_{-n} はリプシッツ定数 $L(h_{-n}) = 0$ であるリプシッツ連続写像である．
よって命題 2.2.1 の証明と同様にして命題 2.2.12 が示される．

μ はエルゴード的測度とする．μ を用いた乗法エルゴード定理 (邦書文献 [Ao3], 定理 3.3.5) に基づき，μ に関するペシン集合 $\Lambda = \bigcup_{l>0} \Lambda_l$ が構成された (邦書文献 [Ao3], 定理 4.1.4)．このとき μ が双曲型であれば，各 Λ_l の上で $\mathbb{R}^2$ の分解 $\mathbb{R}^2 = E_1(x) \oplus E_2(x)$ $(x \in \Lambda_l)$ は連続的に変化することを知った．この分解は支配的分解であることから，局所的 (不) 安定多様体 $W^s_{loc}(x)(W^u_{loc}(x))$ $(x \in \Lambda)$ が存在し，$W^u_{loc}(x)$ は $E_2(x)$ で定義された C^1-関数 g^u_x のグラフとして表される．$W^s_{loc}(x)$ に対しても同様なことが成り立つ．

ブリン (Brin) は Λ_l の上の C^0-分解だけの枠組みで，f が C^2-微分同相写像である理由により，その分解は Λ_l の上でヘルダー (Hölder) 連続であることを示した (邦書文献 [Ao3], 定理 5.5.4)．けれども，不安定多様体理論に基づく局所 (不) 安定多様体を表現する C^1-関数 $g^s_x(g^u_x)$ にまで入り込んで，その関数の構成の仕方を見るとき，分解の連続性は Λ_l の上でリプシッツ連続まで強めることができる．これを主張しているのが命題 2.2.12 である．

$x \in \Lambda_l$ に対して，$r_l > 0$ があって $0 < r \le r_l$ に対して 1 辺が r である矩形を $B(x, r)$ とする．$y \in B(x, r) \cap \Lambda_l$ に対して $W^u(y) \cap B(x, r)$ の点 y を含む連結

成分を $V_x^u(y)$ で表す. $z \in B(x,r) \cap \Lambda_l$ に対して

$$z(y) = V_x^u(y) \cap W^s(z),$$
$$z(y') = V_x^u(y') \cap W^s(z) \qquad (y, y \in B(x,r) \cap \Lambda_l)$$

とおく.このとき命題 2.2.12 と邦書文献 [Ao3] の命題 5.5.15 により次が成り立つ:

命題 2.2.17 $v \in V_x^u(y)$, $w \in V_x^u(y')$ に対して

$$\|z(y) - z(y')\| \leq D\|v - w\|$$

が成り立つ.$D > 0$ は y, y' に依存しない定数である.

2.3 ギブス測度の局所積構造

この節を通して,U は $\mathbb{R}^3$ の有界な開集合とする(実際には次元の制限を必要としない).C^2–微分同相写像 $f : \mathbb{R}^3 \to \mathbb{R}^3$ は $f(U) \subset U$ を満たすとし,μ は f–不変ボレル確率測度とする.

この節では完全次元測度の存在を議論する.$h_\mu(f) > 0$ のとき,μ は完全次元測度であるか否かは未解決の問題として残されていた.

μ がエルゴード的で双曲型の場合にその問題は次の定理 2.3.1,定理 2.3.2 として解決された.しかし,μ がエルゴード的で非双曲型の場合は 2.5 節で述べるルドラピエ–ヤンの定理が示されているだけである.

μ はエルゴード的で双曲型であると仮定する.この仮定によって,μ に関する f のリャプノフ指数 $\chi_i (i = 1, 2, 3)$ は μ–測度の値が 0 である集合を除いて定数である.μ の双曲性によって指数の間の関係は

$$\chi_1 < 0 < \chi_2 < \chi_3 \qquad \mu\text{–a.e.} \tag{2.3.1}$$

であるとして一般性を失わない.

よって定理 1.3.2 により,安定多様体に沿う U の μ–可測分割 ξ^s と不安定多様体に沿う μ–可測分割 ξ^u を構成することができる.ξ^σ ($\sigma = s, u$) に関する μ の条件付き確率測度の標準系を $\{\mu_x^\sigma\}$ (μ–a.e.) で表す.

$\Lambda = \bigcup_{l>0} \Lambda_l$ は μ に関するペシン集合とする.$x \in \Lambda$ に対して $W^s(x)$ は曲線を表し,$W^u(x)$ は曲面をなすことに注意する.

d^s は安定多様体の上の距離関数，d^u は不安定多様体の上の距離関数を表す．$\varepsilon > 0$ とする．$x \in \Lambda$ に対して

$$B_n^u(x,\varepsilon) = \{y \in W^u(x) \mid d^u(f^k(x), f^k(y)) \leq \varepsilon, \ 0 \leq k < n\},$$
$$B_n^s(x,\varepsilon) = \{y \in W^s(x) \mid d^u(f^{-k}(x), f^{-k}(y)) \leq \varepsilon, \ 0 \leq k < n\}$$

を定義し，$n=1$ のとき

$$B^\sigma(x,\varepsilon) = B_1^\sigma(x,\varepsilon) \qquad (\sigma = s, u)$$

と書くことにする．このとき注意 1.4.2 により

$$\lim_{\varepsilon \to 0} \frac{\log \mu_x^s(B^s(x,\varepsilon))}{\log \varepsilon} = \delta_s \qquad \mu\text{-a.e.}\, x$$

が成り立つ．命題 2.1.1 により

$$\lim_{\varepsilon \to 0} \frac{\log \mu_x^u(B^u(x,\varepsilon))}{\log \varepsilon} = \delta_u \qquad \mu\text{-a.e.}\, x$$

が成り立つ．

ルドラピエ–ヤン，バレイラ–ペシン–シメイリングは δ_s と δ_u を用いて次の定理を示した：

定理 2.3.1 (ルエル–エックマン予想)　　$\mathbb{R}^3$ の上の C^2–微分同相写像 f は有界開集合 U に対して $f(U) \subset U$ を満たし，μ は f–不変ボレル確率測度とする．このとき，μ がエルゴード的で双曲型であれば

$$HD(\mu) = \delta_s + \delta_u$$

が成り立つ．

定理 2.3.1 は

$$\lim_{\varepsilon \to 0} \frac{\log \mu(B(x,\varepsilon))}{\log \varepsilon} = \delta_s + \delta_u \qquad \mu\text{-a.e.}\, x$$

を示すことと同値である．すなわち，μ が完全次元測度であることを示すことである．

定理 2.3.1 は次の形で示されている（関連論文 [Ba-Pe-Sc], [L-Yo1], [L-Yo2]）：

定理 2.3.2 C^2-微分同相写像 $f\colon \mathbb{R}^n \to \mathbb{R}^n$ $(n \geq 2)$ は有界開集合 U に対して $f(U) \subset U$ を満たし，μ は f-不変ボレル確率測度とする．このとき，μ がエルゴード的で双曲型であれば

$$HD(\mu) = \delta_s + \delta_u$$

が成り立つ．

定理 2.3.1 は 2 次元の場合に非一様双曲型の体積補題によって示される．

3 次元の場合に定理 2.3.1 を示せば，帰納的手法によって一般の場合に結論を得る．したがって，ここでは $\dim(U) = 3$ に対して定理 2.3.1 の証明を与える．

ところで，不変ボレル確率測度が局所積構造をもつ場合は定理 2.3.1 は簡単に証明される．そこで，この構造をもつ典型的な例を最初に解説する．

2 次の行列 A によって導入された微分同相写像 $f_A \colon \mathbb{T}^2 \to \mathbb{T}^2$ は双曲性をもつとする．よって，各点 $x \in \mathbb{T}^2$ の安定多様体 $W^s(x)$，不安定多様体 $W^u(x)$ によって $\mathbb{T}^2$ のマルコフ分割 $\mathcal{R} = \{R_1, R_2\}$ が構成される（邦書文献 [Ao2]）．

この分割 $\mathcal{R}$ によって，構造行列 $B = (B_{ij})$ が見いだされマルコフ推移写像 $\sigma \colon \Sigma_B \to \Sigma_B$ が定義される．このとき，f_A と σ は高々有限対 1 の連続写像 $h \colon \Sigma_B \to \mathbb{T}^2$ によって位相的半共役である．さらに，h は Σ_B から $\mathbb{T}^2 \setminus \bigcup_{i=-\infty}^{\infty} f^i(\partial \mathcal{R}^s \cup \partial \mathcal{R}^u)$ への全単射である．

$b = (b_i) \in \Sigma_B$ に対して

$$\hat{W}^s(b) = \{a \in \Sigma_B \,|\, d'(\sigma^i(a), \sigma^i(b)) \to 0 \ (i \to \infty)\},$$
$$\hat{W}^u(b) = \{a \in \Sigma_B \,|\, d'(\sigma^{-i}(a), \sigma^{-i}(b)) \to 0 \ (i \to \infty)\}$$

によって点 b の安定集合 $\hat{W}^s(b)$，不安定集合 $\hat{W}^u(b)$ を定義する．ここに，d' は邦書文献 [Ao2] の (1.1.1) で与えた $Y_2^{\mathbb{Z}}$ の上の距離関数である．このとき

$$\hat{W}^s(b) = \{(\cdots, x_{-1}, x_0, b_0, b_1, \cdots) \,|\, B_{b_0 x_0} = 1, \ B_{x_i x_{i+1}} = 1 \ (i \geq 0)\},$$
$$\hat{W}^u(b) = \{(\cdots, b_{-1}, b_0, x_0, x_1, \cdots) \,|\, B_{x_0 b_0} = 1, \ B_{x_{-i} x_{-i-1}} = 1 \ (i \geq 0)\}$$

が成り立つ．

Σ_B^+, Σ_B^- は片側マルコフ推移写像の空間

$$\Sigma_B^+ = \{(x_0, x_1, \cdots) \,|\, B_{x_i x_{i+1}} = 1 \ (i \geq 0)\},$$
$$\Sigma_B^- = \{(\cdots, x_{-1}, x_0) \,|\, B_{x_{-i} x_{-i+1}} = 1 \ (i \geq 0)\}$$

2.3 ギブス測度の局所積構造　　137

を表し，Σ_B^+ の筒集合

$$C_n^+(b) = \{y \in \Sigma_B^+ \,|\, n > 0 \text{ があって},\ y_i = b_i \ (i \leq n)\},$$

Σ_B^- の筒集合

$$C_n^-(b) = \{y \in \Sigma_B^- \,|\, n > 0 \text{ があって},\ y_i = b_i \ (i \geq -n)\}$$

を用いて，$b = (b_i)$ を含む $\hat{W}^s(b)$ の部分集合

$$(\cdots, b_{-1}, b_0) \times C_n^+(b) \subset \hat{W}^u(b)$$

と，$\hat{W}^u(b)$ の部分集合

$$C_n^-(b) \times (b_0, b_1, \cdots) \subset \hat{W}^s(b)$$

を定義する．

μ は $\sigma : \Sigma_B \to \Sigma_B$ のギブス測度（邦書文献 [Ao3]）として，点 $b = (b_i)$ を含む Σ_B の筒集合

$$\hat{C}_n(b) = \{y \in \Sigma_B \,|\, y_{i_k} = b_{i_k} \ (|k| \leq n)\},$$
$$\hat{C}_n^+(b) = \{y \in \Sigma_B \,|\, y_{i_k} = b_{i_k} \ (0 \leq k \leq n)\},$$
$$\hat{C}_n^-(b) = \{y \in \Sigma_B \,|\, y_{i_k} = b_{i_k} \ (-n \leq k \leq 0)\}$$

を用いて，$W^s(b), W^u(b)$ の上の確率測度 μ^s, μ^u を

$$\mu^s(C_n^+(b)) = \mu(\hat{C}_n^+(b)),$$
$$\mu^u(C_n^-(b)) = \mu(\hat{C}_n^-(b))$$

によって定義する．

μ はギブス測度であるから $A_1 > 0$, $A_2 > 0$ があって

$$A_1 \leq \frac{\mu(\hat{C}_n(b))}{\mu(\hat{C}_n^-(b))\mu(\hat{C}_n^+(b))} \leq A_2 \tag{2.3.2}$$

が成り立つ（邦書文献 [Ao3]，注意 1.1.5）．

$b \in \Sigma_B$ であるから，$h(b) \in \mathbb{T}^2$ である．$\mathcal{R}$ の集合 R_1 の $\text{int}(R_1)$ が $h(b)$ を含むとする．このとき

$$h(b) \in E \subset \hat{W}^s(h(b)) \cap R_1,$$
$$h(b) \in F \subset \hat{W}^u(h(b)) \cap R_1$$

を満たす閉区間 E, F $(\text{int}(R_1) \cap E = \emptyset, \text{int}(R_2) \cap F = \emptyset)$ に対して

$$h^{-1}(E) \subset \hat{W}^s(b), \quad h^{-1}(F) \subset \hat{W}^u(b)$$

であるから，$\hat{W}^\sigma(h(b)) \cap R_1$ $(\sigma = s, u)$ の上の測度を

$$\nu^s(E) = \mu^s(h^{-1}(E)),$$
$$\nu^u(F) = \mu^u(h^{-1}(F))$$

によって定義し，$\mathbb{T}^2$ の上のボレル確率測度を

$$\nu(A) = \mu(h^{-1}(A)) \quad (A \subset \mathbb{T}^2)$$

によって定義する．

E と F の直積集合 $E \times F$ は図 1.2.1 の矩形を表す．このとき (2.3.2) により

$$A_1 \leq \frac{\nu(E \times F)}{\nu^s(E)\nu^u(F)} \leq A_2 \tag{2.3.3}$$

が成り立つ．

(2.3.3) を満たす ν は $\mathbb{T}^2$ の点 $h(b)$ の **局所積構造** (local product structure) をもつという．局所積構造をもつ不変ボレル確率測度が存在するとき，局所的次元が求まる．

実際に，十分に小さい $\delta > 0$ に対して E は $\hat{W}^s(h(b)) \cap R_1$ の $h(b)$ を含む δ–閉近傍で，F は $\hat{W}^u(h(b)) \cap R_1$ の $h(b)$ を含む δ–閉近傍であるとして

$$E = B^s(h(b), \delta), \quad F = B^u(h(b), \delta)$$
$$E \times F = B(h(b), \delta)$$

と表す．$B(h(b), \delta)$ は $\mathbb{T}^2$ の閉近傍である．(2.3.3) により

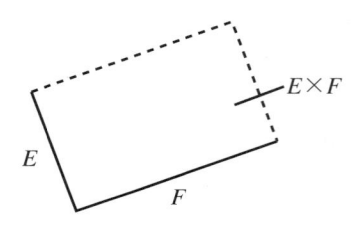

図 2.3.1

$$\log \nu^s(B^s(h(b),\delta)) + \log \nu^u(B^u(h(b),\delta)) + \log A_1$$
$$\leq \log \nu(B(h(b),\delta))$$
$$\leq \log \nu^s(B^s(h(b),\delta)) + \log \nu^u(B^u(h(b),\delta)) + \log A_2.$$

よって

$$\limsup_{\delta \to 0} \frac{\log \nu^s(B^s(h(b),\delta))}{\log \delta} + \limsup_{\delta \to 0} \frac{\log \nu^u(B^u(h(b),\delta))}{\log \delta}$$
$$= \limsup_{\delta \to 0} \frac{\log \nu(B(h(b)),\delta)}{\log \delta}. \tag{2.3.4}$$

(2.3.4) の上極限がそれぞれ極限に置き換えられれば，点 $h(b)$ の局所的次元は s-方向，u-方向の局所的次元の和で表されることを主張している．

しかし

$$\left\{ \frac{\log \nu^\sigma(B^\sigma(h(b),\delta))}{\log \delta} \right\} (\sigma = s, u), \quad \left\{ \frac{\log \nu(B(h(b),\delta))}{\log \delta} \right\}$$

が収束することを示すためにはエントロピーを利用する必要がある（例えば，1.4 節を参照）．

この章では，非一様双曲的な力学系が双曲型測度をもつ場合にその測度がエルゴード的であれば，各点の局所的次元は s-方向，u-方向の局所的次元の和で表されることを解説する．

非一様双曲的な力学系は一般にはマルコフ分割をもつとは限らないから，ギブス測度の存在は明らかでない．よって，非一様双曲性に対する体積補題を用意して局所積構造を見いだすことになる．

2.4 ルエル–エックマン予想

定理 2.3.1 を得るには，局所積構造の存在を示すことが重要である．力学系が一様双曲性の場合はマルコフ分割が存在することから，1.2 節で見たようにギブス測度を用いて局所積構造が構成できる．しかし，非一様双曲性の場合はマルコフ分割は存在しない．よって，マルコフ分割に類似な分割（定理 1.3.2）を用いて局所積構造を構成する．

定理 2.3.1 を示すために次の命題を準備をする：

命題 2.4.1（バレイラ–ペシン–シメイリング） μ はエルゴード的で双曲型であ

るとする．このとき

$$\delta_s + \delta_u \le \liminf_{n\to\infty} \frac{\log \mu(B(x,r))}{\log r} \qquad \mu\text{--a.e.}$$

が成り立つ．

　この節は命題 2.4.1 の証明を与えることを目的とする．次の 2.5 節の命題 2.5.1 と併せて定理 2.3.1 が結論される．すなわち

$$HD(\mu) = \delta_s + \delta_u.$$

$\mathcal{P}$ は $H_\mu(\mathcal{P}) < \infty$ を満たす可算分割として

$$\mathcal{P}^n = \bigvee_{i=0}^{n-1} f^{-i}(\mathcal{P}) \quad (n > 0),$$

$$\mathcal{P}^l_{-k} = \bigvee_{i=-k}^{l} f^{-i}(\mathcal{P}) \quad (k,l > 0)$$

と表す．

　ξ^u は不安定多様体に沿う μ--可測分割とする．このとき注意 1.3.6 により μ--a.e. で

$$\eta^u_1 \le \eta^u_2 \le \cdots \le \bigvee_{i=1}^{\infty} \eta^u_i = \xi^u \tag{2.4.1}$$

を満たす有限分割の列 $\{\eta^u_i\}$ が存在する．

　安定多様体に沿う μ--可測分割 ξ^s に対しても，同様にして μ--a.e. で

$$\eta^s_1 \le \eta^s_2 \le \cdots \le \bigvee_{i=1}^{\infty} \eta^s_i = \xi^s \tag{2.4.2}$$

を満たす有限分割の列 $\{\eta^s_i\}$ が存在する．

　2.1 節で見たように $i \ge 1$ に対して

$$\mathcal{P}_i = \eta^u_i \vee \eta^s_i$$

を定義する．明らかに，$\mathcal{P}_i$ は有限分割であって，μ--a.e. で

$$\bigvee_{i=1}^{\infty} \mathcal{P}_i$$

は各点分割をなす．よって $\varepsilon > 0$ に対して，$\delta > 0$ と $n' > 0$ があって

$$\mathrm{diam}(\mathcal{P}_j) = \sup_x \mathrm{diam}(\mathcal{P}_j(x)) < \delta$$

なる $\mathcal{P}_j = \mathcal{P}$ に対して

$$-\frac{1}{n}\log\mu(\mathcal{P}^n(x)) \geq h_\mu(f) - \frac{\varepsilon}{3} \quad (n \geq n') \tag{2.4.3}$$

が成り立つ．

$\{\mu_x^u\}$ は ξ^u に関する μ の条件付き確率測度の標準系で，$\{\mu_x^s\}$ は ξ^s に関する μ の条件付き確率測度の標準系であるとする．

$r > 0$ とする．$n > 0$ と $\mathcal{P}_{i_r}$ があって

$$(\mathcal{P}_{i_r})^n(x) \cap \xi^u(x) \subset B_n^u(x, r)$$

であり μ–a.e. x に対して

$$\begin{aligned}
\hat{H}_\mu(\xi^u \,|\, f(\xi^u)) &= \lim_{r \to 0} \limsup_{n \to \infty} -\frac{1}{n}\log \mu_x^u(B_n^u(x, r)) \\
&\leq \lim_{r \to 0} \limsup_{n \to \infty} -\frac{1}{n}\log \mu_x^u((\mathcal{P}_{i_r})^n(x) \cap \xi^u(x)) \\
&= \lim_{r \to 0} \limsup_{n \to \infty} -\frac{1}{n}\log \mu_x^u((\mathcal{P}_{i_r} \vee \xi^u)^n(x)) \\
&\leq \hat{H}_\mu(\xi^u \,|\, f(\xi^u))
\end{aligned}$$

(邦書文献 [Ao2]，定理 3.7.8)．命題 2.1.19 により $\hat{H}_\mu(\xi^u \,|\, f(\xi^u)) = h_\mu(f)$ であるから，μ–a.e. x に対して

$$h_\mu(f) = \lim_{r \to 0} \limsup_{n \to \infty} -\frac{1}{n}\log \mu_x^u((\mathcal{P}_{i_r})^n(x)). \tag{2.4.4}$$

同様にして μ–a.e. x に対して

$$h_\mu(f) = \lim_{r \to 0} \limsup_{n \to \infty} -\frac{1}{n}\log \mu_x^s((\mathcal{P}_{i_r})^n(x)).$$

よって，$\mathrm{diam}(\mathcal{P}_{i_r})$ が十分に小さい $\mathcal{P}_{i_r} = \mathcal{P}$ と十分に大きい n に対して，μ–a.e. x に対して

$$-\frac{1}{n}\log \mu_x^u(\mathcal{P}^n(x)) \geq h_\mu(f) - \frac{\varepsilon}{3},$$
$$-\frac{1}{n}\log \mu_x^s(\mathcal{P}_{-n}^0(x)) \geq h_\mu(f) - \frac{\varepsilon}{3}$$

とできる．

明らかに

$$\lim_{l\to\infty,\,k\to\infty}-\frac{1}{l+k}\log\mu(\mathcal{P}^l_{-k}(x))=\lim_{n\to\infty}-\frac{1}{n}\log\mu(\mathcal{P}^n(x))\quad \mu\text{--a.e.}\,x \tag{2.4.5}$$

注意 2.4.2 $\mathcal{P}$ は $\{\mathcal{P}_i\}$ に属する $\mathrm{diam}(\mathcal{P})$ が十分に小さい (2.4.3), (2.4.4) を満たす有限分割とする．このとき n_0 を十分に大きく選べば，μ–a.e. x に対して

$$\begin{aligned}\xi^u(x)\cap\mathcal{P}^0_{-n}(x)&\supset B^u(x,e^{-n_0}),\\ \xi^s(x)\cap\mathcal{P}^n(x)&\supset B^s(x,e^{-n_0})\end{aligned}\quad (n>0)$$

が成り立つ．

証明 $\mathcal{P}$ の構成から，(2.4.1) の分割列 $\{\eta^u_i\}$ に属する η^u と (2.4.2) の分割列 $\{\eta^s_i\}$ に属する η^s があって

$$\mathcal{P}(x)=\eta^u(x)\cap\eta^s(x)$$

であるから

$$\xi^u(x)\cap f(\mathcal{P}(f^{-1}x))\supset \xi^u(x)\cap\mathcal{P}(x).$$

よって

$$\xi^u(x)\cap\mathcal{P}^0_{-1}(x)=\xi^u(x)\cap\mathcal{P}(x).$$

帰納的に繰り返して

$$\xi^u(x)\cap\mathcal{P}^0_{-n}(x)=\xi^u(x)\cap\mathcal{P}(x)\quad (n\geq 0)$$

を得る．よって n_0 を十分に大きく選べば

$$\xi^u(x)\cap\mathcal{P}^0_{-n}(x)\supset B^u(x,e^{-n_0})\quad (n\geq 0).$$

同様にして

$$\xi^s(x)\cap\mathcal{P}^n(x)\supset B^s(x,e^{-n_0})\quad (n\geq 0).$$

□

注意 2.4.3 $n_0 > 0$ は十分に大きいとする．このとき，μ–a.e. x に対して

(1) $\xi^s(x) \cap \mathcal{P}^n(x) \supset B^s(x, e^{-n})$,
(2) $\xi^u(x) \cap \mathcal{P}^0_{-n}(x) \supset B^u(x, e^{-n})$. $\quad (n \geq n_0)$

$\Lambda = \bigcup_{l>0} \Lambda_l$ は μ に関するペシン集合とする．$\mu(\Lambda) = 1$ であるから，$l > 0$ があって
$$\mu(\Lambda_l) > 1 - \frac{\varepsilon}{3}$$
とできる．これらの事実のもとで，命題 2.4.1 の証明に用いるいくつかの注意を述べる．

注意 2.4.4 $\varepsilon > 0$ は十分に小さいとする．このとき $\mu(\Lambda^1) > 1 - \dfrac{2\varepsilon}{3}$ を満たす $\Lambda^1 \subset \Lambda_l$, $n_0 \geq 1$ と $C > 1$ があって，$x \in \Lambda^1$ と $k, l > n_0$ に対して

(1) $C^{-1}e^{-(l+k)h - (l+k)\varepsilon} \leq \mu(\mathcal{P}^l_{-k}(x)) \leq Ce^{-(l+k)h + (l+k)\varepsilon}$,

(2) $C^{-1}e^{-kh - k\varepsilon} \leq \mu^s_x(\mathcal{P}^0_{-k}(x)) \leq Ce^{-kh + k\varepsilon}$,

(3) $C^{-1}e^{-lh - l\varepsilon} \leq \mu^u_x(\mathcal{P}^l(x)) \leq Ce^{-lh + l\varepsilon}$.

ここに $h = h_\mu(f)$ を表す．

証明 エゴロフ (Egorov) の定理，(2.4.3), (2.4.4), (2.4.5) から求まる．　□

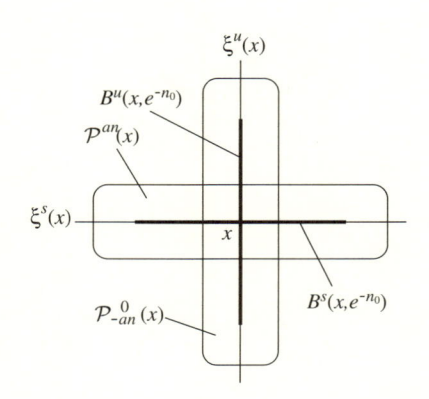

図 2.4.1

注意 2.4.5 注意 2.4.3, 注意 2.4.4 の n_0 をさらに大きく選び直して，$n \geq n_0$, $x \in \Lambda^1$ とする．このとき

(1) $e^{-\delta_s n - n\varepsilon} \leq \mu_x^s(B^s(x, e^{-n})) \leq e^{-\delta_s n + n\varepsilon}$,

(2) $e^{-\delta_u n - n\varepsilon} \leq \mu_x^u(B^u(x, e^{-n})) \leq e^{-\delta_u n + n\varepsilon}$.

証明 (2.4.1) と命題 2.1.1 を用いれば，(1), (2) を得る． □

十分に小さい $\varepsilon > 0$ に対して，$-\chi_1 + \varepsilon$, $\chi_2 + \varepsilon$ は邦書文献 [Ao3] の (4.3.1) を満たす数である．

注意 2.4.6 a は $\max\{-\chi_1 + \varepsilon, \chi_2 - \varepsilon\}$ の整数部分を表すとする．このとき，$x \in \Lambda^1$ と $n \geq n_0$ に対して

(1) $\mathcal{P}_{-an}^{an}(x) \subset B(x, e^{-n})$,

(2) $\mathcal{P}_{-an}^{0}(x) \cap \xi^s(x) \subset B^s(x, e^{-n}) \subset \mathcal{P}(x) \cap \xi^s(x)$,

(3) $\mathcal{P}_{-an}^{an}(x) \cap \xi^u(x) \subset B^u(x, e^{-n}) \subset \mathcal{P}(x) \cap \xi^u(x)$.

$x \in \Lambda^1$ と $n \geq n_0$ に対して

$$E = \{y \in \Lambda^1 \,|\, \mathcal{P}^{an}(y) \cap B^u(x, 2e^{-n}) \neq \emptyset,\ \mathcal{P}_{-an}^{0}(y) \cap B^s(x, 2e^{-n}) \neq \emptyset\}$$

とおき

$$Q_n(x) = \bigcup_{y \in E} \mathcal{P}_{-an}^{an}(y)$$

を定義する．

注意 2.4.7 $n > n_0$ に対して

$$B(x, e^{-n}) \cap \Lambda^1 \subset Q_n(x) \subset B(x, 4e^{-n}).$$

証明 $n > n_0$ に対して，$e^{-n} < e^{-n_0}$ である．よって

$$B^\sigma(x, e^{-n_0}) \supset B^\sigma(x, e^{-n}) \quad (\sigma = s, u).$$

注意 2.4.3 により
$$\mathcal{P}^0_{-n}(x) \supset B^u(x, e^{-n}),$$
$$\mathcal{P}^n(x) \supset B^s(x, e^{-n}).$$

よって，前半の包含関係は明らかである．後半は注意 2.4.6(1) により求まる．□

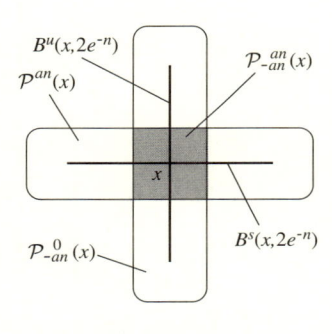

図 2.4.2

注意 2.4.8 $x \in \Lambda^1$ と $n \geq n_0$ に対して

(1) $B^s(x, e^{-n}) \cap \Lambda^1 \subset Q_n(x) \cap \xi^s(x) \subset B^s(x, 4e^{-n})$,

(2) $B^u(x, e^{-n}) \cap \Lambda^1 \subset Q_n(x) \cap \xi^u(x) \subset B^u(x, 4e^{-n})$.

証明は明らかである．

ボレルの密度定理により，$n_1 \geq n_0$ と $\mu(\Lambda^2) > 1 - \varepsilon$ を満たす $\Lambda^2 \subset \Lambda^1$ があって，$n > n_1$ と $x \in \Lambda^2$ に対して

$$\mu(B(x, e^{-n}) \cap \Lambda^1) \geq \frac{1}{2}\mu(B(x, e^{-n})), \tag{2.4.6}$$

$$\mu^s_x(B^s(x, e^{-n}) \cap \Lambda^1) \geq \frac{1}{2}\mu^s_x(B^s(x, e^{-n})), \tag{2.4.7}$$

$$\mu^s_x(B^u(x, e^{-n}) \cap \Lambda^1) \geq \frac{1}{2}\mu^u_x(B^u(x, e^{-n})) \tag{2.4.8}$$

が成り立つ．

以上の注意に基づいて，以降の補題によって定理 2.3.1 が証明される．

補題 2.4.9 $0 < D = D(\Lambda^2) < 1$ があって，$k \geq 1$ と $x \in \Lambda^2$ に対して

(1) $\mu_x^s(\mathcal{P}^k(x) \cap \Lambda^1) \geq D$,

(2) $\mu_x^u(\mathcal{P}_{-k}^0(x) \cap \Lambda^1) \geq D$.

証明 注意 2.4.3(1) により

$$B^s(x, e^{-n_0}) \cap \Lambda^1 \subset \mathcal{P}^k(x) \cap \Lambda^1 \quad (k \geq 1, x \in \Lambda^2).$$

よって

$$\begin{aligned}
\mu_x^s(\mathcal{P}^k(x) \cap \Lambda^1) &\geq \mu_x^s(B^s(x, e^{-n_0}) \cap \Lambda^1) \\
&\geq \mu_x^s(B^s(x, e^{-n_1}) \cap \Lambda^1) \\
&\geq \frac{1}{2}\mu_x^s(B^s(x, e^{-n_1})) \quad ((2.4.7) \text{ により}) \\
&\geq \frac{1}{2}e^{-\delta_s n_1 - n_1 \varepsilon} \quad (\text{注意 2.4.5(1) により}).
\end{aligned}$$

ここで, $D = \dfrac{1}{2}e^{-\delta_s n_1 - n_1 \varepsilon}$ とおけば (1) を得る. 同様にして (2) を求めることができる. □

補題 2.4.10 $x \in \Lambda^1$ と $n > n_1$ に対して

(1) $\mathcal{P}_{-an}^{an}(x) \cap \xi^s(x) = \mathcal{P}_{-an}^0(x) \cap \xi^s(x)$,

(2) $\mathcal{P}_{-an}^{an}(x) \cap \xi^u(x) = \mathcal{P}^{an}(x) \cap \xi^u(x)$.

証明 注意 2.4.6(2), 注意 2.4.3(1) により

$$\begin{aligned}
\mathcal{P}_{-an}^0(x) \cap \xi^s(x) &\subset \mathcal{P}_{-an}^0(x) \cap B^s(x, e^{-n}) \\
&\subset \mathcal{P}_{-an}^0(x) \cap B^s(x, e^{-n_0}) \\
&\subset \mathcal{P}_{-an}^0(x) \cap \mathcal{P}^{an}(x) \cap \xi^s(x) \\
&= \mathcal{P}_{-an}^{an}(x) \cap \xi^s(x).
\end{aligned}$$

$\mathcal{P}_{-an}^{an}(x) \subset \mathcal{P}_{-an}^0(x)$ であるから (1) を得る. (2) も同様にして示される. □

$x \in \Lambda^2$ と $n > n_1$ を固定して

$$\begin{aligned}
\mathcal{R}(n) &= \{\mathcal{P}_{-an}^{an}(y) \subset \mathcal{P}(x) \mid \mathcal{P}_{-an}^{an}(y) \cap \Lambda^1 \neq \emptyset\}, \\
\mathcal{F}(n) &= \{\mathcal{P}_{-an}^{an}(y) \subset \mathcal{P}(x) \mid \mathcal{P}_{-an}^0(y) \cap \Lambda^2 \neq \emptyset, \ \mathcal{P}^{an}(y) \cap \Lambda^2 \neq \emptyset\}
\end{aligned}$$

を定義する．明らかに

$$\sum_{R \in \mathcal{R}(n)} \mu(R \cap \Lambda^1) = \mu(\mathcal{P}(x) \cap \Lambda^1)$$

であって $R \in \mathcal{R}(n)$ に対して

$$R \cap \Lambda^2 \neq \emptyset \Longrightarrow R \in \mathcal{F}(n)$$

が成り立つ．

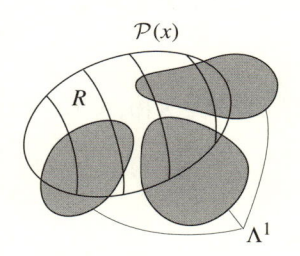

図 **2.4.3**

部分集合 $A \subset \mathcal{P}(x)$ に対して

$$\begin{aligned}
N(n, A) &= \sharp\{R \in \mathcal{R}(n) \,|\, R \cap A \neq \emptyset\}, \\
N^s(n, y, A) &= \sharp\{R \in \mathcal{R}(n) \,|\, R \cap \xi^s(y) \cap \Lambda^1 \cap A \neq \emptyset\}, \\
N^u(n, y, A) &= \sharp\{R \in \mathcal{R}(n) \,|\, R \cap \xi^u(y) \cap \Lambda^1 \cap A \neq \emptyset\}, \\
\hat{N}^s(n, y, A) &= \sharp\{R \in \mathcal{F}(n) \,|\, R \cap \xi^s(y) \cap A \neq \emptyset\}, \\
\hat{N}^u(n, y, A) &= \sharp\{R \in \mathcal{F}(n) \,|\, R \cap \xi^u(y) \cap A \neq \emptyset\}.
\end{aligned}$$

とおく．

$N(n, \mathcal{P}(x))$ は $\mathcal{R}(n)$ の個数を表し，$N^s(n, y, \mathcal{P}(x))$ は $\xi^s(y) \cap \Lambda^2 \cap R \neq \emptyset$ を満たす R の個数を表している．

補題 2.4.11 $y \in \mathcal{P}(x) \cap \Lambda^1$ と $n > n_0$ に対して

(1) $N^s(n, y, Q_n(y)) \leq \mu_y^s(B^s(y, 4e^{-n}))Ce^{anh + an\varepsilon}$

(2) $N^u(n, y, Q_n(y)) \leq \mu_y^u(B^u(y, 4e^{-n}))Ce^{anh + an\varepsilon}$

ここに $C > 1$ は注意 1.3.4 の数である．

証明 注意 2.4.8(1) により
$$\mu_y^s(B^s(y, 4e^{-n})) \geq \mu_y^s(Q_n(y)) = (*).$$

$Q_n(y) = \bigcup_{z \in E} \mathcal{P}_{-an}^{an}(z)$ であって $E \subset \Lambda^1$ であるから，$\mathcal{P}_{-an}^{an}(z)$ は
$$\mathcal{P}_{-an}^{an}(z) \cap \Lambda^1 \neq \emptyset.$$

よって
$$(*) \geq N^s(n, y, Q_n(y)) \min\{\mu_y^s(R) \,|\, R \in \mathcal{R}(n), R \cap \xi^s(y) \cap Q_n(y) \cap \Lambda^1 \neq \emptyset\}$$
$$= (**).$$

$z \in R \cap \xi^s(y) \cap Q_n(y) \cap \Lambda^1$ で $R \in \mathcal{R}(n)$ であれば，補題 2.4.10 により
$$\mu_y^s(R) = \mu_y^s(\mathcal{P}_{-an}^0(z)) = \mu_z^s(\mathcal{P}_{-an}^0(z)).$$

注意 2.4.4(2) により
$$(**) \geq N^s(n, y, Q_n(y)) C^{-1} e^{-anh - an\varepsilon}.$$

よって
$$N^s(n, y, Q_n(y)) \leq \mu_y^s(B^s(y, 4e^{-n})) C e^{anh + an\varepsilon}.$$

(1) が示された．同様にして (2) も示される． □

補題 2.4.12 $y \in \mathcal{P}(x) \cap \Lambda^2$ と $n > n_1$ に対して
$$\mu(B(y, e^{-n})) \leq N(n, Q_n(y)) 2C e^{-2anh + 2an\varepsilon}.$$

証明 (2.4.6) により
$$\frac{1}{2}\mu(B(y, e^{-n})) \leq \mu(B(y, e^{-n}) \cap \Lambda^1)$$
$$\leq \mu(Q_n(y) \cap \Lambda^1) \quad \text{(注意 2.4.7 により)}$$
$$\leq N(n, Q_n(y)) \max\{\mu(R) \,|\, R \in \mathcal{R}(n), R \cap Q_n(y) \neq \emptyset\}.$$

注意 2.4.4(1) により
$$\mu(R) = \mu(\mathcal{P}_{-an}^{an}(z)) \leq C e^{-2anh + 2an\varepsilon}.$$

よって結論を得る． □

補題 2.4.13 μ–a.e. $y \in \mathcal{P}(x) \cap \Lambda^2$ に対して

$$n_2(y) \geq n_1$$

があって, $n \geq n_2(y)$ に対して

$$N(n+2, Q_{n+2}(y)) \leq \hat{N}^s(n, y, Q_n(y)) \hat{N}^u(n, y, Q_n(y)) 2C^2 e^{4a(h+\varepsilon)} e^{4an\varepsilon}.$$

証明 μ–a.e. $y \in \Lambda^2$ に対して, $n_2(y) \geq n_1$ があって, $n \geq n_2(y)$ に対して

$$2\mu(B(y, e^{-n}) \cap \Lambda^2) \geq \mu(B(y, e^{-n})) \quad (\text{ボレルの密度定理により}).$$

$\Lambda^2 \subset \Lambda^1$ であるから, 注意 2.4.7 により

$$\begin{aligned}
2\mu(Q_n(y) \cap \Lambda^2) &\geq 2\mu(B(y, e^{-n}) \cap \Lambda^2) \\
&\geq \mu(B(y, e^{-n})) \\
&\geq \mu(B(y, 4e^{-n-2})) \\
&\geq \mu(Q_{n+2}(y)) \quad (\text{補題 1.4.7 により}). \quad (2.4.9)
\end{aligned}$$

$m > n_2(y)$ に対して, 注意 2.4.4(1) により

$$\begin{aligned}
\mu(Q_m(y)) &= \sum_{\mathcal{P}^{am}_{-am}(z) \in Q_m(y)} \mu(\mathcal{P}^{am}_{-am}(z)) \\
&\geq N(m, Q_m(y)) C^{-1} e^{-2amh - 2am\varepsilon}. \quad (2.4.10)
\end{aligned}$$

同様にして, $n > n_2(y)$ に対して

$$\begin{aligned}
\mu(Q_n(y) \cap \Lambda^2) &= \sum_{\mathcal{P}^{an}_{-an}(z) \subset Q_n(y)} \mu(\mathcal{P}^{an}_{-an}(z) \cap \Lambda^2) \\
&= (*).
\end{aligned}$$

$$N_n = \sharp\{\mathcal{P}^{an}_{-an}(z) \in \mathcal{R}(n) \mid \mathcal{P}^{an}_{-an}(z) \cap \Lambda^2 \neq \emptyset\}$$

とおくと

$$(*) \leq N_n C e^{-2anh + 2an\varepsilon}. \quad (2.4.11)$$

$m = n+2$ とすれば, (2.4.9), (2.4.10), (2.4.11) により

$$N(n+2, Q_{n+2}(y)) \leq N_n 2C^2 e^{4a(h+\varepsilon) + 4an\varepsilon}.$$

$y \in \Lambda^2$ であるから

$$(\mathcal{P}^{an}(y) \cap \xi^u(y) \cap \Lambda^2) \cap (\mathcal{P}^0_{-an}(y) \cap \xi^s(y) \cap \Lambda^2) \neq \emptyset.$$

$\mathcal{P}^{an}_{-an}(v)$ は $\mathcal{P}^{an}_{-an}(v) \subset Q_n(y)$ であって

$$\mathcal{P}^{an}_{-an}(v) \cap \Lambda^2 \neq \emptyset$$

を満たすとする.このとき $Q_n(y)$ の定義により,$\mathcal{P}^{an}_{-an}(v)$ は

$$\{R \in \mathcal{F}(n) \,|\, R \cap \xi^s(y) \cap Q_n(y) \neq \emptyset\} \times \{R \in \mathcal{F}(n) \,|\, R \cap \xi^u(y) \cap Q_n(y) \neq \emptyset\}$$

に属する

$$(\mathcal{P}^0_{-an}(v) \cap \mathcal{P}^{an}(y),\ \mathcal{P}^0_{-an}(y) \cap \mathcal{P}^{an}(v))$$

と 1 対 1 に対応する(図 2.4.4).よって

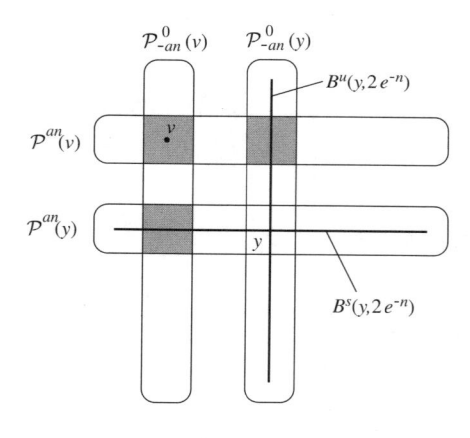

図 2.4.4

$$\hat{N}^s(n, y, Q_n(y)) \hat{N}^u(n, y, Q_n(y)) \geq N_n.$$

結論は (2.4.11) から導かれる. □

補題 2.4.14 $x \in \Lambda^2$ と $n > n_1$ に対して

(1) $\hat{N}^s(n, x, \mathcal{P}(x)) \leq D^{-1} C^2 e^{anh + 3an\varepsilon}$,

(2) $\hat{N}^u(n, x, \mathcal{P}(x)) \leq D^{-1} C^2 e^{anh + 3an\varepsilon}$.

ここに $D > 0$ は補題 2.4.9 の数である.

証明 $\mathcal{P} \leq \mathcal{P}^{an}$ であって,$\mathcal{P}$ は有限であるから,$y_i \in \mathcal{P}(x)$ があって

$$\bigcup_i \mathcal{P}^{an}(y_i) = \mathcal{P}(x)$$

とできる.

$$\mathcal{P}^{an}(y_i) \cap \Lambda^2 \neq \emptyset$$

のとき,一般性を失うことなく $y_i \in \Lambda^2$ であると仮定する.$N(n, \mathcal{P}(x))$ を下から評価すると

$$N(n, \mathcal{P}(x)) \geq \sum_i N^s(n, y_i, \mathcal{P}^{an}(y_i))$$
$$\geq \sum_{\mathcal{P}^{an}(y_i) \cap \Lambda^2 \neq \emptyset} N^s(n, y_i, \mathcal{P}^{an}(y_i)). \quad (2.4.12)$$

$N^s(n, y_i, \mathcal{P}^{an}(y_i))$ を下から評価するために,補題 2.4.9,補題 2.4.10 と注意 2.4.4(2) を用いる.このとき

$$N^s(n, y_i, \mathcal{P}^{an}(y_i)) \geq \frac{\mu_{y_i}^s(\mathcal{P}^{an}(y_i) \cap \Lambda^1)}{\max\{\mu_z^s(\mathcal{P}_{-an}^{an}(z)) \mid z \in \xi^s(y_i) \cap \mathcal{P}(x) \cap \Lambda^1\}}$$
$$\geq \frac{D}{\max\{\mu_z^s(\mathcal{P}_{-an}^{an}(z)) \mid z \in \xi^s(y_i) \cap \mathcal{P}(x) \cap \Lambda^1\}}$$
$$= \frac{D}{\max\{\mu_z^s(\mathcal{P}_{-an}^0(z)) \mid z \in \xi^s(y_i) \cap \mathcal{P}(x) \cap \Lambda^1\}}$$
$$\geq DC^{-1} e^{anh - an\varepsilon}. \quad (2.4.13)$$

同様にして注意 2.4.4(1) により

$$N(n, \mathcal{P}(x)) \leq \frac{\mu(\mathcal{P}(x))}{\min\{\mu(\mathcal{P}_{-an}^{an}(z)) \mid z \in \mathcal{P}(x) \cap \Lambda^1\}}$$
$$\leq C e^{2anh + 2an\varepsilon}. \quad (2.4.14)$$

さらに

$$\hat{N}^u(n, x, \mathcal{P}(x)) = \sharp\{i \mid \mathcal{P}^{an}(y_i) \cap \xi^s(x) \cap \Lambda^2 \neq \emptyset\} \quad (2.4.15)$$

であるから,(2.4.12)〜(2.4.15) により

$$Ce^{2anh+2an\varepsilon} \geq N(n, \mathcal{P}(x))$$
$$\geq \sum_{\mathcal{P}^{an}(y_i) \cap \Lambda^2 \neq \emptyset} N^s(n, y_i, \mathcal{P}^{an}(y_i))$$
$$\geq \hat{N}^u(n, x, \mathcal{P}(x)) DC^{-1} e^{anh-an\varepsilon}.$$

よって (2) を得る. 同様にして (1) も求まる. □

補題 2.4.15 $x \in \Lambda^2$ とする. μ–a.e. $y \in \mathcal{P}(x) \cap \Lambda^2$ に対して

(1) $\displaystyle\limsup_{n \to \infty} \frac{\hat{N}^s(n, y, Q_n(y))}{N^s(n, y, Q_n(y))} \varepsilon^{-7an\varepsilon} < 1,$

(2) $\displaystyle\limsup_{n \to \infty} \frac{\hat{N}^u(n, y, Q_n(y))}{N^u(n, y, Q_n(y))} \varepsilon^{-7an\varepsilon} < 1.$

証明 注意 2.4.8(1), (2.4.7) により, $n > n_1$ と $y \in \Lambda^2$ に対して

$$\mu_y^s(Q_n(y)) \geq \mu_y^s(B^s(y, e^{-n}) \cap \Lambda^1)$$
$$\geq \frac{1}{2} \mu_y^s(B^s(y, e^{-n})).$$

$\mathcal{P}_{-an}^{an}(z) \subset \mathcal{P}_{-an}^0(z)$ であるから, 注意 2.4.4(2), 注意 2.4.5(1) により

$$N^s(n, y, Q_n(y)) \geq \frac{\mu_y^s(Q_n(y))}{\max\{\mu_z^s(\mathcal{P}_{-an}^{an}(z)) \mid z \in \xi^s(y) \cap \mathcal{P}(x) \cap \Lambda^1\}}$$
$$\geq \frac{1}{2} \frac{\mu_y^s(B^s(y, e^{-n}))}{\max\{\mu_z^s(\mathcal{P}_{-an}^0(z)) \mid z \in \xi^s(y) \cap \mathcal{P}(x) \cap \Lambda^1\}}$$
$$\geq \frac{1}{2C} \frac{e^{-\delta_s n - n\varepsilon}}{e^{-anh+an\varepsilon}}. \tag{2.4.16}$$

$$F = \left\{ y \in \Lambda^2 \ \middle| \ \limsup_{n \to \infty} \frac{\hat{N}^s(n, y, Q_n(y))}{N^s(n, y, Q_n(y))} e^{-7an\varepsilon} \geq 1 \right\}$$

とおく. $\mu(F) = 0$ を示せば (1) を得る.

$y \in F$ に対して, $m_1 < m_2 < \cdots$ を満たす $\{m_j\} = \{m_j(y)\}$ があって

$$\hat{N}^s(m_j, y, Q_{m_j}(y)) \geq \frac{1}{2} N^s(m_j, y, Q_{m_j}(y)) e^{7am_j\varepsilon}$$
$$\geq \frac{1}{4C} e^{-\delta_s m_j + am_j h + 5am_j\varepsilon} \quad ((2.4.16) \text{ により}).$$
$$\tag{2.4.17}$$

$\mu(F) = 0$ を示すために,$\mu(F) > 0$ を仮定して矛盾を導く.

$$F' = \left\{ y \in F \;\middle|\; \lim_{r \to 0} \frac{\log \mu_y^s(B^s(y,r))}{\log r} = \delta_s \right\}$$

とおくとき,$\mu(F') = \mu(F) > 0$ である.よって $y \in F'$ があって

$$\mu_y^s(F) = \mu_y^s(F') = \mu_y^s(F' \cap \xi^s(y)) > 0.$$

フロストマンの補題により

$$HD(F' \cap \xi^s(y)) = \delta_s. \tag{2.4.18}$$

$L > 0$ とする.$z \in F' \cap \xi^s(y)$ に対して,$m_j(z) > L$ を満たす $m_j(z) \in \{m_j(z)\}$ を選び

$$\mathcal{C} = \{B(z, 4e^{-m_j(z)}) | z \in F' \cap \xi^s(y)\}$$

とおく.$\mathcal{C}$ は $F' \cap \xi^s(y)$ の被覆である.ベシコビッチの被覆定理により部分被覆

$$\mathcal{D} = \{B(z_i, 4e^{-t_i}) | i \geq 1\} \subset \mathcal{C}$$

があって,$F' \cap \xi^s(y)$ の各点 z は $\mathcal{D}$ の集合の多くとも $c(3) = c > 0$ 個に含まれる.(重複度は c を越えない.)記号を簡単にするために

$$Q(i) = Q_{t_i}(z_i) \quad (i \geq 1)$$

と書くことにする.

$$\sum_{B \in \mathcal{D}} (\mathrm{diam}(B))^{\delta_s - \varepsilon} = (8^{\delta_s - \varepsilon}) \sum_{i=1}^{\infty} e^{-t_i(\delta_s - \varepsilon)}$$

であるから,(2.4.17) により

$$\sum_{i=1}^{\infty} e^{-t_i(\delta_s - \varepsilon)} \leq \sum_{i=1}^{\infty} \hat{N}^s(t_i, z_i, Q(i)) 4C e^{-at_i h - 4at_i \varepsilon}$$
$$= (*).$$

$\{\hat{N}^s(t_i, z_i, Q(i)) | i \geq 1\}$ において,$T_q = \{i | t_i = q\}$ とする.このとき

$$(*) \leq 4C \sum_q e^{-aqh - 4aq\varepsilon} \sum_{i \in T_q} \hat{N}^s(q, z_i, Q(i)).$$

さらに
$$\sum_{i \in T_q} \hat{N}^s(q, z_i, Q(i)) \leq c\hat{N}^s(q, y, \mathcal{P}(y)). \tag{2.4.19}$$

実際に,$\xi^s(y)$ は 1 次元であるから,(2.4.19) を次のように示すことができる.
$$z_i \in F' \cap \xi^s(y)$$
に対して,$\xi^s(y) = \xi^s(z_i)$ であるから
$$\hat{N}^s(q, z_i, Q(i)) = \hat{N}^s(q, y, Q(i)).$$
ところで
$$Q(i) = \bigcup \mathcal{P}^{aq}_{-aq}(v)$$
であって
$$\mathcal{P}^{aq}_{-aq}(v) \cap B^s(z_i, 4e^{-q}) \neq \emptyset$$
を満たしている.
$$\mathcal{P}^{aq}_{-aq}(z_i) \subset B^s(z_i, 4e^{-q})$$
であるから
$$\hat{N}^s(q, z_i, Q(i)) = \sharp\{\mathcal{P}^{aq}_{-aq}(v) \,|\, \mathcal{P}^{aq}_{-aq}(v) \cap B^s(z_i, 4e^{-q}) \neq \emptyset\}.$$

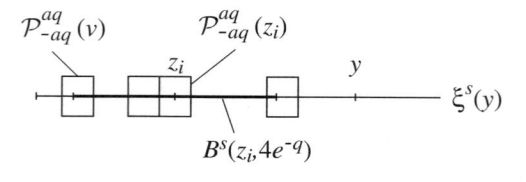

図 **2.4.5**

$\mathcal{D}$ の重複度は $c = 2$ であるから
$$B^s(z_i, 4e^{-q}) \cap B^s(z_j, 4e^{-q}) \neq \emptyset$$
の場合に $\hat{N}^s(q, z_i, Q(i))$ は図 2.4.6 の (イ) の個数を表し,$\hat{N}^s(q, z_j, Q(j))$ は図 2.4.6 の (ロ) の個数を表す.

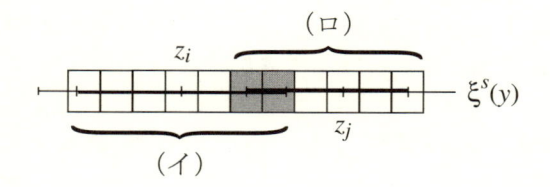

図 2.4.6

（イ）と（ロ）において，2重に数える個数が存在する．このことに注意すれば (2.4.19) を得る．

補題 2.4.14 により

$$\sum_{B \in \mathcal{D}} (\mathrm{diam}(B))^{\delta_s - \varepsilon} \leq 4(8^{\delta_s - \varepsilon}) C \sum_{q=1}^{\infty} e^{-aqh - 4aq\varepsilon} c \hat{N}^s(q, y, \mathcal{P}(y))$$

$$\leq 4(8^{\delta_s - \varepsilon}) D^{-1} C^3 c \sum_{q=1}^{\infty} e^{-aqh - 4aq\varepsilon + aqh + 3aq\varepsilon}$$

$$= 4(8^{\delta_s - \varepsilon}) D^{-1} C^3 c \sum_{q=1}^{\infty} e^{-aq\varepsilon}$$

$$< \infty.$$

$\mathcal{D}$ は $F' \cap \xi^s(y)$ の被覆であって，$L > 0$ は任意であったから

$$HD(F' \cap \xi^s(y)) \leq \delta_s - \varepsilon < \delta_s.$$

これは (2.4.18) に反する．よって，$\mu(F) = 0$ である．(1) が示された．同様にして (2) も示される． □

補題 2.4.15 により，μ–a.e. $y \in \mathcal{P}(x) \cap \Lambda^2$ に対して，$n_2(y) > 0$ は補題 2.4.13 を満たすとする．このとき $n_3(y) \geq n_2(y)$ があって

$$n > n_3(y) \Longrightarrow \begin{cases} \hat{N}^s(n, y, Q_n(y)) < N^s(n, y, Q_n(y)) e^{7an\varepsilon}, \\ \hat{N}^u(n, y, Q_n(y)) < N^u(n, y, Q_n(y)) e^{7an\varepsilon}. \end{cases} \quad (2.4.20)$$

$n_3(y)$ は可測関数である．ルージン (Lusin) の定理（邦書文献 [Ao2]）により閉集合 $\Lambda_\varepsilon \subset \Lambda^2$ があって $n_3(y)$ は Λ_ε の上で連続であって

$$\mu(\Lambda_\varepsilon) > \mu(\Lambda^2) - 2\varepsilon,$$

$$n_\varepsilon = \max\{n_1, \sup\{n_1, n_3(y) \mid y \in \Lambda_\varepsilon\}\} < \infty$$

が成り立つ．ここに $n_1 > 0$ は (2.4.6), (2.4.7), (2.4.8) を満たす整数である．

よって，(2.4.20) は $n > n_\varepsilon$ に対して成り立つ．

命題 2.4.1 と定理 2.3.1 の証明 μ–a.e. $y \in \mathcal{P}(x) \cap \Lambda^2$ と $n > n_3(y)$ に対して，補題 2.4.12 により

$$\begin{aligned}
\mu(B(y, e^{-n-2})) &\leq N(n+2, Q_{n+2}(y)) 2C e^{-2a(n+2)h + 2a(n+2)\varepsilon} \\
&\leq \hat{N}^s(n, y, Q_n(y)) \hat{N}^u(n, y, Q_n(y)) 4C^3 e^{8a\varepsilon} e^{-2anh + 6an\varepsilon} \\
&\qquad \text{(補題 2.4.13 により)} \\
&\leq N^s(n, y, Q_n(y)) N^u(n, y, Q_n(y)) 4C^3 e^{8a\varepsilon} e^{-2anh + 2an\varepsilon} \\
&\qquad \text{((2.4.20) により)} \\
&\leq \mu_y^s(B^s(y, 4e^{-n})) \mu_y^u(B^u(y, 4e^{-n})) 4C^5 e^{8a\varepsilon} e^{22an\varepsilon} \\
&\qquad \text{(補題 2.4.11 により)}.
\end{aligned} \tag{2.4.21}$$

よって μ–a.e. $y \in \Lambda^2$ に対して

$$\liminf_{n \to \infty} \frac{\log \mu(B(y, e^{-n}))}{-n} \geq \delta_s + \delta_u - 22a\varepsilon.$$

一方において，$\mu(\Lambda^2) > 1 - \varepsilon$ で，$\varepsilon > 0$ は任意であるから，μ–a.e. $y \in U$ に対して

$$\liminf_{r \to 0} \frac{\log \mu(B(y, r))}{\log r} = \liminf_{n \to 0} \frac{\log \mu(B(y, e^{-n}))}{-n}$$
$$\geq \delta_s + \delta_u.$$

命題 2.4.1 が示された．

次の 2.5 節の命題 2.5.5 により，μ–a.e. y に対して

$$\limsup_{n \to \infty} \frac{\log \mu(B(y, e^{-n}))}{-n} \leq \delta_s + \delta_u.$$

よって

$$\lim_{r \to 0} \frac{\log \mu(B(y, r))}{\log r} = \delta_s + \delta_u.$$

定理 1.1.9 により，定理 2.3.1 も証明された． □

2.5　部分的非一様双曲性とフラクタル次元

$\mathbb{R}^3$ の上の C^2–微分同相写像 f が有界開集合 U に対して，$f(U) \subset U$ を満

たすとする．U の上の f–不変ボレル確率測度 μ はエルゴード的であるとして，$h_\mu(f) > 0$ を仮定する．

この場合に，μ に関する f のリャプノフ指数は μ–a.e. で

(i) $\chi_1 < \chi_2 = 0 < \chi_3$,

(ii) $\chi_1 < 0 < \chi_2 \leq \chi_3$,

(iii) $\chi_1 \leq \chi_2 < 0 < \chi_3$

のいずれかが成り立つ．

この節では (i)，すなわち部分的非一様双曲性の場合に，μ に関するハウスドルフ次元の値を評価する．

ξ^1 は安定多様体に沿う μ–可測分割で，ξ^3 は不安定多様体に沿う μ–可測分割とする．$\{\mu_x^i\}$ (μ–a.e. x, $i = 1, 3$) は ξ^i に関する条件付き確率測度の標準系を表す．

命題 2.1.19 により
$$\hat{H}_\mu(\xi^2 \,|\, f(\xi^2)) = h_\mu(f),$$
$$\hat{H}_\mu(\xi^1 \,|\, f^{-1}(\xi^1)) = h_\mu(f) \tag{2.5.1}$$
であって，注意 1.4.2 により
$$\lim_{\rho \to 0} \frac{\log \mu_x^i(B^i(x, \rho))}{\log \rho} = \delta_i \qquad \mu\text{--a.e. } x \quad (i = 1, 3) \tag{2.5.2}$$
が成り立つ．ここに，$B^i(x, \rho)$ は x を中心とする $\xi^i(x)$ の上の距離関数による閉近傍を表す．

$H_\mu(\mathcal{P}) < \infty$ なる可算分割 $\mathcal{P} \in \mathcal{Z}$ があって，$a, b > 0$ に対してシャノン–マクミラン–ブレイマン (Shannon–McMillan–Breiman) の定理（邦書文献 [Ao2]）から
$$\lim_n -\frac{1}{n} \log \mu(\mathcal{P}_{-nb}^{na}(x)) \leq (a+b)(h_\mu(f) + \varepsilon) \tag{2.5.3}$$
を得る．ここに $\mathcal{P}_p^q(x) \in \bigvee_{i=p}^{q-1} f^{-i}(\mathcal{P})$ である．
$$\eta = \xi^3 \vee \mathcal{P}^+$$
($\mathcal{P}^+ = \bigvee_{i=0}^{\infty} f^i(\mathcal{P})$) とおき，$\{\mu_x^\eta\}$ (μ–a.e. x) は η に関する μ の条件付き確率測度の標準系とする．このとき
$$\lim_n -\frac{1}{n} \log \mu_x^\eta(\mathcal{P}^n(x)) = h_\mu(f, \mathcal{P}) \qquad \mu\text{--a.e. } x, \tag{2.5.4}$$

$\xi^3 \leq \eta$ であるから注意 1.1.18 により

$$\limsup_{\rho \to 0} \frac{\log \mu_x^\eta(B^3(x,\rho))}{\log \rho} \leq \delta_3 \qquad \mu\text{--a.e.}\, x \tag{2.5.5}$$

が成り立つ.

ξ^1 に対して

$$\mathcal{P}^1 \leq \mathcal{P}^2 \leq \cdots \leq \bigvee_{i=1}^{\infty} \mathcal{P}^i = \xi^1$$

を満たす $\mathcal{P}^i$ $(H_\mu(\mathcal{P}^i) < \infty)$ が存在することから, $\varepsilon > 0$ に対して $\mathcal{P}_1 = \mathcal{P}^i$ があって

$$\limsup_n -\frac{1}{n} \log \mu_x^1((\mathcal{P}_1)^n(x)) \geq \hat{H}_\mu(\xi^1 | f^{-1}(\xi^1)) - \varepsilon$$
$$= h_\mu(f) - \varepsilon \tag{2.5.6}$$

が成り立つ. ここで

$$h_\mu(f, \mathcal{P}_1) \geq h_\mu(f) - \varepsilon \tag{2.5.7}$$

を仮定しても一般性を失わない. (2.5.4), (2.5.7) により

$$\lim -\frac{1}{n} \log \mu_x^\eta((\mathcal{P}_1)^n(x)) \geq h_\mu(f) - \varepsilon. \tag{2.5.8}$$

以上の準備のもとで, 次の命題を示す:

命題 2.5.1 (ルドラピエ–ヤン) δ_2 は $\chi_2 = 0$ に対応する部分空間 $E_2(x)$ の次元を表す. すなわち $\delta_2 = 1$ である. このとき

$$\limsup_{\rho \to 0} \frac{\log \mu(B(x,\rho))}{\log \rho} \leq \delta_1 + \delta_2 + \delta_3 \qquad \mu\text{--a.e.}\, x$$

が成り立つ.

命題 2.5.1 の証明に対して次の補題を必要とする:

補題 2.5.2 $a = \left[\dfrac{1}{\chi_3 - \varepsilon}\right] + 1$, $b = \left[\dfrac{1}{-\chi_1 + \varepsilon}\right] + 1$ とおく. このとき, $\varepsilon' > 0$ に対して, $\mu(\tilde{\Lambda}) > 1 - \varepsilon'$ なる $\tilde{\Lambda}$, $N_0 > 0$, $C > 0$, $\mathcal{P} \geq \mathcal{P}_1$ なる $\mathcal{P} \in \mathcal{Z}$ があって次を満たす:

$n \geq N_0$ に対して $Q_n \geq \mathcal{P}_{-nb}^{na}$ なる $Q_n \in \mathcal{Z}$ があって, $q_n(x) \in Q_n$ $(x \in \tilde{\Lambda})$ に対して

(1) $\mathrm{diam}(q_n(x)) \leq 2e^{-n}$,

(2) $\mu(q_n(x)) \geq C^{-1} e^{-n\varepsilon} e^{-n\delta_2} \mu(\mathcal{P}_{-nb}^{na}(x))$.

補題 2.5.2 の証明を始める前に準備をする.
$\mathbb{R}^3$ の空間を
$$\mathbb{R}^3 = \mathbb{R}_1 \times \mathbb{R}_2 \times \mathbb{R}_3 \qquad (\mathbb{R}_i = \mathbb{R},\ i = 1, 2, 3)$$
と表し, $v = (v_1, v_2, v_3) \in \mathbb{R}_1 \times \mathbb{R}_2 \times \mathbb{R}_3$ に対して
$$|v| = \max\{|v_i|,\ i = 1, 2, 3\}$$
によって $\mathbb{R}_1 \times \mathbb{R}_2 \times \mathbb{R}_3$ のノルムを与える. $\|\cdot\|$ は $\mathbb{R}^3$ の通常のノルムとする. このとき $K > 0$ があって
$$\|v\| \leq |v| \leq K\|v\|$$
が成り立つ.

$\Lambda = \bigcup_{l > 0} \Lambda_l$ は μ に関するペシン集合とする. 線形写像
$$\tau_x : \mathbb{R}_1 \times \mathbb{R}_2 \times \mathbb{R}_3 \longrightarrow \mathbb{R}_1 \times \mathbb{R}_2 \times \mathbb{R}_3 \qquad (x \in \Lambda)$$
に対して
$$\Phi_x(v) = \tau_x(v) + x \qquad (v \in \mathbb{R}_1 \times \mathbb{R}_2 \times \mathbb{R}_3)$$
によって
$$\Phi_x : \mathbb{R}_1 \times \mathbb{R}_2 \times \mathbb{R}_3 \longrightarrow \mathbb{R}^3$$
を定義し
$$f_x = \Phi_{f(x)}^{-1} \circ f \circ \Phi_x$$
によって
$$f_x : \mathbb{R}_1 \times \mathbb{R}_2 \times \mathbb{R}_3 \longrightarrow \mathbb{R}_1 \times \mathbb{R}_2 \times \mathbb{R}_3$$
を定義する. 定理 1.2.2 の証明の (3) により
$$(C')^{-1}\|\Phi_x(v)\| \leq \|v\| \leq C' C_l \|\Phi_x(v)\| \qquad (x \in \Lambda_l),$$
十分に小さい $\delta > 0$ に対して
$$\|D_0 f_x - f_x\| \leq \delta$$

が成り立つ.

補題 2.5.2 を示すために,$\varepsilon' > 0$ に対して

$$\mu(\Lambda_l) > 1 - \frac{\varepsilon'}{3}$$

なる Λ_l を選び固定する.$y \in \Lambda_l$ に対して

$$\bar{y} = \Phi_x^{-1}(y),$$
$$\bar{y} = \bar{y}^1 + \bar{y}^2 + \bar{y}^3 \in \mathbb{R}_1 \times \mathbb{R}_2 \times \mathbb{R}_3$$

と表す.

Q_0 は直径 $\leq \delta$ をもつ Λ_l の部分集合からなる Λ_l の分割として,$q(x) \in Q_0$ に対して

$$B_n(x) = \left\{ y \in q(x) \ \bigg|\ \|f^i(x) - f^i(y)\| \leq \frac{\delta}{C'C_{l+i}},\ -na \leq i \leq nb \right\}$$

を定義する.

注意 2.5.3 $y, z \in B_n(x)$ に対して

$$|\bar{y}^2 - \bar{z}^2| \leq e^{-n} \Longrightarrow |\bar{y} - \bar{z}| \leq e^{-n}.$$

証明

$$\max\{|\bar{y}^3 - \bar{z}^3|,\ |\bar{y}^1 - \bar{z}^1|\} \leq |\bar{y}^2 - \bar{z}^2|$$

の場合は,明らかに

$$|\bar{y} - \bar{z}| = \max\{|\bar{y}^i - \bar{z}^i|,\ i = 1, 2, 3\} \leq e^{-n}.$$

逆に

$$\max\{|\bar{y}^3 - \bar{z}^3|,\ |\bar{y}^1 - \bar{z}^1|\} > |\bar{y}^2 - \bar{z}^2|$$

の場合は次のいずれかが成り立つ:

(i) $|\bar{y} - \bar{z}| = |\bar{y}^3 - \bar{z}^3|$,

(ii) $|\bar{y} - \bar{z}| = |\bar{y}^1 - \bar{z}^1|$.

(i) の場合:
$$|f_x(\bar{y}) - f_x(\bar{z})| = |(f_x(\bar{y}))^3 - (f_x(\bar{z}))^3|$$

であって
$$(D_0 f_x(\bar{y}) - f_x(\bar{y}))^3 = (D_0 f_x(\bar{y}))^3 - (f_x(\bar{y}))^3$$
$$= D_0 f_x(\bar{y}^3) - (f_x(\bar{y}))^3$$

が成り立つ. $\|D_0 f_x - f_x\| < \delta$ であるから

$$\|D_0 f_x(\bar{y}^3) - (f_x(\bar{y}))^3 - D_0 f_x(\bar{z}^3) + (f_x(\bar{z}))^3\|$$
$$= \|(D_0 f_x(\bar{y}) - f_x(\bar{y}) - D_0 f_x(\bar{z}) + f_x(\bar{z}))^3\|$$
$$\leq \|D_0 f_x(\bar{y}) - f_x(\bar{y}) - D_0 f_x(\bar{z}) + f_x(\bar{z})\|$$
$$\leq 2\delta \|\bar{y} - \bar{z}\|.$$

よって

$$\|D_0 f_x(\bar{y}^3) - D_0 f_x(\bar{z}^3)\| \leq \|(f_x(\bar{y}))^3 - (f_x(\bar{z}))^3\| + 2\delta \|\bar{y} - \bar{z}\|$$
$$\leq \|f_x(\bar{y}) - f_x(\bar{z})\| + 2\delta \|\bar{y} - \bar{z}\|$$
$$\leq C' C_{l+1} \|f(y) - f(z)\| + 2\delta C' C_l \|y - z\|$$
$$\leq C' C_{l+1} |f(x) - f(z)| + 2\delta C' C_l |y - z|$$
$$\leq \delta + 2\delta$$
$$= 3\delta.$$

一方において

$$\|D_0 f_x(\bar{y}^3) - D_0 f_x(\bar{z}^3)\| \geq \exp(\chi_3 - \varepsilon) \|\bar{y}^3 - \bar{z}^3\|$$
$$\geq \frac{1}{K} \exp(\chi_3 - \varepsilon) |\bar{y}^3 - \bar{z}^3|$$
$$= \frac{1}{K} \exp(\chi_3 - \varepsilon) |\bar{y} - \bar{z}|.$$

結果的に
$$|\bar{y} - \bar{z}| \leq 3\delta K \exp(-\chi_3 + \varepsilon) \leq \exp(-\chi_3 + \varepsilon)$$

($\delta < \dfrac{1}{K}$ を満たすように K を選ぶことができる). 上の仕方を繰り返すと

$$|\bar{y} - \bar{z}| \leq \exp(na(-\chi_3 + \varepsilon)) \leq e^{-n}.$$

(ii) の場合も同様にして結論を得る. □

補題 1.4.7 で用いた可測関数

$$n_0 : \bigcup_{i=0}^{\infty} f^{-i}(S) \longrightarrow \mathbb{N}$$

と μ–a.e. $x \in \Lambda_l \cap \bigcup_{i=0}^{\infty} f^{-i}(S) = \tilde{\Lambda}$ に対して

$$(\mathcal{P}_2)^n(x) \subset B_n(x) \qquad (n \geq n_0(x))$$

を満たす Λ_l の分割 $\mathcal{P}_2$ ($H_\mu(\mathcal{P}_2) < \infty$) を見いだすことができる. 明らかに

$$\mathcal{P}_2 \geq Q_0$$

である.

$$\mathcal{P} = \mathcal{P}_1 \vee \mathcal{P}_2$$

とおく. $\mathcal{P}$ は Λ_l の分割である. 十分に大きな $N_0 > 0$ を選び

$$\mu(\{n_0 \leq N_0\}) > 1 - \frac{\varepsilon'}{3}$$

とできる. 以後 $N_0 > 0$ を固定する. このとき

$$\mu(\tilde{\Lambda} \cap \{n_0 \leq N_0\}) > 1 - \frac{2}{3}\varepsilon'.$$

$x \in \tilde{\Lambda} \cap \{n_0 \leq N_0\}$ に対して, $n_0(x) \leq N_0$ であるから

$$\mathcal{P}^{na}_{-nb}(x) \subset B_n(x) \qquad (n \geq N_0).$$

よって

$$\mathrm{diam}(\mathcal{P}^{na}_{-nb}(x)) \leq e^{-n} \leq e^{-N_0} \qquad (n \geq N_0).$$

$\mathcal{P}^{na}_{-nb}(x)$ の有限被覆を次のように定義する:

$y \in \mathcal{P}^{na}_{-nb}(x)$ に対して

$$A_n(y) = \{z \in \mathcal{P}^{na}_{-nb}(x) \mid |\bar{y}^2 - \bar{z}^2| = e^{-n}\}$$

とおく.

$$\mathcal{A}_n(x) = \{A_n(y) \mid y \in \mathcal{P}^{na}_{-nb}(x)\}$$

は $\mathcal{P}^{na}_{-nb}(x)$ の有限被覆をなす．

$\mathcal{A}_n(x)$ を用いて Λ_l の有限分割

$$Q_n = \bigcup \mathcal{A}_n(x)$$

を構成する．

注意 2.5.4 $q_n(x) \in Q_n$ $(x \in \tilde{\Lambda} \cap \{x_0 \leq N_0\})$ に対して

(1) $\operatorname{diam}(q_n(x)) \leq 2e^{-n}$,

(2) $\sharp \mathcal{A}_n(x) \leq e^{n\delta_2} = e^n$.

実際に，Λ_l の分割 Q_n の構成から明らかである．

補題 2.5.2 の証明 補題 2.5.2(1) は注意 2.5.4(1) により明らかである．補題 2.5.2(2) を示すだけである．

$x \in \tilde{\Lambda} \cap \{n_0 \leq N_0\}$, $n \geq n_0(x)$ とする．$q_n(x) \in Q_n$ に対して

$$A_n = \left\{ x \;\middle|\; \mu(q_n(x) \cap \mathcal{P}^{na}_{-nb}(x)) \leq \frac{\varepsilon'}{3} e^{-n\delta_2} e^{-n\varepsilon}(1 - e^{-\varepsilon}) \mu(\mathcal{P}^{na}_{-nb}(x)) \right\}$$

とおく．このとき A_n は $q_n(x) \cap \mathcal{P}^{na}_{-nb}(x)$ の和集合

$$A_n = \bigcup q_n(x) \cap \mathcal{P}^{na}_{-nb}(x)$$

であるから

$$\mu(A_n) = \sum \mu(q_n(x) \cap \mathcal{P}^{na}_{-nb}(x))$$
$$\leq \frac{\varepsilon'}{3} e^{-n\varepsilon}(1 - e^{-\varepsilon}).$$

よって

$$\tilde{\Lambda}_0 = \tilde{\Lambda} \cap \{n_0 \leq N_0\} \setminus \bigcup_n A_n$$

の μ–測度の値は

$$\mu(\tilde{\Lambda}_0) \geq 1 - \varepsilon'.$$

ここで $C = 3/\varepsilon'(1 - e^{-\varepsilon})$ とおくと，$x \in \tilde{\Lambda}_0$ に対して

$$\mu(q_n(x)) \geq \frac{\varepsilon'}{3} e^{-n\delta_2} e^{-n\varepsilon}(1 - e^{-\varepsilon}) \mu(\mathcal{P}^{na}_{-nb}(x))$$
$$= C^{-1} e^{-n\delta_2} e^{-n\varepsilon} \mu(\mathcal{P}^{na}_{-nb}(x)).$$

(2) が示された. □

エゴロフの定理（邦書文献 [Ao2], 定理 2.1.5）により
$$\mu(\tilde{\Lambda}_1) \geq 1 - 2\varepsilon'$$
を満たす $\tilde{\Lambda}_1 \subset \tilde{\Lambda}_0$ と $N_1 \geq N_0$ があって，$x \in \tilde{\Lambda}_1$, $n \geq N_1$ に対して (2.5.3), (2.5.6), (2.5.8) から

(a) $\mu_x^1(\mathcal{P}_{-nb}^0(x)) \leq e^{-nb(h-2\varepsilon)}$,

(b) $\mu_x^\eta(\mathcal{P}^{na}(x)) \leq e^{-na(h-2\varepsilon)}$,

(c) $\mu(\mathcal{P}_{-nb}^{na}(x)) \geq e^{-n(a+b)(h+2\varepsilon)}$.

ここに $h = h_\mu(f)$ である.
$$\tilde{\Lambda} \supset \tilde{\Lambda}_0 \supset \tilde{\Lambda}_1$$
であることに注意する.

補題 2.5.2(1) により，$q_n(z) \in Q_n$ ($z \in \tilde{\Lambda}_1$), $n \geq N_1$ に対して

(d) $\text{diam}(q_n(z)) \leq 2e^{-n}$,

(c) と補題 2.5.2(2) により

(e) $\mu(q_n(z)) \geq C^{-1} e^{-n\varepsilon} e^{-n\delta_2} e^{-n(a+b)(h+2\varepsilon)}$.

ボレルの密度定理（邦書文献 [Ao2], 命題 2.1.9）を用いて (2.5.5) により
$$\mu(\tilde{\Lambda}_2) > 1 - 3\varepsilon'$$
を満たす $\tilde{\Lambda}_2 \subset \tilde{\Lambda}_1$ と十分に大きな $N_2 > N_1$ があって，$y \in \tilde{\Lambda}_2$, $n \geq N_2$ に対して

(f) $\mu_y^\eta(\tilde{\Lambda}_2 \cap B^3(y, e^{-n})) \geq \dfrac{1}{2} e^{-n(\delta_3+\varepsilon)}$.

(2.5.2) により，$\mu(\tilde{\Lambda}_3) > 1 - 4\varepsilon'$ を満たす $\tilde{\Lambda}_3 \subset \tilde{\Lambda}_2$ と $N_3 > N_2$ があって，$z \in \tilde{\Lambda}_3$, $n \geq N_3$ に対して

(g) $\mu_z^1(\tilde{\Lambda}_3 \cap B^1(z, e^{-n})) \geq \dfrac{1}{2} e^{-n(\delta_1+\varepsilon)}$.

$\tilde{\Lambda} \supset \tilde{\Lambda}_0 \supset \tilde{\Lambda}_1 \supset \tilde{\Lambda}_2 \supset \tilde{\Lambda}_3$ である. $x \in \tilde{\Lambda}_3$ に対して
$$\limsup_n -\frac{1}{n} \log \mu(B(x, 4e^{-n})) = \bar{\delta}$$
とおけば,無限に多くの n に対して

(h) $\mu(B(x, 4e^{-n})) \le e^{-n(\bar{\delta}-\varepsilon)}$.

このような n のうち,$n \ge N_3$,$4C \le e^{n\varepsilon}$ を満たす n に対して
$$N = \sharp\{q_n(x) \in Q_n \mid q_n(x) \cap \tilde{\Lambda}_3 \cap B(x, 2e^{-n}) \ne \emptyset\}$$
とおく. (d), (e), (h) により
$$N \le Ce^{n\varepsilon} e^{n\delta_2} e^{n(a+b)(h+2\varepsilon)} e^{-n(\bar{\delta}-\varepsilon)} \tag{2.5.9}$$
を得る. $x \in \tilde{\Lambda}_3$ のとき (g) が成り立つ. このとき
$$y \in \xi^1(x) \cap \tilde{\Lambda}_3 \cap B^1(x, e^{-n})$$
に対して,(a) によって
$$\mu_x^1(\mathcal{P}_{-nb}^0(y)) = \mu_y^1(\mathcal{P}_{-nb}^0(y)) \le e^{-nb(h-2\varepsilon)}.$$
よって
$$\sharp\{\mathcal{P}_{-nb}^0(z) \in \mathcal{P}_{-nb}^0 \mid \mathcal{P}_{-nb}^0(z) \cap \tilde{\Lambda}_3 \cap B(x, e^{-n}) \ne \emptyset\}$$
$$\ge \frac{1}{2} e^{-n(\bar{\delta}-\varepsilon)} e^{nb(h-2\varepsilon)}.$$
$$y \in \mathcal{P}_{-nb}^0(z) \cap \tilde{\Lambda}_3 \cap B(x, e^{-n})$$
に対して,(f) が成り立つ.
$$w \in \eta(y) \cap \tilde{\Lambda}_3 \cap B(y, e^{-n})$$
に対して,(b) により
$$\mu_w^\eta(\mathcal{P}^{na}(y)) = \mu_y^\eta(\mathcal{P}^{na}(y)) \le e^{-na(h-2\varepsilon)}.$$
$$\theta(X) = \sharp\{\mathcal{P}^{na}(z) \in \mathcal{P}^{na} \mid \mathcal{P}^{na}(z) \cap X \cap \tilde{\Lambda}_3 \cap B(x, e^{-n}) \ne \emptyset\}$$
を定義する. このとき
$$\theta(\eta(y)) \ge \frac{1}{2} e^{-n(\delta_3+\varepsilon)} e^{na(h-2\varepsilon)}.$$

$\eta(y) \subset \mathcal{P}^+(y) \subset \mathcal{P}^0_{-nb}(y)$ であるから

$$\theta(\mathcal{P}^0_{-nb}(y)) \geq \theta(\eta(y)).$$

$\|y - x\| \leq e^{-n}$ なる y に対して

$$\mathcal{P}^{na}_{-nb}(y) \cap \tilde{\Lambda}_3 \cap B(y, e^{-n}) \neq \emptyset.$$

よって

$$N \geq \sum_{\{\mathcal{P}^0_{-nb}(y) | \mathcal{P}^0_{-nb}(y) \cap \tilde{\Lambda}_3 \cap B(y, e^{-n}) \neq \emptyset\}} \theta(\mathcal{P}^0_{-nb}(y))$$
$$\geq \frac{1}{4} e^{-n(\delta_1 + \delta_3 + 2\varepsilon)} e^{n(a+b)(h-2\varepsilon)}. \tag{2.5.10}$$

(2.5.9), (2.5.10) により命題 2.5.1 を得る. □

命題 2.5.5 μ に関する f のリャプノフ指数が (ii) の場合 ($\chi_1 < 0 < \chi_2 < \chi_3$)

$$\limsup_{\rho \to \infty} \frac{\log \mu(B(x, \rho))}{\log \rho} \leq \delta_1 + \delta_2 \qquad \mu\text{--a.e. } x$$

が成り立つ.

証明 命題 2.5.1 の証明と類似の仕方で結論を得る. □

═══════════════ まとめ ═══════════════

$\mathbb{R}^3$ は 3 次元ユークリッド空間を表し, $f : \mathbb{R}^3 \to \mathbb{R}^3$ は C^2–微分同相写像とする. $\mathbb{R}^3$ の有界開集合 U が $f(U) \subset U$ を満たすとして, μ は U の上の f–不変ボレル確率測度とする.

μ はエルゴード的であって

$$h_\mu(f) > 0$$

であるならば, μ に関する f のリャプノフ指数 χ_1, χ_2, χ_3 があって, 次のように分類される:

(i) $\chi_1 < 0 < \chi_2 = \chi_3$,

(ii) $\chi_1 < 0 < \chi_2 < \chi_3$,

(iii) $\chi_1 < 0 = \chi_2 < \chi_3$.

χ_i がすべて負，またはすべて正の場合は μ に関する正則点集合は有限集合である．(i) は f が等角と呼ばれている場合で，2次元の力学系とまったく同じ性質をもつ．

$\Lambda = \bigcup_{l>0} \Lambda_l$ は μ に関するペシン集合とするとき，不安定多様体の理論により，$x \in \Lambda$ に対して

$$W^1(x) = \left\{ y \;\middle|\; \limsup_{n \to \infty} \frac{1}{n} \log d(f^n(x), f^n(y)) \leq \chi_1 \right\},$$

$$W^i(x) = \left\{ y \;\middle|\; \limsup_{n \to \infty} \frac{1}{n} \log d(f^{-n}(x), f^{-n}(y)) \leq -\chi_i \right\} \quad (i = 2, 3)$$

は $\mathbb{R}^3$ にはめ込まれた部分多様体をなす．ここに d は $\mathbb{R}^3$ の通常の距離関数を表す．$W^1(x)$ を x の**安定多様体**といい

$$W^s(x) = W^1(x)$$

で表し

$$W^u(x) = W^2(x)$$

は**不安定多様体**といい，$W^3(x)$ は**第1不安定多様体**と呼ばれ，$W^3(x) \subset W^u(x)$ である．

μ はエルゴード的であるから，安定多様体に沿う U の μ-可測分割 ξ^s と第1不安定多様体，不安定多様体に沿う μ-可測分割 ξ^3, ξ^u が存在する．よってそれぞれの分割 ξ^s, ξ^3, ξ^u に関する μ の条件付き確率測度の標準系 $\{\xi_x^s\}, \{\xi_x^3\}, \{\xi_x^u\}$ が存在する．

このとき，ξ^s は1次元の葉からなる分割であるから

$$\lim_{r \to 0} \frac{\log \mu_x^s(B^s(x,r))}{\log r} = \delta_s \qquad \mu\text{-a.e. } x \qquad (*)$$

が成り立つ（注意1.2.3）．ここに

$$B^s(x, r) = \{ y \in W^s(x) \,|\, d^s(x, y) \leq r \}$$

で，d^s は $W^s(x)$ の長さを表す距離関数である．

$W^3(x)$ が1次元である場合，すなわち (ii), (iii) の場合にも

$$\lim_{r \to 0} \frac{\log \mu_x^3(B^3(x,r))}{\log r} = \delta_3 \qquad \mu\text{-a.e. } x$$

が成り立つ．(i) の場合は $W^u(x) = W^3(x)$ であって，$W^u(x)$ は 2 次元であるが

$$\lim_{r \to 0} \frac{\log \mu_x^u(B^u(x,r))}{\log r} = \delta_u \qquad \mu\text{-a.e. } x \qquad (**)$$

が示される（命題 2.1.1）．証明にはハードな解析を必要とした．

$(**)$ の証明の過程を通して，測度的エントロピーと準エントロピーは一致する：

$$\hat{H}_\mu(\xi^u | f(\xi^u)) = h_\mu(f).$$

しかし $\xi^u < \xi^3$ であっても

$$\hat{H}_\mu(\xi^3 | f(\xi^3)) < h_\mu(f)$$

である．このことから，$\hat{H}(\cdot | f(\cdot))$ は測度的エントロピーの性質を満たしていない．

これらの結論を得るために次を準備している：

$\mathbb{R}^2$ の上の C^2-微分同相写像 f が有界開集合 U に対して $f(U) \subset U$ を満たし，エルゴード的測度 μ に関するペシン集合 $\Lambda = \bigcup_{l>0} \Lambda_l$ が存在するとする．さらに，μ に関する f のリャプノフ指数 χ_i は $\chi_1 < 0 < \chi_2$ であるとする．

$\lambda = -2\chi_1$ として，$C_l = e^{\lambda l}, C_{l+i} = e^{i\lambda} C_l (i \geq 0)$ とする．$\mu(\Lambda_l) > 0$ とする．$x \in \Lambda_l$ に対する安定多様体 $W^1(x)$，不安定多様体 $W^2(x)$ に対して

$$W^1_{f^i(x),\delta}(f^i(x)) = \Phi^{-1}_{f^i(x)}(W^1(f^i(x))) \cap B(\delta C^{-1}_{l+|i|}) \quad (i \in \mathbb{Z}),$$

$y \in \Phi_x(W^1_{x,\delta}(x)) \cap \Lambda_l$ に対して

$$W^2_{f^i(x),\delta}(f^i(y)) = \Phi^{-1}_{f^i(x)}(W^2(f^i(y))) \cap B(\delta C^{-1}_{l+|i|}) \quad (i \in \mathbb{Z})$$

を定義し

$$S_\delta(f^i(x)) = \bigcup_{y \in \Phi_{f^i(x)}(W^1_{f^i(x),\delta}(f^i(x))) \cap f^{|i|}(\Lambda_l)} W^2_{f^i(x),\delta}(f^i(y)) \quad (i \in \mathbb{Z})$$

とおく．$y \in \Phi_x(W^1_{x,\delta}(x)) \cap \Lambda_l$ に対して $W^2_{x,\delta}(y)$ のグラフを

$$g^2_{x,y} : B_2(\delta C_l^{-1}) \longrightarrow B(\delta C_l^{-1})$$

で表し，$z \in S_\delta(x)$ に対して $y \in \Lambda_l$ があって $z \in W^2_{x,\delta}(y)$ であるから

$$g_0(z) = D_z g^2_{x,y} : \mathbb{R}_2 \longrightarrow \mathbb{R}_1$$

によって
$$g_0 : S_\delta(x) \longrightarrow BL(\mathbb{R}_2, \mathbb{R}_1)$$
を定義する．ここで $BL(\mathbb{R}_2, \mathbb{R}_1)$ は $\mathbb{R}_2$ から $\mathbb{R}_1$ への傾き $\leq 1/3$ の線形写像の集合を表す．

このとき g_0 はリプシッツ連続であることが示される（命題 2.2.12）．

$(*), (**)$ によって，δ_s と δ_u の存在が保証され μ が双曲型であるとき，μ は完全次元測度，すなわち
$$HD(\mu) = \delta_s + \delta_u$$
が示される．したがって，μ によるボックス次元，ハウスドルフ次元，情報次元は同一である．

よって，ボックス次元の値が完全次元測度 μ とルベーグ測度との間の関係を導くであろうことが予想される．

この章は関連論文 [L-Yo1], [L-Yo2], [Ba-Pe-Sc] を参照して書かれた．

第3章 物理的測度

測度論的手法による力学系の解析において,物理的測度 (physical measure) は力学系の観測可能な条件を見いだすのに有効な働きをする.力学系が物理的測度をもつためには位相的エントロピーが正であることが必要である.物理的測度とは次の測度をいう:

SRB 測度 (SRB measure),
SRB 条件をもつ測度 (measure provided with SRB),
絶対連続な不変測度 (absolutely continuous invariant measure),
滑らかな不変測度 (smooth invariant measure)

これらの相互関係を明らかにすることがこの章の目的である.

物理的測度の存在を許す力学系はペシン集合の可算分解を可能にし,さらに各成分は完全正のエントロピーをもつ力学系への有限分解を導く.これは,一様双曲的な力学系のスペクトル分解の類似な結論である.

さらに,物理的測度をもつ力学系の可算分解の各成分は測度 0 の集合を無視すれば開集合であることも,ペシン集合が連続 C^1-ラミネイションを許せば示される.

最後に,物理的測度をもつ力学系はわずかな摂動によって,その力学系はもはや物理的測度をもつことができないことも解説する.

3.1 SRB 測度

f は $\mathbb{R}^2$ の上の C^2-微分同相写像とし,$\mathbb{R}^2$ の閉部分集合 Γ のコンパクト近傍 U が $f(U) \subset \text{int}(U)$ を満たすとき,U はアトラクターと呼ばれる不変集合

3.1 SRB 測度

$\Gamma = \bigcap_{n=0}^{\infty} f^n(U)$ を生成する．このような集合は物理的に多くの例をもっている．特に，Γ が双曲性をもつとき，それを双曲的アトラクターと呼んで，確率論的手法によって成果を得ている．

そこで，一般的なアトラクターを解析するために，f–不変ボレル確率測度を与える．しかし，その測度は自然な確率測度でなくては意味を失うことになる．確かに，ルベーグ測度は自然な測度であるが，その測度，または同値な測度は $|Df| < 1$ であるときに，それらは f–不変ではあり得ない．

そこで，$f: U \to U$ に対して，自然な f–不変確率測度を得るために，次の概念が与えられた：

δ_x はディラック (Dirac) 測度を表し，$\mathrm{Cl}(U)$ の上のルベーグ測度を m とする．このとき

$$\frac{1}{n} \sum_{i=0}^{n-1} \delta_{f^i(x)} \longrightarrow \mu \qquad (n \to \infty)$$

が成り立つ点 x の集合に対して m の値が正であるとき，μ を $f: U \to U$ の**シナイ–ルエル–ボウエン測度** (Sinai–Ruelle–Bowen measure)，あるいは **SRB 測度**であるという．明らかに，μ は f–不変である．

注意 3.1.1 $C(\mathrm{Cl}(U), \mathbb{R})$ は $\mathrm{Cl}(U)$ の上の有界な連続関数の集合とする．このとき

$$\left\{ x \in U \;\middle|\; \lim_{n\to\infty} \frac{1}{n} \sum_{i=0}^{n-1} \delta_{f^i(x)} = \mu \right\}$$
$$= \left\{ x \in U \;\middle|\; \lim_{n\to\infty} \frac{1}{n} \sum_{i=0}^{n-1} \phi(f^i(x)) = \int \phi d\mu,\; \phi \in C(\mathrm{Cl}(U), \mathbb{R}) \right\}.$$

実際に，x は左辺の集合の点として，$\delta_n = \frac{1}{n} \sum_{i=0}^{n-1} \delta_{f^i(x)}$ とおく．このとき

$$\lim_{n\to\infty} \int \phi d\delta_n = \int \phi d\mu \qquad (\phi \in C(\mathrm{Cl}(U), \mathbb{R}))$$

である．ところで

$$\int \phi d\delta_n = \frac{1}{n} \sum_{i=0}^{n-1} \phi(f^i(x)) \qquad (n \geq 1)$$

であるから，x は右辺の集合に含まれる．逆は明らかである．

f–不変ボレル確率測度 μ に対して,可測ファイバーを

$$B(\mu) = \left\{ x \;\middle|\; \lim_{n\to\infty} \frac{1}{n} \sum_{i=0}^{n-1} \varphi(f^i(x)) = \int \varphi d\mu, \; \varphi \in C(\mathrm{Cl}(U), \mathbb{R}) \right\}$$

によって表す.$\mu(B(\mu)) > 0$ であれば,μ はエルゴード的で $\mu(B(\mu)) = 1$ である.

SRB 測度 μ は定義により $m(B(\mu)) > 0$ である.しかし,μ のエルゴード性を仮定しなければ $\mu(B(\mu)) = 0$ である.

注意 3.1.2 μ がエルゴード的で $\mu \ll m$ であれば,μ は SRB 測度である.しかし,SRB 測度は m に関して絶対連続であるとは限らない.

実際に,前半の主張は明らかである.後半の主張に対しては,よく知られた例として,図 3.1.1 のように挙動する $\mathbb{R}^2$ の上の微分同相写像 f がある.すなわち

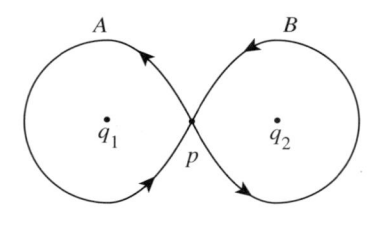

図 3.1.1

f は鞍部不動点 p と 2 つの反発不動点 q_1, q_2 をもって,A の円板の中の点 q_1,または B の円板の中の点 q_2 はそれぞれ f の反復によって反時計まわりにそれぞれ周に近づいていく.

このとき,点 x の f の軌道 $\{f^n(x) | n \geq 0\}$ は

$$\frac{1}{n} \sum_{i=0}^{n-1} \delta_{f^i(x)} \longrightarrow \delta_p \qquad (n \to \infty)$$

であることが示される.よって,$B(\delta_p)$ は 2 つの円板から q_1, q_2 を除いた集合を含むから,ルベーグ測度 m に対して,$m(B(\delta_p)) > 0$ である.しかし,$\delta_p \ll m$ は成り立たない.

図 3.1.1 の f は次の微分方程式によって得られる**流れ** (flow) の時間 1 写像 (time one map) である:

C^∞-関数 $\varphi(x,y)$ があって

$$\begin{cases} \dfrac{dx}{dt} = y + y(x^2+y^2) \\ \dfrac{dy}{dt} = \varphi(x - x(x^2+y^2)). \end{cases}$$

m はルベーグ測度を表し，μ は f–不変ボレル確率測度とする．f が μ に関する**エルゴード的アトラクター** (ergodic attractor) または **SRB アトラクター** (SRB attractor) をもつとは，f–不変集合 A と $m(W) > 0$ を満たす W があって

(I) μ は $\mu(A) = 1$ を満たすエルゴード的測度，

(II) (i) $w \in W$ に対して $d(f^i(w), A) \to 0 \quad (i \to \infty)$,

(ii) $\displaystyle\lim_n \frac{1}{n} \sum_{i=0}^{n-1} \varphi(f^i(w)) = \int \varphi d\mu \quad (\varphi \in C^0(U, \mathbb{R}),\ m\text{–a.e.}\ w \in W)$

を満たすことである．ここで W は

$$B(A) = \{y \mid d(f^i(y), A) \to 0,\ i \to \infty\}$$

の部分集合である．$B(A)$ は A の**位相的鉢** (topological basin) と呼ばれる．

非一様双曲性の場合は $\hat{W}^s(A) \subset B(A)$ であって $\hat{W}^s(A) = B(A)$ は保証されていない（安定集合 $\hat{W}^s(x)$ の定義は [Ao2] を参照）．実際に，それを保証するための十分条件として A の上で一様追跡性補題が成り立てばよい（邦書文献 [Ao1]）．

一様双曲的アトラクター Λ は $h_\mu(f) = h(f)$ を満たす（エルゴード的）平衡測度 μ をもつ．点 x の安定集合 $\hat{W}^s(x)$ に対して $\hat{W}^s(\Lambda) = \bigcup_{x \in \Lambda} \hat{W}^s(x)$ は Λ の近傍で，$\hat{W}^s(\Lambda) = B(\Lambda)$ が成り立つ．よって (I), (II) を満たすから，Λ は μ に関する SRB アトラクターである．

図 3.1.1 の不動点 $\{p\}$ はエルゴード的アトラクターの簡単な例の一つである．

f–不変ボレル確率測度 μ がルベーグ測度 m と同値であるとき，μ は**滑らかな測度** (smooth measure) であるという．

定理 3.1.3 μ はエルゴード的であるとする．このとき

(1) μ に関する SRB アトラクターが存在するならば，μ は SRB 測度である．

(2) μ が SRB 測度であれば，μ に関する SRB アトラクターが存在する．

証明 μ に関する SRB アトラクター A が存在するとき,$m(W) > 0$ を満たす W があって (II) が成り立つ.(II)(ii) から $m(N) = 0$ なる N があって,$\varphi \in C(\mathrm{Cl}(U), \mathbb{R})$ に対して

$$\lim_{n \to \infty} \frac{1}{n} \sum_{i=0}^{n-1} \varphi(f^i(w)) = \int \varphi d\mu \qquad (w \in W \setminus N)$$

が成り立つ.よって

$$B(\mu) = \left\{ x \in U \;\middle|\; \lim_{n \to \infty} \frac{1}{n} \sum_{i=0}^{n-1} \varphi(f^i x) = \int \varphi d\mu,\; \varphi \in C(\mathrm{Cl}(U), \mathbb{R}) \right\}$$
$$\supset W \setminus N$$

であるから,$m(B(\mu)) > 0$,すなわち μ は SRB 測度である.

(2) の証明:μ が SRB 測度であるとする.

$$W = \bigcup_{y \in B(\mu)} \hat{W}^s(y)$$

とおく.W と $B(\mu)$ の位相的鉢との関係は

$$W \subset B(B(\mu)).$$

しかし,$B(\mu) \subset W$ であるから,$m(W) > 0$ が成り立つ.明らかに $\mu(B(\mu)) = 1$ であるから,$B(\mu)$ は SRB アトラクターの定義 (I) を満たし,W の点は (II)(i),(II)(ii) を満たす.よって $B(\mu)$ は SRB アトラクターである.$\square$

定理 3.1.4 SRB 測度は U の上の不変ボレル確率測度の集合 $\mathcal{M}_f(U)$ に多くとも可算個しか存在しない.

証明 μ は SRB 測度とすれば,$m(B(\mu)) > 0$ であるから,SRB 測度の集合は高々可算である.ここに m はルベーグ測度を表す.$\square$

どのような種類の C^2-微分同相写像が SRB 測度をもつのかを調べる.

そこで,不安定多様体からなる分割に関する μ の条件付き確率測度が不安定多様体の上のルベーグ測度に関して絶対連続であるという条件を与える.より詳細に述べるために準備をする.

$f : U \to U$ は C^2-微分同相写像として,μ は f-不変ボレル確率測度で,次を仮定する:

(i) μ はエルゴード的である.

(ii) μ に関する f のリャプノフ指数 χ_1, χ_2 は $\chi_1 < 0 < \chi_2$ (μ–a.e.) を満たす.

このとき, 定理 1.3.2 により不安定多様体に沿う μ–可測分割 ξ が存在する. よって, ξ に関する μ の条件付き確率測度の標準系 $\{\mu_x^\xi\}$ (μ–a.e. x) が存在する. 不安定多様体に沿う μ–可測分割の存在は一意的ではないことに注意する.

μ–a.e. x に対して, m_x は $W^u(x)$ の上のルベーグ測度とする. μ が不安定多様体に沿って**絶対連続な条件付き確率測度** (absolutely continuous conditional probability measure) をもつとは, μ–a.e. x に対して μ_x^ξ が m_x に関して絶対連続である ($m_x(E) = 0$ ならば $\mu_x^\xi(E) = 0$) ときをいう.

μ は不変ボレル確率測度とする (エルゴード的であるとは限らない). 不安定多様体に沿う μ–可測分割 ξ が存在して, 条件付き確率測度の標準系 $\{\mu_x^\xi\}$ (μ–a.e. x) の各 μ_x^ξ が m_x に絶対連続 ($\mu_x^\xi \ll m_x$) であるとき, μ は**シナイ–ルエル–ボウエン条件** (Sinai–Ruelle–Bowen condition), あるいは **SRB 条件**をもつという.

SRB 条件をもつ典型的な例として, (一様) 双曲的アトラクター Γ の上の

$$\varphi^u(x) = -\log|\det(Df_{|E^u(x)})|$$

に関する平衡測度 μ は SRB 条件をもつ (次節の定理 3.2.2, 注意 3.2.3 を参照).

φ^u に関する平衡測度 μ はエルゴード的であるから, $\mu(B(\mu) \cap \Gamma) = 1$ であって

$$\mu(\{x \in \mathrm{Supp}(\mu) \mid \text{軌道 } O(x) \text{ は } \mathrm{Supp}(\mu) \text{ で稠密}\}) = 1$$

であるから, $x \in B(\mu) \cap \Gamma$ があって $\mathrm{Cl}(O(x)) = \mathrm{Supp}(\mu)$ である. すなわち

$$\mathrm{Cl}(B(\mu) \cap \Gamma) = \mathrm{Supp}(\mu) \subset \Gamma.$$

よって

$$\begin{aligned} P_{\mathrm{Supp}(\mu)}(f, \varphi) &= h_\mu(f) + \int \varphi d\mu \quad (\varphi \in C^0(U, \mathbb{R})), \\ P_{\mathrm{Supp}(\mu)}(f, 0) &= P_\Gamma(f, 0) = h(f) \end{aligned}$$

が成り立つ.

Λ は $f(\Lambda) = \Lambda$ なる閉集合とし $\mu(\Lambda) = 1$ とする. $B_\Lambda(\mu) = B(\mu) \cap \Lambda$ とおくと

$$\hat{W}^s(B_\Lambda(\mu)) \subset B(\mu)$$

が成り立つ.

(a) $m(\hat{W}^s(B_\Lambda(\mu))) > 0$

を仮定するとき，$m(B(\mu)) > 0$ であるから μ は SRB 測度である．さらに

(b) μ はエルゴード的

であるとすると

$$\mathrm{Cl}(B_\Lambda(\mu)) = \mathrm{Supp}(\mu)$$

よって $\hat{W}^s(B_\Lambda(\mu)) \subset \hat{W}^s(\mathrm{Supp}(\mu))$ である．したがって (a), (b) に加えて $\mathrm{Supp}(\mu)$ が双曲的であるとすれば，$\mathrm{Supp}(\mu)$ は双曲的アトラクターである（邦書文献 [Ao3]）．よって

$$P_{\mathrm{Supp}(\mu)}(f, \varphi^u) = 0$$

すなわち $h_\mu(f) = -\int \varphi d\mu$ であるから，次節の定理 3.2.2 により μ は SRB 条件を満たす測度である．

注意 3.1.5 Λ は $\mathrm{Supp}(\mu)$ に含まれる μ に関するペシン集合とする．このとき μ が SRB 条件をもつ測度であれば

$$W^u(x) \subset \mathrm{Supp}(\mu) \qquad (\mu\text{--a.e.}\, x).$$

が成り立つ．

証明 ξ は μ に関する不安定多様体に沿う分割とし，$\{\mu_x^\xi\}$ (μ–a.e. x) は ξ に関する μ の条件付き確率測度の標準系とする．m_x は $W^u(x)$ の上のルベーグ測度を表す．次の節の定理 3.2.2 の証明の (3.2.5), (3.2.6) (ν_x を μ_x^ξ に置き換える) により $\mu_x^\xi \sim m_x$ (μ–a.e. x) である．

$S = \mathrm{Supp}(\mu)$ とおくと

$$0 = \mu(S^c) = \int \mu_x^\xi(S^c) d\mu$$

であるから $\mu_x^\xi(S^c) = 0$ (μ–a.e. x) である．よって

$$m_x(S^c) = 0 \qquad (\mu\text{--a.e.}\, x).$$

定理 1.3.2(2) により μ–a.e. $x \in \Lambda$ に対して $W^u(x)$ の相対位相に関する x の開近傍 $U(x)$ に対して，$U(x) \cap S^c \neq \emptyset$ を仮定すると，その集合は $W^u(x)$ の開集合である．よって $m_x(U(x) \cap S^c) > 0$ であるから矛盾を得る．よって $U(x) \cap S^c = \emptyset$，すなわち

$$U(x) \subset S.$$

定理 1.3.2(3) の証明から，$W^u(x) = \bigcup_{n=0}^{\infty} f^n U(f^{-n}x)$ であるから，$W^u(x) \subset S$ を得る． □

定理 3.1.6 μ はエルゴード的で $h_\mu(f) > 0$ とする．このとき $\mu \ll m$ であれば，μ は SRB 条件をもつ．すなわち $\mu_x^\xi \sim m_x$ (μ–a.e. x) が成り立つ．

さらに，不安定多様体に沿う μ–可測分割 ξ を安定多様体に沿う μ–可測分割 η に置き換えても $\mu_x^\eta \sim m_x$ (μ–a.e. x) が成り立つ．

証明 仮定によって，μ に関する f の零でないリャプノフ指数が存在する．定理 1.3.2 により不安定多様体に沿う μ–可測分割 ξ と安定多様体に沿う μ–可測分割 η が存在する．

よって定理 2.3.1 により

$$HD(\mu) = \delta_s + \delta_u.$$

$\mu \ll m$ であるから，注意 1.1.8 により $HD(\mu) = 2$ である．よって $\delta_u = \delta_s = 1$ を得る．注意 1.4.4 と次の 3.2 節の定理 3.2.2 により，μ は SRB 条件をもつ．すなわち $\mu_x^\xi \sim m_x$ (μ–a.e. x) である．さらに $\mu_x^\eta \sim m_x$ (μ–a.e. x) も成り立つ． □

定理 3.1.6 は μ が SRB 条件をもつことよりも，より強い性質をもっていることに注意する．

次節で，SRB 条件をもつ不変ボレル確率測度の存在をエントロピーで判定できることを解説する．

3.2 ペシン–ルドラピエ–ヤンの公式

ルエルの不等式が等式となるための不変測度が満たすための必要十分条件を見いだすことができる．次の定理は一つの必要条件を与えている：

定理 3.2.1 (ルドラピエ–ヤン) $f : \mathbb{R}^2 \to \mathbb{R}^2$ は C^2–微分同相写像として，U は $\mathbb{R}^2$ の有界開集合とする．$f(U) \subset U$ であって，μ は f–不変ボレル確率測度とする．このとき，μ に関する f のリャプノフ指数の一つが $\chi_2(x) > 0$ (μ–a.e. x) であって

$$h_\mu(f) = \int \chi_2(x) d\mu$$

ならば，μ は SRB 条件をもつ．

エルゴード分解定理により，f–不変集合の族 $\{\Gamma_y\}$（エルゴード的ファイバー）と各 Γ_y の上に $\mu_y(\Gamma_y) = 1$ を満たすエルゴード的 f–不変ボレル確率測度 μ_y があって，U は和集合 $\bigcup_y \Gamma_y$ に μ–測度の値が 0 の集合を除いて一致する．$h_\mu(f) = \int \chi_2(x) d\mu$ であれば，μ–a.e. y に対して Γ_y の上で $h_{\mu_y}(f) = \chi_2$ (μ_y–a.e.) が成り立つ．そこで，定理 3.2.1 を示すために，次の定理を用意する：

定理 3.2.2 μ はエルゴード的であって，$h_\mu(f) = \chi_2 > 0$ (μ–a.e.) ならば，μ は SRB 条件をもつ．

注意 3.2.3 f が双曲的アトラクターをもつならば，SRB 条件を満たす測度 μ が一意的に存在する．

証明 f は双曲的アトラクター Γ をもつから位相的圧力は

$$P_\Gamma(f, \varphi^u) = 0.$$

よってエルゴード的測度 μ があって

$$h_\mu(f) = \int \varphi^u d\mu = \int \chi_2 d\mu.$$

定理 3.2.1 により，μ は SRB 条件をもつ．μ の存在の一意性は邦書文献 [Ao3] の命題 1.6.13 または本書の 3.4 節の定理 3.4.13 により結論される． □

定理 3.2.1 を結論するために定理 3.2.2 を示せば十分である．

定理 3.2.2 の証明 μ はエルゴード的であるから，定理 1.3.2 により，不安定多様体に沿う μ–可測分割 ξ が存在する．

$\{\mu_x^\xi\}$ は ξ に関する μ の条件付き確率測度の標準系として，m_x は $W^u(x)$ の上のルベーグ測度を表す．f は C^2–微分同相写像であるから，$y \mapsto D_y f$ は C^1–級で，$y \mapsto E^u(y)$ ($y \in W^u(x)$) も C^1–級である．

(1.3.3) により，$\mu(S_r) = 1$ であるから $\mu(S_r \cap \Lambda) = 1$ である．よって，$S_r \cap \Lambda$ を Λ と見て以後の議論を進めて一般性を失わない．

$x \in \Lambda = \bigcup_l \Lambda_l$ とする．ξ の構成（定理 1.3.2）により，$\xi(x) \subset W^u(x)$ である．$\triangle(x, \cdot) : W^u(x) \to \mathbb{R}$ を

$$\triangle(x, y) = \begin{cases} \dfrac{\prod_{i=1}^{\infty} |\det(Df|_{E^u(f^{-i}(x))})|}{\prod_{i=1}^{\infty} |\det(Df|_{E^u(f^{-i}(y))})|} & (y \in \xi(x)) \\ 0 & (y \notin \xi(x)) \end{cases} \quad (3.2.1)$$

によって定義する．ここに $E^u(y) = T_y \xi(x)$ $(y \in \xi(x))$ である．このとき

$$|\log \triangle(x, y)| \le C_l d(y, x) \qquad (y, x \in \xi(x)). \qquad (3.2.2)$$

ここに，C_l は Λ_l に依存する定数である．

実際に，$y, x \in \xi(x)$ に対して

$$|\log \triangle(x, y)| = \left| \sum_{i=1}^{\infty} (\log|\det(Df|_{E^u(f^{-i}(x))})| - \log|\det(Df|_{E^u(f^{-i}(y))})|) \right|$$

$$\le \sum_{i=1}^{\infty} |\log|\det(Df|_{E^u(f^{-i}(x))})| - \log|\det(Df|_{E^u(f^{-i}(y))})||$$

$$\le \sum_{i=1}^{\infty} D d(f^{-i}(x), f^{-i}(y))$$

$$= (*).$$

$x \in \Lambda_l$ であるから，$\xi(x)$ は x の局所不安定多様体 $V^u(x)$ に含まれる．このとき，$0 < \lambda < 1$ があって $y \in V^u(x)$ に対して

$$d(f^{-i}(y), f^{-i}(x)) \le d^u(f^{-i}(y), f^{-i}(x)) \le C_l \lambda^i d^u(y, x).$$

$V^u(x)$ の上の距離関数 d^u と d の $V^u(x)$ への制限は同値であるから

$$(*) \le D C_l d(y, x) \sum_{i=1}^{\infty} \lambda^i$$

$$= \frac{\lambda D C_l}{1 - \lambda} d(y, x).$$

$\dfrac{\lambda D C_l}{1 - \lambda}$ よりも大きい定数を C_l と改めるとき，(3.2.2) を得る．

y は $\xi(x)$ の任意の点であるから

$$e^{-C_l d(x, y)} \le \triangle(x, y) \le e^{C_l d(x, y)}$$

が成り立つ.

$$L(x) = \int_{\xi(x)} \triangle(x,y) dm_x(y) \tag{3.2.3}$$

とおき, $\rho_x : \xi(x) \to \mathbb{R}$ を

$$\rho_x(y) = \frac{\triangle(x,y)}{L(x)} \tag{3.2.4}$$

によって定義する.

このとき $z \in \Lambda$ に対して, $\xi(x) = \xi(z)$ のとき $\rho_x(y) = \rho_z(y)$ $(y \in \xi(x))$ であり, かつ $\alpha_x > 0$ があって

$$\rho_x(y) > \alpha_x \qquad (y \in \xi(x)). \tag{3.2.5}$$

$\xi(x)$ に台をもつ測度 ν_x を

$$\nu_x(E) = \int_E \rho_x(y) dm_x(y) \qquad (E \in \mathcal{B}) \tag{3.2.6}$$

によって与える.

ξ を含む最小の σ-集合体を $\mathcal{B}_\xi$ で表す. ρ_x は x の関数として $\mathcal{B}_\xi$-可測であるから, ν_x も x の関数として $\mathcal{B}_\xi$-可測である. このとき

$$\begin{aligned}\nu_x(U) &= \int_U \rho_x(y) dm_x(y) \\ &= \int_{\xi(x)} \rho_x(y) dm_x(y) \\ &= \frac{1}{L(x)} \int_{\xi(x)} \triangle(x,y) dm_x(y) = 1\end{aligned}$$

であるから, ν_x は $\mathcal{B}$ の上の確率測度である.

$$\nu(K \cap E) = \int_K \nu_x(E) d\mu(x) \qquad (K \in \mathcal{B}_\xi, \ E \in \mathcal{B}) \tag{3.2.7}$$

によって, $\mathcal{B}$ の上の確率測度 ν を定義する. $K \in \mathcal{B}_\xi$ に対して

$$\nu(K) = \int_K \nu_x(U) d\mu(x) = \int_K d\mu = \mu(K)$$

であるから, $\mathcal{B}_\xi$ の上で $\nu = \mu$ が成り立つ.

$E \in \mathcal{B}$ を固定するとき

$$\nu_E(K) = \nu(K \cap E)$$

は (3.2.7) により $\nu_E \ll \mu$ が成り立つ.

$\mathcal{B}$ の上で $\mu = \nu$ を示せば, μ は SRB 条件を満たす. そのために

$$\int -\log \nu_x((f^{-1}(\xi))(x))d\mu(x) = \int \log|\det(Df|_{E^u(x)})|d\mu(x) \quad (3.2.8)$$

を示す.

(3.2.6) により

$$\begin{aligned}
\nu_x((f^{-1}(\xi))(x)) &= \int_{(f^{-1}(\xi))(x)} \rho_x(y)dm_x(y) \\
&= \frac{1}{L(x)} \int_{(f^{-1}(\xi))(x)} \triangle(x,y)dm_x(y) \\
&= \frac{L(f(x))}{L(x)} \frac{1}{|\det(Df|_{E^u(x)})|}.
\end{aligned}$$

よって

$$\int \log^+\left(\frac{L(f(x))}{L(x)}\right) d\mu \leq \int \log^+ |\det(Df|_{E^u(x)})|d\mu < \infty$$

($\log^+ a = \max\{\log a, 0\}$) であって, μ は f–不変であるから, 次の補題 3.2.4 により (3.2.8) が成り立つ.

定理 3.2.2 を結論するために次を示す:
$E \in \mathcal{B}_{f^{-1}(\xi)}$ を固定する. このとき $\mu(N) = 0$ なる $N \in \mathcal{B}_\xi$ があって

$$\frac{d\nu_E}{d\mu}(y)_{|f^{-1}(\xi)} = \frac{\nu_y((f^{-1}(\xi))(y))}{\mu_y^\xi((f^{-1}(\xi))(y))} \qquad (y \in E \setminus N). \quad (3.2.9)$$

(3.2.7) により $E \in \mathcal{B}_{f^{-1}(\xi)}$ に対して

$$\begin{aligned}
\nu_E(K) &= \int_K \nu_x(E)d\mu, \\
\mu_E(K) &= \int_K \mu_x^\xi(E)d\mu.
\end{aligned} \qquad (K \in \mathcal{B}_\xi) \quad (3.2.10)$$

ここに $\mu_E(K) = \mu(E \cap K)$ である. $F \in \mathcal{B}_\xi$ に対して

$$E = f^{-1}(F) = \bigcup_x (f^{-1}\xi)(x)$$

であるから

$$\begin{aligned}
\nu_x(E) &= \nu_x((f^{-1}\xi)(x)), \\
\mu_x^\xi(E) &= \mu_x^\xi((f^{-1}\xi)(x)).
\end{aligned}$$

よって (3.2.10) により

$$d\nu_E = \nu_x((f^{-1}\xi)(x))d\mu,$$
$$d\mu_E = \mu_x^\xi((f^{-1}\xi)(x))d\mu$$

である.

(3.2.10) により E に制限した $\mathcal{B}_\xi$ の上で

$$\mu \ll \mu_E.$$

よって $\mathcal{B}_{\xi|E}$-可測関数として

$$\frac{d\mu}{d\mu_E}\frac{\mu_E}{d\mu} = 1 \qquad \mu\text{-a.e. } x \in E \ (E \in \mathcal{B}_{f^{-1}(\xi)})$$

であるから

$$\frac{\nu_x((f^{-1}\xi)(x))}{\mu_x^\xi((f^{-1}\xi)(x))} = \frac{d\nu_E}{d\mu}\frac{1}{\frac{d\mu_E}{d\mu}} = \frac{d\nu_E}{d\mu}\frac{d\mu}{d\mu_E} \qquad \mu\text{-a.e. } x \in E.$$

$A \in \mathcal{B}_{\xi|E}$ に対して

$$\int_A \frac{d\nu_E}{d\mu}\frac{d\mu}{d\mu_E}d\mu = \int_A \frac{d\nu_E}{d\mu}d\mu$$

であるから, E の上で

$$\frac{\nu_x((f^{-1}\xi)(x))}{\mu_x^\xi((f^{-1}\xi)(x))} = \frac{d\nu_E}{d\mu}(x)_{|f^{-1}(\xi)} \qquad \mu\text{-a.e. } x \in E.$$

(3.2.9) が示された.

$\{E_j\}$ は $E_j \in \mathcal{B}_{f^{-1}(\xi)}$, $1 > \mu(E_j) > 0$ を満たす有限分割とする. 対数関数の凸性により

$$\int \log \sum_j 1_{E_j} \frac{d\nu_{E_j}}{d\mu} d\mu \leq \log \int \sum_j 1_{E_j} \frac{d\nu_{E_j}}{d\mu} d\mu$$
$$\leq \log \sum_j \int_{E_j} \frac{d\nu_{E_j}}{d\mu} d\mu$$
$$= \log \sum_j \nu(E_j) = 0.$$

一方において

$$-\int \log \nu_x((f^{-1}(\xi))(x))d\mu = \int \log|\det(Df|_{E^u(x)})|d\mu \quad ((3.2.8) \text{ により})$$
$$= h_\mu(f)$$
$$= \hat{H}_\mu(f^{-1}(\xi)|\xi) \quad (\text{注意 1.1.8 により})$$
$$= -\int \log \mu_x^\xi((f^{-1}(\xi))(x))d\mu.$$

よって

$$\int \sum_j 1_{E_j} \log \frac{d\nu_{E_j}}{d\mu} d\mu = 0$$

であるから

$$\int \log \sum_j 1_{E_j} \frac{d\nu_{E_j}}{d\mu} d\mu = \log \sum_j 1_{E_j} \int \frac{d\nu_{E_j}}{d\mu} d\mu = 0.$$

すなわち, $\sum_j 1_{E_j} \frac{d\nu_{E_j}}{d\mu} = 1$ (μ–a.e.) である. よって $A \in \mathcal{B}_{f^{-1}(\xi)}$ に対して

$$\mu(A) = \sum_j \int_A 1_{E_j} \frac{d\nu_{E_j}}{d\mu} d\mu = \sum_j \nu(A \cap E_j) = \nu(A)$$

であるから, $\mathcal{B}_{f^{-1}(\xi)}$ の上で $\mu = \nu$ が成り立つ.

帰納的に同じ仕方を続けて, $\mathcal{B}$ の上で $\mu = \nu$ を導くことができる. よって, μ は SRB 条件をもつ. □

エルゴード的測度 μ に対して $h_\mu(f) = \chi_2$ であれば, 不安定多様体に沿う μ–可測分割 ξ が存在して, ξ に関する μ の条件付き確率測度 μ_x^ξ は不安定多様体 $W^u(x)$ の上のルベーグ測度 m_x に関して絶対連続である. 実際には定理 3.2.2 の証明の (3.2.5) から, μ_x^ξ は m_x と同値である.

補題 3.2.4 μ は f–不変ボレル確率測度であるとする. $g : U \to \mathbb{R}$ は $0 < g(x) < \infty$ $(x \in U)$ を満たす可測関数とする. $\log^- a = \min\{\log a, 0\}$ として, $\log^- \dfrac{g \circ f}{g}$ が μ–可積分であれば

$$\lim_{n \to \infty} \frac{1}{n} \log g \circ f^n(x) = 0 \quad \mu\text{–a.e. } x, \tag{3.2.11}$$

$$\int \log \frac{g \circ f}{g} d\mu = 0. \tag{3.2.12}$$

証明 $\log g(x)$ が μ–可積分であれば,明らかに $\log \dfrac{g \circ f}{g}$ も μ–可積分である.よって

$$\int \log \frac{g \circ f}{g} d\mu = 0$$

を得る.バーコフのエルゴード定理により

$$\lim_{n \to \infty} \frac{1}{n} \sum_{i=0}^{n-1} \log \frac{g \circ f^{i+1}}{g \circ f^i} = \lim_{n \to \infty} \frac{1}{n} \log \frac{g \circ f^n}{g} \qquad \mu\text{–a.e.} \quad (3.2.13)$$

$\log^- \dfrac{g \circ f}{g}$ が μ–可積分のとき

$$\lim_{n \to \infty} \frac{1}{n} \sum_{i=0}^{n-1} \log^- \frac{g \circ f^{i+1}}{g \circ f^i} = \lim_{n \to \infty} \frac{1}{n} \log^- \frac{g \circ f^n}{g} \qquad \mu\text{–a.e.} \quad (3.2.14)$$

よって (3.2.14) の両側が $+\infty$ をも含めて,(3.2.13) が成り立つ.その値を $K(x)$ で表すとき

$$\int K d\mu = \int \log \frac{g \circ f}{g} d\mu.$$

$\dfrac{1}{n} \log g \to 0 \ (n \to \infty)$ であるから

$$K = \lim_{n \to \infty} \log g \circ f^n \qquad \mu\text{–a.e.}$$

一方において,$0 < g < \infty$ であって,μ は f–不変であるから,$\varepsilon > 0$ に対して

$$\mu\left(\left\{x \in U \ \middle|\ \left|\frac{1}{n} \log g(f^n(x))\right| > \varepsilon\right\}\right) \longrightarrow 0 \qquad (n \to \infty).$$

よって,部分列 $\{n_i\}$ があって

$$\lim_{i \to \infty} \frac{1}{n_i} \log g(f^{n_i}(x)) = 0 \qquad \mu\text{–a.e.}$$

これは $K(x) = 0$ (μ–a.e.) を意味する.(3.2.11) が示された.(3.2.14) により,(3.2.12) が成り立つ. □

注意 3.2.5 μ はエルゴード的であれば

$$\lim_{n \to \pm\infty} \frac{1}{n} \log |\det(D_x f^n_{|E^u(x)})| = \chi_2 \qquad \mu\text{–a.e.} \ x.$$

3.2 ペシン–ルドラピエ–ヤンの公式

証明 $x \in \Lambda$ に対して

$$\tau_x(\mathbb{R} \times \{0\}) = E^s(x),$$
$$\tau_2(\{0\} \times \mathbb{R}) = E^u(x).$$

$\Lambda \ni x \mapsto \tau_x$ は可測で，$\det(\tau_x) \neq 0$ は x に関して有界である．$\mathbb{R}^2$ の上の C^2–微分同相写像

$$f_x = \Phi_{f(x)}^{-1} \circ f \circ \Phi_x \quad (x \in \Lambda)$$

の微分は

$$D_0 f_x(\mathbb{R} \times \{0\}) = \mathbb{R} \times \{0\},$$
$$D_0 f_x(\{0\} \times \mathbb{R}) = \{0\} \times \mathbb{R}.$$

よって

$$\exp(\chi_2 - 12\varepsilon) \leq \det(D_0 f_{x|\{0\} \times \mathbb{R}}) \leq \exp(\chi_2 + 12\varepsilon).$$

$n > 0$ に対して

$$\det(D_0 f_{x|\{0\} \times \mathbb{R}}^n) = \det(\tau_{f^n(x)}^{-1}) \det(D_x f_{|E^u(x)}^n)$$

であるから結論を得る． □

注意 3.2.6 ξ は不安定多様体に沿う μ–可測分割とし，$\triangle(x,y)$ は (3.2.1) の関数とする．$x \in \Lambda_l$ とする．このとき

$$\log \triangle(x, \cdot) : \xi(x) \cap \Lambda_l \longrightarrow \mathbb{R}$$

は Λ_l に依存する定数 $C_l > 0$ をリプシッツ定数にもつリプシッツ連続関数である．

証明 $y, y' \in \xi(x) \cap \Lambda_l$ に対して，$0 < \lambda < 1$ と $C_l > 0$ があって

$$d(f^{-i}(y), f^{-i}(y')) \leq C_l \lambda^i d^u(y, y') \quad (i \geq 0)$$

が成り立つ（邦書文献 [Ao3]，注意 4.3.11）．よって

$$|\log \triangle(x, y) - \log \triangle(x, y')|$$
$$= \left| \sum_{i=1}^{\infty} \log |\det(Df_{|E^u(f^{-i}(y'))})| - \log |\det(Df_{|E^u(f^{-i}(y))})| \right|$$

$$\leq \sum_{i=1}^{\infty} |\log|\det(Df_{|E^u(f^{-i}(y'))})| - \log|\det(Df_{|E^u(f^{-i}(y))})||$$

$$\leq \sum_{i=1}^{\infty} Dd(f^{-i}(y), f^{-i}(y'))$$

$$\leq C_l \sum_{i=1}^{\infty} \lambda^i d^u(y, y').$$

d^u は d と $\xi(x) \cap \Lambda_l$ の上で同値であるから結論を得る. □

$f: \mathbb{R}^2 \to \mathbb{R}^2$ は C^2–微分同相写像とする. $\mathbb{R}^2$ の有界開集合 U が不変ボレル確率測度 μ をもち, μ はルベーグ測度と同値であるとする. このとき, ルエルの不等式は等式になる. この様子を説明する.

そのために, μ はエルゴード的で, μ に関する f のリャプノフ指数 χ_1, χ_2 は $\chi_1 < 0 < \chi_2$ (μ–a.e.) であると仮定する.

$$B_n(x, \varepsilon) = \bigcap_{i=0}^{n-1} f^{-i}(B_\varepsilon(f^i(x)))$$

とする. $\varepsilon > 0$ が十分に小さいときに, μ–a.e. x に対して

$$\limsup_{n \to \infty} -\frac{1}{n} \log \mu(B_n(x, \varepsilon)) \sim h_\mu(f)$$

である. この関係式は $B_n(x, \varepsilon)$ の μ–測度の値がおおよそ $e^{-nh_\mu(f)}$ の割合で小さくなることを意味している. よって, 測度 μ をルベーグ測度 m に置き換えるとき

$$\lim_{n \to \infty} -\frac{1}{n} \log m(B_n(x, \varepsilon)) \sim \chi_2 \qquad \mu\text{–a.e. } x$$

が求まる.

実際に, f は局所的に見るとき, それは線形写像としてよい. そのときに, 固有値は e^{χ_1}, e^{χ_2} である. $B_n(x, \varepsilon)$ は近似的に $\varepsilon e^{-n\chi_2} \times \varepsilon$ である. $n \to \infty$ としたとき

$$-\frac{1}{n} \log m(B_n(x, \varepsilon)) \sim -\frac{1}{n} \log \varepsilon^2 e^{-n\chi_2} \longrightarrow \chi_2.$$

μ が m と同値であれば, $\mu(E) = \int_E g\,dm$ (E : ボレル集合) を満たす密度関数 $g > 0$ が存在する. さらに, $\mu(B_n(x, \varepsilon))$ と $m(B_n(x, \varepsilon))$ は本質的に定数倍の相違であるから, $h_\mu(f) = \chi_2$ が求まる. これが次の定理に述べるペシンの公式である.

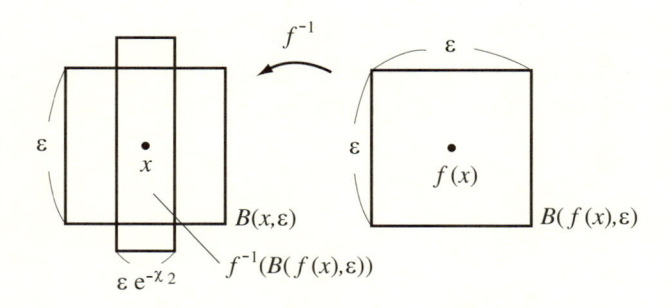

図 3.2.1

次の定理はペシン (Pesin), ルドラピエ–ストレルシン (Ledrapier–Strelcyn) による結果である. 実際に, ペシンは滑らかな測度に関して結論を得ている. ルドラピエ–ストレルシンは SRB 条件をもつ測度に関して証明を与えている.

定理 3.2.7 (ペシンの公式) $f : \mathbb{R}^2 \to \mathbb{R}^2$ は C^2-微分同相写像とする. U は $\mathbb{R}^2$ の有界な開集合とし $f(U) \subset U$ とする. $\chi_1(x), \chi_2(x)$ は f のリャプノフ指数で, $\chi_1(x) < \chi_2(x)$ (μ–a.e. x) であるとする. このとき, f–不変ボレル確率測度 μ が SRB 条件をもつならば

$$h_\mu(f) = \int \max\{0, \chi_2(x), \chi_1(x) + \chi_2(x)\} d\mu.$$

記号を簡単にするために

$$h(x) = \max\{0, \chi_2(x), \chi_1(x) + \chi_2(x)\} \qquad (x \in U)$$

と表す. $h(x) \geq 0$ ($x \in U$) であるから, $h_\mu(f) = \int h(x) d\mu = 0$ のとき, $h(x) = 0$ (μ–a.e. x) が成り立つ. よって

$$\chi_2(x) \leq 0, \quad \chi_1(x) \leq 0 \quad \mu\text{–a.e. } x$$

である. エルゴード分解定理により, $\mu(Y) = 1$ を満たす f–不変集合 Y が存在して

$$Y = \bigcup_y \Gamma_y$$

と表され, 各 Γ_y の上のエルゴード的 f–不変ボレル確率測度 μ_y が存在する. よって, μ–a.e. y に対して

$$\chi_2 \leq 0, \quad \chi_1 \leq 0 \quad \mu_y\text{–a.e.}$$

であるから，Γ_y の各点の不安定多様体は存在しない．

しかし，定理 3.2.7 で，μ に SRB 条件を仮定しているから，Y の各点の不安定多様体は存在する．よって，その場合に $h_\mu(f) > 0$ でなくてはならない．

$$A = \{x \in U \,|\, h(x) > 0\}$$

とおく．ルエルの不等式により

$$0 < h_\mu(f) \leq \int h(x) d\mu = \int_A h(x) d\mu$$

である．よって $x \in A$ に対して，次の (a), (b) のいずれかが成り立つ：

(a) $\chi_2(x) > 0 \geq \chi_1(x)$,

(b) $\chi_2(x) \geq \chi_1(x) > 0$.

(b) の場合は起こり得ないことが示される．実際に，Λ の上の μ–a.e. y に対して，μ_y に関する f のペシン集合は 1 つの周期軌道からなる集合であるから，$h_{\mu_y}(f) = 0$ である．よって

$$h_\mu(f) = \int h_{\mu_y}(f) d\mu = 0$$

である．しかし $h_\mu(f) > 0$ の仮定に反する．よって (b) の場合は起こらない．

(a) の場合は，次の 2 つに分類される：

(i) $\chi_2(x) > 0 > \chi_1(x)$ (μ–a.e. x),

(ii) $\chi_2(x) > 0 = \chi_1(x)$ (μ–a.e. x).

(ii) はルエルの不等式により，$h_\mu(f) = 0$ である．このことは矛盾である．よって (i) の場合だけが成り立つ．

したがって，定理 3.2.7 は次の主張に書き直すことができる：

定理 3.2.8 定理 3.2.7 の仮定のもとで μ が SRB 条件をもてば

$$h_\mu(f) = \int \chi_2(x) d\mu$$

が成り立つ．

3.2 ペシン-ルドラピエ-ヤンの公式   189

証明 μ のエルゴード分解によって，エルゴード的不変ボレル確率測度 μ_x (μ–a.e. x) が存在する．仮定により μ_x (μ–a.e. x) は SRB 条件をもつ．

記号を簡単にするために，μ_x を μ と表し定理 3.2.8 の結論として

$$h_\mu(f) = \chi_2 \quad \mu\text{--a.e.}$$

を示せば十分である．

μ は SRB 条件をもつから，不安定多様体に沿う μ–可測分割 ξ が存在する．$\mathcal{B}$ は U のボレルクラスとする．$\mathcal{B}_\xi$ は ξ によって生成された σ–集合体とする．m_x は $\xi(x)$ の上のルベーグ測度として，$K \in \mathcal{B}$ に対して $x \mapsto m_x(\xi(x) \cap K)$ は $\mathcal{B}_\xi$–可測である．よって

$$\nu(A \cap K) = \int_A m_x(\xi(x) \cap K) d\mu \quad (A \in \mathcal{B}_\xi) \qquad (3.2.15)$$

とおくと，ν は U の上のボレル測度である．

μ は ν に関して絶対連続 ($\mu \ll \nu$) である．実際に，$\nu(K) = 0$ とする．このとき，$m_x(\xi(x) \cap K) = 0$ (μ–a.e. x) である．μ は SRB 条件をもつから，ξ に関する μ の条件付き確率測度を μ_x^ξ (μ–a.e. x) で表すとき，$\mu_x^\xi(K)$ ($K \in \mathcal{B}$) は $\mathcal{B}_\xi$–可測である．$\mu_x^\xi \ll m_x$ であるから，$\mu_x^\xi(K) = 0$ (μ–a.e. x) である．ゆえに

$$\mu(K) = \int \mu_x^\xi(K) d\mu = 0.$$

よって，ラドン-ニコディム (Radon-Nikodým) の定理により $\mathcal{B}$–可測な正値関数 $g = \dfrac{d\mu}{d\nu}(x)$ があって

$$\mu(A) = \int_A g d\nu \quad (A \in \mathcal{B}) \qquad (3.2.16)$$

が成り立つ．このとき μ–a.e. x に対して

$$g(y) = \frac{d\mu_x^\xi}{dm_x}(y) \quad m_x\text{--a.e. } y \qquad (3.2.17)$$

である．

(3.2.17) の関数 $g = \dfrac{d\mu}{d\nu} : U \to \mathbb{R}$ は μ–a.e. x に対して得られる $\dfrac{d\mu_x^\xi}{dm_x} : \xi \to \mathbb{R}$ の可測バージョン (measurable version) である．

実際に，(3.2.17) を示すために U の可算基を $\mathcal{O} = \{U_i \mid i \geq 1\}$ で表す．$A \in \mathcal{B}_\xi$ に対して

$$\int_A \left(\int_{\xi(x) \cap U_i} g(z) dm_x(z) \right) d\mu(x) = \int_{A \cap U_i} g d\nu \qquad (3.2.18)$$

$$= \int_{A \cap U_i} d\mu \qquad (3.2.19)$$
$$= \int_A \mu_x^\xi(U_i) d\mu(x). \qquad (3.2.20)$$

(3.2.18) の等式は次のように求まる：

関数 g が定義関数 1_B のとき
$$\int_A \left(\int_{\xi(x) \cap U_i} 1_B(z) dm_x(z) \right) d\mu = \int_A m_x(\xi(x) \cap B \cap U_i) d\mu$$
$$= \nu(A \cap B \cap U_i) \qquad ((3.2.9) \text{ により})$$
$$= \int_{A \cap U_i} 1_B d\nu.$$

g は階段関数 g_n によって近似されるから, (3.2.18) を得る. (3.2.19) の等式は (3.2.16) より明らかである. (3.2.20) は条件付き確率測度の定義より明らかである.

このとき x の関数列 $\{\mu_x^\xi(U_i) | i \geq 1\}$ を得る. $i \geq 1$ を固定するとき $\mu(Z_i) = 1$ を満たす $Z_i \subset M$ が存在して, $x \in Z_i$ に対して
$$\mu_x^\xi(U_i) = \int_{\xi(x) \cap U_i} g(z) dm_x(z) \qquad ((3.2.20) \text{ によって}).$$

$Z = \bigcap_{i \geq 1} Z_i$ とおくと, $\mu(Z) = 1$ である. μ_x^ξ は正則であるから, $B \in \mathcal{B}$ に対して
$$\mu_x^\xi(B) = \int_{\xi(x) \cap B} g(z) dm_x(z) \qquad (x \in Z)$$

が成り立つ. μ_x^ξ は m_x に関して絶対連続であるから, 再びラドン–ニコディムの定理により, μ–a.e. x に対して
$$g(y) = \frac{d\mu_x^\xi}{dm_x}(y) \qquad (m_x\text{–a.e. } y)$$

が成り立つ. (3.2.17) が示された.

$\xi(y)$ の点 y における接空間を
$$E^u(y) = T_y \xi(y)$$

と表す. このとき, μ–a.e. y に対して次が成り立つ：

y を含む分割 $f^{-1}\xi$ の集合 $(f^{-1}\xi)(y)$ に対して
$$\mu_y^\xi((f^{-1}\xi)(y)) = \left(|\det(Df|_{E^u(y)})| \frac{g(f(y))}{g(y)} \right)^{-1}. \qquad (3.2.21)$$

(3.2.21) を示すために

$$Z(y) = \mu_y^\xi((f^{-1}\xi)(y))$$

とおく．明らかに，$z \in (f^{-1}\xi)(y)$ に対して $Z(z) = Z(y)$ が成り立つ．すなわち，$Z(x)$ は $(f^{-1}\xi)(x)$ の上で定数値である．

μ–a.e. x に対して $\mu_x^{f^{-1}\xi}$ は $f^{-1}\xi$ に関する μ の条件付き確率測度を表す．$\xi \leq f^{-1}\xi$ であるから，$(f^{-1}\xi)(y) \subset \xi(y)$ が成り立つ．μ–a.e. y に対して，$(f^{-1}\xi)(y)_{|\xi}$ は可算分割であるから，$\xi(y)$ の上の $f^{-1}\xi$ に関する μ_y^ξ の条件付き確率測度は

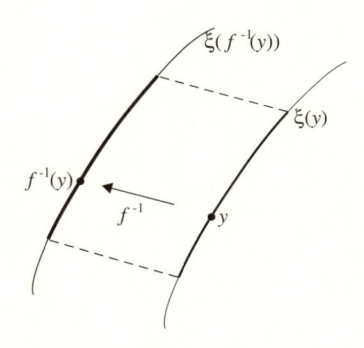

図 3.2.2

$$\mu_y^{f^{-1}\xi}(K) = \frac{\mu_y^\xi((f^{-1}\xi)(y) \cap K)}{Z(y)} \qquad (K \in \mathcal{B}) \qquad (3.2.22)$$

である．(3.2.17) により μ–a.e. y に対して

$$g = \frac{d\mu_y^\xi}{dm_y} \qquad (m_y\text{–a.e.})$$

であるから，(3.2.22) の右辺は

$$\mu_y^{f^{-1}\xi}(K) = \frac{1}{Z(y)} \int_{(f^{-1}\xi)(y) \cap K} g(z) dm_y(z) \qquad \mu\text{–a.e. } y. \quad (3.2.23)$$

$\mu_y^\xi(f(K))$ は $\mathcal{B}_\xi$–可測であり，(3.2.22) により $\mu_y^{f^{-1}\xi}(K)$ も $\mathcal{B}_\xi$–可測である．

$B \in \mathcal{B}_\xi$ に対して

$$\int_B \mu_{f(y)}^\xi(f(K \cap (f^{-1}\xi)(fy))) d\mu = \int_B \mu_y^\xi(K \cap (f^{-1}\xi)(y)) d\mu$$

$$= \int_B \mu_y^{f^{-1}\xi}(f(K \cap (f^{-1}\xi)(y)))d\mu$$
$$= \int_{f(B)} \mu_y^{f^{-1}\xi}(K)d\mu$$
$$= \mu(K \cap B)$$
$$= \int_B \mu_y^{f^{-1}\xi}(K)d\mu.$$

であるから，$\mathcal{B}_\xi$-可測関数として

$$\mu_y^\xi(f(K \cap (f^{-1}\xi)(y))) = \mu_y^{f^{-1}\xi}(K) \quad (\mu\text{-a.e. } y).$$

よって μ-a.e. y に対して

$$\begin{aligned}
\mu_y^{f^{-1}\xi}(K) &= \mu_{f(y)}^\xi(f(K \cap (f^{-1}\xi)(y))) \\
&= \int_{f((f^{-1}\xi)(y) \cap K)} g(z) dm_{f(y)}(z) \\
&= \int_{(f^{-1}\xi)(y) \cap K} g(f(z)) dm_{f(y)} \circ f \\
&= \int_{(f^{-1}\xi)(y) \cap K} g(f(z))|\det(Df|_{E^u(z)})| dm_y(z) \quad (3.2.24)
\end{aligned}$$

が成り立つ．(3.2.23) と (3.2.24) において，μ-a.e. y を固定する．$K \in \mathcal{B}$ は任意であるから，m_y-a.e. $z \in (f^{-1}\xi)(y)$ に対して

$$\frac{1}{Z(y)} g(z) = g(f(z))|\det(Df|_{E^u(z)})| \quad (3.2.25)$$

が成り立つ．簡単のために

$$L(z) = \frac{g(f(z))}{g(z)}|\det(Df|_{E^u(z)})|$$

とおく．$z \in (f^{-1}\xi)(y)$ に対して，$Z(z) = Z(y)$ であるから，μ-a.e. y を固定したとき，m_y-a.e. $z \in (f^{-1}\xi)(y)$ に対して

$$L(z) = \frac{1}{Z(z)}. \quad (3.2.26)$$

μ-a.e. y に対して

$$L(y) = \frac{1}{Z(y)}$$

を示すことが残されている．これが示されれば (3.2.21) を得る．

μ–a.e. y に対して, $\mu^\xi_{f^{-1}(y)} \ll m_{f^{-1}(y)}$ であるから (3.2.25) により

$$L(z) = \frac{1}{Z(z)}, \qquad \mu^\xi_{f^{-1}(y)}\text{-a.e. } z \in (f^{-1}\xi)(y).$$

よって, $K \in \mathcal{B}$ に対して

$$\int_K \int L(z) d\mu^\xi_{f^{-1}(y)}(z) d\mu(y) = \int_K \int \frac{1}{Z(z)} d\mu^\xi_{f^{-1}(y)}(z) d\mu(y) \quad (3.2.27)$$

が成り立つ. $L(z)$ が定義関数 $1_E(z)$ のとき (3.2.27) の左辺は

$$\int_K \int 1_E(z) d\mu^\xi_{f^{-1}(y)}(z) d\mu = \int_K \mu^\xi_{f^{-1}(y)}(E) d\mu$$
$$= \mu(K \cap E)$$
$$= \int_K 1_E d\mu.$$

$L(z)$ は階段関数で近似されるから

$$\int_K \int L(z) d\mu^\xi_{f^{-1}(y)}(z) d\mu = \int_K L(z) d\mu$$

が成り立つ. 同様にして

$$\int_K \int \frac{1}{Z(z)} d\mu^\xi_{f^{-1}(y)}(z) d\mu(y) = \int_K \frac{1}{Z(z)} d\mu.$$

よって

$$\int_K L(z) d\mu = \int_K \frac{1}{Z(z)} d\mu.$$

$K \in \mathcal{B}$ は任意であるから

$$L(z) = \frac{1}{Z(z)} \qquad \mu\text{–a.e. } z$$

を得る.

命題 2.1.19 により

$$\begin{aligned}
h_\mu(f) &= \hat{H}(\xi | f(\xi)) \\
&= \int -\log \mu_x^{f(\xi)}(\xi(x)) d\mu \\
&= \int -\log \mu^\xi_{f^{-1}(y)}(f^{-1}(\xi)(y)) d\mu(y) \\
&= \int \log |\det(Df|_{E^u(y)})| d\mu + \int \log \frac{g(f(y))}{g(y)} d\mu \qquad ((3.2.21) \text{ により})
\end{aligned}$$

が成り立つ．

(3.2.17) により μ–a.e. x に対して

$$g = \frac{d\mu_x^\xi}{dm_x} : \xi(x) \longrightarrow \mathbb{R} \quad m_x\text{–a.e.}$$

である．

補題 3.2.4 により

$$h_\mu(f) = \int \log|\det(Df|_{E^u(y)})|d\mu = \int \chi_2(y)d\mu.$$

μ はエルゴード的であるから，$\int \chi_2 d\mu = \chi_2$ (μ–a.e.) である． □

C^2–微分同相写像 $f: U \to U$ を不変にするボレル確率測度 μ が SRB 条件をもてば，f のエントロピー $h_\mu(f)$ は正のリャプノフ指数 $\chi_2(x)$ によって $h_\mu(f) = \int \chi_2(x)d\mu$（ペシンの公式）と表されることを示した．

注意 3.2.9 μ, ν は SRB 条件をもっているとする．このとき

$$\lambda_t = t\mu + (1-t)\nu \quad (0 < t < 1)$$

は SRB 条件をもつ．

証明 邦書文献 [Ao3] の補題 1.5.3 により

$$h_{\lambda_t}(f) = th_\mu(f) + (1-t)h_\nu(f)$$
$$= (*).$$

$\chi_2(x)$ は f の正のリャプノフ指数とするとき

$$(*) = t\int \chi_2 d\mu + (1-t)\int \chi_2 d\nu$$
$$= \int \chi_2 d\lambda_t$$

であるから，定理 3.2.1 により λ_t は SRB 条件をもつ． □

注意 3.2.10 SRB 測度と SRB 条件をもつ測度は異なる概念である．

実際に，定理 3.1.4 により，SRB 測度は不変ボレル確率測度の集合 $\mathcal{M}_f(U)$ で高々可算個しか存在しない．

一方において，SRB 条件をもつ測度は，注意 3.2.9 により非可算の濃度で存在する．

定理 3.2.1 と定理 3.2.7 は高次元の場合に対しても成り立つ．

定理 3.2.11 (ペシン–ルドラピエ–ヤン) $f: \mathbb{R}^n \to \mathbb{R}^n$ $(n \geq 2)$ は C^2-微分同相写像とする．U は $\mathbb{R}^n$ の有界な開集合として $f(U) \subset U$ とする．μ は f-不変ボレル確率測度で，μ に関する f のリャプノフ指数 $\chi(x)$ に対して

$$h_\mu(f) = \int \sum_{\chi > 0} \chi(x) d\mu$$

が成り立つ必要十分条件は，μ が SRB 条件を満たすことである．

証明は定理 3.2.1 と定理 3.2.7 で与えた証明を高次元の枠組で繰り返せば得られる．この定理において，測度 μ は必ずしも双曲型であるとは限らない．

3.3 絶対連続性（非一様双曲的）

$f: \mathbb{R}^2 \to \mathbb{R}^2$ は C^2-微分同相写像とし，有界開集合 U に対して $f(U) \subset U$ を満たすとする．U の上の不変ボレル確率測度 μ はエルゴード的で，$h_\mu(f) > 0$ であるとすれば，μ に関するペシン集合 $\Lambda = \bigcup_{l>0} \Lambda_l$ が存在し，さらに拡張されたペシン集合 $\hat{\Lambda} = \bigcup_{l>0} \hat{\Lambda}_l$ も存在する（邦書文献 [Ao3]）．このとき $\hat{\Lambda}$ は μ に関する正則点集合 R_μ を含む（邦書文献 [Ao3], 4.4 節）．

$\mu(\Lambda_l) > 0$ を満たす Λ_l を固定する．このとき $r_l > 0$ があって $0 < r \leq r_l$ に対して $x \in \Lambda_l$ があって

$$\mu(\Lambda_l \cap B(x, r)) > 0$$

とできる．μ は双曲型であるから，$\sigma = s, u$ に対して局所 (不) 安定多様体 $V^\sigma(z)$ は $z \in B(x, r)$ のとき z を通る $B(x, r)$ の連結成分と仮定して一般性を失わない．

$$\eta^\sigma = \{V^\sigma(z) \mid z \in \Lambda_l \cap B(x, r)\}$$

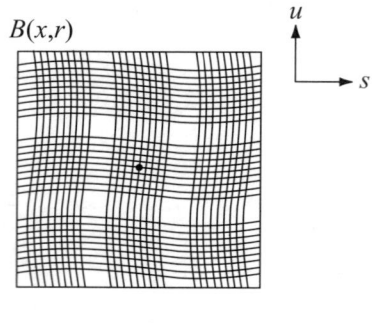

図 3.3.1

とおき
$$R(l,r) = V^u(\Lambda_l \cap B(x,r)) \cap V^s(\Lambda_l \cap B(x,r))$$
を定義する（図 3.3.1）．$R(l,r)$ は閉集合であって
$$\Lambda_l \cap B(x,r) \subset R(l,r) \subset R_\mu \cap B(x,r).$$

ξ は U の不安定多様体に沿う μ-可測分割とする．このとき $\mu(N) = 0$ なる $N \subset U$ があって ξ に関する μ の条件付き確率測度の標準系 $\{\mu_x^\xi | x \notin N\}$ が存在する．

$z \in R_\mu$ に対して
$$V^u(z) = \bigcup_{y \in V^u(z)} \xi(y)$$
が成り立つ．ただし，$V^u(z)$ の両端点 z_1, z_2 が
$$z_1 \in \xi(y'), \quad z_2 \in \xi(y'')$$
であるとき，$\xi(y') \cap V^u(z_1)$ を再び $\xi(y')$，$\xi(y'') \cap V^u(z_2)$ を $\xi(y'')$ で表す．

$z \in R(l,r)$ を固定する．定理 1.3.2 により，$y_j \in R_\mu$ があって $\xi(y_j)$ は不安定多様体 $W^u(y_j)$ の近傍を含み
$$V^u(z) \supset \bigcup_j \xi(y_j).$$
$V^u(z)$ への ξ の制限は $V^u(z)$ の分割であるから
$$V^u(z) = \bigcup_j \xi(y_j) \cup \bigcup_{y \in W} \xi(y). \tag{3.3.1}$$

ここに
$$W = V^u(z) \setminus \bigcup_j \xi(y_j).$$
よって
$$\xi(y) \cap R_\mu = \emptyset \qquad (y \in W). \tag{3.3.2}$$

$\{\mu_z^u\}$ (μ–a.e. $z \in R_\mu$) は η^u に関する $\mu_{|R_\mu}$ の条件付き測度の族とする．このとき (3.3.1), (3.3.2) により $y \in W$ に対して
$$\mu_z^u(\xi(y)) = \mu_z^u(\xi(y) \cap R_\mu) = 0.$$
よって
$$V^u(z) = \bigcup_j \xi(y_j) \qquad \mu_z^u\text{–a.e.}$$
であるから，$\{\mu_{y_j}^\xi\}$ は $\{\xi(y_j)\}$ に関する μ_z^u の条件付き測度である．すなわち $\sum_j \alpha_j = 1$ ($\alpha_j > 0$) があって
$$\mu_z^u(E) = \sum_j \alpha_j \mu_{y_j}^\xi(E) \tag{3.3.3}$$
が成り立つ．

注意 3.3.1 μ は SRB 条件をもつとする．すなわち
$$\mu_z^\xi \sim m_z \qquad (z \notin N)$$
とする．ここに m_z は $W^u(z)$ の上のルベーグ測度とする．このとき $\{\mu_{y_j}^\xi\}$ は (3.3.3) の測度の列で

(1) $\mu_{y_j}^\xi \sim m_{y_j}$ $(j > 0)$

が成り立つ (j に対して $m_{y_j} = m_z$ である)．

(2) $y_j \in V^u(z)$ $(j > 0, z \in R(l,r))$ であるから，(3.3.3) により
$$\mu_z^u \sim m_z$$

が成り立つ．

$v, w \in R(l, r)$ $(v \neq w)$ を固定する．$z \in V^u(v) \cap R(l, r)$ に対して

$$\pi(z) = V^s(z) \cap V^u(w)$$

によって

$$\pi : V^u(v) \cap R(l, r) \longrightarrow V^u(w) \cap R(l, r)$$

を定義する．π を μ に関する $R(l, r)$ の**ポアンカレ写像** (Poincaré map) という．

$\pi : V^u(v) \cap R(l, r) \to V^u(w) \cap R(l, r)$ が**絶対連続** (absolutely continuous) であるとは

(1) $m_z(V^u(z) \cap R(l, r)) > 0 \quad (z \in R(l, r))$,

(2) $m_{\pi(v)} \circ \pi \ll m_v$

が成り立つことである．

定理 3.3.2（ペシン） μ は SRB 条件をもつとし，$\mu(\Lambda_l) > 0$ とする．このとき $r_l > 0$ があって $0 < r \leq r_l$ に対して $R(l, r)$ を定義する．このとき $z_0 \in R(l, r)$ に対して μ に関する $R(l, r)$ のポアンカレ写像

$$\pi : V^u(z_0) \cap R(l, r) \longrightarrow V^u(\pi(z_0)) \cap R(l, r)$$

は絶対連続（実際には同値）で，その密度関数 $J(\pi)$ は

$$0 < J(\pi) = \frac{dm_{\pi(z_0)} \circ \pi}{dm_{z_0}} < \infty \qquad m_{z_0}\text{-a.e.}$$

を満たす．

証明 $z_0 \in B(x, r) \cap \Lambda_l$ とする．埋め込み多様体定理（邦書文献 [Ao3], 定理 8.3.1) により C^2–写像 $\phi_{z_0}^u$ があって

$$\gamma_{z_0}^u(t) = \Phi_{z_0}(\phi_{z_0}^u(t), t) \quad (t \in [-1, 1])$$

とおくと，$V^u(z_0)$ は

$$V^u(z_0) = \gamma_{z_0}^u([-1, 1])$$

と表される．十分に小さい $\delta > 0$ を選び，$y \in V^u(z_0)$ に対して $V^u(z_0)$ に沿った y を中心とする半径 δ の閉区間（両端を含む曲線）

$$B^u(y, \delta) \subset V^u(z_0)$$

3.3 絶対連続性（非一様双曲的）

は $t_1 > 0$ があって
$$B^u(y, \delta) = \gamma^u_{z_0}([-t_1, t_1])$$
とできる．ここに $B^u(y, \delta)$ は距離関数 d^u に関する y を中心とし直径 δ の閉区間を表す．

$\pi(z_0) \in R_\mu$ である．よって $\pi(z_0)$ は不安定多様体をもつ．$\pi(z_0)$ の局所不安定多様体 $V^u(\pi(z_0))$ に対して
$$B^u(\pi(y), \delta') \subset V^u(\pi(z_0))$$
を満たすように $\delta' > 0$ が存在する．よって $t_2 > 0$ があって
$$B^u(\pi(y), \delta') = \gamma^u_{\pi(z_0)}([-t_2, t_2])$$
とできる．

$B^u(y, \delta)$, $B^u(\pi(y), \delta')$ の長さを l_y, $l_{\pi(y)}$ で表す．明らかに
$$m_y(B^u(y, \delta)) = l_y, \quad m_{\pi(y)}(B^u(\pi(y), \delta')) = l_{\pi(y)}.$$

埋め込み多様体定理により
$$D_0 \phi^u_{z_0}(0) = 0, \quad D_0 \phi^u_{\pi(z_0)}(0) = 0$$
であるから，$0 < \alpha < 1$ に対して δ, δ' を十分に小さく選べば，$\bar{t} > 0$ があって，$t \in [-\bar{t}, \bar{t}]$ に対して
$$\|D_t \phi^u_{z_0}(t)\| < \alpha, \quad \|D_t \phi^u_{\pi(z_0)}(t)\| < \alpha$$
とできる．y と $\pi(y)$ は十分に近いとし，$\delta > 0$ と $\delta' > 0$ を十分に小さく選べば，$K(l) > 0$ があって
$$\frac{1}{K(l)} \leq \frac{l_y}{l_{\pi(y)}} \leq K(l) \tag{3.3.4}$$
が成り立つ．

注意 3.3.3 (3.3.4) の不等式は $\delta > 0$, $\delta' > 0$ が十分に小さければ，その選び方に依存しない．

$m > 0$ に対して

$$V^u(z_0)_m = f^{-m}(V^u(z_0)),$$
$$y^m = f^{-m}(y) \in V^u(z_0)_m$$

とおく．このとき $\delta_m > 0$ があって

$$f^m(B^u(y^m, \delta_m)) = B^u(y, \delta). \qquad (3.3.5)$$

注意 3.3.4 $z_0 \in \Lambda_l$ であるから，${z_0}^m \in \Lambda_{l+m}$ である．よって $B^u(y^m, \delta_m) \subset V^u({z_0}^m)$ であるためには $\delta_m > 0$ は十分に小さく，それに従って $\delta > 0$ も小さく選ばれる．よって l_{y^m} は l_y に比較して小さな値である．さらに $\|D_t \phi^u_{{z_0}^m}\|$ も t が 0 に近づくから，$m \to \infty$ のとき $\|D_t \phi^u_{{z_0}^m}\| \to 0$, $l_{y^m} \to 0$ である．

$z \in f^m(B^u(y^m, \delta_m))$ に対して

$$z^m = f^{-m}(z) \in B^u(y^m, \delta_m) \subset V^u(y)_m$$

とおく．このとき

$$D_{z^m} f^m_{|T_{z^m} V^u(y)_m} = D_{z^1} f_{|T_{z^1} V^u(y)_1} \circ \cdots \circ D_{z^m} f_{|T_{z^m} V^u(y)_m}$$

であるから，$m > 0$ に対して $c = c(m) > 0$ があって

$$\frac{1}{c} \leq |\det(D_{z^k} f_{|T_{z^k} V^u(y)_k})| \leq c \quad (z \in f^m(B^u(y^m, \delta_m)),\ 0 \leq k \leq m)$$

が成り立つ．

$$|\det(D_{y^k} f_{|T_{z^k} V^u(y)_k}) - \det(D_{y^k} f_{|T_{y^k} V^u(y)_k})|$$
$$\leq c_2 d(z^k, y^k)$$

であって，c_2 は k に依存しない定数である．よって

$$|\det(D_{z^k} f_{|T_{z^k} V^u(y)_k}) - \det(D_{y^k} f_{|T_{y^k} V^u(y)_k})|$$
$$\leq |\det(D_{z^k} f_{|T_{z^k} V^u(y)_k}) - \det(D_{y^k} f_{|T_{z^k} V^u(y)_k})|$$
$$\quad + |\det(D_{y^k} f_{|T_{z^k} V^u(y)_k}) - \det(D_{y^k} f_{|T_{y^k} V^u(y)_k})|$$
$$\leq c_1 d(z^k, y^k) + c_2 d(z^k, y^k)$$
$$= K d(z^k, y^k)$$
$$\leq K C' C_l \lambda_u^{-k} d(z, y).$$

3.3 絶対連続性（非一様双曲的）　　201

ここに $1 < \lambda_u$ は歪率である．

よって

$$\left|\frac{\det(D_{z^m} f^m_{|T_{z^m}V^u(y)_m})}{\det(D_{y^m} f^m_{|T_{y^m}V^u(y)_m})}\right| = \prod_{k=1}^{m}\left|\frac{\det(D_{z^k} f_{|T_{z^k}V^u(y)_k})}{\det(D_{y^k} f_{|T_{y^k}V^u(y)_k})}\right|$$

$$= \exp\left(\sum_{k=1}^{m}\log\left|\frac{\det(D_{z^k} f_{|T_{z^k}V^u(y)_k})}{\det(D_{y^k} f_{|T_{y^k}V^u(y)_k})}\right|\right)$$

$$\leq \exp\left(\sum_{k=1}^{m}\left(\left|\frac{\det(D_{z^k} f_{|T_{z^k}V^u(y)_k})}{\det(D_{y^k} f_{|T_{y^k}V^u(y)_k})}\right| - 1\right)\right)$$

$$\leq \exp\left(cKC'C_l d(z,y)\sum_{k=1}^{m}\lambda_u^{-k}\right)$$

$$\leq \exp\left(cKC'C_l d(z,y)\sum_{k=1}^{\infty}\lambda_u^{-k}\right)$$

$$\leq K_1(l).$$

同様にして逆の不等式が求まり

$$\frac{1}{K_1(l)} \leq \left|\frac{\det(D_{z^m} f^m_{|T_{z^m}V^u(y)_m})}{\det(D_{y^m} f^m_{|T_{y^m}V^u(y)_m})}\right| \leq K_1(l).$$

$z^m \in V^u(y)_m$ があって

$$m_y(B^u(y,\delta)) = m_y(f^m(B^u(y^m,\delta_m))) \quad ((3.3.5) \text{により})$$
$$= |\det(D_{z^m} f^m_{|T_{z^m}V^u(y)_m})| m_{y^m}(B^u(y^m,\delta_m)). \quad (3.3.6)$$

$\delta' > 0,\ \delta'' > 0$ があって

$$\pi(B^u(y,\delta)) \subset B^u(\pi(y),\delta'),$$
$$m_{\pi(y)}(\pi(B^u(y,\delta))) = m_{\pi(y)}(B^u(\pi(y),\delta'')). \quad (3.3.7)$$

$\delta'_m > 0,\ \delta''_m > 0$ があって

$$f^m(B^u(\pi(y)^m,\delta'_m)) = B^u(\pi(y),\delta'). \quad (3.3.8)$$

ここに $\pi(y)^m = f^{-m}(\pi(y))$ である．よって

$$\pi(B^u(y,\delta)) \subset f^m(B^u(\pi(y)^m,\delta'_m)),$$
$$m_{\pi(y)}(\pi(B^u(y,\delta))) = m_{\pi(y)^m}(f^m(B^u(\pi(y)^m,\delta'_m)))$$

であるから，$\hat{z}^m \in V^u(\pi(y))_m$ があって

$$m_{\pi(y)}(\pi(B^u(y,\delta))) = |\det(D_{\hat{z}^m} f^m_{|T_{\hat{z}^m} V^u(\pi(y))_m})| m_{\pi(y)^m}(B^u(\pi(y))^m, \delta'_m)). \tag{3.3.9}$$

よって (3.3.6)，(3.3.10) により

$$\frac{m_{\pi(y)}(\pi(B^u(y,\delta)))}{m_y(B^u(y,\delta))}$$

$$= \left| \frac{\det(D_{\hat{z}^m} f^m_{|T_{\hat{z}^m} V^u(\pi(y))_m})}{\det(D_{z^m} f^m_{|T_{z^m} V^u(y)_m})} \right| \frac{m_{\pi(y)^m}(B^u(\pi(y)^m, \delta'_m))}{m_{y^m}(B^u(y^m, \delta_m))}$$

$$= \left| \frac{\det(D_{y^m} f^m_{|T_{y^m} V^u(y)_m})}{\det(D_{z^m} f^m_{|T_{z^m} V^u(y)_m})} \frac{\det(D_{\hat{z}^m} f^m_{|T_{\hat{z}^m} V^u(\pi(y))_m})}{\det(D_{\pi(y)^m} f^m_{|T_{\pi(y)^m} V^u(\pi(y))_m})} \right.$$

$$\left. \times \frac{\det(D_{\pi(y)^m} f^m_{|T_{\pi(y)^m} V^u(\pi(y))_m})}{\det(D_{y^m} f^m_{|T_{y^m} V^u(y)_m})} \right| \frac{m_{\pi(y)^m}(B^u(\pi(y)^m, \delta'_m))}{m_{y^m}(B^u(y^m, \delta_m))}$$

$$= (*).$$

(3.3.5) により $v \in B^u(y,\delta)$ があって

$$m_{y^m}(B^u(y^m, \delta_m)) = |\det(D_v f^{-m}_{|T_v V^u(y)})| m_y(B^u(y,\delta))$$

(3.3.8) により $w \in B^u(\pi(y), \delta')$ があって

$$m_{\pi(y)^m}(B^u(\pi(y)^m, \delta'_m)) = |\det(D_w f^{-m}_{|T_w V^u(\pi(y))})| m_{\pi(y)}(B^u(\pi(y), \delta'))$$

であって (3.3.4) により

$$\frac{1}{K(l)} \leq \frac{m_y(B^u(y,\delta))}{m_{\pi(y)}(B^u(\pi(y), \delta'))} \leq K(l)$$

が成り立つ．

よって

$$(*) = \left| \frac{\det(D_{y^m} f^m_{|T_{y^m} V^u(y)_m})}{\det(D_{z^m} f^m_{|T_{z^m} V^u(y)_m})} \right| \left| \frac{\det(D_{\hat{z}^m} f^m_{|T_{\hat{z}^m} V^u(\pi(y))_m})}{\det(D_{\pi(y)^m} f^m_{|T_{\pi(y)^m} V^u(\pi(y))_m})} \right|$$

$$\times \left| \frac{\det(D_{\pi(y)^m} f^m_{|T_{\pi(y)^m} V^u(\pi(y))_m})}{\det(D_{y^m} f^m_{T_{y_m} V^u(y)_m})} \right| \left| \frac{\det(D_w f^{-m}_{|T_w V^u(\pi(y))})}{\det(D_v f^{-m}_{T_v V^u(y)})} \right|$$

$$\times \frac{m_{\pi(y)}(B^u(\pi(y), \delta'))}{m_y(B^u(y,\delta))}$$

$$
\begin{aligned}
&= \left| \frac{\det(D_{y^m} f^m_{|T_y V^u(y)_m})}{\det(D_{z^m} f^m_{|T_{z^m} V^u(y)_m})} \right| \left| \frac{\det(D_{\hat{z}^m} f^m_{|T_{\hat{z}^m} V^u(\pi(y))_m})}{\det(D_{\pi(y)^m} f^m_{|T_{\pi(y)^m} V^u(\pi(y))_m})} \right| \\
&\quad \times \left| \frac{\det(D_{\pi(y)^m} f^m_{|T_{\pi(y)^m} V^u(\pi(y))_m})}{\det(D_{w^m} f^m_{|T_{w^m} V^u(\pi(w))_m})} \right| \left| \frac{\det(D_{v^m} f^m_{|T_{v^m} V^u(y)_m})}{\det(D_{y^m} f^m_{|T_{y^m} V^u(y)_m})} \right| \\
&\quad \times \frac{m_{\pi(y)}(B^u(\pi(y), \delta'))}{m_y(B^u(y, \delta))} \\
&\le K_1(l) K_2(l) K_2(l) K_1(l) K(l) \\
&= K_3(l).
\end{aligned}
$$

同様にして逆の不等式が求まり

$$\frac{1}{K_3(l)} \le \frac{m_{\pi(y)}(\pi(B^u(y, \delta)))}{m_y(B^u(y, \delta))} \le K_3(l) \qquad (3.3.10)$$

が成り立つ.

$R \subset V^u(z) \cap R(l, r)$ は開集合（相対位相）とする. $y \in R$ とする. ボレルの密度定理（邦書文献 [Ao2]）により, $\triangle > 0$ に対して, $\delta_0 > 0$ があって $\delta_0 > \delta > 0$ に対して

$$
\begin{aligned}
1 - \triangle &\le \frac{m_y(R \cap B^u(y, \delta))}{m_y(B^u(y, \delta))}, \\
1 - \triangle &\le \frac{m_{\pi(y)}(\pi(R \cap B^u(y, \delta)))}{m_{\pi(y)}(\pi(B^u(y, \delta)))}
\end{aligned} \qquad (3.3.11)
$$

とできる. (3.3.10), (3.3.11) により

$$\frac{1 - \triangle}{K_3(l)} \le \frac{m_{\pi(y)}(\pi(R \cap B^u(y, \delta)))}{m_y(R \cap B^u(y, \delta))} \le \frac{K_3(l)}{1 - \triangle} \qquad (3.3.12)$$

を得る. よって邦書文献 [Ao2] の命題 2.1.14(2) により $m_y \sim m_{\pi(y)} \circ \pi$ が成り立つ. 明らかに $m_y = m_{z_0}$, $m_{\pi(y)} = m_{\pi(z_0)}$ である. □

$k \ge 0$ に対して

$$V^u(z_0)^k = f^k(V^u(z_0)), \quad y_k = f^k(y) \in V^u(z_0)^k$$

を定義する.

定理 3.3.5 $J(\pi)(y)$ $(y \in V^u(z_0))$ は定理 3.3.2 のポアンカレ写像

$$\pi : V^u(z_0) \cap R(l, r) \longrightarrow V^u(\pi(z_0)) \cap R(l, r)$$

に関する密度関数とする. このとき $V^u(z_0) \cap R(l,r)$ の上で

$$J(\pi)(y) = \prod_{k=0}^{\infty} \left| \frac{\det(D_{\pi(y)_k} f^{-1}_{|T_{\pi(y)_k} V^u(\pi(y))^k})}{\det(D_{y_k} f^{-1}_{|T_{y_k} V^u(y)^k})} \right| \tag{3.3.13}$$

証明 $\phi^u_{z_0}$ は $V^u(z_0)$ を表す C^1-関数とし, 十分に小さい直径 $\delta > 0$ を選び

$$B^u(y,\delta) \subset V^u(z_0)$$

とし

$$D(\phi^u_{z_0}, \phi^u_{\pi(z_0)}) = \|D\phi^u_{z_0} - D\phi^u_{\pi(z_0)}\|$$

とおく. このとき

$$\begin{aligned}
& |m_{\pi(y)}(\pi(B^u(y,\delta))) - m_y(B^u(y,\delta))| \\
&\leq \int_{-\bar{t}}^{\bar{t}} \|D_t \phi^u_{\pi(z_0)} - D_t \phi^u_{z_0}\| dt \\
&\leq 2\bar{t} D(\phi^u_{\pi(z_0)}, \phi^u_{z_0})
\end{aligned}$$

であるから $K_1 = K_1(\delta) > 0$ があって

$$\left| \frac{m_{\pi(y)}(\pi(B^u(y,\delta)))}{m_y(B^u(y,\delta))} - 1 \right| \leq K_1 D(\phi^u_{z_0}, \phi^u_{\pi(z_0)}) \tag{3.3.14}$$

を得る. 仮定により $m_{\pi(y)} \circ \pi \ll m_y$ であるから

$$J(\pi)(y) = \lim_{\delta \to 0} \frac{m_{\pi(y)}(\pi(B^u(y,\delta)))}{m_y(B^u(y,\delta))}$$

が成り立つ ([Ao2], 命題 2.1.4). よって $K_1 \leq K_2$ があって

$$|J(\pi)(y) - 1| \leq K_2 D(\phi^u_{z_0}, \phi^u_{\pi(z_0)}) \tag{3.3.15}$$

が成り立つ. (3.3.13) の右辺を $J(y)$ とおく (右辺は収束することに注意). このとき, $\varepsilon > 0$ に対して $m_1 > 0$ があって

$$|J(y) - J_m(y)| \leq \varepsilon \qquad (m \geq m_1).$$

ここに

$$J_m(y) = \prod_{k=0}^{m-1} \frac{\det(D_{\pi(y)_k} f^{-1}_{|T_{\pi(y)_k} V^u(\pi(y))^k})}{\det(D_{y_k} f^{-1}_{|T_{y_k} V^u(y)^k})}$$

である.

$m > m_1$ を固定してポアンカレ写像

$$\pi_m : f^m(V^u(z_0) \cap R(l,r)) \longrightarrow f^m \circ \pi(V^u(z_0) \cap R(l,r))$$

を

$$\pi_m = f^m \circ \pi \circ f^{-m}$$

によって定義すると

$$J(\pi)(y) = J_m(y) J(\pi_m)(y_m). \tag{3.3.16}$$

実際に

$$\begin{aligned}
J(\pi_m)(y_m) &= \lim_{\delta \to 0} \frac{m_{\pi_m(y_m)}(\pi_m(B^u(y_m,\delta)))}{m_{y_m}(B^u(y_m,\delta))} \\
&= \lim_{\delta \to 0} \frac{m_{\pi(y)_m}(f^m \circ \pi(B^u(y,\delta)))}{m_{y_m}(f^m(B^u(y,\delta)))} \quad ((3.3.5) \text{ の類似により}) \\
&= \lim_{\delta \to 0} \frac{|\det(D_{\pi(y)} f^m_{|T_{\pi(y)} V^u(\pi(y))})| m_{\pi(y)}(\pi(B^u(y,\delta)))}{|\det(D_y f^m_{|T_y V^u(y)})| m_y(B^u(y,\delta))} \\
&= \frac{|\det(D_{\pi(y)} f^m_{|T_{\pi(y)} V^u(\pi(y))})|}{|\det(D_y f^m_{|T_y V^u(y)})|} J(\pi)(y).
\end{aligned}$$

よって

$$\begin{aligned}
J(\pi)(y) &= \frac{|\det(D_y f^m_{|T_y V^u(y)})|}{|\det(D_{\pi(y)} f^m_{|T_{\pi(y)} V^u(\pi(y))})|} J(\pi_m)(y_m) \\
&= \frac{|\det(D_{\pi(y)_m} f^{-m}_{|T_{\pi(y)_m} V^u(\pi(y))_m})|}{|\det(D_{f^m(y)} f^{-m}_{|T_{y_m} V^u(y)_m})|} J(\pi_m)(y_m) \\
&= \prod_{k=0}^{m-1} \frac{|\det(D_{\pi(y)_k} f^{-1}_{|T_{\pi(y)_k} V^u(\pi(y))^k})|}{|\det(D_{y_k} f^{-1}_{|T_{y_k} V^u(y)^k})|} J(\pi_m)(y_m) \\
&= J_m(y) J(\pi_m)(y_m).
\end{aligned}$$

注意 3.3.4 により十分に大きな $m > m_1$ に対して

$$D(\phi^u_{z_{0_m}}, \phi^u_{\pi(z_0)_m}) < \varepsilon$$

であるから (3.3.15) を用いると

$$|J(\pi_m)(y_m) - 1| \leq K\varepsilon.$$

ここに $K > 0$ は m と δ に依存する定数である．よって (3.3.16) により

$$|J(\pi)(y) - J(y)| \leq |J(y) - J_m(y)| + |J_m(y) - J_m(y)J(\pi_m)(y_m)|$$
$$\leq \varepsilon + |J_m(y)||1 - J(\pi_m)(y_m)|$$
$$\leq \varepsilon + (J(y) + \varepsilon)K\varepsilon.$$

□

3.4 絶対連続な測度とSRB条件をもつ測度

$f : \mathbb{R}^2 \to \mathbb{R}^2$ は C^2–微分同相写像とする．U は $\mathbb{R}^2$ の有界な開集合で，$f(U) \subset U$ を満たし，μ は f–不変ボレル確率測度とする．

μ はエルゴード的であるとして，$h_\mu(f) > 0$ を仮定する．このとき μ に関する f のリャプノフ指数 χ_1, χ_2 は $\chi_1 < 0 < \chi_2$ を満たす．すなわち μ は双曲型である．$\Lambda = \bigcup_l \Lambda_l$ は μ に関するペシン集合とする．

$E \subset \Lambda$ に対して

$$W^\sigma(E) = \bigcup_{x \in E} W^\sigma(x) \qquad (\sigma = s, u)$$

とおく．

注意 3.4.1 $E \subset \Lambda_l$ は $\mu(E) > 0$ であるとする．このとき $\mu(\bigcup_n C_n) = \mu(E)$ なる閉集合列 $C_1 \subset C_2 \subset \cdots$ が存在して，$W^u(\bigcup_n C_n)$ は可測である．

証明 $\{C_n\}$ の存在は μ の正則性により明らかである．

$0 < r < 1$, $0 < \varepsilon_l < 1$ があって，$x \in C_n$ に対して $0 < \varepsilon_{l,x} < \varepsilon_l$ があって $B(x, \varepsilon_{l,x}r) \cap C_n$ に属する点 z の不安定多様体 $W^u(z)$ は $B(x, r)$ を通過する．よって $W^u(z) \cap B(x, r)$ の z を含む連結成分を $\eta^u(z)$ で表す．このとき

$$\eta^u(B(x, \varepsilon_{l,x}r) \cap C_n) = \bigcup_{z \in B(x, \varepsilon_l r) \cap C_n} \eta^u(z)$$

は閉集合である．

C_n はコンパクトであるから，$x_1, \cdots, x_k \in C_n$ があって

$$C_n \subset \bigcup_{i=1}^k B(x_i, \varepsilon_{l,x_i}r).$$

よって
$$\eta^u(C_n) = \bigcup_{i=1}^{k} \eta^u(B(x_i, \varepsilon_{l,x_i}r) \cap C_n)$$
とおくと，$\eta^u(C_n)$ は閉集合である．

同様にして $j \geq 0$ に対して
$$\eta^u(f^{-j}(B(x_i, \varepsilon_{l,x_i}r)))$$
は閉集合で
$$\eta^u(f^{-j}(C_n)) = \bigcup_{j=1}^{k} \eta^u(f^{-j}(B(x_i, \varepsilon_{l,x_i}r)) \cap C_n)$$
は閉集合である．
$$W^u(C_n) = \bigcup_{j \geq 0} f^j(\eta^n(f^{-j}C_n))$$
は可測であって
$$W^u\left(\bigcup_n C_n\right) = \bigcup_n W^u(C_n)$$
により，$W^u(\bigcup_n C_n)$ も可測である． □

注意 3.4.1 により，E が可測であっても $W^u(E)$ の可測性は保証されない．そこで，$W^u(\bigcup_n C_n)$ によって $W^u(E)$ の可測性を保証する．

ξ は不安定多様体に沿う μ–可測分割とする．このとき $\mu(N_1) = 1$ なる N_1 があって ξ に関する μ の条件付き確率測度の標準系 $\{\mu_x^\xi \mid x \notin N_1\}$ が存在する．m_x は $W^u(x)$ の上のルベーグ測度とする．

R_μ は μ に関する正則点集合とする．

定理 3.4.2 μ が SRB 条件をもてば

(1)　$\mu(R) = 1$ なる f–不変集合 $R \subset R_\mu$ に対して $m(W^s(R)) > 0$，

(2)　$\mu(N) = 0$ なる N に対して $\mu(N_0) = 0$ なる $N \subset N_0$ があって，$m_x(\xi(x) \cap N) = 0$ $(x \notin N_0)$

が成り立つ．

証明 μ は SRB 条件をもつから,$\mu_x^\xi \sim m_x$ $(x \notin N_1)$ である.$\mu(N_0) = 0$ なる $N_1 \subset N_0$ に対して $\mu_x^\xi(N) = 0$ $(x \notin N_0)$ であるから $m_x(\xi(x) \cap N) = 0$ を得る.(2) が示された.

(1) を示すために,$\mu\left(\bigcup_n C_n\right) = \mu(R)$ なる閉集合列

$$C_1 \subset C_2 \subset \cdots \subset \bigcup_n C_n \subset R,$$

$$f\left(\bigcup_n C_n\right) = \bigcup_n C_n$$

が存在することに注意する.$\Lambda = \bigcup_{l>0} \Lambda_l$ は μ に関するペシン集合とし

$$\Lambda_{l,n} = C_n \cap \Lambda_l, \quad \Lambda'_l = \bigcup_n \Lambda_{l,n}$$

とおき,$\mu(\Lambda'_l) > 0$ とする.

十分に小さい $r > 0$ に対して,1 辺が r の中心 x の閉矩形集合を $B(x,r)$ で表す.$z \in B(x,r) \cap \Lambda'_l$ に対して,$W^s(z) \cap B(x,r)$ の z を含む連結成分を $\eta(z)$ として

$$S(x,r) = \bigcup_{z \in B(x,r) \cap \Lambda'_l} \eta(z)$$

を定義する.

$$\eta = \{\eta(z) \mid z \in B(x,r) \cap \Lambda'_l\}$$

は $S(x,r)$ のラミネイション(曲線族)である.

μ は SRB 条件をもつから,$z_0 \in B(x,r) \cap \Lambda'_l$ があって

$$m_{z_0}(\xi(z_0) \cap \Lambda'_l) > 0.$$

$\xi(z_0)$ は $W^u(z_0) \cap B(x,r)$ の z_0 を含む連結成分と仮定して一般性を失わない.$\xi(z_0) \cap \Lambda'_l \subset R$ であるから

$$B = \bigcup_{z \in \xi(z_0) \cap \Lambda'_l} \eta(z) \subset W^s(R).$$

$B \subset S(x,r)$ で B は可測で $m(B) > 0$ であるから

$$m(W^s(R)) \geq m(B) > 0.$$

$\square$

注意 3.4.3 μ は SRB 条件をもつとする（エルゴード性は仮定されている）．このとき μ は SRB 測度である．

証明 Λ は μ に関するペシン集合とし，$B(\mu)$ は μ のエルゴード的鉢とする．
$$R = \Lambda \cap B(\mu)$$
とおくと，$\mu(R) = 1$ であって
$$W^s(R) \subset B(\mu).$$
定理 3.4.2(1) により，$m(W^s(R)) > 0$ であるから，$m(B(\mu)) > 0$ を得る．よって μ は SRB 測度である． □

注意 3.4.4 双曲的集合の上に SRB 条件をもつ測度が存在すれば，部分集合として双曲的アトラクターが存在する．逆に，双曲的アトラクターに SRB 条件をもつエルゴード的測度が存在する．

証明 μ は SRB 条件をもつ測度とし，$\{\mu_x\}$ (μ–a.e. x) は μ のエルゴード分解とする．このとき各 μ_x は SRB 条件をもつ．$S_x = \mathrm{Supp}(\mu_x)$ とおく．注意 3.4.3 の証明により
$$\mu_x(W^s(S_x \cap B(\mu_x))) > 0,$$
$$S_x \cap B(\mu_x) \subset S_x \subset \hat{W}^s(S_x)$$
であるから，$m(\hat{W}^s(S_x)) > 0$ である．S_x は双曲的アトラクターである（邦書文献 [Ao3]，定理 2.1.4）．

逆は注意 3.2.3 から明らかである． □

定理 3.4.5 $\mu(N) = 0$ なる N に対して $m_x(\xi(x) \cap R_\mu) > 0$ ($x \notin N$)，かつ $\mu(N_0) = 0$ なる $N \subset N_0$ があって，$m_x(\xi(x) \cap N) = 0$ ($x \notin N_0$) であれば，μ は SRB 条件をもつ．

証明 定理 1.4.1 により，$\mu(N) = 0$ なる N があって
$$\delta_u = \underline{\delta}_u(x) = \bar{\delta}_u(x) \quad (x \notin N), \tag{3.4.1}$$
$$\chi_2 \delta_u = \hat{H}_\mu(\xi \mid f(\xi))$$

が成り立つ．よって $\delta_u = 1$ を示せば，定理 3.2.1 により μ は SRB 条件をもつ．

$\delta_u = 1$ を示す．定理の仮定によって $\mu(N_0) = 1$ なる $N \subset N_0$ があって $m_x(\xi(x) \cap N) = 0 \quad (x \notin N_0)$ であるから

$$m_x(\xi(x) \cap R_\mu \cap N^c) > 0.$$

すなわち
$$HD(\xi(x) \cap R_\mu \cap N^c) = 1 \quad (x \notin N_0).$$

$\delta_u = \underline{\delta}_u(x) = \overline{\delta}_u(x) \ (x \notin N)$ で補題 1.1.10 により

$$HD(N^c) = \delta_u.$$

よって $x \notin N$ に対して

$$\delta_u \geq HD(\xi(x) \cap R_\mu \cap N^c) = 1.$$

□

定理 3.4.6 μ はエルゴード的であるとする．このとき

(1) μ は SRB 条件をもつ，

(2) $\mu(R) = 1$ なる f–不変集合 $R \subset R_\mu$ に対して $m(W^u(R)) > 0$

であれば，$\mu \ll m$ が成り立つ．

証明 μ は SRB 条件をもつから

(i) 不安定多様体に沿う μ–可測分割 ξ が存在して

(ii) $\mu(N) = 0$ なる N があって，$x \in R_\mu \setminus N$ に対して

　　(a) $\xi(x)$ は定理 1.3.2(2), (3) を満たし

　　(b) ξ に関する μ の条件付き確率測度の標準系 $\{\mu_x^\xi | x \notin N\}$ が存在して

　　(c) $\mu_x^\xi \sim m_x \quad (x \notin N)$

が成り立つ．

結論を得るために，$E \cap N = \emptyset$ なる E に対して $\mu(E) > 0$ ならば，$m(E) > 0$ を示せば十分である．

$$\mu(E) = \int_E \mu_x^\xi(E) d\mu$$

であるから, $\mu(N_0) = 0$ なる $N_0 \subset E$ があって

$$\mu_x^\xi(E) > 0 \quad (x \in E \setminus N_0)$$

である. (c) により

$$\mu_x^\xi \sim m_x \quad (x \notin N)$$

であるから

$$m_x(E) > 0 \quad (x \in E).$$

$E \setminus N_0$ を改めて E とする. μ はエルゴード的であるから

$$\mu\left(\bigcup_{n=0}^{\infty} f^n(E \cap \Lambda)\right) = 1. \tag{3.4.2}$$

ここに Λ は μ に関するペシン集合である. 明らかに $\mu(E \cap \Lambda) > 0$ である.

仮定 (2) により

$$m\left(W^u\left(\bigcup_{n=0}^{\infty} f^n(E \cap \Lambda)\right)\right) > 0. \tag{3.4.3}$$

(3.4.2), (3.4.3) に対して $n > 0$, $l > 0$ があって

$$\mu(f^n(E) \cap \Lambda_l) > 0,$$
$$m(W^u(f^n(E) \cap \Lambda_l)) > 0$$

とできる. $V^u(x)$ は x の局所不安定多様体とすると

$$\bigcup_{k \geq 0} f^k V^u(f^{-k}(f^n(E) \cap \Lambda_l)) = W^u(f^n(E) \cap \Lambda_l)$$

であるから, $k > 0$ があって

$$m(V^u(f^{n-k}(E) \cap f^{-k}(\Lambda_l))) > 0.$$

一般性を失うことなく $f^{n-k}(E)$ を E で表し, $f^{-k}(\Lambda_l)$ を Λ_l で表す. このとき, 十分に小さい $r > 0$ と $x \in E \cap \Lambda_l$ があって, x を中心とする 1 辺が r の正方形 $B = B(x, r)$ に対して

$$m(V^u(E \cap \Lambda_l) \cap B) > 0$$

が成り立つ.

$z \in E \cap \Lambda_l$ に対して,$V^u(z)$ は $W^u(z) \cap B$ の z を含む連結成分を表すとして

$$\eta^u = \{V^u(z) | z \in E \cap \Lambda_l\}$$

を定義し

$$\hat{B} = \bigcup_{z \in E \cap \Lambda_l} V^u(z) \subset B$$

とおく.$\mu(\hat{B}) > 0$, $m(\hat{B}) > 0$ に注意する.ξ は μ–可測分割であるから $y_j \in R_\mu \cap V^u(z) \cap E$ があって

$$V^u(z) = \bigcup_j \xi(y_j) \qquad m_z\text{–a.e.}$$

η^u は $\hat{B}$ の分割であるから,η^u に関する $\mu_{|\hat{B}}$ の条件付き測度の族 $\{\mu_x^\eta\}$ ($\mu_{|\hat{B}}$–a.e. x) を定義すると,$\sum_j \alpha_j = 1$ ($\alpha_j > 0$) があって

$$\mu_z^\eta = \sum_j \alpha_j \mu_{y_j}^\xi$$

が成り立つ.よって

$$\mu_z^\eta(E) > 0, \quad m_z(E) > 0 \quad (z \in E).$$

$\mathcal{B}_{\eta^u}$ は η^u によって生成された σ–集合体とする.

$$\tilde{m}(A \cap E) = \int_A m_z(E) dm \quad (A \in \mathcal{B}_{\eta^u})$$

による $\tilde{m}$ は $\mathcal{B}_{\eta^u}$ の E への制限の上の測度で,$\tilde{m} \ll m$ である.$m(\hat{B}) > 0$ であるから

$$\tilde{m}(E) > \tilde{m}(\hat{B} \cap E) > 0.$$

よって $m(E) > 0$ を得る. □

命題 3.4.7 U は $\mathbb{R}^3$ の有界開集合とする.f は U の上の C^2–微分同相写像とし,μ は U の上の双曲型測度とする.このとき

(1) $\mu \ll m$ であれば,μ は完全次元測度で $HD(\mu) = 3$ である.

(2) μ は完全次元測度で

    (i) $HD(\mu) = 3$,

(ii) エルゴード的

であれば，$\mu \ll m$ である．

証明 (1) は定理 1.1.9 により明らかである．

(2) の証明：μ は双曲型であるから，μ に関する f のリャプノフ指数 $\chi_1 < 0 < \chi_2 < \chi_3$ が存在する．μ はエルゴード的で，完全次元測度であるから，命題 2.5.1 により
$$HD(\mu) = \delta_1 + \delta_2 + \delta_3.$$
$HD(\mu) = 3$ であるから $\delta_1 = \delta_2 = \delta_3 = 1$ である．よって μ は SRB 条件をもつ．$\delta_1 = 1$ であるから定理 3.4.2(1) と同様に $\mu(R) = 1$ なる $R \subset R_\mu$ に対して $m(W^u(R)) > 0$ を満たす．

よって，定理 3.4.6 により $\mu \ll m$ である． □

注意 3.4.8 f は（微分）同相写像であるから，μ が f-不変であれば，f^{-1}-不変でもある．さらに，f がエルゴード的であれば，f^{-1} もエルゴード的である．しかし
$$m(B(\mu)) > 0$$
であっても
$$m\left(\left\{x \;\middle|\; \lim_{n\to\infty} \frac{1}{n}\sum_{i=0}^{n-1}\varphi(f^{-i}(x)) = \int \varphi d\mu, \; \varphi \in C^0(U,\mathbb{R})\right\}\right) > 0$$
とは限らない．

実際に，注意 3.1.2 の例から求まる．

μ の SRB 条件は不安定多様体に沿う μ の条件付き確率測度の絶対連続性によって定義されている．よって，μ は SRB 条件をもっているとして，不安定多様体を安定多様体に置き換えて μ の条件付き確率測度の絶対連続性は保証されない．

μ はエルゴード的測度とする．このとき $\mathrm{Supp}(\mu) = \mathrm{Cl}(B(\mu))$ である．$\mathrm{Supp}(\mu)$ の上の位相的圧力は
$$P_{\mathrm{Supp}(\mu)}(f,\varphi) = P_{B(\mu)}(f,\varphi) = h_\mu(f) + \int \varphi d\mu \quad (\varphi \in C(\mathrm{Supp}(\mu),\mathbb{R}))$$

で，拡張された圧力（邦書文献 [Ao3]，1.4 節）

$$\overline{P}_{\mathrm{Supp}(\mu)}(f,\varphi) = h_\mu(f) + \int \varphi d\mu \quad (\varphi \in L^1(\mu))$$

が求まり，さらに変分原理により

$$P_{\mathrm{Supp}(\mu)}(f,\varphi) = \sup\{P_{B(\lambda)}(f,\varphi) \,|\, \lambda \in \mathcal{E}(S)\} \quad (\varphi \in C(\mathrm{Supp}(\mu),\mathbb{R}))$$

を得る（邦書文献 [Ao3]）．

このとき $\lambda \in \mathcal{E}(S)$ があって

$$P_{\mathrm{Supp}(\mu)}(f,\varphi) = P_{B(\lambda)}(f,\varphi) \quad (\varphi \in C(\mathrm{Supp}(\mu),\mathbb{R}))$$

であれば，$\lambda = \nu$ を得る．

命題 3.4.9 U は $\mathbb{R}^3$ の有界な開集合とする．f は U の上で C^2–微分同相写像とし，μ は U の上の f–不変ボレル確率測度とする．μ はエルゴード的で，Λ は μ に関するペシン集合であって，リャプノフ指数は

$$\chi_1 < 0 < \chi_2 \leq \chi_3 \quad \mu\text{–a.e.}$$

であるとする．Λ の各点 x の χ_1 と χ_2, χ_3 に対応する $\mathbb{R}^3$ の部分空間 $E^s(x), E^u(x)$ の可測分解

$$\mathbb{R}^3 = E^s(x) \oplus E^u(x)$$

に対して ϕ^u は $L^\infty(\mu)$ に属する関数

$$\phi^u(x) = -\log|\det(Df_{|E^u(x)})| \tag{3.4.4}$$

を表す（$\phi^u(x)$ は連続でないことに注意する）．

このとき次は互いに同値である：

(1) $\overline{P}_{B(\mu)}(f,\phi^u) = 0$，

(2) $h_\mu(f) = \chi_2 + \chi_3 \quad \mu\text{–a.e.}$，

(3) μ は SRB 条件をもつ，

(4) ξ は不安定多様体に沿う μ–可測分割とすると，$\mu(N) = 0$ なる N に対して $m_x(\xi(x) \cap R_\mu) > 0$ $(x \notin N)$，かつ $\mu(N_0) = 0$ なる $N \subset N_0$ があって

$$m_x(\xi(x) \cap N) = 0 \quad (x \notin N_0).$$

ここに m_x は不安定多様体 $W^u(x)$ の上のルベーグ測度で，$\bar{P}_{B(\mu)}(f, \phi^u)$ は拡張された圧力である（邦書文献 [Ao3]）．

証明 (2)⇔(3) は定理 3.2.7 と定理 3.2.11 により明らかである．
(1)⇔(2) の証明：$L^1(\mu)$ の上の f に関する圧力の定義により

$$\bar{P}_{B(\mu)}(f, \phi^u) = h_\mu(f) + \int \phi^u d\mu.$$

(1) の仮定により

$$h_\mu(f) = -\int \phi^u d\mu = \chi_2 + \chi_3 \qquad \mu\text{-a.e.}$$

(2) を仮定すれば，$\bar{P}_{B(\mu)}(f, \phi^u) = 0$ を得る．
(3)⇔(4) の証明：定理 2.3.1 により，(3)⇒(4) を得る．逆に，μ はエルゴード的であるから定理 3.4.5 により (3) を得る． □

命題 3.4.10 は n 次元 $(n \geq 2)$ のコンパクト多様体の上の C^2-微分同相写像に対して成り立つ結果である．よって，命題 3.4.9 は一様双曲的な力学系に対して示されたボウエンの定理（邦書文献 [Ao3], 定理 6.1.4）の非一様双曲性への拡張である．

$\bar{P}_{B(\mu)}(f, t\varphi^u) = 0$ を満たす t は一意的に存在する．このとき次の命題は t のもつ意味を与えた注意 1.1.18 の拡張である：

f は $\mathbb{R}^n$ $(n \geq 2)$ の上の C^2-微分同相写像とし，U は $f(U) \subset U$ を満たす $\mathbb{R}^n$ の有界開集合とする．μ は U の上の不変ボレル確率測度として，エルゴード的で，$h_\mu(f) > 0$ であるとする．

μ に関する f のリャプノフ指数 χ_1, χ_2 $(\chi_1 < 0 < \chi_2)$ はそれぞれ重複度 n_1, n_2 $(n_1 + n_2 = n)$ をもつとする．この場合，f は**等角**であるという．μ-a.e. x に対して，$\mathbb{R}^n$ は不変部分空間 $E^u(x), E^s(x)$ の直和に分解され，第 0 章で述べた性質を満たす．

命題 3.4.10 上の仮定のもとで

$$\delta_u = \frac{h_\mu(f)}{\chi_2}, \qquad \delta_s = \frac{h_\mu(f)}{|\chi_1|}$$

とおく．このとき

(i) $\bar{P}_{B(\mu)}\left(f, -\dfrac{\delta_u}{n_2}\log|\det(D_x f_{|E^u(x)})|\right) = 0,$

$\bar{P}_{B(\mu)}\left(f, \dfrac{\delta_s}{n_1}\log|\det(D_x f_{|E^s(x)})|\right) = 0,$

(ii) $HD(\mu) = \delta_u + \delta_s$

が成り立つ.

証明 f が等角であれば, 注意 1.2.3 は成り立つ. すなわち

$$HD(\mu) = h_\mu(f)\left(\frac{1}{\chi_2} + \frac{1}{|\chi_1|}\right).$$

ξ^u は不安定多様体に沿う μ–可測分割で, ξ^s は安定多様体に沿う μ–可測分割とする. $\{\mu_n^\sigma\}$ (μ–a.e. x, $\sigma = s, u$) は ξ^σ に関する μ の条件付き確率測度の標準系とする. このとき, f は等角であるから命題 2.1.1 により

$$\delta_\sigma = \lim_{\varepsilon \to 0} \frac{\log \mu_x^\sigma(B^\sigma(x, \varepsilon))}{\log \varepsilon} \quad \mu\text{–a.e. } x$$

が存在して, 注意 1.4.2 により

$$h_\mu(f) = \delta_u \chi_2, \qquad h_\mu(f) = \delta_s |\chi_1|.$$

よって (3.4.3) から (ii) が成り立つ.

(i) を示すために

$$\varphi(x) = \log|\det(D_x f_{|E^u(x)})|$$

とおく.

$$\bar{P}_{B(\mu)}(f, 0) < \infty$$

であれば, 邦書文献 [Ao3] の注意 1.4.13 により, $t > 0$ があって

$$\bar{P}_{B(\mu)}(f, t\varphi) = 0.$$

すなわち

$$h_\mu(f) = -t \int \varphi(x) d\mu = -tn_2 \chi_2.$$

よって $\delta_u = tn_2$ である. 命題 3.4.9 により

$$\bar{P}_{B(\mu)}(f, -\delta_u \varphi) = 0.$$

同様にして $\delta_s = tn_1$ とおくと (i) の残りも成り立つ. □

エルゴード的測度 μ が SRB 測度であれば,定理 3.1.3(2) により $B(\mu)$ は SRB アトラクターである.

注意 3.4.11 μ は SRB 条件を満たしエルゴード的であるとする.このとき $S = \mathrm{Supp}(\mu)$ は μ に関する SRB アトラクターである.

証明 $R = B(\mu) \cap S \cap \Lambda$ とおく. $\mu(R) = 1$ であるから定理 3.4.2(1) により $m(W^s(R)) > 0$ である.よって S は SRB アトラクターの定義 (I) を満たす. $w \in W = W^s(R)$ に対して

$$d(f^i(w), S) \longrightarrow 0 \qquad (i \to \infty),$$

$$\lim_{n \to \infty} \frac{1}{n} \sum_{i=0}^{n-1} \varphi(f^i(w)) = \int \varphi d\mu \qquad (\varphi \in C(S, \mathbb{R}))$$

であるから (II)(i)(ii) を満たす.よって S は SRB アトラクターである. □

μ は SRB 条件を満たしてエルゴード的とする.このとき S は μ に関する SRB アトラクターで次の性質を満たしている:

(1) $\bar{P}_S(f, \varphi^u) = 0$ (命題 3.4.9(1) により),

(2) μ–a.e. $x \in S$ に対して $W^u(x) \subset S$ (注意 3.1.5 により),

(3) $f_{|S}$ は位相推移的である.
   SRB 条件をもつ μ が双曲型であれば,(2) により

(4) 非一様追跡性補題による追跡点は S に属す ((2) と非一様強追跡性補題,邦書文献 [Ao3]),

(5) $\mu(R) = 1$ なる $R \subset S \cap \Lambda$ に対して $m(W^s(R)) > 0$ (定理 3.4.2(1) により).
   (3) と (4) により

(6) $f_{|S}$ の双曲的周期点の集合 $P(f_{|S})$ は S で稠密である ([Ao3], 定理 5.3.1).

(7) $f_{|S}$ は拡大性をもたない.

一方において，双曲的アトラクター Λ（邦書文献 [Ao3]）も類似の性質をもつ（$(1)'$ と $(5)'$ は同値である．その理由は一様双曲的体積補題が保証されているからである）：

$(1)'$ $P_\Lambda(f, \varphi^u) = 0$,

$(2)'$ $x \in \Lambda$ があって $\hat{W}^u(x) \subset \Lambda$,

$(3)'$ $f_{|\Lambda}$ は位相推移的（双曲的アトラクターの定義により），

$(4)'$ 一様追跡性補題による追跡点は Λ に属す，

$(5)'$ $m(\hat{W}^s(\Lambda)) > 0$,

$(6)'$ 周期点の集合 $P(f_{|\Lambda})$ は Λ で稠密である，

$(7)'$ $f_{|\Lambda}$ は拡大性をもつ．

よってポアンカレの回帰定理と非一様強追跡性補題により，SRB アトラクター S に馬蹄の存在が保証される．双曲的アトラクター Λ は拡大性と一様追跡性をもつことから，Λ にマルコフ分割が存在する．よって統計力学的手法によって $f_{|\Lambda}$ の解析が可能である．さらに位相混合性を仮定すると明記性が導かれ，この性質から $h_\mu(f) = h(f)$ を満たす平衡測度（SRB 条件をもつ測度）μ は一意的に存在する．

μ はエルゴード的測度とする．μ に関するペシン集合を $\Lambda(\mu) = \bigcup_{l>0} \Lambda(\mu)_l$ で表し，$\mu(\Lambda(\mu)_l) > 0$ のとき $\tilde{\Lambda}(\mu)_l = \mathrm{Supp}(\mu|_{\Lambda(\mu)_l})$ を定義する．このとき $\tilde{\Lambda}(\mu) = \bigcup_{l>0} \tilde{\Lambda}(\mu)_l$ は μ–測度の値が 1 である．

定理 3.4.12 エルゴード的測度 μ は双曲型で SRB 条件をもつとする．このとき $\tilde{\Lambda}(\mu)$ の上に SRB 条件をもつエルゴード的双曲型測度は μ 以外に存在しない．

証明 ν は $\tilde{\Lambda}(\mu)$ の上の SRB 条件をもつエルゴード的双曲型測度とし，ν に関するペシン集合を $\Lambda(\nu)$ で表す．$\tilde{\Lambda}(\mu)$ と同様にして $\tilde{\Lambda}(\nu) = \bigcup_{l>0} \tilde{\Lambda}(\nu)_l$ を定義する．明らかに $\nu(\tilde{\Lambda}(\mu) \cap \tilde{\Lambda}(\nu)) = 1$ であるから，$l > 0$ があって $\nu(\tilde{\Lambda}(\mu)_l \cap \tilde{\Lambda}(\nu)_l) > 0$ である．

$x \in \tilde{\Lambda}(\mu)_l \cap \tilde{\Lambda}(\nu)_l$ に対して，十分に小さい $r > 0$ があって

$$\nu(B(x,r) \cap \tilde{\Lambda}(\mu)_l \cap \tilde{\Lambda}(\nu)_l \cap B(\nu)) > 0 \qquad (3.4.5)$$

で，$B(x,r) \cap \tilde{\Lambda}(\nu)_l$ の各点を通る局所不安定多様体は $B(x,r)$ を突き抜けるようにできる．(3.4.5) の集合の上で ν を正規化して，それを同じ記号で表す．

$B(x,r) \cap \tilde{\Lambda}(\nu)_l$ の点 z を通る不安定多様体と $B(x,r)$ との共通部分の z を含む連結成分を $\xi_\nu(z)$ で表し

$$\xi_\nu = \{\xi_\nu(z) \,|\, z \in B(x,r) \cap \tilde{\Lambda}(\nu)_l \cap \tilde{\Lambda}(\mu)_l \cap B(\nu)\}$$

とおく．ξ_ν に関する ν の条件付き確率測度の標準系を $\{\nu_z\}$ (ν–a.e. z) で表す．ν は SRB 条件をもつから，$\nu_z \sim m_z$ (ν–a.e. z) を示すことができる．ここに m_z は $W^u(z)$ の上のルベーグ測度である．よって ν–a.e. z に対して

$$m_z(\xi_\nu(z) \cap \tilde{\Lambda}(\mu)_l \cap \tilde{\Lambda}(\nu)_l \cap B(\nu)) > 0. \tag{3.4.6}$$

$x \in \tilde{\Lambda}(\mu)_l$ であるから，$\mu(B(x,r) \cap \tilde{\Lambda}(\mu)_l) > 0$ である．ここで μ を正規化して同じ記号で表す．$\xi(y)$ は $y \in B(x,r) \cap \tilde{\Lambda}(\mu)_l$ を通る不安定多様体と $B(x,r)$ との y を含む連結成分を表す．このとき分割

$$\xi = \{\xi(y) \,|\, y \in B(x,r) \cap \tilde{\Lambda}(\mu)_l\}$$

に関する $B(x,r) \cap \tilde{\Lambda}(\mu)_l$ の上の条件付き確率測度の標準系 $\{\mu_y\}$ (μ–a.e. y) が存在する．μ は SRB 条件をもつから，μ–a.e. y に対して

$$m_y(\xi(y) \cap \tilde{\Lambda}(\mu)_l) > 0. \tag{3.4.7}$$

(3.4.6), (3.4.7) によりポアンカレ写像 $\pi: \xi_\nu(z) \to \xi(y)$ が定義され，定理 3.3.2 により π は絶対連続性をもつ．ここで

$$D = \xi_\nu(z) \cap \tilde{\Lambda}(\nu)_l \cap \tilde{\Lambda}(\mu)_l \cap B(\nu)$$

とおくと

$$\pi(D) \subset \xi(y) \cap \tilde{\Lambda}(\mu)_l \subset B(x,r) \cap \tilde{\Lambda}(\mu)_l$$

で $m_{\pi(z)}(\pi(D)) > 0$ が成り立つ．よって $\mu_{\pi(z)}(\pi(D)) > 0$ である．次の注意 3.4.13 により $\mu_{\pi(z)}(B(\mu)) = 1$ であるから，$\mu_{\pi(z)}(\pi(D) \cap B(\mu)) > 0$ を得る．よって $w \in D$ があって $\pi(w) \in B(\mu)$ とできる．$d(f^i(w), f^i(\pi(z))) \to 0$ $(i \to \infty)$ であるから，$\varphi \in C(S, \mathbb{R})$ に対して

$$\int \varphi d\nu = \lim_{n \to \infty} \frac{1}{n} \sum_{i=0}^{n-1} \varphi(f^i(w))$$

$$= \lim_{n\to\infty} \frac{1}{n} \sum_{i=0}^{n-1} \varphi(f^i(w))$$
$$= \int \varphi d\mu$$

すなわち $\nu = \mu$ である. □

注意 3.4.13 $\mu_y(B(\mu)) = 1$ (μ–a.e. $y \in B(x,r) \cap \tilde{\Lambda}(\mu)_l$) が成り立つ.

証明 $A = \{y \,|\, \mu_y(B(\mu)) = 1\}$ とおく.このとき
$$1 = \mu(B(\mu)) = \mu(A) + \int_{A^c} \mu_y(B(\mu)) d\mu(y).$$

$\mu(A^c) > 0$ を仮定する.このとき $\int_E \mu_y(B(\mu)) d\mu = \mu(E)$ (ボレル集合 $E \subset A^c$) であれば,$\mu_y(B(\mu)) = 1$ (μ–a.e. $y \in A^c$) である.これは矛盾である.よって $E \subset A^c$ があって $\int_E \mu_y(B(\mu)) d\mu < \mu(E)$ であるから,$\int_{A^c} \mu_y(B(\mu)) d\mu(y) < \mu(A^c)$ を得る.しかし $1 < \mu(A) + \mu(A^c) = 1$ となる.よって $\mu(A^c) = 0$ でなければならない. □

3.5 多重フラクタル構造とエルゴード的測度

エルゴード的測度によるエントロピーとリャプノフ指数はエルゴード領域のフラクタル次元を与える.不変集合はエルゴード領域の和集合と測度論的に一致することから,不変集合のフラクタル構造は多重性をもつ.よって,エルゴード的測度の族の状態が多重構造を決定する.そこで,その族をエントロピーによって分類して各クラスの特徴を見いだす.

最初に,ペシン (Pesin) による多重フラクタル構造の定義を与える.

X は距離空間とする.X が**多重フラクタル構造** (multi fractal structure) をもつとは,可測関数 $h: X \to [0, \infty)$ があって $\alpha \in (0, -\infty)$ に対して
$$X_\alpha = \{x \in X \,|\, h(x) = \alpha\}$$

とおくと,$\hat{X} = X \setminus \bigcup_\alpha X_\alpha$ は可測であって

(i) $X_\alpha \neq \emptyset$ のとき,X_α は局所的次元 α をもつ,

(ii) $\hat{X}$ は零でない局所的次元をもたない

ことである．

この定義を力学系に適用するために，改めて以下のように定義を与える．

f はコンパクト距離空間 X の上の同相写像とし，Z は f–不変ボレル集合とする．Z の上の不変ボレル確率測度の集合を $\mathcal{M}_f(Z)$ で表し，$\mathcal{E}(Z)$ は $\mathcal{M}_f(Z)$ に属するエルゴード的測度の集合とする．

$(Z, \mathcal{E}(Z))$ が**フラクタル分割** (fractal decomposition) をもつとは

(1) $\mathcal{E}(Z) \neq \emptyset$,

(2) $\mathcal{E}(Z)$ の各 μ は完全次元測度,

(3) $\hat{Z} = Z \setminus \bigcup_{\mu \in \mathcal{E}(Z)} B(\mu)$ は可測

を満たす分割 $Z = \bigcup_{\mu \in \mathcal{E}(Z)} B(\mu) \cup \hat{Z}$ をもつことである．

$\mu \in \mathcal{E}(Z)$ に対して

$$HD(\mu) = \lim_{\varepsilon \to 0} \frac{\log \mu(B(x,\delta))}{\log \varepsilon} \qquad \mu\text{–a.e.}\, x \in B(\mu)$$

が (2) により保証されている．

$$HD(\mu) \neq HD(\nu)$$

を満たす $\mu, \nu \in \mathcal{E}(Z)$ が存在するとき，$(Z, \mathcal{E}(Z))$ は**多重フラクタル構造** (multi fractal structure) をもつという．

U は $\mathbb{R}^2$ の有界開集合として，$f : U \to U$ は C^2–微分同相写像とする．

$\mu \in \mathcal{M}_f(U)$ とする．μ に関する f のリャプノフ指数は $\chi_1(x) < 0 < \chi_2(x)$ (μ–a.e. x) であるとする．

注意 3.5.1 m は $\mathbb{R}^2$ の上のルベーグ測度とする．このとき $\mu \sim m$ であれば $\mathrm{Supp}(\mu) = \mathrm{Cl}(U)$ が成り立つ．

μ はエルゴード的であるとする．カトックの閉補題 (邦書文献 [Ao3]) により，双曲的周期点を得る．その周期点の集合を $KP(f)$ で表す．$p \in KP(f)$ ($f^k(p) = p$) に対して

$$TH(p) = \{y \in U \mid y \text{ は } p \text{ の横断的ホモクリニック点}\}$$

とおく．このとき $p \in KP(f)$ に対して位相的馬蹄 H_p が存在して，$q > 1$ と同相写像 $h : Y_q^{\mathbb{Z}} \to H_p$ があって

$$\begin{array}{ccc} Y_q^{\mathbb{Z}} & \xrightarrow{\sigma} & Y_q^{\mathbb{Z}} \\ h \downarrow & & \downarrow h \\ H_p & \xrightarrow{f^k} & H_p \end{array} \qquad h \circ \sigma = f^k \circ h$$

が成り立つ．

注意 3.5.2 μ はエルゴード的であるとする．このとき μ が SRB 条件をもてば

(1) $KP(f) \subset \mathrm{Supp}(\mu)$,

(2) $p \in KP(f)$ $(f^k(p) = p)$ に対して，$TH(p) \subset \mathrm{Supp}(\mu)$, $H_p \subset \mathrm{Supp}(\mu)$.

証明 (1) は注意 3.4.11 の下に述べた (6) により明らか．よって (2) も明らかである． □

注意 3.5.3 $h_\nu(f) = 0$ で ν の台 $\sharp \mathrm{Supp}(\nu)$ は非可算であるエルゴード的双曲型測度 ν が存在する．

証明 μ は双曲型であるとする．μ を $\{\mu_x\}$ (μ-a.e. x) にエルゴード分解する．μ_x も双曲型である．μ_x はエルゴード的であるから，$k > 0$ と双曲的周期点 p $(f^k(p) = p)$ があって，さらに位相的馬蹄 H_p と $q > 0$ があって (H_p, f^k) と $(Y_q^{\mathbb{Z}}, \sigma)$ は位相共役である．

一方において，$(Y_q^{\mathbb{Z}}, \sigma)$ は次の (1)〜(4) を満たす閉集合 $\Sigma \subset Y_q^{\mathbb{Z}}$ をもつ：

(1) $\sigma(\Sigma) = \Sigma$,

(2) $\Sigma \cap P(\sigma) = \emptyset$,

(3) $\sharp \Sigma = \infty$,

(4) $h(\sigma_{|\Sigma}) = 0$.

よって変分原理を用いて注意 3.5.3 が結論される． □

上の (1)〜(4) を満たす集合の存在は次の注意 3.5.4 で保証される．

$\beta \in \left(0, \dfrac{1}{q}\right)$ は無理数とし

$$I_i = [i\beta, (i+1)\beta] \quad (i = 0, \cdots, q-2),$$
$$I_{q-1} = [(q-1)\beta, 1)$$

とおく．このとき $\{I_0, I_1, \cdots, I_{q-1}\}$ は $S^1 = [0,1)(\bmod 1)$ の分割である．$T_\beta : S^1 \to S^1$ を

$$T_\beta(z) = z + \beta \quad (z \in S^1)$$

によって定義する．$z \in S^1$ の T_β による軌道は S^1 で稠密である．$z \in S^1$ に対して $Y_q^{\mathbb{Z}}$ の点を

$$(h_\beta(z))_i = \begin{cases} 1 & \text{if} \quad r_\beta^i(z) \in I_0 \\ 0 & \text{if} \quad r_\beta^i(z) \notin I_0 \end{cases}$$

によって与え

$$h_\beta(z) = ((h_\beta(z))_i) \in Y_2^{\mathbb{Z}}$$

を定義する．明らかに $h_\beta \circ T_\beta = \sigma \circ h_\beta$ が成り立つ．$Y_2 \subset Y_q$ であるから $Y_2^{\mathbb{Z}} \subset Y_q^{\mathbb{Z}}$ である．$h_\beta : S^1 \to Y_q^{\mathbb{Z}}$ は単射で可測である．実際に，$z \neq z'$ ならば β は無理数であるからすべての $i \in \mathbb{Z}$ に対して同時に $T_\beta^i(z), T_\beta^i(z') \in I_0$ は成り立たない．よって単射である．

h_β の可測性を示す．$h_\beta(S^1) \subset Y_2^{\mathbb{Z}}$ であるから，

$$C_0 = \{(x_i) \in Y_2^{\mathbb{Z}} \mid x_0 = 0\},$$
$$C_1 = \{(x_i) \in Y_2^{\mathbb{Z}} \mid x_0 = 1\}$$

とおくと

$$h_\beta^{-1}(C_0) = [0, \beta), \quad h_\beta^{-1}(C_1) = [\beta, 1)$$

$\tilde{I}_0 = I_0, \tilde{I}_1 = S^1 \setminus I_0$ とおく．このとき筒集合 $\bigcap_{j=-m}^{n} \sigma^{-j}(C_{k_j})(k_j \in \{0,1\})$ に対して

$$h_\beta^{-1}\left(\bigcap_{j=-m}^{n} \sigma^{-j}(C_{k_j})\right) = \bigcap_{j=-m}^{n} T_\beta^{-j} \circ h_\beta^{-1}(C_{k_j})$$
$$= \bigcap_{j=-n}^{n} T_\beta^{-j}(\tilde{I}_{k_j})$$

であるから可測性を得る．

S^1 の上のルベーグ測度を λ とする．λ は T_β–不変でエルゴード的である．$Y_2^{\mathbb{Z}}$ の上に σ–不変確率測度を

$$\mu_\beta(E) = \lambda \circ h_\beta^{-1}(E)$$

により定義する．このとき $h_{\mu_\beta}(\sigma) = 0$ である．

注意 3.5.4 $\Sigma_\beta = h_\beta(S^1)$ とおく．このとき Σ_β は注意 3.5.3 の (1)〜(4) を満たす．

注意 3.5.5 $Y_q^{\mathbb{Z}}$ に非可算の族 $\{\Sigma_\alpha \mid \alpha \notin \mathbb{Q}\}$ が存在する．

証明 $I_0 = [0, \beta)$ に対して $E = h_\beta(I_0)$ とおく．このとき

$$\lim_{n \to \infty} \frac{1}{n} \sum_{i=0}^{n-1} 1_E(\sigma^i(x)) = \int 1_E d\mu_\beta = \beta \quad \mu_\beta\text{–a.e. } x$$

であるから無理数 $\beta \neq \alpha$ に対して $\Sigma_\beta \neq \Sigma_\alpha$ である． □

定理 3.5.6 f が（一様）双曲的アトラクター $\Gamma \subset U$ をもつとする．μ は不変ボレル確率測度で，m はルベーグ測度であるとする．このとき $(\Gamma, \mathcal{E}(\Gamma))$ は多重フラクタル構造をもつ．

証明 Γ はコンパクトであるから，$\mathcal{M}_f(\Gamma)$ はコンパクト凸集合である（邦書文献 [Ao2], 定理 2.3.4）．よって $\mathcal{E}(\Gamma) \neq \emptyset$ である．$P(f)$ は f の周期点の集合とする．$p \in P(f)$ ($f^n(p) = p$) に対して

$$\mu_p = \frac{1}{n} \sum_{i=0}^{n-1} \delta_{f^i(p)}$$

を定義して

$$\theta(\Gamma) = \{\mu_p \mid p \in P(f)\}$$

とおき，さらに

$$\mathcal{Z}(\Gamma) = \{\mu \in \mathcal{E}(\Gamma) \setminus \theta(\Gamma) \mid h_\mu(f) = 0\},$$
$$\mathcal{P}(\Gamma) = \{\mu \in \mathcal{E}(\Gamma) \mid h_\mu(f) > 0\}$$

とおくと
$$\mathcal{E}(\Gamma) = \mathcal{P}(\Gamma) \cup \mathcal{Z}(\Gamma) \cup \theta(\Gamma).$$

Γ は双曲的アトラクターであるから，周期点の集合 $P(f)$ は Γ で稠密である．よって $\theta(\Gamma) \neq \emptyset$ である．
$$h_\mu(f) = \int \phi^u d\mu = \chi_2 \qquad \mu\text{-a.e.}$$

なる (3.4.4) の関数 ϕ^u に関する平衡測度 μ が存在するから，$\mathcal{P}(\Gamma) \neq \emptyset$ である．μ の存在は一意的であって，注意 3.2.3 により μ は SRB 条件をもつ．Γ に馬蹄が存在するから $\mathcal{P}(\Gamma) \neq \{\mu\}$ を得る．

$\bigcup_{\mu \in \mathcal{E}(\Gamma)} B(\mu) = \mathcal{E}(f)$ は準正則点集合 $Q(f)$（邦書文献 [Ao2]）に含まれるボレル集合である．$x \in \mathcal{E}(f)$ に対して $\mu \in \mathcal{E}(\Gamma)$ があって $x \in B(\mu)$ であるから，x は μ に関して生成的，すなわち $\mu_x = \mu$ であって $h_{\mu_x}(f)$ は $Q(f)$ の上で x の可測関数である．よって
$$P(f) = \{x \in \mathcal{E}(f) \mid h_{\mu_x}(f) > 0\},$$
$$\mathcal{Z}(f) = \{x \in \mathcal{E}(f) \mid h_{\mu_x}(f) = 0\}$$

は可測で
$$\hat{\Gamma} = \Gamma \setminus (\mathcal{P}(f) \cup \mathcal{Z}(f) \cup P(f))$$

は可測である．よって $(\Gamma, \mathcal{E}(\Gamma))$ はフラクタル分割をもつ．

$\mu \in \theta(\Gamma)$ の台は有限集合であるから，$HD(\mu) = 0$ である．しかし，$\mu \in \mathcal{Z}(f)$ に対して $\sharp \mathrm{Supp}(\mu) = \infty$ である．$\mathrm{Supp}(\mu)$ の上で f のリャプノフ指数 χ_1, χ_2 は零でないから，μ に乗法エルゴード定理を満たす集合 Y_μ が存在する（邦書文献 [Ao3]，定理 3.3.5）．E_μ は局所エントロピー定理が成り立つ $\mu(E_\mu) = 1$ なる集合とする．注意 1.1.11 により
$$HD(E_\mu \cap Y_\mu) = HD(\mu) = \delta_u + \delta_s.$$

ところで
$$0 = h_\mu(f) = \delta_u \chi_2 = \delta_s |\chi_1|$$

であるから，$\delta_u = \delta_s = 0$ である．よって $HD(E_\mu \cap Y_\mu) = 0$ である．

一方において，$HD(E_\mu \cap Y_\mu) = \delta_s + \delta_u \neq 0$ を満たす $\mu \in \mathcal{E}(\Gamma)$ が存在する．よって $(\Gamma, \mathcal{E}(\Gamma))$ は多重フラクタル構造をもつ． □

$\mu \in \mathcal{M}_f(U)$ に対して $h_\mu(f) > 0$ とする．

$$S = \mathrm{Supp}(\mu)$$

はコンパクトであるから，$\mathcal{M}_f(S)$ にエルゴード的測度が存在する．それらの全体を $\mathcal{E}'(S)$ で表す．$\nu \in \mathcal{E}'(S)$ に関する f のリャプノフ指数がすべて 0 である場合に，ν は完全次元測度であるか否かは確定しない．そこで，そのような ν の集合を $\mathcal{E}'$ で表し

$$\mathcal{E}(S) = \mathcal{E}'(S) \setminus \mathcal{E}'$$

を定義する．

命題 3.5.7 μ は SRB 条件を満たしエルゴード的であれば，S は μ に関する SRB アトラクターで $(S, \mathcal{E}(S))$ は多重フラクタル構造をもつ．

証明 $h_\mu(f) > 0$ であるからルエルの不等式により，μ に関する f のリャプノフ指数

$$\chi_1 < 0 < \chi_2 \qquad \mu\text{-a.e. } x$$

が存在する．注意 3.5.2 により $KP(f) \subset S$ で，注意 3.5.3 により $h_\nu(f) = 0$ なる $\nu \in \mathcal{E}(S)$ が存在する．したがって

$$\theta(S) = \{\mu_p \mid p \in P(f)\},$$
$$\mathcal{Z}(S) = \{\nu \in \mathcal{E}(S) \setminus \theta(S) \mid h_\nu(f) = 0\},$$
$$\mathcal{P}(S) = \{\nu \in \mathcal{E}(S) \mid h_\nu(f) > 0\}$$

とおくと，各集合は空でなく

$$\mathcal{E}(S) = \mathcal{P}(S) \cup \mathcal{Z}(S) \cup \theta(S)$$

に分割され

$$\hat{S} = S \setminus \left(\bigcup_{\nu \in \mathcal{P}(S)} B(\nu) \cup \bigcup_{\nu \in \mathcal{Z}(S)} B(\nu) \cup \bigcup_{\nu \in \theta(S)} B(\nu) \right)$$

は可測である．

よって $(S, \mathcal{E}(S))$ はフラクタル分割をもつ．よって $(S, \mathcal{E}(S))$ に多重フラクタル構造が存在する． □

μ は SRB 条件をもつエルゴード的測度とする．このとき $S = \mathrm{Supp}(\mu)$ は μ に関する SRB アトラクターである．$\Lambda = \bigcup_{l>0} \Lambda_l$ は S に含まれるペシン集合とし，$\mu(\Lambda_l) > 0$ のとき
$$\tilde{\Lambda}_l = \mathrm{Supp}(\mu_{|\Lambda_l})$$
とおく．明らかに $\mu(\tilde{\Lambda}_l) = \mu(\Lambda_l)$ であるから $\tilde{\Lambda} = \bigcup_{l>0} \tilde{\Lambda}_l$ の μ–測度の値は 1 である．
$$\mathcal{M}_f(\tilde{\Lambda}) = \{\nu \in \mathcal{M}_f(S) \,|\, \nu(S) = 1\}$$
を定義する．

定理 3.5.8 $b > 0$ は整数とし $\rho > 0$ を固定する．このとき SRB 条件をもつ測度 μ に関する SRB アトラクター S の上で μ が混合的であれば，$\nu \in \mathcal{M}_f(\tilde{\Lambda})$ に対して

(1) $N = N(\rho, \nu) > 0$ と f^N–不変閉集合 $\Gamma = \Gamma(\rho, \nu, N) \subset S$ があって $(Y_b^{\mathbb{Z}}, \sigma)$ と $(\Gamma, f_{|\Gamma}^N)$ は位相共役である．

(2) $\Gamma_\rho = \bigcup_{i=0}^{N-1} f^i(\Gamma)$ とおき，$\mathcal{E}(\Gamma_\rho)$ は Γ_ρ の上のエルゴード的測度の集合とするとき
$$D(\nu, \lambda) \leq \rho \quad (\lambda \in \mathcal{E}(\Gamma_\rho)).$$

ここに D は $\mathcal{M}_f(S)$ の上の距離関数を表す（邦書文献 [Ao2]，2.3 節を参照）．

証明 2つの部分 (I), (II) に分けて証明を与える．(I) はカトックの定理（邦書文献 [Ao3]，定理 1.1.4）の別証明の方法を用いて $(Y_b^{\mathbb{Z}}, \sigma)$ と $(\Gamma, f_{|\Gamma}^N)$ が位相共役である f^N–不変閉集合を構成する．

(I) $\beta > 0$ とする．$x \in \tilde{\Lambda}_l$ に対して $B(x)$ は $\tilde{\Lambda}_l$ の相対位相による x を中心とする半径 β の近傍を表す．μ は混合的であるから，$x_1, \cdots, x_k \in \tilde{\Lambda}_l$ に対して，$M = M(k) > 0$ があって
$$\mu(f^n(B(x_i)) \cap B(x_j)) > 0 \quad (n \geq M,\ i, j \in \{1, 2, \cdots, k\})$$
が成り立つ．よって
$$\emptyset \neq f^n(B(x_i)) \cap B(x_j) \subset \tilde{\Lambda}_l.$$

$y_0, y_1, \cdots, y_{b-1} \in \tilde{\Lambda}_l$ を固定する．十分に小さい $\alpha > 0$ に対して $\beta = \beta_l(\alpha) > 0$ は非一様強追跡性補題（邦書文献 [Ao3]）の定数とする．このとき

$$x'_1, \cdots, x'_k \in \tilde{\Lambda}_l$$

に対して

$$x_1, \cdots, x_k, w_1, w_2, \cdots, w_k \in \tilde{\Lambda}_l$$

があって

$$\begin{aligned}
d(f^M(x_i), w_i) &\leq \beta && (1 \leq i \leq k), \\
d(f^M(w_i), x_{i+1}) &\leq \beta && (1 \leq i \leq k-1), \\
d(f^M(w_k), y_j) &\leq \beta && (y_j \in \{y_i\}), \\
d(f^M(y_j), x_1) &\leq \beta &&
\end{aligned} \tag{3.5.1}$$

を満たすようにできる．

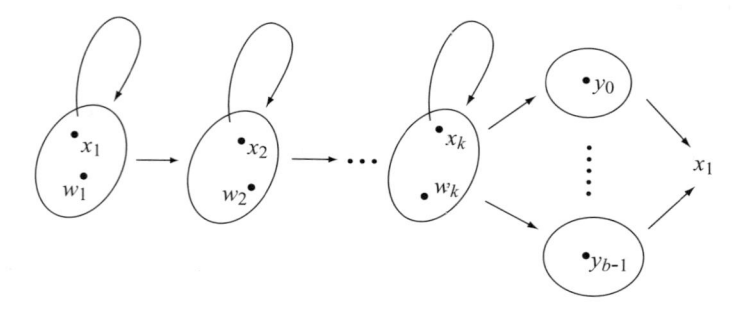

図 **3.5.1**

x_1 を出発して図 3.5.1 の矢印に従って前方に進むとき，"Symbolic site"

$$\{y_0, y_1, \cdots, y_{b-1}\}$$

のいずれかの y_i を通過して β–巡回擬軌道が構成できる．

このことを用いて馬蹄と馬蹄写像を構成する．

$$a = (a_i) \in Y_b^{\mathbb{Z}} \quad (Y_b = \{0, \cdots, b-1\})$$

に対して x_1 を出発する β–擬軌道が最初に y_{a_0} を通過し，一巡してから次に y_{a_1} を通過，順次この仕方を続けて構成される前方に進む β–擬軌道を

$$z(a_0, a_1, \cdots)$$

で表す．後方に向かって進む場合も最初に $y_{a_{-1}}$ を通過し，一巡するごとに $y_{a_{-2}}, y_{a_{-3}}, \cdots$ を通過する β–擬軌道を

$$z(\cdots, a_{-2}, a_{-1})$$

で表す．両者を併せた β–巡回擬軌道を

$$z(a) = z(\cdots, a_{-2}, a_{-1}) \cup z(a_0, a_1, \cdots)$$

とする．x_1 を出発し一巡して x_1 に戻る時間は

$$N = (2k+1)M$$

である．

非一様強追跡性補題によって、β–巡回擬軌道 $z(a)$ に対して α–追跡点 $\bar{a}$ が点 x_1 の近くに一意的に存在する．このとき

$$\varphi(a) = \bar{a}$$

によって

$$\varphi : Y_b^{\mathbb{Z}} \longrightarrow \Gamma \qquad (\Gamma = \varphi(Y_b^{\mathbb{Z}}))$$

を定義する．Γ は x_1 の近くに存在する f^N–不変集合である．φ は単射で連続である．よって $(Y_b^{\mathbb{Z}}, \sigma)$ と $(\Gamma, f^N_{|\Gamma})$ は位相共役である．

$$\begin{array}{ccc} Y_b^{\mathbb{Z}} & \xrightarrow{\sigma} & Y_b^{\mathbb{Z}} \\ \varphi \downarrow & & \downarrow \varphi \\ \Gamma & \xrightarrow{f^N} & \Gamma \end{array} \qquad \varphi \circ \sigma = f^N \circ \varphi. \tag{3.5.2}$$

$\Gamma \subset S$ を示すことが残っている．Γ は $\{\beta_l\}_{l>0}$–擬軌道の追跡点の集合であった．よって，擬軌道の各点を通る不安定多様体が S に含まれていれば，追跡点は S に含まれる．

$x \in \tilde{\Lambda}_l$ とする．x の開近傍 $U(x)$ に対して $\mu(U(x) \cap \tilde{\Lambda}_l) > 0$ が成り立つ．このとき μ–零集合を除いた $S \cap \Lambda_l$ の点列 $\{x_n\}$ があって $x_n \to x \ (n \to \infty)$ とできる．S は SRB アトラクターであるから，$W^u(x_n) \subset S \ (n>0)$ である．局所不安定多様体は $\tilde{\Lambda}_l$ の上で連続的に変化するから $W^u(x) \subset S$ が求まる．

(II) $\mathcal{M}(S)$ の上の距離関数

$$D(\lambda, \nu) = \sum_{i=1}^{\infty} \frac{|\int \varphi_i d\lambda - \int \varphi_i d\nu|}{2^i \|\varphi_i\|} \qquad (\lambda, \nu \in \mathcal{M}(S))$$

は $C(S,\mathbb{R})$ の稠密な可算集合 $\{\varphi_i\}$ によって定義されていた（邦書文献 [Ao2]）．以後において，各 φ_i は

$$\|\varphi_i\| = \max|\varphi_i(x)| = 1$$

であると仮定する．このとき $\rho > 0$ に対して $J > 0$ があって

$$\sum_{i=J+1}^{\infty} \frac{1}{2^i} < \rho$$

であるから

$$\mathbb{F} = \{\varphi_i \,|\, 1 \leq i \leq J\}$$

とおくと

$$\left|\int \varphi d\lambda - \int \varphi d\nu\right| < \frac{\rho}{2} \quad (\varphi \in \mathbb{F}) \Longrightarrow D(\lambda, \nu) \leq \rho.$$

$Q(f)$ は準正則点集合（[Ao2], 2.4 節）とし，$\nu \in \mathcal{M}_f(\tilde{\Lambda})$ とする．このとき S の f-不変閉部分集合 Γ の上のエルゴード的測度の集合のどの測度 λ に対しても

$$D(\nu, \lambda) \leq \rho$$

とできることを示す．

$x \in Q(f)$ に対して

$$\lim_{n \to \infty} \frac{1}{n} \sum_{i=0}^{n-1} \varphi(f^i(x)) = \varphi^*(x),$$

$$\int \varphi^* d\nu = \int \varphi d\nu$$

であるから，$n(x, \rho, \mathbb{F}) > 0$ があって

$$\left|\frac{1}{n}\sum_{i=0}^{n-1} \varphi(f^i x) - \varphi^*(x)\right| \leq \frac{\rho}{5} \quad (n \geq n(x, \rho, \mathbb{F})), \tag{3.5.3}$$

$$A = \sup\{\|\varphi^*\| \,|\, \varphi \in \mathbb{F}\}$$

とおき

$$Q_j(\varphi) = \left\{x \in Q(f) \,\bigg|\, -A + \frac{j-1}{4}\rho \leq \varphi^*(x) \leq -A + \frac{j}{4}\rho\right\}$$

を定義する．$\{Q_j(\varphi)\}$ は $Q(f)$ の有限分割である．よって $k = k(\rho, \mathbb{F}) > 0$ があって

$$\bigvee_{\varphi \in \mathbb{F}} \{Q_j(\varphi)\} = \{Q_1, \cdots, Q_k\}.$$

議論を簡単にするために $\nu(Q_j) > 0 \ (1 \leq j \leq k)$ と仮定して一般性を失わない．

$\nu(\tilde{\Lambda}_l) > 0$ が十分に 1 に近い値であるように選んでおけば

$$\mu(\tilde{\Lambda}_l \cap Q_j) > 0 \qquad (1 \leq j \leq k)$$

とできる．よって $\tilde{\Lambda}_l \cap Q_j \neq \emptyset$ である．

十分に小さい $0 < \alpha < \rho$ に対して $\beta = \beta_l(\alpha) > 0$ は非一様強追跡性補題の定数とする．ν–a.e. $x_i \in Q_i \cap \tilde{\Lambda}_l \ \left(1 \leq i \leq \left[\dfrac{8A}{\rho}\right] + 1\right)$ は (3.5.1) を満たし，$\{w_i\}$ も (3.5.1) を満たすとして，それらを固定する．

このとき $\{x_i\}$ に対して

$$\left| \int \varphi d\nu - \sum_1^k \nu(Q_i) \varphi^*(x_i) \right| < \frac{1}{4}\rho \qquad (\varphi \in \mathbb{F})$$

が成り立つ．(3.5.3) を用い (3.5.1) の $M > 0$ を大きく選べば

$$\left| \int \varphi d\nu - \sum_{i=1}^k \nu(Q_i) \frac{1}{M} \sum_{i=0}^{M-1} \varphi(f^j x_i) \right| < \frac{9}{20}\rho. \qquad (3.5.4)$$

$0 < \dfrac{1}{s} < \dfrac{\rho}{20}$ を満たすように s を選ぶ．$\sum \nu(Q_i) = 1$ であるから，$\tilde{s}_1, \cdots, \tilde{s}_k \in \mathbb{N}$ があって

$$\frac{\tilde{s}_i}{s} \leq \nu(Q_j) < \frac{\tilde{s}_i + 1}{s}$$

とできる．よって $s_i = \tilde{s}_i$，または $s_i = \tilde{s}_i + 1$ とすれば

$$s = \sum_{i=1}^k s_i, \qquad \left| \nu(Q_i) - \frac{s_i}{s} \right| < \frac{1}{4}\rho$$

が求まる．ここで s はいくらでも大きく選ぶことができることに注意する．(3.5.4) により

$$\left| \int \varphi d\nu - \frac{1}{s} \sum_{i=1}^k s_i \frac{1}{M} \sum_{i=0}^{M-1} \varphi(f^j x_i) \right| < \frac{1}{2}\rho \qquad (3.5.5)$$

を得る．

ここで図 3.5.1 の β–巡回擬軌道とわずかに異なる β–巡回擬軌道,すなわち各 x_i で s_i 回まわって次の x_{i+1} に移り,他は図 3.5.1 と同じ進み方の β–巡回擬軌道を構成する.このとき x_1 から出発して 1 巡して x_1 に戻るまでの時間は

$$N = sM + (k+1)M$$

である.よって s を大きくすれば N も大きくできる.

非一様強追跡性補題によって,β–巡回擬軌道に対して α–追跡点 z が一意的に存在して,(3.5.2) が成り立つ.$\alpha > 0$ は十分に小さいことから

$$\left| \frac{s_1}{M} \sum_{j=0}^{M-1} \varphi(f^j x_1) - \frac{1}{M} \sum_{j=0}^{s_1 M-1} \varphi(f^j z) \right| < \frac{1}{2} \rho,$$

$$\left| \frac{s_2}{M} \sum_{j=0}^{M-1} \varphi(f^j x_2) - \frac{1}{M} \sum_{j=0}^{s_2 M-1} \varphi(f^{(s_1+1)M+j} z) \right| < \frac{1}{2} \rho,$$

$\cdots$

$$\left| \frac{s_k}{M} \sum_{j=0}^{M-1} \varphi(f^j x_k) - \frac{1}{M} \sum_{j=0}^{s_k M-1} \varphi(f^{(s_1-\cdots+s_{k-1}+k-1)M+j} z) \right| < \frac{1}{2} \rho$$

とできる.よって (3.5.5) により

$$\left| \int \varphi d\nu - \frac{1}{M} \left\{ \sum_{j=0}^{s_1 M-1} \varphi(f^j z) + \cdots + \sum_{j=0}^{s_k M-1} \varphi(f^{(s_1+\cdots+s_{k-1}+k-1)M+j} z) \right\} \right|$$
$$< \frac{1}{2} \rho. \tag{3.5.6}$$

z は β–巡回擬軌道の α–追跡点で,一巡の時間は N であるから

$$\left| \int \varphi d\nu - \frac{1}{M} \left\{ \sum_{j=0}^{s_1 M-1} \varphi(f^{N+j} z) + \cdots \right. \right.$$
$$\left. \left. + \sum_{j=0}^{s_k M-1} \varphi(f^{N+(s_1+\cdots+s_{k-1}+k-1)M+j} z) \right\} \right| < \frac{1}{2} \rho \tag{3.5.7}$$

が成り立つ.

$\Gamma_\rho = \bigcup_{i=0}^{N-1} f^i(\Gamma)$ とおき,Γ_ρ の上のエルゴード的測度の集合を $\mathcal{E}(\Gamma_\rho)$ で表す.$\lambda \in \mathcal{E}(\Gamma_\rho)$ とする.λ–a.e. $z \in \Gamma_\rho$ に対して $K > 0$ があって

$$\left| \frac{1}{k'} \sum_{j=0}^{k'-1} \varphi(f^j z) - \int \varphi d\lambda \right| < \frac{1}{2} \rho \qquad (k' \geq K, \varphi \in \mathbb{F})$$

であるから, $p > 0$ を十分に大きく選べば

$$\left| \frac{1}{pN} \sum_{j=0}^{pN-1} \varphi(f^j z) - \int \varphi d\lambda \right| < \frac{1}{2}\rho \quad (3.5.8)$$

とできる. z は Γ に属すると仮定して一般性を失わない. すなわち z は x_1 から出発する前方, 後方の両方に進む β-巡回擬軌道の x_1 に近い追跡点であるとする.

次を定義する:

$$\psi(z) = \left\{ \sum_{j=0}^{s_1 M - 1} \varphi(f^j z) + \sum_{j=0}^{s_2 M - 1} \varphi(f^{(s_1+1)M+j} z) + \cdots \right.$$
$$\left. + \sum_{j=0}^{s_k M - 1} \varphi(f^{(s_1+\cdots+s_{k-1}+k-1)M+j} z) \right\}$$
$$+ \left\{ \sum_{j=0}^{s_1 M - 1} \varphi(f^{N+j} z) + \cdots \right.$$
$$\left. + \sum_{j=0}^{s_k M - 1} \varphi(f^{N+(s_1+\cdots+s_{k-1}+k-1)M+j} z) \right\}$$
$$\cdots$$
$$+ \left\{ \sum_{j=0}^{s_1 M - 1} \varphi(f^{(p-1)N+j} z) + \cdots \right.$$
$$\left. + \sum_{j=0}^{s_k M - 1} \varphi(f^{(p-1)N+(s_1+\cdots+s_{k-1}+k-1)M+j} z) \right\}.$$

このとき

$$\left| \frac{1}{pN} \sum_{j=0}^{pN-1} \varphi(f^j z) - \frac{1}{pN} \psi(z) \right| < \frac{1}{pN}(k-1)Mp$$
$$= \frac{k-1}{s+k+1} \quad (3.5.9)$$

であるから s を十分に大きく選べば, (3.5.9) $\leq \frac{\rho}{2}$ とできる. (3.5.6), (3.5.7) により

$$\left| \int \varphi d\nu - \frac{1}{pN} \psi(z) \right| < \frac{1}{2}\rho,$$

(3.5.8) により

$$\left| \int \varphi d\lambda - \frac{1}{pN} \psi(z) \right| < \frac{1}{2}\rho.$$

234   第3章 物理的測度

よって
$$\left|\int \varphi d\lambda - \int \varphi d\nu\right| < \rho \qquad (\varphi \in \mathbb{F})$$
を得る．$D(\nu, \lambda) < \rho \ (\lambda \in \mathcal{E}(\Gamma_\rho))$ を示した． $\square$

注意 3.5.9 エルゴード的測度の集合 $\mathcal{E}(S)$ の部分集合
$$\mathcal{P}(S) = \{\nu \in \mathcal{E}(S) | h_\nu(f) > 0\},$$
$$\mathcal{Z}(S) = \{\nu \in \mathcal{E}(S) | h_\nu(f) = 0\}$$
はそれぞれ空集合でなく，$\mathcal{E}(S)$ は $\mathcal{M}_f(\tilde{\Lambda})$ で稠密である．

証明 $\rho > 0$ とする．定理 3.5.8 により $\nu \in \mathcal{M}_f(\tilde{\Lambda})$ に対して $D(\nu, \lambda) < \rho \ (\lambda \in \mathcal{E}(\Gamma_\rho))$ である．$\mathcal{E}(\Gamma_\rho)$ を 2 つの部分集合
$$\mathcal{E}(\Gamma_\rho) = \mathcal{P}(\Gamma_\rho) \cup \mathcal{Z}(\Gamma_\rho)$$
に分割される．明らかに $\mathcal{P}(\Gamma_\rho) \neq \emptyset$ で，注意 3.5.3 により $\mathcal{Z}(\Gamma_\rho) \neq \emptyset$ である．$\mathcal{E}(\Gamma_\rho) \subset \mathcal{E}(S)$ であるから結論を得る． $\square$

注意 3.5.10 μ は SRB 条件を満たしエルゴード的であるとする．S は μ に関する SRB アトラクターとする．このとき $\alpha \in [0, h_\mu(f))$ に対して $\nu \in \mathcal{E}(S)$ があって
$$h_\nu(f) = \alpha$$
が成立する．

証明 $\alpha = 0$ の場合は注意 3.5.3 により $h_\nu(f) = 0$ なるエルゴード的双曲型測度 ν が存在する．したがって $\alpha > 0$ の場合を示せば十分である．

数列 $a_0, \cdots, a_{b-1}$ は
$$a_0 = e^\gamma - 1, \quad a_1 = \gamma, \quad a_2 = \cdots = a_{b-1} = 0$$
であるとする．このとき
$$\nu_\gamma([j]) = \frac{e^{a_j}}{\sum_{i=0}^{b-1} e^{a_i}} \qquad (0 \leq j \leq b-1)$$

を満たす $Y_b^{\mathbb{Z}}$ の上の無限直積測度 ν_γ が定義される (邦書文献 [Ao2], 注意 1.4.6). ここに $[j] = \{x \in Y_b^{\mathbb{Z}} | x_0 = j\}$ を表す.

$$h_{\nu_\gamma}(f) = \sum_{j=0}^{b-1} -\nu_\gamma([j]) \log \nu_\gamma([j])$$

であるから, $h_{\nu_\gamma}(f)$ は γ の関数として連続で $\gamma \to \infty$ のとき $h_{\nu_\gamma}(f) \searrow 0$ である.

$\alpha \in [0, h_\mu(f))$ とする. カトックの定理 (邦書文献 [Ao3], 定理 9.4.1) により $q > 0$, $b > 0$ と馬蹄 $\Gamma \subset S$ があって

$$\begin{array}{ccc} Y_b^{\mathbb{Z}} & \xrightarrow{\sigma} & Y_b^{\mathbb{Z}} \\ \varphi \downarrow & & \downarrow \varphi \\ \Gamma & \xrightarrow{f^q} & \Gamma \end{array} \qquad \varphi \circ \sigma = f^q \circ \varphi. \tag{3.5.10}$$

を満たし $\Gamma' = \bigcup_{i=0}^{q-1} f^i(\Gamma)$ とおくと

$$h(f_{|\Gamma'}) = \frac{1}{q} \log b > \alpha$$

が成り立つようにできる. S の上の f–不変測度

$$\tilde{\nu}_\gamma = \frac{1}{q} \sum_{i=0}^{q-1} \bar{\nu}_\gamma \circ f^{-i}, \quad \bar{\nu}_\gamma = \nu_\gamma \circ \varphi^{-1}$$

を定義する. $f_{|\Gamma'} : \Gamma' \to \Gamma'$ は拡大的であるから変分原理によりエルゴード的測度があって

$$h_{\tilde{\nu}_\gamma}(f) = h(f_{|\Gamma'})$$

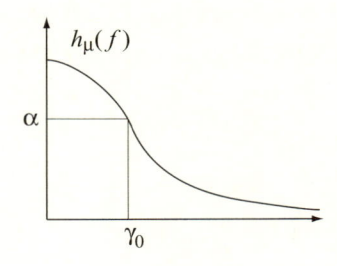

図 3.5.2

$\tilde{\nu}_\gamma$ はエルゴード的で
$$h_{\tilde{\nu}_\gamma}(f) = \frac{1}{q}\log b > \alpha$$
である．$h_{\tilde{\nu}_\gamma}(f) \downarrow 0\ (\gamma \to \infty)$ (図 3.5.2) であるから，$\gamma_0 > 0$ があって $h_{\tilde{\nu}_{\gamma_0}}(f) = \alpha$ を得る． □

3.6 非一様双曲的集合のスペクトル分解

一様双曲的な力学系の基本集合は位相混合性を満たす部分集合に有限分解されるというボウエンの定理がある（邦書文献 [Ao-Sh]）．

この章の目的は非一様双曲型の場合にエルゴード的測度 μ が SRB 条件をもつとき，μ に関するペシン集合は完全正のエントロピーをもつ部分集合への有限分解が可能であることを示すことである．

$f : \mathbb{R}^2 \to \mathbb{R}^2$ は C^2–微分同相写像で，U は $\mathbb{R}^2$ の有界開集合で $f(U) \subset U$ とする．U の上の μ は f–不変ボレル確率測度とする（エルゴード性は仮定しない）．$\Lambda \subset U$ は μ に関するペシン集合とする．

次の定理は非一様双曲的な力学系に対するスペクトル分解を与えている：

定理 3.6.1 μ が SRB 条件をもてば，μ の可算エルゴード分解 $\{\mu_i\}$ と Λ の部分集合 Λ^i ($f(\Lambda^i) = \Lambda^i$) があって
$$\Lambda = \bigcup_i \Lambda^i$$
に分割される．

証明 μ は SRB 条件をもつから，定義によって μ のエルゴード分解 $\{\mu_x\}$ (μ–a.e. x) の各 μ_x は SRB 条件をもつ．μ–a.e. x に対して，Λ_x は μ_x に関するペシン集合とするとき，定理 3.3.2 により $\mu_x(\Lambda_x') = 1$ なる $\Lambda_x' \subset \Lambda_x$ に対して
$$m(W^s(\Lambda_x')) > 0.$$
ここに m は U の上のルベーグ測度である．

$\{\mu_x\}$ はエルゴード的で，$\mu_x \in \mathcal{M}_f(U)$ であるから，定理 3.1.4 により
$$\Lambda_x' = \Lambda_x \cap B(\mu_x), \quad \Lambda_y' = \Lambda_y \cap B(\mu_y)$$

とおくと
$$\Lambda'_x \cap \Lambda'_y = \emptyset$$
であって
$$W^s(\Lambda'_x) \subset B(\mu_x), \qquad W^s(\Lambda'_y) \subset B(\mu_y)$$
が成り立つ．よって
$$W^s(\Lambda'_x) \cap W^s(\Lambda'_y) = \emptyset.$$
よって μ は可算個の $\{\mu_i\}$ にエルゴード分解され，Λ は μ_i に関するペシン集合 Λ^i の可算和 $\Lambda = \bigcup_i \Lambda^i$ (μ–a.e. x) である． □

定理 3.6.2（完全正のエントロピーへの有限分解） $f : U \to U$ は C^2–微分同相写像として，μ は f–不変ボレル確率測度とする．μ はエルゴード的で，SRB 条件をもつとする．このとき $h_\mu(f) > 0$ であれば，μ に関するペシン集合 Λ は有限個の部分集合 $\Lambda^0, \cdots, \Lambda^{n-1}$ に分解され次が成り立つ：

(1) $\Lambda = \bigcup_{i=0}^{n-1} \Lambda^i$,

(2) $f(\Lambda^i) = \Lambda^{i+1}, \quad f^n(\Lambda^i) = \Lambda^i \quad (0 \le i < n)$,

(3) $\Lambda^i \cap \Lambda^j = \emptyset \quad (i \ne j)$,

(4) $f^n_{|\Lambda^i} : \Lambda^i \to \Lambda^i$ は完全正のエントロピーをもつ．

(4) で用いる測度は，(1), (2), (3) により $\mu(\Lambda^i) = \dfrac{1}{n}$ $(0 \le i < n)$ であるから，各 i に対して
$$\nu_i(B) = n\mu(B) \quad (B \subset \Lambda^i)$$
である．

注意 3.6.3 $h_\mu(f) > 0$ であるから，μ に関する f のリャプノフ指数は
$$\chi_1 < 0 < \chi_2$$
である．すなわち，μ は双曲型である．

定理 3.6.2 の証明 $x \in \Lambda = \bigcup_{l>0} \Lambda_l$ とする．このとき，$\mu(\Lambda_l) > 0$ を満たす Λ_l があって，$x \in \Lambda_l$ である．邦書文献 [Ao3] の定理 8.3.5 により，$r_l > 0$ があっ

て x の局所安定多様体,局所不安定多様体は

$$W_{loc}^\sigma(y) = \gamma^\sigma((-r_l, r_l)) \quad (y \in \Lambda_l, \ \sigma = s, u)$$

と表される.

$0 < r \le r_l$ に対して $\varepsilon' > 0$ を十分に小さく選び,中心が x で半径 $\varepsilon'r$ の閉近傍を $B(x, \varepsilon'r)$ で表す.$\Lambda \subset \mathrm{Supp}(\mu)$ であるから,$x \in \Lambda_l$ があって

$$\mu(B(x, \varepsilon'r) \cap \Lambda_l) > 0.$$

$\Lambda = \Lambda(\chi_1, \chi_2, \varepsilon)$ であるから

$$Y_\mu = \bigcap_\varepsilon \Lambda(\chi_1, \chi_2, \varepsilon)$$

は μ に関する正則点集合 R_μ (邦書文献 [Ao3]) の部分集合である.$y \in B(x, \varepsilon'r) \cap \Lambda_l \cap R_\mu$ に対して,y を通過する $W^\sigma(y) \cap B(x, r)$ の連結成分を $\xi^\sigma(y)$ で表し

$$\xi^\sigma(B(x, \varepsilon'r) \cap \Lambda_l) = \bigcup_{y \in B(x,\varepsilon'r) \cap \Lambda_l \cap R_\mu} \xi^\sigma(y) \quad (\sigma = s, u)$$

とおく.$B(x, r)$ に含まれる μ に関する正則点の部分集合

$$R' = \xi^s(B(x, \varepsilon'r) \cap \Lambda_l \cap R_\mu) \cap \xi^u(B(x, \varepsilon'r) \cap \Lambda_l \cap R_\mu)$$

は

$$\mu(R') > 0, \quad R' \subset B(x, r)$$

を満たす.

$\mathcal{B}^u$ は不安定多様体の族 $\{W^u(x) \mid x \in R_\mu\}$ によって生成される σ–集合体であって,$\mathcal{B}^s$ は安定多様体の族によって生成される σ–集合体である.このとき

$$\mathcal{B}_\pi = \mathcal{B}^\sigma \quad (\sigma = s, u)$$

(邦書文献 [Ao2],定理 3.3.10,定理 3.3.11).

$\mathcal{B}^\sigma$ を生成する可算分割 η^σ が存在する.π は $\mathcal{B}_\pi$ を生成する分割とすると

$$\pi = \eta^s = \eta^u \quad \mu\text{–a.e.}$$

かつ y を含む η^u に属する集合 $\eta^u(y)$ は不安定多様体の和集合と μ–a.e. で一致する.η^s に関しても同様なことが成り立つ.

3.6 非一様双曲的集合のスペクトル分解

$\eta^\sigma_{|R'}$ は R' への η^σ の制限を表すとする. $K^\sigma \in \eta^\sigma_{|R'}$ に対して $K^\sigma \in \pi_{|R'}$ であって

$$K^\sigma = \bigcup_{y \in K^\sigma \cap R'} (\xi^\sigma(y) \cap R') \qquad (\sigma = s, u)$$

であるから

$$K^s \cap K^u = \left\{ \bigcup_{y \in K^s \cap R'} \xi^s(y) \cap \bigcup_{y \in K^u \cap R'} \xi^u(y) \right\} \cap R'.$$

上の等号は μ–a.e. で成り立っている.

$$\xi^\sigma = \{\xi^\sigma(y) \,|\, y \in B(x, \varepsilon_l r) \cap \Lambda_l\}$$

に関する μ の条件付き測度の族を $\{\mu^\sigma_z\}$ (μ–a.e. z) とする.

$\mu(K^s \cap K^u) > 0$ とすると

$$0 < \mu(K^s \cap K^u) = \int_{K^u} \mu^u_z(K^s \cap \xi^u(z)) d\mu$$

であるから

$$\mu^u_z(K^s \cap \xi^u(z)) > 0 \qquad \mu\text{–a.e. } z.$$

このとき $K^u \cap K^u_1 = \emptyset$ かつ $\mu(K^u_1) > 0$ なる $\emptyset \neq K^u_1 \in \eta^u_{|R'}$ は存在しない. 実際に K^u_1 が存在したとする (図 3.6.1).

$$K^u_1 = \bigcup_{z \in K^u_1 \cap R'} (\xi^u(z) \cap R')$$

であるから, ポアンカレ写像の絶対連続性 (定理 3.3.2) を用いると

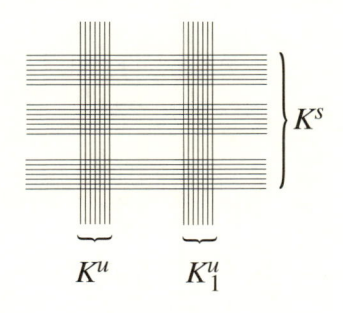

図 3.6.1

$$\mu_z^u(K^s \cap \xi^u(z)) > 0 \qquad (z \in K_1^u).$$

よって

$$\mu(K^s \cap K_1^u) = \int_{K_1^u} \mu_z^u(K^s \cap \xi^u(z))d\mu > 0.$$

このことは

$$0 < \mu(K^s \cap K_1^u) < \mu(R')$$

を意味している.仮定によって $K_1^u \in \eta_{|R'}^u$ であるから,$\eta_{|R'}^u = \eta_{|R'}^s$ (μ–a.e.) により $K_1^u \in \eta_{|R'}^s$ である.よって $K_1^u \cap K^u \neq \emptyset$ (μ–a.e.) が成り立つ.このことは矛盾である.よって $\mu(K_1^u) = 0$ である.結果的に $K^u = R'$ (μ–a.e.) である.同様にして $K^s = R'$ (μ–a.e.) であるから

$$\pi_{|R'} = \eta_{|R'}^s \wedge \eta_{|R'}^u = \{R'\}$$

でなくてはならない.

このことから,R' は π に属する R の部分集合 $(R' \subset R)$ である.

$$B(x, \varepsilon_l r) \cap \Lambda_l \cap Y_\mu \subset R' \subset R$$

であるから,$\mu(R) > 0$ である.

π は f–不変で μ はエルゴード的であるから,$n > 0$ があって $f^n(R) = R$ である.よって $f^n|_R : R \to R$ は完全正のエントロピーをもつ.$0 \leq i \leq n-1$ に対して,$\Lambda^i = f^i(R) \cap \Lambda$ とおくとき,(1), (2), (3) が成り立つ. □

注意 3.6.4 定理 3.6.2(4) で,$f_{|\Lambda^i}^n$ は完全正のエントロピーをもつことを示している.実際には,$f_{|\Lambda^i}^n$ はベルヌーイであることが知られている(関連論文 [L2], [Pe]).

3.7 局所エルゴード性

U は $\mathbb{R}^2$ の有界開集合とし,$X \subset U$ とする.X の分割を ξ とする.連続関数

$$\delta : X \longrightarrow (0, \infty),$$
$$q : X \longrightarrow (0, \infty)$$

があって

(1) x を含む ξ の要素を $\xi(x)$ とするとき
$$\xi(x) = W(x) \cap X$$
となる $\xi(x)$ を含む C^1-曲線 $W(x)$ を ξ に関する**大域的葉** (global leaf) といい, x を含む $W(x) \cap B(x, \delta(x))$ の連結成分 $V(x)$ を**局所的葉** (local leaf) という．

(2) $x \in X$ とする. $y \in X \cap B(x, q(x))$ に対して
$$V(y) = \varphi(y)([0,1])$$
は C^1-曲線を表す連続写像
$$\varphi : B(x, q(x)) \longrightarrow C^1([0,1], U)$$
が存在し, $z \in B(x, q(x))$ に対して大域的葉 $W(z)$ があって
$$U(z) = \varphi(z)([0,1])$$
は $W(z) \cap B(x, \delta(x))$ の連結成分である．ここに $C^1([0,1], U)$ は $[0,1]$ から U への C^1-関数の集合を表す．

C^1-曲線の族 W が ξ に関して X の**連続 C^1-ラミネイション** (continuous C^1-lamination) であるとは, 次の (a), (b) を満たすことである:

(a) W に属する曲線は (1) を満たす ξ に関する大域的葉である．

(b) $x \in X$ とする. このとき, $\varphi : B(x, q(x)) \to C^1([0,1], U)$ があって
$$U(z) = \varphi(z)([0,1]) \qquad (z \in B(x, q(x)))$$
は (2) を満たす．

$f : \mathbb{R}^2 \to \mathbb{R}^2$ は $f(U) \subset U$ を満たす C^2-微分同相写像とし, μ は f-不変ボレル確率測度とする. $\Lambda \subset \text{Cl}(U)$ は μ に関するペシン集合で, μ は絶対連続とする．このとき注意 3.5.1 により, μ の可算エルゴード分解 $\{\mu^i\}$ と Λ の部分集合 $\Lambda^i = B(\mu^i)$ があって $\Lambda = \bigcup_i \Lambda^i$ (μ-a.e.) と表される．

定理 3.7.1 ξ は安定多様体に沿う μ-可測分割とする. ξ に関する Λ の連続 C^1-ラミネイション W が存在すると仮定する. このとき, μ に関するペシン集合 Λ の可算エルゴード分解 $\Lambda = \bigcup_i \Lambda^i$ の各 Λ^i は μ-mod 0 開集合である．

$\mu(A) > 0$ なる $A \subset \mathrm{Cl}(U)$ が **μ–mod 0 開集合** (μ–open mod 0) であるとは，開集合 V があって
$$\mu(V \triangle A) = 0$$
が成り立つことである．可測集合 B が $B = A$ (μ–a.e.) であるとき，B も μ–mod 0 開集合である．

$\Lambda = \bigcup_i \Lambda^i$ であるから，各 i に対して $\mu(\Lambda^i) > 0$ であるから，$\Lambda^i = \bigcup_{l>0} \Lambda^i_l$ なる部分集合列 $\{\Lambda^i_l \mid l > 0\}$ が存在する．よって $l > 0$ があって $\mu(\Lambda^i_l) > 0$ である．

有界連続関数 φ に対して，エルゴード定理を用いて μ–a.e. x に対して

$$\tilde{\varphi}(x) = \lim_{n \to \infty} \frac{1}{2n+1} \sum_{k=-n}^{n} \varphi(f^k x),$$

$$\varphi^-(x) = \lim_{n \to \infty} \frac{1}{n} \sum_{k=1}^{n} \varphi(f^{-k} x),$$

$$\varphi^+(x) = \lim_{n \to \infty} \frac{1}{n} \sum_{k=1}^{n} \varphi(f^k x)$$

が成り立つ．

補題 3.7.2 $x \in \Lambda_l$ を固定する．このとき $\mu(N) = 0$ なる $N \subset U$ があって，$y \in \Lambda_l \cap B(x, r)$ に対して

$$z, w \in V^s(y) \setminus N$$

であるか，または

$$z, w \in V^u(y) \setminus N$$

であれば，$\varphi^+(z) = \varphi^+(w)$ ($\varphi \in C(\mathrm{Cl}(U), \mathbb{R})$) が成り立つ．

ここに，$V^\sigma(y)$ ($\sigma = s, u$) は y を含む局所安定，不安定多様体と $B(x, r)$ との共通部分の連結成分を表す．

証明 $\varphi^+ \circ f = \varphi^+$ (μ–a.e.) であるから

$$\tilde{\varphi}(x) = \varphi^+(x) = \varphi^-(x) \quad (x \notin N_\varphi)$$

なる μ–測度 0 の集合 N_φ が存在する．$y \in \Lambda_l \cap B(x, r)$ に対して

$z, w \in V^s(y) \setminus N_\varphi$ のとき,$d(f^n(z), f^n(w)) \to 0\ (n \to \infty)$ であるから

$$\tilde{\varphi}(z) = \varphi^+(z) = \varphi^+(w) = \tilde{\varphi}(w). \tag{3.7.1}$$

同様にして,$z, w \in V^u(y) \setminus N_\varphi$ に対して (3.7.1) が成り立つ.

$C(\mathrm{Cl}(U), \mathbb{R})$ の可算列 $\{\varphi_j\}$ があって,$\{\varphi_j\}$ は $C(\mathrm{Cl}(U), \mathbb{R})$ で一様ノルムに関して稠密である.よって

$$N = \bigcup_j N_{\varphi_j}$$

とおくと,$z, w \in V^\sigma(y) \setminus N$ に対して (3.7.1) は $\varphi \in C(\mathrm{Cl}(U), \mathbb{R})$ に対して成り立つ.補題は示された.   □

$x \in \Lambda^i$ とする.このとき $l > 0$ があって,$x \in \Lambda^i_l$ である.$r > 0$ に対して

$$P^l(x, r) = \bigcup_{y \in \Lambda^i_l \cap B(x,r)} (V^s(y) \cup V^u(y))$$

とおく.明らかに

$$\Lambda^i_l \cap B(x, r) \subset P^l(x, r)$$

であって,$\mu(\Lambda^i_l) > 0$ とする.このとき

$$\mu(\Lambda^i_l \cap B(x, r)) > 0$$

と仮定して一般性を失わない($\mu_{|\Lambda^i_l}$ の台を S とすれば $\mu(S) = \mu(\Lambda^i_l)$ である.簡単のために $S = \Lambda^i_l$ とする).

$$Q(x) = \bigcup_{n \in \mathbb{Z}} f^n(P^l(x, r))$$

を定義する.

補題 3.7.3 $Q(x) = \Lambda^i\ (\mu\text{-a.e.})$ が成り立つ.

証明 N は補題 3.7.2 の集合とする.$x \in \Lambda^i_l$ であるから,$r_l > 0$ があって $0 < r \leq r_l$ に対して

$$V^s(z) \cap V^u(y)\quad (z, y \in \Lambda^i_l \cap B(x, r))$$

は横断的に交わる.

$\mu(\Lambda_l^i \cap B(x,r)) > 0$ である. $\Lambda_l^i \cap B(x,r)$ の分割

$$\{V^s(w)\,|\,w \in \Lambda_l^i \cap B(x,r)\}, \quad \{V^u(w)\,|\,w \in \Lambda_l^i \cap B(x,r)\}$$

に関する μ の条件付き測度の族をそれぞれ

$$\{\mu_w^s\}, \quad \{\mu_w^u\} \quad \mu\text{-a.e.}\,w$$

で表す. このとき μ-a.e. y に対して

$$\mu_y^s(V^s(y) \cap N) = \mu_y^u(V^u(y) \cap N) = 0.$$

y を固定して

$$\theta = \{z \in \Lambda_l^i \cap B(x,r)\,|\,V^s(z) \cap V^u(y) \in N,\ V^s(y) \cap V^u(z) \in N\}$$

とおき

$$R^s = \bigcup_{z \in \theta} V^s(z), \quad R^u = \bigcup_{z \in \theta} V^u(z) \tag{3.7.2}$$

を定義する. このとき μ は絶対連続であるから

$$\mu(R^s) = \mu(R^u) = 0$$

が成り立つ.

$$z_1, z_2 \in P^l(x,r) \setminus (R^s \cup R^u \cup N)$$

とする. このとき $w_1, w_2 \in \Lambda_l^i \cap B(x,r)$ があって, $j = 1,2$ に対して

$$z_j \in V^s(w_j) \quad \text{であるか}, \quad z_j \in V^u(w_j)$$

のいずれかである. よって次の 4 つの場合に分類される:

(i)　$z_1 \in V^u(w_1),\ z_2 \in V^u(w_2),$

(ii)　$z_1 \in V^s(w_1),\ z_2 \in V^u(w_2),$

(iii)　$z_1 \in V^u(w_1),\ z_2 \in V^s(w_2),$

(iv)　$z_1 \in V^s(w_1),\ z_2 \in V^s(w_2).$

(i), (ii) の場合に議論を進める．残りの場合も同様に扱うことができる．

(i) の場合に，$y \in \Lambda_l^i \cap B(x,r)$ に対して

$$V^s(y) \cap V^u(w_i) \neq \emptyset \quad (i = 1, 2)$$

であるから，その共通部分を y_i $(i=1,2)$ とする．明らかに $y_1, y_2 \notin N$ である．よって補題 12.7.2 により，連続関数 φ に対して

$$\varphi^+(z_1) = \varphi^+(y_1) = \varphi^+(y_2) = \varphi^+(z_2). \tag{3.7.3}$$

$z_1, z_2 \in P^l(x,r)$ であるから，φ^+ は $P^l(x,r) \setminus (R^s \cup R^u \cup N)$ の上で，さらに $Q(x)$ の上で定数である．

(ii) の場合に，$y \in \Lambda_l^i \cap B(x,r)$ に対して

$$V^s(w_1) \cap V^u(y) = \{y_1\}$$
$$V^u(w_2) \cap V^s(y) = \{y_2\}.$$

よって (3.7.3) が成り立つ．

$B(\mu^i)$ は $\varphi^+(x)$ $(\varphi \in C(\mathrm{Cl}(U), \mathbb{R}))$ が $\int \varphi d\mu^i$ と一致する x の最大集合である．一方において，(3.7.1) により $P^l(x,r) \setminus (R^s \cup R^u \cup N)$ の上で $\varphi^+ = \varphi^- = \bar{\varphi}$ $(\varphi \in C(\mathrm{Cl}(U), \mathbb{R}))$ であるから

$$P^l(x,r) \setminus (R^s \cup R^u \cup N) \subset B(\mu^i) \subset \Lambda^i.$$

μ^i はエルゴード的で

$$\mu^i(E) = \frac{\mu(\Lambda^i \cap E)}{\mu(\Lambda^i)},$$
$$\mu^i(Q(x)) = \mu^i(B(\mu^i)) = 1$$

であるから

$$\mu^i(Q(x)) = \frac{\mu(Q(x))}{\mu(\Lambda^i)}.$$

よって $Q(x) = \Lambda^i$ $(\mu\text{-a.e.})$ である． □

定理 3.7.1 の証明 $x \in \Lambda_l^i$ とする．

$$\varphi^s(x) = \gamma_x^s : [-1, 1] \longrightarrow U$$

があって，局所安定多様体

$$W_{loc}^s(x) = \varphi^s(x)([-1,1])$$

が定義される．

x は補題 3.7.3 の点とすると

$$\varphi^s : B(x,r) \cap \Lambda_l^i \longrightarrow C^1([-1,1], U)$$

は連続である．定理 3.7.1 の仮定により，$q(x) > 0$ があって φ^s の拡張

$$\varphi : B(x, q(x)) \longrightarrow C^1([-1,1], U)$$

があって，$y \in \Lambda_l^i \cap B(x, q(x))$ に対して

$$W_{loc}^s(x) = \varphi(y)([-1,1])$$

であって，$z \in B(x, q(x))$ に対して大域的葉 $W(z)$ があって

$$U(z) = \varphi(z)([-1,1]) \cap B(x, q(x))$$

は z を含む $W(z) \cap B(x, q(x))$ の連結成分である．

$y \in \Lambda_l^i \cap B(x, q(x))$ に対して y を含む $B(x, \delta(x)) \cap W_{loc}^\sigma(y)$ の連結成分を再び $V^\sigma(y)$ ($\sigma = s, u$) で表し，両端点を含まない C^1–曲線とする．

$y \in V^u(x) \subset B(x, \delta(x))$ とする．$U(y)$ に含まれる y を中心とする半径 $\delta(x)$ の開区間を $B_U(y, \delta(x))$ で表し

$$R = \bigcup_{y \in V^u(x)} B_U(y, \delta(x)), \qquad (3.7.4)$$

$$\tilde{R} = \bigcup_{y \in B(x, \delta(x)) \cap \Lambda^i} B_U(y, \delta(x))$$

とおく．R は U の開部分集合で $\tilde{R} \subset R$ である．

$$Q(x) \supset \tilde{R}$$

であって，$B(x, \delta(x)) \cap \Lambda_l^i \subset \tilde{R}$ であるから

$$\mu(\tilde{R}) > 0.$$

よって μ^i のエルゴード性により

$$Q(x) = \bigcup_{n \in \mathbb{Z}} f^n(\tilde{R}) \quad \mu^i\text{-a.e.}$$

$\mu^i \sim \mu$ により,上の等式は μ–a.e. で成り立つ.よって

$$\mu\left(\bigcup_{n \in \mathbb{Z}} f^n(R) \setminus Q(x)\right) = 0 \tag{3.7.5}$$

が示されれば,補題 3.7.2 により Λ^i は μ–mod 0 開集合である.

(3.7.2) の R^σ $(\sigma = s, u)$ は Λ^i に関する μ–零集合であるから,$R_i^\sigma = R^\sigma$ と表し

$$K = \bigcup_{n=-\infty}^{\infty} f^n\left(\bigcup_i (R_i^s \cup R_i^u \cup N)\right)$$

とおく.ここに N は補題 3.7.2 の μ–零集合である.明らかに $\mu(K) = 0$ である.

補題 3.7.3 は $i \geq 1$ を固定するとき,$x_i \in \Lambda^i$ に対して $Q(x_i) = \Lambda^i$ (μ–a.e.) であるから,$\mu(N_i) = 0$ なる N_i があって

$$Q(x_i) \triangle \Lambda^i = N_i$$

である.

$$N_0 = \bigcup_{n=-\infty}^{\infty} f^n\left(\bigcup_i N_i\right)$$

とおく.明らかに $i \geq 1$ に対して

$$Q(x_i) \triangle \Lambda^i \subset K \cup N_0.$$

簡単のために,Λ は互に交わらない $\{\Lambda^i\}$ の和集合 $\Lambda = \bigcup_i \Lambda^i$ で表されていると仮定して一般性を失わない.よって

$$\Lambda \setminus (K \cup N_0) = \bigcup_i (\Lambda^i \setminus (K \cup N_0)).$$

(3.7.5) を得るために,(3.7.4) の R を R_i と表し $i \geq 1$ を固定して $j \neq i$ なる j に対して

$$(\Lambda^j \setminus (K \cup N_0)) \cap R_i = \emptyset \tag{3.7.6}$$

を示せば十分である．(3.7.6) を否定する．(3.7.6) から点 z を選ぶと，$z \in \Lambda^j$ であるから z の局所安定多様体 $V^s(z)$ があって

$$z \in U(z) \subset V^s(z)$$

が成り立つ．よって

$$V^s(z) \cap V^u(x) = u. \tag{3.7.7}$$

$w \in V^u(z)$ に対して

$$V^s(w) \cap V^u(u) = z'$$

であるから

$$V^u(z) \cap V^s(z') = w, \quad V^s(z) \cap V^u(z') = u \tag{3.7.8}$$

に対して，$u, w \in N$ であれば (3.7.2) により $z \in K$ を得る．しかし，$z \notin K \cup N_0$ であるから矛盾が起きる．

よって (3.7.8) のいずれかの一つは N に属さない．例えば

$$V^s(z) \cap V^u(z') = u \notin N$$

とする．ところで $V^u(z') = V^u(u)$ であって

$$u \in V^u(u) \setminus N \subset \Lambda^i$$

である．しかし，$\varphi^+(z) = \varphi^+(u)$ $(\varphi \in C(\mathrm{Cl}(U), \mathbb{R}))$ であるから

$$z \in B(\mu^i) = \Lambda^i.$$

しかし $z \in \Lambda^j$ $(j \neq i)$ であるから矛盾が起きる．よって (3.7.6) が成り立つ．すなわち

$$\bigcup_{j \neq i} (\Lambda^j \setminus (K \cup N_0)) \cap R_i = \emptyset$$

であるから，(3.7.6) が成り立つ． $\square$

定理 3.7.4 定理 3.7.1 の仮定に，さらに μ は U の上のルベーグ測度 m に同値であることを仮定する．このとき，$f_{|\Lambda}$ が位相推移的（すなわち f は $\mathrm{Cl}(\Lambda)$ の上で位相推移的）であれば，$f_{|\Lambda}$ は μ-エルゴード的である．

証明 Λ は μ–エルゴード成分 C, D の和集合 $\Lambda = C \cup D$ であると仮定して矛盾を示せば十分である．定理 3.7.1 により，C, D は μ–mod 0 開集合である．よって開集合 V, V' があって

$$\mu(V \triangle C) = \mu(V' \triangle D) = 0.$$

$f_{|\Lambda}$ は位相推移的であるから，$n > 0$ があって $W = f^n(V) \cap V' \neq \emptyset$ である．共通集合は開集合である．よって $m(W) > 0$ である．$\mu \sim m$ であるから $\mu(W) > 0$ を得る．

しかし

$$W = (W \cap C) \cup (W \setminus \Lambda) \cup (W \cap D)$$

であって

$$\begin{aligned}\mu(W) &= \mu(W \cap C) + \mu(W \setminus \Lambda) + \mu(W \cap D) \\ &\leq \mu(V' \cap C) + \mu(f^n(V) \cap D) \\ &= 0.\end{aligned}$$

このことは矛盾である． $\square$

注意 3.7.5 次を満たす 3–次元トーラス $\mathbb{T}^3$ の上の C^∞–微分同相写像 f が存在する：

(1) f は $\mathbb{T}^3$ の上のルベーグ測度 m を不変にし，

(2) m は双曲型で，

(3) f は mod 0 開集合である可算無限個のエルゴード成分をもつ．

(関連論文 [Do-Hu-Pe] を参照)．

C^2–微分同相写像 $f : U \to U$ の不変ボレル確率測度 μ が SRB 条件をもつならば，連続 C^1–ラミネイションの存在を仮定して μ–エルゴード成分は mod 0 開集合であることを示した．

一般に，2 次元の場合に連続 C^1–ラミネイションの存在の仮定なしで定理 3.7.1 が成り立つか否かは知られていない．また μ–エルゴード成分は有限個に限るか否かも示されていない．

3.8 SRB 条件の崩壊

2次元トーラス $\mathbb{T}^2$ の上の自己同型写像 f がすべての点 x で安定多様体 $\hat{W}^s(x)$ と不安定多様体 $\hat{W}^u(x)$ をもつならば、$\mathbb{T}^2$ の上のルベーグ測度は SRB 条件をもつことを見てきた。ところが、各点で安定多様体と不安定多様体は存在するが、1 点だけ不安定多様体をもたない微分同相写像がある。実際に、その条件をもつ例にアノソフではない位相的アノソフ微分同相写像がある。

$f : \mathbb{T}^2 \to \mathbb{T}^2$ が **位相的アノソフ** (topological Anosov) であるとは、f が $\mathbb{T}^2$ の上で拡大的であって、追跡性を満たすことである。位相的アノソフはアノソフ微分同相写像よりも弱い概念である。

注意 3.8.1 $\mathbb{T}^2$ の上の同相写像 f が位相的アノソフであれば、双曲型自己同型写像 $f_A : \mathbb{T}^2 \to \mathbb{T}^2$ があって、f と f_A は位相共役である（洋書文献 [Ao-Hi]）。共役な同相写像を $h : \mathbb{T}^2 \to \mathbb{T}^2$ で表す。f_A は拡大的で、追跡性を満たすから、f も同じ性質をもつ。

$$\begin{array}{ccc} \mathbb{T}^2 & \xrightarrow{f} & \mathbb{T}^2 \\ h \downarrow & & \downarrow h \\ \mathbb{T}^2 & \xrightarrow{f_A} & \mathbb{T}^2 \end{array} \qquad h \circ f = f_A \circ h$$

$\mathbb{T}^2$ の上のルベーグ測度 m は f_A-不変である。$\mu = m \circ h^{-1}$ は f-不変なボレル確率測度であるから、$(\mathbb{T}^2, f_A, m)$ と $(\mathbb{T}^2, f, \mu)$ は h によって同型である。よって

$$h_m(f_A) = h_\mu(f)$$

であって、μ の台は $\operatorname{Supp}(\mu) = \mathbb{T}^2$ である。μ は平衡測度である。

定理 3.7.1 により、$\mathbb{T}^2$ の上の位相的アノソフ同相写像 f はある自己同型写像 f_A と位相共役で、行列 A の固有値の絶対値は 1 でない。すなわち、f_A はアノソフ微分同相写像である。

しかし、微分同相写像 $f : \mathbb{T}^2 \to \mathbb{T}^2$ が位相的アノソフであっても、アノソフ微分同相写像でない限り、$\mathbb{T}^2$ の各点が（一様）双曲的ではない。

このような例として、次の条件 (1), (2) を満たす微分同相写像

$$f : \mathbb{T}^2 \longrightarrow \mathbb{T}^2 \tag{3.8.1}$$

がある:

(1) f は不動点 p_0 ($f(p_0) = p_0$) をもつ.

(2) 定数 $0 < \lambda_s < 1$ と次を満たす関数 $\lambda_u(x)$ があって

$$\lambda_u(x) \begin{cases} = 1 & (x = p_0) \\ > 1 & (x \neq p_0). \end{cases}$$

$\mathbb{R}^2$ は

$$\mathbb{R}^2 = E_x^u \oplus E_x^s \quad (x \in \mathbb{T}^2)$$

に分解され

$$\|D_x f v\| \leq \lambda_s \|v\| \quad (v \in E_x^s, \ x \in \mathbb{T}^2),$$
$$\|D_x f v\| \geq \lambda_u(x) \|v\| \quad (v \in E_x^u, \ x \in \mathbb{T}^2, \ x \neq p_0),$$
$$\|D_{p_0} f v\| = \|v\| \quad (v \in E_{p_0}^u).$$

(1), (2) を満たす微分同相写像 f は $\mathbb{T}^2$ の上で支配的分解をもつから, 十分に小さい $\varepsilon > 0$ に対して, 各点 x は局所安定多様体 $\hat{W}_\varepsilon^s(x)$ と局所不安定多様体 $\hat{W}_\varepsilon^u(x)$ が存在する.

よって各点 x で局所座標系が存在する. このことから, 拡大性と追跡性が保証され

$$h(f) = h_\mu(f)$$

を満たす平衡測度 μ が一意的に存在する. しかし, μ はエルゴード的であるが SRB 条件をもたないことが示される.

定理 3.8.2 (フー–ヤン (Hu–Young)) f は (1), (2) を満たす C^2-微分同相写像とする. このとき $h_\mu(f) = h(f)$ を満たす μ は SRB 条件を満たさない.

証明 f の平衡測度 μ が SRB 条件をもつとして, 矛盾を導けば十分である.

ξ は不安定多様体に沿う μ-可測分割とし, $\{\mu_x^\xi\}$ を ξ に関する μ の条件付き確率測度の標準系とする. m_x は $W^u(x)$ の上のルベーグ測度とする. μ は SRB 条件をもつから, μ-a.e. x に対して, $\mu_x^\xi \ll m_x$ である. よって

$$\mu_x^\xi(B) = \int_B \rho_x^\xi(y) dm_x(y)$$

を満たすラドン–ニコディムの密度関数

$$\frac{d\mu_x^\xi}{dm_x} = \rho_x^\xi : \xi(x) \longrightarrow \mathbb{R}$$

が存在する．

次の補題は定理 3.8.2 の証明に対して本質的な役割を果たしている．

補題 3.8.3 μ–a.e. x に対して，$\log \rho_x^\xi : \xi(x) \to \mathbb{R}$ はリプシッツ連続である．

証明 (3.2.17) により，$\mathcal{B}$–可測関数 $g : \mathbb{T}^2 \to \mathbb{R}$ が存在して，μ–a.e. x に対して

$$g(y) = \rho_x^\xi(y) \qquad m_x\text{–a.e.}\, y$$

が成り立つ．仮定により，ペシンの公式と定理 3.2.1 が成り立つ．(3.2.9) により，μ–a.e. x に対して，$y, z \in \xi(x)$ とする．このとき

$$\frac{g(z)}{g(y)} = \prod_{i=1}^{\infty} \frac{|\det(Df_{|E_{f^{-i}(y)}^u})|}{|\det(Df_{|E_{f^{-i}(z)}^u})|}$$

を得る．よって，$\log g(z) = \log \rho_x^\xi(z)$ はリプシッツ連続である． □

簡単のために，$\rho = \rho_x^\xi$ と書くことにする．$\log \rho$ はリプシッツ連続であるから，$L > 0$ があって

$$|\log \rho(a) - \log \rho(b)| \leq Ld(a,b) \qquad (a, b \in \xi(x))$$
$$\iff -Ld(a,b) \leq \log \frac{\rho(a)}{\rho(b)} \leq Ld(a,b) \qquad (a, b \in \xi(x))$$
$$\iff \exp(-Ld(a,b)) \leq \frac{\rho(a)}{\rho(b)} \leq \exp(Ld(a,b)) \qquad (a, b \in \xi(x))$$

が成り立つ．空でない区間 $I \subset \xi(x)$ に対して

$$1 = \int_{\xi(x)} \rho(z) dm_x(z) \leq \frac{\ell(\xi(x))}{\ell(I)} \exp(L\ell(\xi(x))) \int_I \rho(z) dm_x(z). \quad (3.8.2)$$

ここに，$\ell(J)$ は区間 J の長さを表す．(3.8.2) の不等号は次のようにして求まる：$a, b \in \xi(x)$ に対して

$$\rho(a) \leq \exp(Ld(a,b))\rho(b)$$

であるから，両辺を b に関して I の範囲を m_x で積分すると

$$\ell(I)\rho(a) = \rho(a)\int_I dm_x \leq \exp(L\ell(\xi(x)))\int_I \rho(b)dm_x(b).$$

次に a に関して $\xi(x)$ の範囲を m_x で積分すると

$$\ell(I)\int_{\xi(x)} \rho(a)dm_x(a) \leq \exp(L\ell(\xi(x)))\ell(\xi(x))\int_I \rho(b)dm_x(b).$$

よって

$$1 \leq \frac{\exp(\ell(L\ell(\xi(x))))\ell(\xi(x))}{\ell(I)}\int_I \rho(z)dm_x(z)$$

が成り立つ．したがって

$$\int_I \rho(z)dm_x(z) \geq \frac{\ell(I)}{\exp(L\ell(\xi(x)))\ell(\xi(x))}. \tag{3.8.3}$$

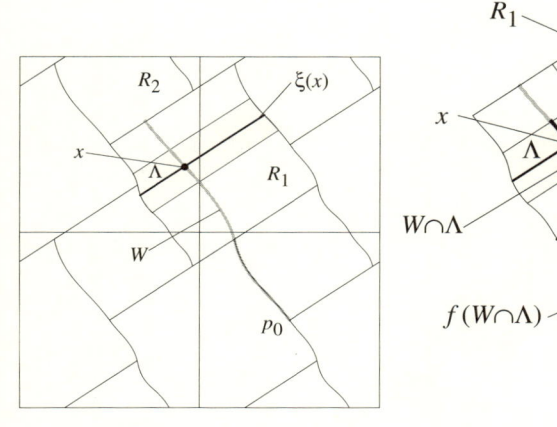

図 3.8.1

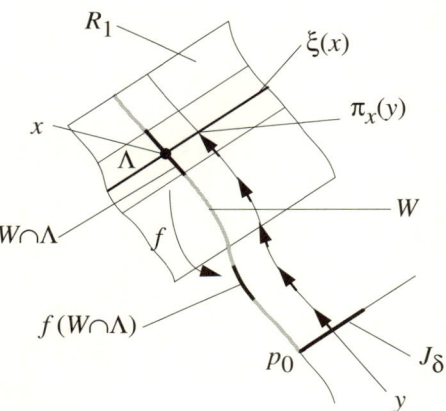

図 3.8.2

Λ は ξ の要素の部分的な和集合で内点をもつように選ぶ（図 3.8.1）．$\hat{W}^s(p_0)$ の上で f の不動点 p_0 を端点にもつ曲線 $W \subset \hat{W}^s(p_0)$ を図 3.8.2 のように選ぶ．さらに，Λ を小さくとり直すことにより

$$p_0 \notin \Lambda, \quad (\Lambda \cap W) \cap f(\Lambda \cap W) = \emptyset$$

を仮定することができる．十分に小さな $\delta > 0$ に対して，J_δ を $\hat{W}^u(p_0)$ の上で p_0 を端点にもつ長さ δ の線分とする（図 3.8.2）．

$x \in W$ を固定して，$\xi(x)$ と $y \in J_\delta$ を通過する局所安定多様体とが最初に交わる点への写像 π_x を

$$J_\delta \ni y \longmapsto \pi_x(y) \in \xi(x)$$

によって定義する（図 3.8.2）．区間 $I \subset J_\delta$ と $x \in W$ に対して

$$\ell(\pi_x(I)) \geq b\ell(I) \tag{3.8.4}$$

を満たす $b > 0$ が存在する．

$Q = \bigcup_{x \in W} \pi_x(J_\delta)$ とおき

$$\begin{aligned} V_0 &= \bigcup_{x \in W \cap \Lambda} \pi_x(J_\delta), \\ V_i &= \{x \in V_0 \,|\, f^j(x) \in Q \ (1 \leq j \leq i)\} \quad (i \geq 1) \end{aligned}$$

を定義する（図 3.8.3）．このとき

$$f^i(V_i) \cap f^j(V_j) = \emptyset \quad (i \neq j).$$

よって

$$\mu\left(\bigcup_{i=1}^\infty f^i(V_i)\right) = \sum_{i=1}^\infty \mu(f^i(V_i)) = \sum_{i=1}^\infty \mu(V_i). \tag{3.8.5}$$

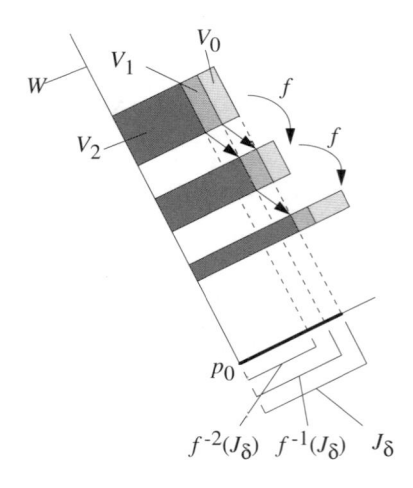

図 3.8.3

3.8 SRB 条件の崩壊   255

$i \geq 1$ に対して

$$\begin{aligned}
\mu(V_i) &= \int_{\mathbb{T}^2} \mu_x^\xi(V_i) d\mu \\
&\geq \int_{V_0} \mu_x^\xi(V_i) d\mu \\
&= \int_{V_0} \left(\int_{\xi(x) \cap V_i} \rho(z) dm_x(z) \right) d\mu = (*)
\end{aligned}$$

(3.8.3) と (3.8.4) により

$$C = \inf_{x \in \Lambda} \left\{ \frac{1}{\exp(L\ell(\xi(x)))\ell(\xi(x))} \right\}, \quad \bar{C} = C \cdot b \cdot \mu(V_0)$$

とおくと

$$\begin{aligned}
(*) &\geq Cb\ell(f^{-i}(J_\delta)) \int_{V_0} 1 d\mu \\
&= Cb\ell(f^{-i}(J_\delta))\mu(V_0) \\
&= \bar{C}\ell(f^{-i}(J_\delta)). \tag{3.8.6}
\end{aligned}$$

よって, (3.8.5) と (3.8.6) により

$$\mu \left(\bigcup_{i=1}^\infty f^i(V_i) \right) \geq \bar{C} \sum_{i=1}^\infty \ell(f^{-i}(J_\delta)) \tag{3.8.7}$$

が成り立つ.

$\hat{W}^u(p_0)$ は不動点 p_0 の不安定多様体である. よって p_0 を $\mathbb{R}$ の原点 0 と見なして, $\hat{W}^u(p_0)$ を $\mathbb{R}$ と同一視する. 原点での $f_{|\hat{W}^u(p_0)}$ の微分は 1 である. $f_{|\hat{W}^u(p_0)}$ は C^2-級関数 (実際には C^∞-級関数) であるから

$$f_{|\hat{W}^u(p_0)}(x) \leq x + Kx^2 \quad (x \in J_\delta) \tag{3.8.8}$$

となる十分に大きな $K > 0$ が存在する (図 3.8.4). このとき

$$(f_{|\hat{W}^u(p_0)})^{-i}(J_\delta) \geq \frac{1}{Ki} \quad (i \geq 1) \tag{3.8.9}$$

が成り立つ.

実際に, $a_i = (f_{|\hat{W}^u(p_0)})^{-i}(\delta)(> 0)$ とおく. $K > 0$ は十分に大きいので, $a_1 \geq \dfrac{1}{K}$ としてよい. このとき $i \geq 1$ に対して

$$a_i \geq \frac{1}{Ki} \Longrightarrow a_{i+1} \geq \frac{1}{K(i+1)}$$

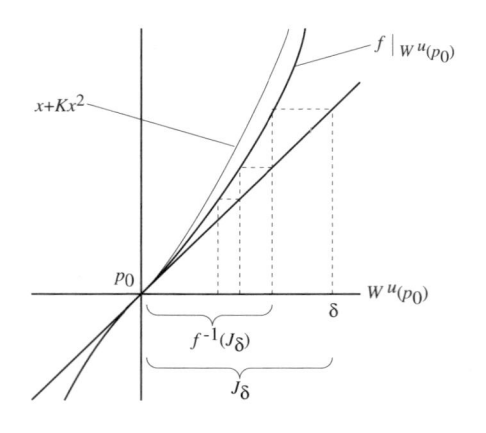

図 **3.8.4**

が成り立てばよい．これを否定すると，$a_i \geq \dfrac{1}{Ki}$ であって $a_{i+1} < \dfrac{1}{K(i+1)}$ となる $i \geq 1$ が存在する．このとき

$$a_i \leq a_{i+1} + Ka_{i+1}^2 \quad ((3.8.8) \text{ により})$$
$$< \frac{1}{K(i+1)} + K\left(\frac{1}{K(i+1)}\right)^2$$
$$= \frac{1}{K(1+i)}\left(1 + \frac{1}{i+1}\right)$$
$$< \frac{1}{Ki}$$

となり矛盾を得る．したがって (3.8.9) が成り立つ．

(3.8.7) と (3.8.9) により

$$\mu\left(\bigcup_{i=1}^{\infty} f^{-i}(V_i)\right) \geq \bar{C} \sum_{i=1}^{\infty} \ell(f^{-i}(J_\delta))$$
$$\geq \bar{C} \sum_{i=1}^{\infty} \frac{1}{Ki}$$
$$= \infty.$$

よって μ が確率測度であることに反する．μ が SRB 条件をもつという仮定は否定された． □

注意 3.8.4 C^2-微分同相写像 $f: \mathbb{T}^2 \to \mathbb{T}^2$ が位相的アノソフで，SRB 条件をもつ測度が存在する場合と，そうでない場合がある．SRB 条件をもつ測度が存

在しない場合でも，注意 3.8.1 により，エルゴード的不変確率測度 μ があって

$$h_\mu(f) = h(f) < \chi_2$$

が成り立つ．

注意 3.8.5 μ は注意 3.8.4 の測度とする．注意 1.4.2 により，不安定多様体に沿う μ–可測分割に関する μ の条件付き確率測度によるハウスドルフ次元を δ_u とし，安定多様体に対して同様にして得られるハウスドルフ次元を δ_s とする．このとき $\delta_u > 0, \delta_s > 0$ であって

$$h_\mu(f) = \delta_u \chi_2, \quad h_\mu(f) = \delta_s |\chi_1|$$

が成り立つ．さらに，Y_μ は μ に関する乗法エルゴード定理（邦書文献 [Ao3]，定理 3.3.5）を満たす集合とし，E は局所エントロピー定理（邦書文献 [Ao2]，定理 3.5.2）が成り立つ μ–測度 1 の集合とする．このとき

$$HD(Y_\mu \cap E) = \delta_s + \delta_u < 2$$

を得る．

注意 3.8.6 $f : \mathbb{T}^2 \to \mathbb{T}^2$ は (3.8.1) の位相的アノソフとする．μ は $h_\mu(f) = h(f)$ を満たす平衡測度とする．このとき

(1) $HD(\mathbb{T}^2 \setminus Y_\mu \cap E) = 2$,

(2) $h(f, \mathbb{T}^2 \setminus Y_\mu \cap E) = h(f)$.

証明 $\mu(Y_\mu \cap E) = 1$ であるから，$Y_\mu \cap E$ は $\mathbb{T}^2$ で稠密である．

$$K = \mathbb{T}^2 \setminus Y_\mu \cap E$$

とおく．明らかに $f(K) = K$ である．注意 1.4.4，命題 2.1.8 と補題 3.8.2 により

$$h_\mu(f) = \delta_u \chi_2, \quad \delta_u < 1$$

であり，(3.8.1)(2) により $h_\mu(f^{-1}) = |\chi_1|$ であるから

$$HD(Y_\mu \cap E) = \delta_s + \delta_u < 2.$$

よって $m(Y_\mu \cap E) = 0$ を得る．よって
$$0 < m(\mathbb{T}^2) = m(K \cup (Y_\mu \cap E)) = m(K)$$
であるから
$$HD(K) = 2$$
を得る．(1) が示された．

$\mathrm{Cl}(K) \neq \mathbb{T}^2$ とすると
$$\mathbb{T}^2 \setminus \mathrm{Cl}(K) \subset \mathbb{T}^2 \setminus (\mathbb{T}^2 \setminus (Y_\mu \cap E)) = Y_\mu \cap E.$$
よって $m(Y_\mu \cap E) > 0$ となって矛盾を得る．

(2) を得るために，F は K の $(n, \varepsilon/2)$–集約集合とする．$\mathrm{Cl}(K) = \mathbb{T}^2$ であるから，F は $\mathbb{T}^2$ の (n, ε)–集約集合である．よって
$$h(f, K) = h(f)$$
を得る． □

3.9 エノン写像

$\mathbb{R}^2$ の上の C^2–微分同相写像 $f : \mathbb{R}^2 \to \mathbb{R}^2$ がもつ力学的性質を解析してきた．ところで，2次元系の例に次のタイプの写像
$$f_{a,b}(x, y) = (by,\, 1 - ay^2 - x) \quad ((x, y) \in \mathbb{R}^2)$$
がある．この種の力学系は非一様双曲性の典型的なモデルであって，それが興味の対象になったきっかけはパラメータの値が $(a, b) = (1.4, 0.3)$ のとき，奇妙なアトラクター (strange attractor) が現れることにあった．しかし，強い関心がもたれていながら，この種の力学系，すなわちエノン写像の成果はほとんど得られていない．

エノン写像に対して，簡単にヤコビ行列 (Jacobian)
$$\det(D_{(x,y)} f_{a,b}) = -b$$
が求まる．$b \neq 0$ のとき $f_{a,b}$ は微分同相写像で，その逆写像は
$$f_{a,b}^{-1}(x, y) = (y - 1 + a(b^{-1}x)^2,\, b^{-1}y)$$

と表される．さらに，$a > 0$ であるとき $f_{a,b}$ は $\mathbb{R}^2$ の上に 2 つの不動点をもつ．その不動点を含むコンパクト近傍 B に対して

$$\Lambda_{a,b} = \bigcap_{i=-\infty}^{\infty} f_{a,b}^{-i}(B)$$

は $\Lambda_{a,b} \neq \emptyset$ である．

$\Lambda_{a,b}$ が有限集合であるか，または無限集合であるのかは (a,b) に依存する．$\Lambda_{a,b}$ が有限であれば，測度を用いて解析する必要がなくなる．しかし，$\Lambda_{a,b}$ が無限であるときに実解析は有益である．

$\mu \in \mathcal{E}(\Lambda_{a,b})$ を固定する．μ–a.e. $(x,y) \in \Lambda_{a,b}$ に対して

$$\lim_{n \to \infty} \frac{1}{n} \log |\det(D_{(x,y)} f^n)| = \log |b|.$$

このとき乗法エルゴード定理により，μ に関する $f_{a,b}$ のリャプノフ指数 χ_1, χ_2 が存在して，μ に関する $f_{a,b}$ の正則点 x に対して

$$\log |b| = \chi_1(x) + \chi_2(x) \tag{3.9.1}$$

が成り立つ．よって，$|b|$ の値によってリャプノフ指数が変化する．例えば，μ がエルゴード的であるとき，$0 < |b| < 1$ の場合，μ–a.e. x に対して

(i) $\chi_1 < \chi_2 < 0$,

(ii) $\chi_1 = 0$, または $\chi_2 = 0$,

(iii) $\chi_1 < 0 < \chi_2$

に分類される．

μ がエルゴード的でなければ，エルゴード分解によって，エルゴード的測度を見いだすことができる．そこで，μ はエルゴード的であるとする．μ に関するペシン集合の各点は正則点で，χ_1, χ_2 は μ–a.e. で定数である．このとき

(I) (i) を満たすエルゴード的ボレル確率測度 μ が存在すれば，$\mathrm{Supp}(\mu)$ は有限である（$\sharp \mathrm{Supp}(\mu) < \infty$）．したがって，どのようなエルゴード的測度 μ に対しても $\sharp \mathrm{Supp}(\mu) < \infty$ であれば，位相的エントロピー $h(f) = 0$ である．

(II) すべてのエルゴード的ボレル確率測度で (ii) が成り立つとき，$h(f) = 0$ である（邦書文献 [Ao3]，ルエルの不等式）．

(III) (iii) を満たし $h_\mu(f) = 0$ なるエルゴード的ボレル確率測度 μ が存在する．また，$h_\mu(f) > 0$ であるエルゴード的ボレル確率測度 μ も存在する．

(III) から，パラメータ (a,b) に関して $h(f_{a,b})$ の連続性（関連論文 [Ne1]）は $f_{a,b}$ の解析に有益である．パラメータが $(a,b) = (1,1)$ のとき，$\Lambda_{1,1}$ は馬蹄を含む（邦書文献 [Ao1]）．

1990 年以降において，(III) を満たすパラメータ領域のいくつかの重要な成果が得られている．

注意 3.9.1 U は $\mathbb{R}^2$ の有界な開集合で，$f_{a,b}(U) \subset U$ とする．エノン写像 $f_{a,b}$ において $a \neq 0$ とする．このとき $\mu \in \mathcal{E}(U)$ があって $h_\mu(f_{a,b}) = \chi_2$ を満たすならば $0 < |b| \leq 1$ が成り立つ．

証明 次元公式によって
$$HD(\mu) = h_\mu(f)\left(\frac{1}{\chi_2} + \frac{1}{|\chi_1|}\right) = 1 + \frac{\chi_2}{|\chi_1|} \leq 2$$
であるから，$HD(\mu) = 2$ のとき $\chi_2 = |\chi_1|$ である．(3.9.1) により $\log|b| = 0$，すなわち $|b| = 1$ である．

$HD(\mu) < 2$ のとき，$\chi_2 < |\chi_1|$ である．よって $\log|b| < 0$，すなわち $|b| < 1$ である． □

定理 3.9.2（ベネディクト–カールソン (Benedicks–Carleson)）　(a,b) は $(2,0)$ に近い $\mathbb{R}^2$ の部分集合で，ルベーグ測度正の集合 E が存在する．このとき $(a,b) \in E$ であれば，$f_{a,b}$-不変コンパクト集合 Λ があって

(1) 位相的鉢
$$B(\Lambda) = \{z \in \mathbb{R}^2 \mid f^n(z) \to \Lambda, \ n \to \infty\}$$
は内点をもつ．

(2) 軌道 $\{f^n(z) \mid n \geq 0\}$ が Λ で稠密となる $z \in \Lambda$ が存在し，かつ

(3) $c > 0$ があって $v = \begin{pmatrix} 1 \\ 0 \end{pmatrix} \in \mathbb{R}^2$ に対して
$$\|D_z f^n(v)\| \geq e^{cn} \quad (n \geq 1).$$

定理 3.9.3 (ベネディクト–ビアナ (Benedicks–Viana))　E は上の定理の集合で，Λ は不変コンパクト集合とする．このとき，位相的鉢 $B(\Lambda)$ はエルゴード的鉢 $B(\mu)$ とルベーグ測度の値が 0 である集合を除いて一致する不変ボレル確率測度 μ が存在する．すなわち

$$\lim_{n\to\infty} \frac{1}{n} \sum_{i=0}^{n-1} \varphi(f_{a,b}^i x)$$
$$= \int \varphi d\mu \quad \text{ルベーグ測度–a.e. } x \in B(\Lambda) \quad (\varphi \in C(\Lambda, \mathbb{R}))$$

が成り立つ．

　定理 3.9.3 の不変集合 Λ は μ に関する SRB アトラクターであることを意味している．よって定理 3.1.3 により μ は SRB 測度である．

定理 3.9.4 (ベネディクト–ヤン)　ルベーグ測度が正である $\mathbb{R}^2$ の $(2,0)$ に近い部分集合 E があって，$(a,b) \in E$ に対して $f_{a,b}$ はただ 1 つの SRB 条件を満たす測度 μ をもつ．さらに，$(f_{a,b}, \mu)$ はヘルダー連続関数の空間で相関関数の指数的減衰をもち，中心極限定理を満たす．

　相関関数，指数的減衰，中心極限定理については第 4 章で解説する．
　$(2,0)$ に近いパラメータ (a,b) をもつ $f_{a,b}$ のエルゴード性は明らかにされているが，パラメータ (a,b) が $(1.4, 0.3)$ に近い領域での $f_{a,b}$ の成果は得られていない．
　エノン写像の解析は 1 次元系の知識を必要とする．したがって，ここでは上で述べた内容を，さらに深入りすることを避ける．
　エノン写像 $f_{a,b}$ が $(a,b) = (1,1)$ のとき

$$f_{1,1}(x, y) = (y, 1 - y^2 + x)$$

はある領域で記号力学系 $(Y_2^{\mathbb{Z}}, \sigma)$ と位相共役であることが位相的解析によって示される．
　実際に

$$F(x, y) = (y, A - y^2 - Bx) \quad ((x, y) \in \mathbb{R}^2)$$

は $\mathbb{R}^2$ の上で同相写像である．B を固定して

$$A_0 = -\frac{1 + |B|^2}{4},$$

とおく. $A \geq A_0$ に対して
$$R = \frac{1+|B|+\sqrt{(1+|B|^2)+4A}}{2}$$
を定義し, $\mathbb{R}^2$ の部分集合
$$S = \{(x,y) \in \mathbb{R}^2 \,|\, |x| \leq R,\ |y| \leq R\}$$
を定義する. このとき
$$\Lambda = \bigcap_{j=-\infty}^{\infty} F^j(S)$$
は次の性質をもつ:

$A > A_1$, $0 < |B| \leq 1$ に対して

(1) すべての非遊走点は S に含まれる.

(2) Λ は双曲的集合である.

(3) $F|_\Lambda : \Lambda \to \Lambda$ は推移写像 $\sigma : Y_2^{\mathbb{Z}} \to Y_2^{\mathbb{Z}}$ と位相共役である.

詳細に対して関連論文 [De-Ni], または邦書文献 [Ao1] を参照.

$$A_1 = \frac{(5+2\sqrt{5})(1+|B|^2)}{4}$$

════════ まとめ ════════

$\mathbb{R}^3$ の上の C^2–微分同相写像 f が有界開集合 U に対して, $f(U) \subset U$ を満たすとする.

一般に, ルベーグ測度 m は f–不変とは限らない. m を不変にする例として, トーラスの上の自己同型写像がある. 散逸系である力学系はルベーグ測度を不変にしない. このような力学系を測度を用いて解析するとき, $\mathcal{M}_f(U)$ に含まれる自然な測度と思われる概念を与え, それを観測可能な条件で求める.

$\mu \in \mathcal{M}_f(U)$ とする. 解説を簡単にするために, μ はエルゴード的であると仮定する.

μ が m と同値であるとき, μ は **滑らかな測度** であるという. 一般に μ が m に関して絶対連続 ($\mu \ll m$) であっても, μ は滑らかであるとは限らない.

U の部分集合
$$B(\mu) = \left\{ x \,\middle|\, \lim_{n\to\infty} \frac{1}{n} \delta_{f^i(x)} = \mu \right\}$$

が $m(B(\mu)) > 0$ を満たすとき，μ を**シナイ–ルエル–ボウエン測度（SRB 測度）**という．SRB 測度 μ は必ずしも $\mu \ll m$ を満たすとは限らない．

乗法エルゴード定理を通して，μ に関する f のリャプノフ指数 χ_1, χ_2, χ_3 が存在する．$h_\mu(f) > 0$ のとき，指数 χ_1, χ_2, χ_3 のすべては 0 でない．

$$\chi_1 < 0 < \chi_2 < \chi_3$$

の場合に，μ–a.e. x に対して点 x の安定多様体 $W^s(x)$，不安定多様体 $W^u(x)$，第 1 不安定多様体 $W^3(x)$ が存在する．

ここで，マルコフ分割に対応する不安定多様体に沿う μ–可測分割 ξ^u と呼ばれる分割が構成され，ξ^u に関する条件付き確率測度の標準系 $\{\mu_x^u\}$ が存在する．$W^u(x)$ の上のルベーグ測度を m_x とするとき

$$\mu_x^u \ll m_x \quad \mu\text{–a.e.}\, x$$

を満たす μ を **SRB 条件**をもつという．

自然な不変ボレル確率測度として，滑らかな測度，絶対連続な測度，SRB 測度，SRB 条件をもつ測度の 4 つの概念を与えた．SRB 測度と SRB 条件をもつ測度は双曲型であればいずれの測度も完全次元測度である．

SRB 条件にはエルゴード性の仮定は必要としない．SRB 条件をもつ測度に関するペシン集合は可算個のエルゴード的領域に分割され，さらに各エルゴード的領域は完全正のエントロピーをもつ互いに共通部分のない有限個の部分集合に分割される．本書ではふれなかったけれども，双曲型測度による完全正のエントロピーをもつ部分集合の上で力学系はベルヌーイ (Bernoulli) 系であることが明らかにされている（関連論文 [L2]）．よって，その系は中心極限定理を満たす．

しかし，ベルヌーイ系の証明は容易ではないことから，直接相関関数の指数的減衰を求めるリベラーニの方法がある．この方法は一様双曲性の場合に適用されているが，非一様双曲性の場合には適用できるか否かは示されていない（詳細に対しては第 4, 5 章を参照）．

この章は洋書文献 [Ba-Pe]，関連論文 [L-Str], [L-Yo1], [L-Yo2], [Hu-Yo], [Pe] を参考にして書かれた．

第4章 拡大写像のエルゴード的性質

　この章では，拡大写像の相関関数の減衰を話題にする．そこで，しばらくの間拡大写像のもつ性質を解説する．
　$X \subset \mathbb{R}^n$ はコンパクト集合とする．連続写像 $f : X \to X$ が**拡大写像** (expanding map) であるとは，f は局所同相写像 (local homeomorphism) ($r_0 > 0$ があって，$x \in X$ に対して $f_{|B(x,r_0)} : B(x,r_0) \to f(B(x,r_0))$ が同相写像) であって，かつ $b \geq a > 1$ と $r_0 > 0$ が存在して

$$B(f(x), ar) \subset f(B(x,r)) \subset B(f(x), br) \quad (x \in X,\ 0 < r \leq r_0)$$

が成り立つことである．
　よって，f は局所的に両側リプシッツ連続である．拡大写像 $f : X \to X$ はマルコフ分割をもつ．すなわち，X の有限分割 $\mathcal{R} = \{R_1, \cdots, R_p\}$ が次の (a),(b),(c) を満たすように存在する：

(a) 　各 R_i は $\mathrm{Cl}(\mathrm{int}(R_i)) \supset R_i$ を満たす．

(b) 　$\mathrm{int}(R_i) \cap \mathrm{int}(R_j) = \emptyset \quad (i \neq j)$.

(c) 　$f(R_i)$ は R_j の和集合である．

マルコフ分割の各集合の直径はいくらでも小さく選ぶことができる．
　$p \times p$–行列 $A = (a_{ij})$ の各成分は

$$\mathrm{int}(R_i) \cap f^{-1}\mathrm{int}(R_j) \neq \emptyset \Longrightarrow a_{ij} = 1,$$
$$\mathrm{int}(R_i) \cap f^{-1}\mathrm{int}(R_j) = \emptyset \Longrightarrow a_{ij} = 0$$

を満たしているとする．$A = (a_{ij})$ を**構造行列** (structure matrix) という．この

とき
$$\Sigma_A^+ = \{x = (x_i) \in Y_p^{\mathbb{N}} | a_{x_i x_{i+1}} = 1,\ i \in \mathbb{N}\}$$
とおき，片側マルコフ推移写像 $\sigma : \Sigma_A^+ \to \Sigma_A^+$ が定義される．ここに $Y_p = \{1,\cdots,p\}$ である．

$i_0,\cdots,i_n \in Y_p$ に対して
$$R_{i_0\cdots i_n} = \mathrm{Cl}(\mathrm{int}(R_{i_0}) \cap f^{-1}\mathrm{int}(R_{i_1}) \cap \cdots \cap f^{-n}\mathrm{int}(R_{i_n}))$$
とおく．このとき，$\omega = (i_k) \in \Sigma_A^+$ に対して
$$h(\omega) = \bigcap_{n>0} R_{i_0\cdots i_n}$$
によって，連続写像 $h : \Sigma_A^+ \to X$ が定義され，$h(\Sigma_A^+) = X$ であって，かつ

$$\begin{array}{ccc} \Sigma_A^+ & \xrightarrow{\sigma} & \Sigma_A^+ \\ h\downarrow & & \downarrow h \\ X & \xrightarrow{f} & X \end{array} \qquad h\circ\sigma = f\circ h$$

が成り立つ．$f : X \to X$ が位相混合的であれば，$\sigma : \Sigma_A^+ \to \Sigma_A^+$ も同様に位相混合的である．

位相混合的マルコフ推移写像 $\sigma : \Sigma_A^+ \to \Sigma_A^+$ に対してヘルダー連続な関数族 $\mathcal{F}_A$ に属する関数に対してギブス (Gibbs) 測度 μ が見いだされ，$\mathcal{F}_A$ の上に μ に関する相関関数の指数的減衰が示される（邦書文献 [Ao3], 1.2 節）．このことにより $(\Sigma_A^+, \sigma, \mu)$ のベルヌーイ性，さらに中心極限定理を得る．

分割 $\mathcal{R}$ の各 R_i の境界を $\partial R_i = \mathrm{Cl}(R_i) \setminus \mathrm{int}(R_i)$ で表し，$\partial \mathcal{R} = \bigcup_i \partial R_i$ とおく．このとき，$Y = X \setminus \bigcup_{i=0}^{\infty} f^{-i}(\partial \mathcal{R})$ に対して $h : h^{-1}(Y) \to Y$ は 1 対 1 である．

M は閉多様体 (コンパクト，連結，境界をもたない多様体) として，$f : M \to M$ は微分可能な写像とする．M は十分に大きな $m > 0$ に対して，$M \subset \mathbb{R}^m$ と見ることができる．$f(J) = J$ を満たす M の部分集合 J に対して，J は **リペラー** (repeller) であるとは，次の (d), (e) を満たすことである:

(d) $C > 0,\ \lambda > 1$ であって
$$\|D_x f^n(v)\| \geq C\lambda^n \|v\| \quad (x \in J,\ v \in T_x M,\ n \geq 0),$$

(e) J を含む開集合 V があって

$$J = \{x \in V \mid f^n(x) \in V, \ n \geq 0\}.$$

ここに $\|\cdot\|$ は $\mathbb{R}^m$ の通常のノルムを表す.

明らかに，$f_{|J}$ は局所同相写像である．$f_{|J}$ は J でマルコフ分割をもつから，$(J, f_{|J})$ は片側マルコフ推移写像 (Σ_A^+, σ) をモデルにもつ．すなわち，連続写像 $h : \Sigma_A^+ \to J$ があって，$\sigma \circ h = f_{|J} \circ h$ が成り立つ．

J はリペラーであるから，変分原理によって $h(f) = h_\mu(f)$ を満たす f–不変ボレル確率測度 μ をもつ．一方において，マルコフ分割 $\mathcal{R}$ の各集合はいくらでも小さい直径をもつことから，それらの境界の μ–測度の値が零であるように直径を決めることができる．よって，$\nu = \mu \circ h^{-1}$ とおくと $(\Sigma_A^+, \sigma, \nu)$ と (J, f, μ) は同型である．

拡大写像の基本的な例として，$A : \mathbb{R}^2 \to \mathbb{R}^2$ は $A(\mathbb{Z}^2) \subset \mathbb{Z}^2$ を満たす線形写像とする．このとき，2 次元トーラス $M = \mathbb{R}^2 / \mathbb{Z}^2$ の上に $f \circ \pi = \pi \circ A$ を満たすように f を導くことができる．ここに，$\pi : \mathbb{R}^2 \to M$ は自然な射影である．

A のすべての固有値が 1 よりも大きい絶対値をもつとき，f は拡大写像である．明らかに，定数 $\lambda > 1$ の存在は f をわずかに C^1–摂動してもその摂動によって得られる写像の定数 λ は 1 よりも大きい．よって，f に十分に近い M の滑らかな写像は拡大写像である．

拡大写像 f のエルゴード的性質は，それに対応するペロン–フロベニウス作用素のスペクトルの性質から導かれる．このような作用素は都合の良い関数 $\varphi : M \to \mathbb{R}$ の族の上で次の形で定義される：

$$(\mathcal{L}\varphi)(y) = \sum_{f(x)=y} \frac{\varphi(x)}{|\det(D_x f)|}.$$

よって，積分が存在するときに

$$\int (\mathcal{L}\varphi)\psi \, dm = \int \varphi (U\psi) \, dm$$

が成り立つ．ここに，$(U\psi)(x) = \psi(f(x))$ であって m は M の上のルベーグ測度である．

$\mathcal{L}$ の不動点は絶対連続な f–不変測度に関係していることを意味する．実際に，$\varphi_0 \in L^1(m)$ が $\mathcal{L}\varphi_0 = \varphi_0$ を満たすとする．このとき，$\mu_0 = \dfrac{\varphi_0 m}{\int \varphi_0 dm}$ は f–不変確率測度であって，$\mu_0 \ll m$ である．逆に，有限な f–不変測度 μ_0 が m に関して絶対連続であれば，$\varphi_0 = \dfrac{d\mu_0}{dm}$ は $\mathcal{L}\varphi_0 = \varphi_0$ を満たす．

このような不動点を見いだすために，ボウエン（洋書文献 [Bo]）は拡大写像を位相混合的な片側マルコフ推移写像に表現して，ペロン–フロベニウス作用素を用いて，その不動点としてギブス測度を見いだしている．

しかし，この章では記号力学系を用いずに（一様）双曲的アトラクターにも適用可能な方法を導入して不動点を見いだす．新しい方法とはベクトル空間に含まれる凸状円すい形の上に存在する射影距離関数を用いることである．

最初に実線形空間の凸状円すい形と射影距離関数 θ の主な性質を述べ，ヘルダー連続関数のなす空間に $L(C) \subset C$ を満たす線形作用素 L と円すい形 C を構成する．$L : C \to C$ は射影距離関数 θ に関して縮小的であることを示す．縮小性はボレル確率測度の存在を明らかにする．それによってヘルダー連続関数の空間の上で相関関数の指数的減衰を導くことができる．

このことから，(f, μ_0) に対して中心極限定理が保証される．さらに，ランダム摂動の枠組みの中で，測度的安定性を見ることもできる．

4.1 円すい形と射影距離

力学系を測度論的に解析を進めるためには，ヘルダー連続関数からなる実線形空間の上にペロン–フロベニウス作用素を与え，その作用素を不変にする関数を見いだし，それを密度関数にもつ測度を構成する．これが都合の良い確率測度（滑らかな測度）である．このような測度を見いだすために，この節を準備した．内容は次章，さらに [Ao4] にも影響を与える．

$\mathbb{E}$ は実線形空間とする．$C \subset \mathbb{E} \setminus \{o\}$ が **円すい形** (cone) であるとは，$v \in C$, $t > 0$ に対して，$tv \in C$ が成り立つことである．円すい形 C が **凸状** (convex) であるとは，$v_1, v_2 \in C$, $t_1, t_2 > 0$ に対して，$t_1 v_1 + t_2 v_2 \in C$ を満たしているときをいう．

C の閉包 $\mathrm{Cl}(C)$ を次のように定義する：
$w \in \mathbb{E}$ が $w \in \mathrm{Cl}(C)$ であるためには $v \in C$ と $t_n \searrow 0$ を満たす t_n があって $w + t_n v \in C$ ($n \geq 1$) が成り立つことである．

以後において，C は凸状円すい形として

$$\mathrm{Cl}(C) \cap \mathrm{Cl}(-C) = \{o\} \qquad (4.1.1)$$

を仮定する（図 4.1.1）．

$v_1, v_2 \in C$ に対して

$$\alpha(v_1, v_2) = \sup\{t > 0 \mid v_2 - tv_1 \in C\},$$

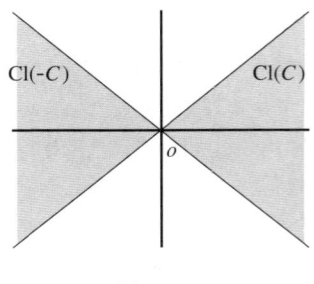

図 4.1.1

$$\beta(v_1, v_2) = \inf\{s > 0 \mid sv_1 - v_2 \in C\}$$

を定義する（図 4.1.2）．空集合 $\emptyset$ である場合に，$\sup \emptyset = 0$, $\inf \emptyset = \infty$ とする．

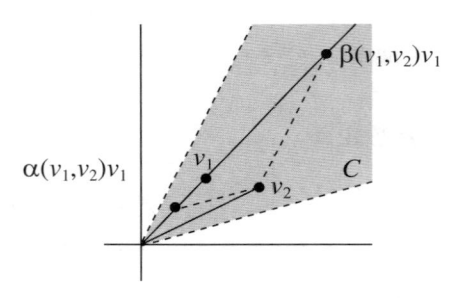

図 4.1.2

注意 4.1.1 $\alpha(v_1, v_2) \leq \beta(v_1, v_2)$ が成り立つ．

証明 $v_2 - tv_1$, $sv_1 - v_2$ が C の点であるとする．このとき，C は凸状であるから

$$(s - t)v_1 = (sv_1 - v_2) + (v_2 - tv_1) \in C$$

である．よって (4.1.1) により，$s - t \geq 0$ である． □

注意 4.1.2 $\alpha(v_1, v_2) < \infty$, $\beta(v_1, v_2) > 0$ である．

証明 $\alpha(v_1, v_2) = \infty$ ならば，$v_2 - t_n v_1 \in C$ $(n \geq 1)$, $t_n \nearrow \infty$ を満たす t_n が存在する．よって，$\tilde{t}_n v_2 - v_1 \in C$ $(n \geq 1)$, $\tilde{t}_n \searrow 0$ を満たす $\tilde{t}_n$ が存在する．ゆえに，$-v_1 \in \mathrm{Cl}(C)$ である．これは (4.1.1) に反する．

$\beta(v_1, v_2) = 0$ ならば,$s_n v_1 - v_2 \in C$ $(n \geq 1)$,$s_n \searrow 0$ を満たす s_n が存在する.よって,$-v_2 \in \mathrm{Cl}(C)$ である.(4.1.1) に反する. □

$v_1, v_2 \in C$ に対して

$$\theta(v_1, v_2) = \log \frac{\beta(v_1, v_2)}{\alpha(v_1, v_2)}$$

とおく.特に,$\alpha(v_1, v_2) = 0$,または $\beta(v_1, v_2) = \infty$ のとき,$\theta(v_1, v_2) = \infty$ とする.よって $\theta(\cdot, \cdot)$ は $[0, \infty]$ の上に値をもつ 2 変数関数 $\theta : C \times C \to [0, \infty]$ である.

命題 4.1.3 次の (1), (2), (3) が成り立つ:

(1) $\theta(v_1, v_2) = \theta(v_2, v_1)$,

(2) $\theta(v_1, v_2) + \theta(v_2, v_3) \geq \theta(v_1, v_3)$,

(3) $\theta(v_1, v_2) = 0 \iff v_1 = tv_2$ を満たす $t > 0$ が存在する.

証明 (1) の証明:$\alpha(v_2, v_1) = \beta(v_1, v_2)^{-1}$ が成り立つ.実際に

$$\begin{aligned}\alpha(v_2, v_1) &= \sup\{t > 0 \,|\, v_1 - tv_2 \in C\} \\&= \sup\left\{\frac{1}{s} \,\Big|\, sv_1 - v_2 \in C\right\} \\&= (\inf\{s > 0 \,|\, sv_1 - v_2 \in C\})^{-1} \\&= \beta(v_1, v_2)^{-1}.\end{aligned}$$

同様に,$\beta(v_2, v_1) = \alpha(v_1, v_2)^{-1}$ が求まる.よって

$$\theta(v_1, v_2) = \log \frac{\beta(v_1, v_2)}{\alpha(v_1, v_2)} = \log \frac{\beta(v_2, v_1)}{\alpha(v_2, v_1)} = \theta(v_2, v_1).$$

(2) の証明:$\alpha(v_1, v_2)\alpha(v_2, v_3) \leq \alpha(v_1, v_3)$ を示せば十分である.$\alpha(v_1, v_2) = 0$ または $\alpha(v_2, v_3) = 0$ のときは明らかであるから,$\alpha(v_1, v_2) > 0$,$\alpha(v_2, v_3) > 0$ の場合に証明を与えれば十分である.$n \geq 1$ に対して

$$\begin{aligned}v_2 - r_n v_1 \in C, \quad r_n \nearrow \alpha(v_1, v_2) \\v_3 - s_n v_2 \in C, \quad s_n \nearrow \alpha(v_2, v_3)\end{aligned}$$

を満たす r_n, s_n が存在する. よって
$$v_3 - s_n r_n v_1 = (v_3 - s_n v_2) + s_n(v_2 - r_n v_1) \in C \quad (n \geq 1).$$
このことから, $s_n r_n \leq \alpha(v_1, v_3)$ $(n \geq 1)$ である. よって
$$\alpha(v_1, v_2)\alpha(v_2, v_3) \leq \alpha(v_1, v_3).$$
(1) により
$$\begin{aligned}\beta(v_1, v_2)\beta(v_2, v_3) &= \alpha(v_2, v_1)^{-1}\alpha(v_3, v_2)^{-1} \\ &= \{\alpha(v_2, v_1)\alpha(v_3, v_2)\}^{-1} \\ &\geq \alpha(v_3, v_1)^{-1} \\ &= \beta(v_1, v_3)\end{aligned}$$
であるから
$$\begin{aligned}\theta(v_1, v_2) + \theta(v_2, v_3) &= \log \frac{\beta(v_1, v_2)}{\alpha(v_1, v_2)} \frac{\beta(v_2, v_1)}{\alpha(v_2, v_3)} \\ &\geq \log \frac{\beta(v_1, v_3)}{\alpha(v_1, v_3)} \\ &= \theta(v_1, v_3).\end{aligned}$$

(3) の証明: $t > 0$ があって, $v_1 = tv_2$ ならば, $\alpha(v_1, v_2) = \beta(v_1, v_2) = \dfrac{1}{t}$ である. よって
$$\theta(v_1, v_2) = \log \frac{\beta(v_1, v_2)}{\alpha(v_1, v_2)} = 0.$$
逆に, $\theta(v_1, v_2) = 0$ ならば, $\alpha(v_1, v_2) = \beta(v_1, v_2) = r \in (0, \infty)$ が成り立つ. よって, $v_2 - t_n v_1 \in C$, $t_n \nearrow r$ を満たし, $s_n v_1 - v_2 \in C$, $s_n \searrow r$ を満たす t_n, s_n が存在する. よって
$$v_2 - rv_1, \; rv_1 - v_2 \in \mathrm{Cl}(C).$$
すなわち $v_2 = rv_1$ である. □

$\theta(\cdot, \cdot)$ を凸状円すい形 C の上の**射影距離関数** (projective metric function) という.

注意 4.1.4 凸状円すい形 C_1, C_2 が $C_1 \subset C_2$ を満たし，$\theta_i(\cdot, \cdot)$ は C_i の上の射影距離関数とする $(i = 1, 2)$. このとき

$$\theta_1(v_1, v_2) \geq \theta_2(v_1, v_2) \qquad (v_1, v_2 \in C_1)$$

が成り立つ.

証明 $\theta_i(v_1, v_2) = \log \dfrac{\beta_i(v_1, v_2)}{\alpha_i(v_1, v_2)}$ $(i = 1, 2)$ とするとき，$v_1, v_2 \in C_1$ に対して

$$\alpha_1(v_1, v_2) \leq \alpha_2(v_1, v_2), \qquad \beta_1(v_1, v_2) \geq \beta_2(v_1, v_2)$$

であるから結論を得る. □

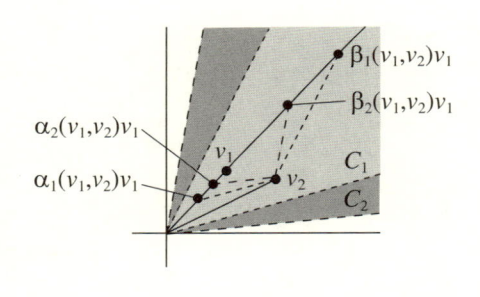

図 4.1.3

注意 4.1.5 $i = 1, 2$ に対して，$\mathbb{E}_i$ は実線形空間とし，C_i は $\mathbb{E}_i$ に含まれる凸状円すい形とする．$L : \mathbb{E}_1 \to \mathbb{E}_2$ は $L(C_1) \subset C_2$ を満たす線形写像とする．このとき，C_i の上の射影距離関数 $\theta_i(\cdot, \cdot)$ は

$$\theta_1(v_1, v_2) \geq \theta_2(L(v_1), L(v_2)) \qquad (v_1, v_2 \in C_1)$$

を満たす.

証明 $v_1, v_2 \in C_1$ に対して

$$\begin{aligned}
\alpha_1(v_1, v_2) &= \sup\{t > 0 \,|\, v_2 - tv_1 \in C_1\} \\
&\leq \sup\{t > 0 \,|\, L(v_2 - tv_1) \in C_2\} \\
&= \sup\{t > 0 \,|\, L(v_2) - tL(v_1) \in C_2\} \\
&= \alpha_2(L(v_1), L(v_2))
\end{aligned}$$

が成り立つ．さらに

$$\begin{aligned}\beta_1(v_1, v_2) &= \alpha_1(v_2, v_1)^{-1} \\ &\geq \alpha_2(L(v_2), L(v_1))^{-1} \\ &= \beta_2(L(v_1), L(v_2))\end{aligned}$$

が成り立つ．よって結論を得る． □

次の命題は，以後において重要な役割を果たす：

命題 4.1.6 $D = \sup\{\theta_2(L(v_1), L(v_2)) | v_1, v_2 \in C_1\}$ とおく．$0 < D < \infty$ を仮定するとき

$$\theta_2(L(v_1), L(v_2)) \leq (1 - e^{-D})\theta_1(v_1, v_2) \qquad (v_1, v_2 \in C_1)$$

が成り立つ．

証明 $\alpha_1(v_1, v_2) = 0$ または $\beta_1(v_1, v_2) = \infty$ であれば，$\theta_1(v_1, v_2) = \infty$ であって命題の結論を得る．$\alpha_1(v_1, v_2) > 0$，$\beta_1(v_1, v_2) < \infty$ の場合に証明を与えれば十分である．

次を満たす実数列 t_n, s_n が存在する：

$$t_n \nearrow \alpha_1(v_1, v_2), \quad v_2 - t_n v_1 \in C_1, \quad s_n \searrow \beta_1(v_1, v_2), \quad s_n v_1 - v_2 \in C_1.$$

仮定により，$n \geq 1$ に対して

$$\theta_2(L(v_2 - t_n v_1), L(s_n v_1 - v_2)) \leq D.$$

よって

$$\lim_{n \to \infty} \log \frac{S_n}{T_n} \leq D$$

を満たす T_n, S_n があって

$(s_n + t_n T_n)L(v_1) - (1 + T_n)L(v_2) = L(s_n v_1 - v_2) - T_n L(v_2 - t_n v_1) \in C_2,$
$(1 + S_n)L(v_2) - (s_n + t_n S_n)L(v_1) = S_n L(v_2 - t_n v_1) - L(s_n v_1 - v_2) \in C_2$

が成り立つ．よって

$$\frac{s_n + t_n T_n}{1 + T_n}L(v_1) - L(v_2) \in C_2, \quad L(v_2) - \frac{s_n + t_n S_n}{1 + S_n}L(v_1) \in C_2.$$

このことから
$$\alpha_2(L(v_1), L(v_2)) \geq \frac{s_n + t_n S_n}{1 + S_n},$$
$$\beta_2(L(v_1), L(v_2)) \leq \frac{s_n + t_n T_n}{1 + T_n}.$$

一方において，$b > 0$ に対して
$$\int_0^a \frac{e^x}{e^x + b} dx = \int_{1+b}^{e^a + b} y^{-1} dy = \log(e^a + b) - \log(1 + b)$$

であるから
$$\int_0^{\log \frac{s_n}{t_n}} \frac{e^x}{e^x + T_n} dx = \log\left(\frac{s_n}{t_n} + T_n\right) - \log(1 + T_n),$$
$$\int_0^{\log \frac{s_n}{t_n}} \frac{e^x}{e^x + S_n} dx = \log\left(\frac{s_n}{t_n} + S_n\right) - \log(1 + S_n).$$

ゆえに
$$\begin{aligned}
\theta_2(L(v_1), L(v_2)) &= \log \frac{\beta_2(L(v_1), L(v_2))}{\alpha_2(L(v_1), L(v_2))} \\
&\leq \log\left(\frac{s_n + t_n T_n}{1 + T_n} \cdot \frac{1 + S_n}{s_n + t_n S_n}\right) \\
&= \log\left(\frac{\frac{s_n}{t_n} + T_n}{1 + T_n} \cdot \frac{1 + S_n}{\frac{s_n}{t_n} + S_n}\right) \\
&= \int_0^{\log \frac{s_n}{t_n}} \left(\frac{e^x}{e^x + T_n} - \frac{e^x}{e^x + S_n}\right) dx \\
&\leq \left(\log \frac{s_n}{t_n}\right) \sup_{x > 0} \left\{e^x \left(\frac{1}{e^x + T_n} - \frac{1}{e^x + S_n}\right)\right\} \\
&\leq \left(\log \frac{s_n}{t_n}\right) \cdot \frac{S_n - T_n}{S_n} \\
&= \left(\log \frac{s_n}{t_n}\right)\left(1 - \frac{T_n}{S_n}\right).
\end{aligned}$$

$n \to \infty$ とすれば
$$\begin{aligned}
\theta_2(L(v_1), L(v_2)) &\leq \log \frac{\beta_1(v_1, v_2)}{\alpha_1(v_1, v_2)} (1 - e^{-D}) \\
&= (1 - e^{-D}) \theta_1(v_1, v_2).
\end{aligned}$$
□

次の節において，命題 4.1.6 が用いられる．そのとき，$D > 0$ が有限であることを示すために，ヘルダー連続関数の族に含まれる円すい形を用いる．

注意 4.1.7 $\mathbb{E} = \mathbb{R}^2$, $C = \{(x,y) \in \mathbb{R}^2 \,|\, y > |x|\}$ として，$(-1,1) \times \{1\}$ と $(-1,1)$ を同一視する．$-1 < x_1 \le 0 \le x_2 < 1$ に対して，$\alpha(x_1, x_2)$ と $\beta(x_1, x_2)$ は次のように定義される：

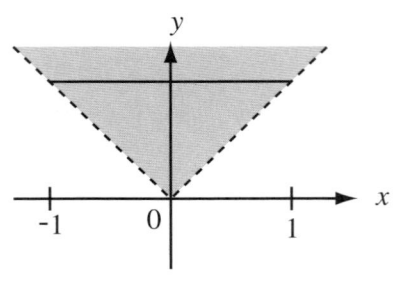

図 4.1.4

$$\alpha(x_1, x_2) = \sup\{t > 0 \,|\, (x_2, 1) - t(x_1, 1) \in C\}$$
$$= \sup\{t > 0 \,|\, 1 - t > x_2 - tx_1, \text{ かつ } 1 - t > tx_1 - x_2\}$$
$$= \frac{1 - x_2}{1 - x_1}.$$

同様にして，$\beta(x_1, x_2) = \dfrac{1 + x_2}{1 + x_1}$ が成り立つ．よって

$$\theta(x_1, x_2) = \log \frac{1 + x_2}{1 + x_1} \cdot \frac{1 - x_1}{1 - x_2}.$$

同一視された $(-1,1)$ の上で θ は $x_1 \to -1$，$x_2 \to 1$ のとき $\theta(x_1, x_2) \to \infty$ である．

注意 4.1.8 X はコンパクト距離空間として，$C(X, \mathbb{R})$ は X の上の実数値連続関数からなる線形空間とする．$C(X, \mathbb{R})$ に含まれる凸状円すい形

$$C_+ = \{\varphi \in C(X, \mathbb{R}) \,|\, \varphi(x) > 0 \ (x \in X)\}$$

を定義する．$\varphi_1, \varphi_2 \in C_+$ に対して

$$\alpha(\varphi_1, \varphi_2) = \sup\{t > 0 \,|\, (\varphi_2 - t\varphi_1)(x) > 0 \ (x \in X)\}$$
$$= \inf\left\{\frac{\varphi_2(x)}{\varphi_1(x)} \,\bigg|\, x \in X\right\},$$
$$\beta(\varphi_1, \varphi_2) = \sup\left\{\frac{\varphi_2(x)}{\varphi_1(x)} \,\bigg|\, x \in X\right\}$$

とおき，C_+ の上に射影距離関数 $\theta_+(\cdot,\cdot)$ を

$$\theta_+(\varphi_1,\varphi_2) = \log \frac{\beta(\varphi_1,\varphi_2)}{\alpha(\varphi_1,\varphi_2)}$$

によって定義する．このとき

$$\theta_+(\varphi_1,\varphi_2) = \log\sup\left\{\left.\frac{\varphi_2(x)\varphi_1(y)}{\varphi_1(x)\varphi_2(y)}\,\right|\, x,y \in X\right\}.$$

注意 4.1.9 X はコンパクト距離空間として

$$C(a,\nu) = \{\varphi \in C(X,\mathbb{R})\,|\,\varphi(x) > 0\ (x \in X),\ \log\varphi\ \text{は}\ (a,\nu)\text{-ヘルダー連続}\}$$

とおく．このとき

$$\varphi \in C(a,\nu) \iff \varphi > 0,\ \exp\{-ad(x,y)^\nu\} \leq \frac{\varphi(x)}{\varphi(y)} \leq \exp\{ad(x,y)^\nu\}$$
$$(x,y \in X)$$

が成り立ち，$C(a,\nu)$ は凸状円すい形である．

証明 最初の命題は明らかである．$C(a,\nu)$ が円すい形であることも明らかである．凸状であることは，$\varphi_1,\varphi_2 \in C(a,\nu),\ t_1,t_2 > 0$ に対して

$$\exp\{-ad(x,y)^\nu\} \leq \frac{t_1\varphi_1(x) + t_2\varphi_2(x)}{t_1\varphi_1(y) + t_2\varphi_2(y)} \leq \exp\{ad(x,y)^\nu\} \quad (x,y \in X)$$

から導かれる． $\square$

$\varphi_1,\varphi_2 \in C(a,\nu)$ に対して，$\alpha(\varphi_1,\varphi_2),\ \beta(\varphi_1,\varphi_2)$ を次のように定義する：

$$\alpha(\varphi_1,\varphi_2)$$
$$= \inf\left\{\left.\frac{\varphi_2(x)}{\varphi_1(x)},\frac{\exp\{ad(x,y)^\nu\}\varphi_2(x) - \varphi_2(y)}{\exp\{ad(x,y)^\nu\}\varphi_1(x) - \varphi_1(y)}\,\right|\, x,y \in X\ (x \neq y)\right\},$$
$$\beta(\varphi_1,\varphi_2)$$
$$= \sup\left\{\left.\frac{\varphi_2(x)}{\varphi_1(x)},\frac{\exp\{ad(x,y)^\nu\}\varphi_2(x) - \varphi_2(y)}{\exp\{ad(x,y)^\nu\}\varphi_1(x) - \varphi_1(y)}\,\right|\, x,y \in X\ (x \neq y)\right\}.$$

このとき

$$(\varphi_2 - t\varphi_1)(x) > 0 \iff t < \frac{\varphi_2(x)}{\varphi_1(x)}$$

であって

$$\frac{(\varphi_2 - t\varphi_1)(x)}{(\varphi_2 - t\varphi_1)(y)} \leq \exp\{ad(x,y)^\nu\}$$
$$\iff t[\exp\{ad(x,y)^\nu\}\varphi_1(y) - \varphi_1(x)] \leq \exp\{ad(x,y)^\nu\}\varphi_2(y) - \varphi_2(x)$$
$$\iff t \leq \frac{\exp\{ad(x,y)^\nu\}\varphi_2(y) - \varphi_2(x)}{\exp\{ad(x,y)^\nu\}\varphi_1(y) - \varphi_1(x)}$$

が成り立つ.

$C(a,\nu)$ の上の射影距離関数 θ を

$$\theta(\varphi_1, \varphi_2) = \log \frac{\beta(\varphi_1, \varphi_2)}{\alpha(\varphi_1, \varphi_2)}$$

によって与える. C_+, θ_+ は注意 4.1.8 の凸状円すい形と射影距離関数とする. このとき, $C(a,\nu) \subset C_+$ であるから, 注意 4.1.4 により $\theta_+ \leq \theta$ が成り立つ.

注意 4.1.10 2 次元トーラス $\mathbb{T}^2$ から $\mathbb{R}$ への C^1-級関数からなる線形空間を $C^1(\mathbb{T}^2, \mathbb{R})$ と表し, C^1-位相を導入する. このとき

$$C = \{\varphi \in C^1(\mathbb{T}^2, \mathbb{R}) \,|\, \varphi(x) > 0 \; (x \in \mathbb{T}^2)\}$$

は円すい形で, 注意 4.1.8 の $\alpha, \beta, \theta(\cdot, \cdot)$ が C の上に与えられる. $\varphi : \mathbb{T}^2 \to \mathbb{R}$ は連続であって, $\varphi(x) > 0 \; (x \in \mathbb{T}^2)$ であるが, C^1-級でないとする. C に属する φ_n によって, $\{\varphi_n\}$ は φ に一様収束すると仮定する. このとき, $\{\varphi_n\}$ は C の上の θ に関してコーシー列であるが, 収束はしない.

4.2 拡大写像とペロン–フロベニウス作用素

2 次元トーラス $\mathbb{T}^2$ はコンパクト連結距離空間である. その距離関数を d で表す. $f : \mathbb{T}^2 \to \mathbb{T}^2$ は同相写像であるとし, $F : \mathbb{R}^2 \to \mathbb{R}^2$ は連続写像であるとする. 自然な射影 $\pi : \mathbb{R}^2 \to \mathbb{T}^2$ に対して $\pi \circ F = f \circ \pi$ を満たすとき, F は f の**持ち上げ** (lift) であるという. このとき F は同相写像である (邦書文献 [Ao1]). トーラスの上の同相写像の持ち上げの存在定理とその証明は洋書文献 [Ao-Hi] に与えられている.

同相写像 $f : \mathbb{T}^2 \to \mathbb{T}^2$ の持ち上げ $F : \mathbb{R}^2 \to \mathbb{R}^2$ の存在は一意的でない. しかし, F_1, F_2 は f の持ち上げとするとき, $F_1(x) = F_2(x) + l$ を満たす $l \in \mathbb{Z}^2$ が $x \in \mathbb{T}^2$ に依存しないで存在する. ここに $\mathbb{Z}^2$ は $\mathbb{R}^2$ の整数座標の集合を表す.

4.2 拡大写像とペロン–フロベニウス作用素

同相写像 $f : \mathbb{T}^2 \to \mathbb{T}^2$ が**微分可能** (differentiable) であるとは，$F : \mathbb{R}^2 \to \mathbb{R}^2$ が微分可能であることである．F の微分が連続微分可能であるときに，$f : \mathbb{T}^2 \to \mathbb{T}^2$ は**連続微分可能** (continuously differentiable) であるという．

$f : \mathbb{T}^2 \to \mathbb{T}^2$ が**微分同相写像** (diffeomorphism) であるとは，f は同相写像であって f と f^{-1} が連続微分可能であるときをいう．r は自然数または ∞ として，$f : \mathbb{T}^2 \to \mathbb{T}^2$ が C^r**–微分同相写像** (diffeomorphism of class C^r) であるとは，f は同相写像であって，f, f^{-1} が r 回連続微分可能であるときをいう．

$f : \mathbb{T}^2 \to \mathbb{T}^2$ は微分写像とする．$\mathbb{T}^2$ の直径は $\operatorname{diam}(\mathbb{T}^2) \leq 1$ であって，$\mathbb{T}^2$ のルベーグ測度 m の値は $m(\mathbb{T}^2) = 1$ とする．f は**局所微分同相写像** (local diffeomorphism) であるとは，次を満たすことである：

(1) $f : \mathbb{T}^2 \to \mathbb{T}^2$ は微分写像である．

(2) $\lambda > 0, \theta > 0$ と $k > 1$ があって，直径 $\operatorname{diam}(D) \leq \lambda$ をもつ部分集合 D は次を満たす：

   (i) $f^{-1}(D) = D_1 \cup \cdots \cup D_k$,

   (ii) $f(D_i) = D \quad (1 \leq i \leq k)$,

   (iii) $i \neq j$ のとき，$d(x, y) \geq 2\theta \quad (x \in D_i, y \in D_j)$,

   (iv) $\eta > 0$ に対して，$0 < \varepsilon < \lambda$ があって $\operatorname{diam}(D) < \varepsilon$ のとき，$\operatorname{diam}(D_i) \leq \eta \ (1 \leq i \leq k)$.

(3) $f_{|D_i} : D_i \to D \ (1 \leq i \leq k)$ は微分同相写像である．

微分写像 $f : \mathbb{T}^2 \to \mathbb{T}^2$ が**拡大** (expanding) であるとは，$\mathbb{T}^2$ の各点 x で

$$\|D_x f(v)\| > \|v\| \quad (v \in \mathbb{R}^2)$$

を満たすリーマン計量 $\|\cdot\|$ が存在することである．$\mathbb{T}^2$ はコンパクトであるから，$\sigma > 1$ があって $\|D_x f\| > \sigma \ (x \in \mathbb{T}^2)$ が成り立つ．σ を f の**拡大定数** (expansive constant) という．

d は $\|\cdot\|$ によって導入された $\mathbb{T}^2$ の上の距離関数とする．

注意 4.2.1 2 次元トーラス $\mathbb{T}^2$ の上に

$$f(x, y) = (mx + ny + \varepsilon\varphi(x, y), \ px + qy + \varepsilon\psi(x, y)) \pmod{1}$$

によって $f : \mathbb{T}^2 \to \mathbb{T}^2$ を与え，次の (1), (2), (3), (4) を満たすとする：

(1) m, n, p, q 整数とする，

(2) 行列 $\begin{pmatrix} m & n \\ p & q \end{pmatrix}$ の固有値は実数であって，それらの絶対値は 1 よりも大きい，

(3) φ と ψ は $\varphi(x,y) = \varphi(x+w, y+w)$, $\psi(x,y) = \psi(x+w, y+w)$ $(x, y \in \mathbb{T}^2, w \in \mathbb{Z})$ を満たす $\mathbb{R}^2$ の上の C^2-関数とする，

(4) ε は正の実数とする．

このとき，ε を十分に小さく選べば，f は拡大である．特に，$\varepsilon = 0$ のとき

$$f(x,y) = (mx+ny, px+qy) \pmod{1}$$

はトーラス $\mathbb{T}^2$ の上の典型的な拡大写像である．

注意 4.2.2 $\mathbb{T}^2$ の上の拡大写像は局所微分同相写像である（洋書文献 [Ao-Hi] を参照）．

よって，$k > 0$ と $\rho_0 > 0$ があって，$y_1, y_2 \in \mathbb{T}^2$ が $d(y_1, y_2) \leq \rho_0$ であれば

$$f^{-1}(y_j) = \{x_{j_1}, \cdots, x_{j_k}\} \qquad (j = 1, 2),$$
$$d(x_{1_i}, x_{2_i}) \leq \sigma^{-1} d(y_1, y_2) \qquad (1 \leq i \leq k)$$

が成り立つ．

$f : \mathbb{T}^2 \to \mathbb{T}^2$ は局所微分同相写像とする．$\mathbb{T}^2$ から $\mathbb{R}$ への（ボレル）可測関数のなす線形空間 $B(\mathbb{T}^2, \mathbb{R})$ の上の線形写像 $\mathcal{L}, U$ を

$$(\mathcal{L}\varphi)(y) = \sum_{i=1}^{k} \varphi(x_i) |\det(D_{x_i} f)|^{-1} \qquad (f^{-1}(y) = \{x_1, \cdots, x_k\})$$
$$(U\varphi)(x) = \varphi(f(x))$$

によって与える．このとき $\varphi, \psi \in B(\mathbb{T}^2, \mathbb{R})$ に対して

$$\int (\mathcal{L}\varphi) \psi \, dm = \int \varphi (U\psi) \, dm$$

が成り立つ．

実際に，f は局所微分同相写像であるから，十分に小さい直径 $\mathrm{diam}(A_i)$ をもつ $\mathbb{T}^2$ の有限可測分割 $\{A_i \,|\, 1 \leq i \leq t\}$ を選ぶ．$f(B_{i,l}) = A_i$ を満たす $B_{i,l}$ があっ

て, $f^{-1}(A_i) = \bigcup_{l=1}^{k} B_{i,l}$ と表すことができる. $\{B_{i,l} \mid 1 \leq i \leq t, \ 1 \leq i \leq k\}$ は $\mathbb{T}^2$ の可測分割である.

$$\begin{aligned}
\int (\mathcal{L}\varphi)(y)\psi(y)dm &= \sum_{i=1}^{t} \int_{A_i} \sum_{f(x)=y} \varphi(x)|\det(D_x f)|^{-1}\psi(y)dm \\
&= \sum_{i=1}^{t}\sum_{l=1}^{k} \int_{B_{i,l}} \varphi(x)|\det(D_x f)|^{-1}\psi(f(x))dm \circ f(x) \\
&= \sum_{i=1}^{t}\sum_{l=1}^{k} \int_{B_{i,l}} \varphi(x)|\det(D_x f)|^{-1}\psi(f(x))|\det(D_x f)|dm \\
&= \int \varphi(x)(U\psi)(x)dm.
\end{aligned}$$

$0 < \nu_0 < 1$ を固定して, $f: \mathbb{T}^2 \to \mathbb{T}^2$ は C^2-微分写像とする (単射でないことに注意する). このとき f は次の (4.2.1) を満たす:

$a > 0$ を固定する. $0 < \nu \leq \nu_0$ に対して

$$C(a,\nu) = \{\varphi \in C(\mathbb{T}^2, \mathbb{R}) \mid \varphi(x) > 0 \ (x \in \mathbb{T}^2), \ \varphi \text{ は次の (4.2.1) を満たす}\}$$

は凸状円すい形である:

$$d(y_1, y_2) \leq \rho_0 \Rightarrow \varphi(y_1) \leq \exp\{ad(y_1,y_2)^\nu\}\varphi(y_2). \tag{4.2.1}$$

$\bigcup_{b>0} C(b,\nu)$ は C^1-関数の集合 $C^1(\mathbb{T}^2, \mathbb{R})$ を含む.

命題 4.2.3 $f: \mathbb{T}^2 \to \mathbb{T}^2$ は C^2-級で, 拡大写像として, $\sigma > 1$ は拡大定数とする. $\lambda \in (\sigma^{-\nu}, 1)$ とする. このとき, 十分に大きな $a > 1$ に対して $\mathcal{L}(C(a,\nu)) \subset C(\lambda a, \nu)$ が成り立つ.

証明 $\varphi > 0$ ならば, $\mathcal{L}\varphi > 0$ である. ρ_0 は (4.2.1) を満たす数として, $d(y_1, y_2) < \rho_0$ とする. $j = 1, 2$ に対して

$$f^{-1}(y_j) = \{x_{j_1}, \cdots, x_{j_k}\}, \qquad d(x_{1_i}, x_{2_i}) \leq \sigma^{-1}d(y_1, y_2)$$

である. $a_0 > 0$ が存在して $\log|\det(D_x f)|$ は (a_0, ν_0)-ヘルダーとなる.

$0 < \nu \leq \nu_0$ を満たす ν に対して

$$a \geq \frac{a_0}{\lambda - \sigma^{-\nu}} \tag{4.2.2}$$

を満たす a を選ぶ．このとき

$$(\mathcal{L}\varphi)(y_1) = \sum_{i=1}^{k} \varphi(x_{1_i})|\det(D_{x_{1_i}}f)|^{-1}$$

$$\leq \sum_{i=1}^{k} \varphi(x_{2_i})\exp\{ad(x_{1_i},x_{2_i})^\nu\}|\det(D_{x_{2_i}}f)|^{-1}\exp\{a_0 d(x_{1_i},x_{2_i})^{\nu_0}\}$$

$$\leq \exp\{(a\sigma^{-\nu}+a_0\sigma^{-\nu_0})d(y_1,y_2)^\nu\}\sum_{i=1}^{k}\varphi(x_{2_i})|\det(D_{x_{2_i}}f)|^{-1}$$

$$\leq \exp\{a\lambda d(y_1,y_2)^\nu\}(\mathcal{L}\varphi)(y_2) \qquad ((4.2.2)\text{ により}).$$

よって結論を得る． □

$\theta = \theta_{a,\nu}$ は凸状円すい形 $C(a,\nu)$ の上の射影距離関数とする．すなわち，注意 4.1.9 のように

$$\alpha(\varphi_1,\varphi_2)$$
$$= \inf\left\{\frac{\varphi_2}{\varphi_1}(x), \frac{\exp\{ad(x,y)^\nu\}\varphi_2(x)-\varphi_2(y)}{\exp\{ad(x,y)^\nu\}\varphi_1(x)-\varphi_1(y)} \;\bigg|\; x,y\in\mathbb{T}^2\ (x\neq y),\right.$$
$$\left. d(x,y)\leq\rho_0\right\},$$
$$\beta(\varphi_1,\varphi_2)$$
$$= \sup\left\{\frac{\varphi_2}{\varphi_1}(x), \frac{\exp\{ad(x,y)^\nu\}\varphi_2(x)-\varphi_2(y)}{\exp\{ad(x,y)^\nu\}\varphi_1(x)-\varphi_1(y)} \;\bigg|\; x,y\in\mathbb{T}^2\ (x\neq y),\right.$$
$$\left. d(x,y)\leq\rho_0\right\}$$

とおき，θ を

$$\theta(\varphi_1,\varphi_2) = \log\frac{\beta(\varphi_1,\varphi_2)}{\alpha(\varphi_1,\varphi_2)}$$

によって与える．同様に，凸状円すい形

$$C_+ = \{\varphi\in C(\mathbb{T}^2,\mathbb{R})\,|\,\varphi(x)>0,\ x\in\mathbb{T}^2\}$$

の上の射影距離関数 θ_+ は注意 4.1.8 のように

$$\theta_+(\varphi_1,\varphi_2) = \log\frac{\beta_+(\varphi_1,\varphi_2)}{\alpha_+(\varphi_1,\varphi_2)},$$
$$\alpha_+(\varphi_1,\varphi_2) = \inf\left\{\frac{\varphi_2}{\varphi_1}(x)\;\bigg|\;x\in\mathbb{T}^2\right\},$$
$$\beta_+(\varphi_1,\varphi_2) = \sup\left\{\frac{\varphi_2}{\varphi_1}(x)\;\bigg|\;x\in\mathbb{T}^2\right\}$$

で与える．このとき

$$\theta_+(\varphi_1,\varphi_2) = \log \frac{\beta_+(\varphi_1,\varphi_2)}{\alpha_+(\varphi_1,\varphi_2)}$$
$$= \log \sup \left\{ \frac{\varphi_2(x)}{\varphi_1(x)} \frac{\varphi_1(y)}{\varphi_2(y)} \,\bigg|\, x,y \in \mathbb{T}^2 \right\}$$

が成り立つ．

命題 4.2.4 $a > 1$, $\nu > 0$, $\lambda > 0$ は命題 4.2.3 を満たすとする．このとき

$$0 < D_1 = \sup\{\theta(\varphi_1,\varphi_2) \,|\, \varphi_1,\varphi_2 \in C(\lambda a, \nu)\} < \infty$$

が成り立つ．

証明 最初に $D_1 > 0$ を示す．$\theta(\varphi_1,\varphi_2) > 0$ を満たす $\varphi_1,\varphi_2 \in C(\lambda a,\nu)$ の存在を示せば十分である．$x_0 \in \mathbb{T}^2$ と $0 < a' \le a$ を固定して

$$\varphi(x) = \exp(a' d(x_0,x)^\nu)$$

とおく．このとき

$$\frac{\varphi(x)}{\varphi(y)} = e^{a'\{d(x_0,x)^\nu - d(x_0,y)^\nu\}}$$
$$\le e^{a' d(x,y)^\nu}$$
$$\le e^{a d(x,y)^\nu}.$$

よって $\varphi \in C(a,\nu)$ である．φ_1,φ_2 として

$$\varphi_1(x) = \exp\{a_1 d(x_0,x)^\nu\},$$
$$\varphi_2(x) = \exp\{a_2 d(x_0,x)^\nu\} \quad (0 < a_1 < a_2 \le a)$$

とすれば，$\theta(\varphi_1,\varphi_2) > 0$ が成り立つ．よって，$D_1 > 0$ を得る．

次に $D_1 < \infty$ を示す．$C(\lambda a, \nu) \subset C(a,\nu) \subset C_+$ であることに注意する．証明を 2 つの場合に分割する．

場合 1 $K'(\lambda) < \infty$ が存在して

$$\theta\text{-diam}(C(\lambda a,\nu)) \le \theta_+\text{-diam}(C(\lambda a,\nu)) + K'(\lambda)$$

が成り立つ．

場合 2 $K''(a) < \infty$ が存在して

$$\theta_+\text{-diam}(C(\lambda a, \nu)) \leq \theta_+\text{-diam}(C(a, \nu)) \leq K''(a)$$

が成り立つ．

場合 1 の証明：
$$K_1 = \inf\left\{\left.\frac{z - z^\lambda}{z - z^{-\lambda}}\,\right|\, z > 1\right\}$$

とおく．このとき

$$\lim_{z \to \infty} \frac{z - z^\lambda}{z - z^{-\lambda}} = 1,$$

$$\lim_{z \to 1+} \frac{z - z^\lambda}{z - z^{-\lambda}} = \frac{1 - \lambda}{1 + \lambda} < 1$$

であるから，$0 < K_1 < 1$ である．

$\varphi_1, \varphi_2 \in C(\lambda a, \nu)$ とする．$x, y \in \mathbb{T}^2$ に対して，$d(x,y) \leq \rho_0$ ならば

$$\frac{\exp\{ad(x,y)^\nu\}\varphi_2(x) - \varphi_2(y)}{\exp\{ad(x,y)^\nu\}\varphi_1(x) - \varphi_1(y)}$$
$$\geq \frac{\varphi_2(x)}{\varphi_1(x)} \frac{\exp\{ad(x,y)^\nu\} - \exp\{a\lambda d(x,y)^\nu\}}{\exp\{ad(x,y)^\nu\} - \exp\{-a\lambda d(x,y)^\nu\}}$$
$$\geq K_1 \frac{\varphi_2}{\varphi_1}(x).$$

よって
$$\alpha(\varphi_1, \varphi_2) \geq K_1 \alpha_+(\varphi_1, \varphi_2).$$

同様にして
$$K_2 = \sup\left\{\left.\frac{z - z^{-\lambda}}{z - z^\lambda}\,\right|\, z > 1\right\}$$

とおく．このとき $1 < K_2 < \infty$ であって

$$\beta(\varphi_1, \varphi_2) \leq K_2 \beta_+(\varphi_1, \varphi_2)$$

が成り立つ．ゆえに

$$\theta(\varphi_1, \varphi_2) = \log \frac{\beta(\varphi_1, \varphi_2)}{\alpha(\varphi_1, \varphi_2)}$$
$$\leq \log \frac{\beta_+(\varphi_1, \varphi_2)}{\alpha_+(\varphi_1, \varphi_2)} + \log K_2 - \log K_1$$
$$= \theta_+(\varphi_1, \varphi_2) + \log K_2 - \log K_1.$$

ここで，$K'(\lambda) = \log K_2 - \log K_1$ とおけば場合 1 が求まる．

場合 2 の証明：注意 4.1.8 により $\varphi_1, \varphi_2 \in C(a, \nu)$ に対して

$$\theta_+(\varphi_1, \varphi_2) = \log \frac{\beta_+(\varphi_1, \varphi_2)}{\alpha_+(\varphi_1, \varphi_2)}$$
$$= \log \sup \left\{ \frac{\varphi_2(x)}{\varphi_1(x)} \cdot \frac{\varphi_1(y)}{\varphi_2(y)} \,\middle|\, x, y \in \mathbb{T}^2 \right\}.$$

ところで，$\varphi \in C(a, \nu)$ ならば，$b > 0$ があって $\log \varphi$ は $\mathbb{T}^2$ の上で (b, ν)-ヘルダーである．すなわち，$x, y \in \mathbb{T}^2$ に対して

$$d(x, y) \leq \rho_0 \Longrightarrow \frac{\varphi(y)}{\varphi(x)} \leq \exp\{a d(x, y)^\nu\}.$$

実際に，$\mathbb{T}^2$ は連結で，かつコンパクトであるから，$N \geq 1$ があって $x, y \in \mathbb{T}^2$ に対して

$$x = z_0, z_1, \cdots, z_{N-1}, z_N = y,$$
$$d(z_{i-1}, z_i) \leq \rho_0 \quad (1 \leq i \leq N),$$
$$d(z_{i-1}, z_i) \leq 2 d(x, y) \quad (1 \leq i \leq N)$$

を満たす点列 $\{z_0, z_1, \cdots, z_N\}$ が存在する．よって

$$\frac{\varphi(x)}{\varphi(y)} = \prod_{i=1}^{N} \frac{\varphi(z_{i-1})}{\varphi(z_i)}$$
$$\leq \exp\left\{ \sum_{i=1}^{N} 2a d(z_i, z_{i-1})^\nu \right\}$$
$$\leq \exp\{N a d(x, y)^\nu\}.$$

ここで，$b = 2Na$ とおく．このとき $\varphi_1, \varphi_2 \in C(a, \nu)$ に対して

$$\frac{\varphi_1(x)}{\varphi_1(y)} \cdot \frac{\varphi_2(y)}{\varphi_2(x)} \leq \exp\{b d(x, y)^\nu\}$$
$$\leq \exp(b) \quad (x, y \in \mathbb{T}^2).$$

よって $\theta_+(\varphi_1, \varphi_2) \leq b$ が求まる．場合 2 が成り立つ． □

定理 4.2.5 ペロン–フロベニウス作用素 $\mathcal{L} : C(a, \nu) \to C(a, \nu)$ は，距離関数 $\theta = \theta_{a,\nu}$ に関して $(1 - e^{-D_1})$-縮小的である．

証明 命題 4.1.6, 4.2.3, 4.2.4 から結論される. □

4.3 拡大写像を不変にする滑らかな測度

この節は 4.2 節の続きであって, ペロン–フロベニウス作用素 $\mathcal{L}$ を不変にする関数 φ_0 ($\mathcal{L}(\varphi_0) = \varphi_0$) の存在を議論する. そのために次を準備する:

命題 4.3.1 $\{\varphi_n\}$ は凸状円すい形 C_+ に属し, θ_+ に関してコーシー列であるとする. このとき $\varphi_0 \in C_+$ があって

$$\varphi_n \to \varphi_0 \qquad (\theta_+ \text{ に関して})$$

が成り立つ. さらに, $\int \varphi_n dm = 1$ ($n \geq 1$) を満たすならば, $\{\varphi_n\}$ は φ_0 に一様収束する.

証明 射影距離関数 θ_+ による収束性を扱っているので, $\int \varphi_n dm = 1$ ($n \geq 1$) を満たす $\{\varphi_n\}$ に対して結論を求めれば十分である.

$\{\varphi_n\}$ は θ_+ に関してコーシー列であるから

$$\theta_+(\varphi_1, \varphi_n) = \log \sup \left\{ \frac{\varphi_n(x)\varphi_1(y)}{\varphi_n(y)\varphi_1(x)} \;\middle|\; x, y \in \mathbb{T}^2 \right\}$$

は有界である. よって $R_1 > 0$ があって

$$\frac{1}{R_1} \leq \frac{\varphi_n(x)\varphi_1(y)}{\varphi_n(y)\varphi_1(x)} \leq R_1 \qquad (n \geq 1, \; x, y \in \mathbb{T}^2)$$

が成り立つ.

$$R_2' = \sup \left\{ \frac{\varphi_1(x)}{\varphi_1(y)} \;\middle|\; x, y \in \mathbb{T}^2 \right\},$$
$$R_2 = R_1 R_2'$$

とおくこのとき

$$\frac{1}{R_2} \leq \frac{\varphi_n(x)}{\varphi_n(y)} \leq R_2 \qquad (n \geq 1, \; x, y \in \mathbb{T}^2).$$

一方において, $\int \varphi_n dm = 1$, $m(\mathbb{T}^2) = 1$ であるから

$$\inf \varphi_n \leq 1 \leq \sup \varphi_n.$$

よって
$$\frac{1}{R_2} \leq \varphi_n(x) \leq R_2 \qquad (n \geq 1, \ x \in \mathbb{T}^2).$$

$\{\varphi_n\}$ は θ_+ に関してコーシー列であるから，$\varepsilon > 0$ に対して $N \geq 1$ があって $k, l \geq N$ に対して

$$\theta_+(\varphi_l, \varphi_k) = \log \frac{\sup \left\{ \frac{\varphi_k}{\varphi_l} \right\}}{\inf \left\{ \frac{\varphi_k}{\varphi_l} \right\}} \leq \varepsilon$$

が成り立つ．$\int \varphi_k dm = 1 = \int \varphi_l dm$ であるから

$$e^{-\varepsilon} \leq \inf \frac{\varphi_k}{\varphi_l} \leq 1 \leq \sup \frac{\varphi_k}{\varphi_l} \leq e^{\varepsilon}. \tag{4.3.1}$$

よって

$$\sup |\varphi_k - \varphi_l| \leq \sup |\varphi_l| \sup \left| \frac{\varphi_k}{\varphi_l} - 1 \right|$$
$$\leq R_2(e^{\varepsilon} - 1). \tag{4.3.2}$$

このことによって $\{\varphi_n\}$ は一様収束する．よって，$\varphi_n \to \varphi_0$（一様収束）を満たす $\varphi_0 \in C(\mathbb{T}^2, \mathbb{R})$ が存在する．明らかに

$$R_2 \geq \varphi_0 \geq \frac{1}{R_2} \tag{4.3.3}$$

であるから $\varphi_0 \in C_+$ である．(4.3.1) において $l \to \infty$ とすると

$$e^{-\varepsilon} \leq \inf \frac{\varphi_k}{\varphi_0} \leq 1 \leq \sup \frac{\varphi_k}{\varphi_0} \leq e^{\varepsilon} \qquad (k \geq N)$$

が求まる．$\varepsilon > 0$ は任意であるから

$$\inf \frac{\varphi_k}{\varphi_0} \longrightarrow 1, \qquad \sup \frac{\varphi_k}{\varphi_0} \longrightarrow 1 \qquad (k \to \infty).$$

よって

$$\theta_+(\varphi_0, \varphi_k) = \log \frac{\sup \left\{ \frac{\varphi_k}{\varphi_0} \right\}}{\inf \left\{ \frac{\varphi_k}{\varphi_0} \right\}} \longrightarrow 0 \qquad (k \to \infty).$$

□

拡大写像 $f : \mathbb{T}^2 \to \mathbb{T}^2$ は C^2-級であった．$0 < \nu \leq \nu_0$ と $a > 0$ を固定して 4.2 節のように凸状円すい形 $C(a, \nu)$ を定義する．定数値関数 $1 = 1(x)$ $(x \in \mathbb{T}^2)$

は $C(a,\nu)$ に属する．よって，$\varphi_n = \mathcal{L}^n(1)$ $(n \geq 1)$ は $C(a,\nu)$ に属する．$C(a,\nu) \subset C_+$ であるから，$\{\varphi_n\}$ に対して命題 4.3.1 を適用する．

定理 4.2.5 により，作用素 $\mathcal{L}$ は $C(a,\nu)$ の上で θ に関して縮小的

$$\theta(\mathcal{L}\varphi_1, \mathcal{L}\varphi_2) \leq (1 - e^{-D_1})\theta(\varphi_1, \varphi_2)$$

であるから，$\{\varphi_n\}$ は θ に関してコーシー列である．$\theta_+ \leq \theta$ であるから，$\{\varphi_n\}$ は θ_+ に関してコーシー列である．

一方において

$$\int \varphi_n dm = \int (\mathcal{L}^n(1)) 1 dm = \int 1 dm = 1 \qquad (n \geq 1)$$

であるから，命題 4.3.1 によって，$\varphi_n \to \varphi_0$（一様収束）を満たす $\varphi_0 \in C_+$ が存在する．実際には $\varphi_0 \in C(\lambda a, \nu)$ である．ペロン–フロベニウス作用素 $\mathcal{L}$ の定義により，$\mathcal{L}$ は一様ノルム $\|\cdot\|$ に関して有界である．すなわち

$$\|\mathcal{L}(\varphi) - \mathcal{L}(\psi)\| \leq k \sup |\det(Df)|^{-1} \|\varphi - \psi\| \quad (\varphi, \psi \in C(a,\nu)) \quad (4.3.4)$$

であるから，$\mathcal{L}(\varphi_0) = \varphi_0$ が成り立つ．よって，$\mu_0 = \varphi_0 m$ は f-不変ボレル確率測度である．実際に，$\psi \in C(\mathbb{T}^2, \mathbb{R})$ に対して

$$\int \psi d\mu_0 = \int \psi \varphi_0 dm = \int \psi \mathcal{L}(\varphi_0) dm = \int (\psi \circ f) \varphi_0 dm = \int \psi \circ f d\mu_0$$

により，μ_0 の f-不変性を得る．

(4.3.3) により，$\dfrac{d\mu_0}{dm} = \varphi_0 \geq \dfrac{1}{R_2} > 0$ である．すなわち，μ_0 は m に同値である．すなわち，μ_0 は滑らかな測度である．

4.4 指数的混合性

拡大写像 $f : \mathbb{T}^2 \to \mathbb{T}^2$ は C^2-級で，$C(a,\nu)$ は (4.2.1) を満たす $\mathbb{T}^2$ の上のヘルダー連続な関数の集合を表す．命題 4.3.1 と (4.3.4) により，$\varphi_0 \in C(\lambda a, \nu)$ はペロン–フロベニウス作用素 $\mathcal{L}$ を不変にする関数である．このとき注意 4.1.8, 4.1.9 により，$\varphi \in C(\lambda a, \nu)$ に対して

$$\begin{aligned}\theta_+(\mathcal{L}^n(\varphi), \varphi_0) &\leq \theta(\mathcal{L}^n(\varphi), \varphi_0) \\ &= \theta(\mathcal{L}^n(\varphi), \mathcal{L}^n(\varphi_0)). \end{aligned} \quad (4.4.1)$$

命題 4.1.6, 4.2.3, 4.2.4 により，$0 < \lambda_1 < 1$ が存在して

$$(4.4.1) \le \lambda_1^n \theta(\varphi, \varphi_0)$$
$$\le \lambda_1^n D_1 \qquad (命題 4.2.4 により).$$

よって $\int \varphi dm = 1$ のとき (4.3.2) により

$$\left\| \frac{\mathcal{L}^n(\varphi)}{\varphi_0} - 1 \right\| \le e^{D_1 \lambda_1^n} - 1$$
$$= \sum_{m=1}^{\infty} \frac{(D_1 \lambda_1^n)^m}{m!}$$
$$\le \left(\sum_{m=1}^{\infty} \frac{D_1^m}{m!} \right) \lambda_1^{n-1}.$$

よって

$$\left\| \frac{\mathcal{L}^n(\varphi)}{\varphi_0} - 1 \right\| \le R_3 \lambda_1^n$$

が成り立つ．ここに $R_3 = \sum_{m=1}^{\infty} \frac{D_1^m}{m!}$ である．

命題 4.4.1 m は $\mathbb{T}^2$ の上のルベーグ測度として，$\varphi_0 \in C(a, \nu)$ は $\mathcal{L}(\varphi_0) = \varphi_0$ を満たすとする．このとき φ は ν–ヘルダー連続で，$K = K(\varphi) > 0$ が存在して $\psi \in L^1(m)$ に対して

$$\left| \int (\psi \circ f^n) \varphi dm - \int \psi d\mu_0 \int \varphi dm \right| \le K \|\psi\|_1 \lambda_1^n \qquad (n \ge 0)$$

が成り立つ．ここに，μ_0 は $\mu_0 = \varphi_0 m$ によって与えられた f–不変ボレル確率測度である．

証明 最初に，$\varphi \in C(\lambda a, \nu)$ であって $\psi \in L^1(m)$ の場合に命題の不等式を示す．$\int \varphi dm = 1$ を満たすとする．このとき

$$\left| \int (\psi \circ f^n) \varphi dm - \int \psi d\mu_0 \right| = \left| \int \psi \frac{\mathcal{L}^n(\varphi)}{\varphi_0} d\mu_0 - \int \psi d\mu_0 \right|$$
$$= \left| \int \psi \left(\frac{\mathcal{L}^n(\varphi)}{\varphi_0} - 1 \right) d\mu_0 \right|$$
$$\le \left\| \frac{\mathcal{L}^n(\varphi)}{\varphi_0} - 1 \right\| \|\psi\|_1 \quad \left(\|\psi\|_1 = \int |\psi| d\mu_0 とおく \right)$$
$$\le R_3 \|\psi\|_1 \lambda_1^n. \qquad (4.4.2)$$

$\varphi' \in C(\lambda a, \nu)$ に対して, $\varphi = \dfrac{\varphi'}{\int \varphi' dm}$ とおけば $\int \varphi dm = 1$ である. よって

$$\left| \int (\psi \circ f^n) \varphi' dm - \int \psi d\mu_0 \int \varphi' dm \right| \leq R_3 \|\psi\|_1 \|\varphi'\| \lambda_1^n.$$

φ が (c, ν)-ヘルダー連続関数の場合に

$$B = \frac{c}{\lambda a}, \qquad \varphi^{\pm} = \frac{1}{2}(|\varphi| \pm \varphi) + B$$

とおく. 平均値の定理によって

$$\varphi^{\pm} \geq B, \quad \varphi = \varphi^+ - \varphi^-, \quad \varphi^{\pm} \in C(\lambda a, \nu).$$

よって

$$\left| \int (\psi \circ f^n) \varphi dm - \int \psi d\mu_0 \int \varphi dm \right|$$
$$\leq \left| \int (\psi \circ f^n) \varphi^+ dm - \int \psi d\mu_0 \int \varphi^+ dm \right|$$
$$+ \left| \int (\psi \circ f^n) \varphi^- dm - \int \psi d\mu_0 \int \varphi^- dm \right|. \qquad (4.4.3)$$

(4.4.2) により, $K = K(\varphi) > 0$ が存在して

$$(4.4.3) \leq K \lambda_1^n \qquad (n \geq 1)$$

が成り立つ. □

命題 4.4.2（相関関数の指数的減衰） $\varphi_1, \varphi_2 \in C(\lambda a, \nu)$ に対して $K > 0$ が存在して

$$\left| \int (\varphi_1 \circ f^n) \varphi_2 d\mu_0 - \int \varphi_1 d\mu_0 \int \varphi_2 d\mu_0 \right| \leq K \lambda_1^n \qquad (n \geq 0)$$

が成り立つ.

証明 命題 4.4.1 の ψ, φ を $\varphi_1 = \psi, \varphi = \varphi_2 \varphi_0$ とおけば結論を得る. □

f–不変ボレル確率測度 μ が **完全** (exact) であるとは, $\mathbb{T}^2$ のボレルクラス $\mathcal{B}$ に対して, $\mathcal{B}_\infty = \bigcap_{n=0}^\infty f^{-n}(\mathcal{B})$ が $\mathbb{T}^2$ と $\emptyset$ だけからなる σ–集合体と μ–a.e. で等しいときをいう. 明らかに, μ が完全であれば, μ は混合的である.

命題 4.4.3 μ_0 は完全であって，μ_0 の存在は一意的である．

証明 ψ は $\int |\psi| d\mu_0 = \|\psi\|_1 < \infty$ を満たす $(\bigcap_{n \geq 0} f^{-n}(\mathcal{B}) =) \mathcal{B}_\infty$–可測関数とする．$\psi = \psi_n \circ f^n \ (n \geq 0)$ を満たすボレル可測関数 ψ_n は $\|\psi_n\|_1 = \|\psi\|_1$ を満たす．命題 4.4.1 により，$\varphi \in C(a, \nu)$ に対して $K(\varphi) > 0$ があって

$$\left| \int (\psi - \int \psi d\mu_0) \varphi dm \right| = \left| \int (\psi_n \circ f^n) \varphi dm - \int \psi_n dm \int \varphi dm \right|$$
$$\leq K(\varphi) \|\psi_n\|_1 \lambda_1^n$$
$$= K(\varphi) \|\psi\|_1 \lambda_1^n \longrightarrow 0 \qquad (n \to \infty).$$

$C(a, \nu)$ の各関数は一様ノルムに関して $\mathbb{T}^2$ の上の連続関数で近似されるから

$$\psi(x) = \int \psi d\mu_0 \qquad m\text{–a.e.} \tag{4.4.4}$$

$\mu_0 \ll m$ であるから，(4.4.4) は μ_0–a.e. x の点で成り立つ．よって μ_0 は完全である．

μ は f–不変であって $\mu \ll m$ ならば，$\mu \ll \mu_0$ であって μ_0 はエルゴード的であるから，$\mu = \mu_0$ である．よって，μ_0 の存在の一意性が示された． □

4.5 拡大写像の中心極限定理

$f : \mathbb{T}^2 \to \mathbb{T}^2$ は C^2–微分写像とする．f は単射でないことに注意する．

前節で，f が拡大写像であれば，$\mathbb{T}^2$ の上のルベーグ測度 m と絶対連続な f–不変ボレル確率測度 μ_0 が存在することを知った．さらに，$C(a, \nu)$ の上で (f, μ_0) は指数混合的であることを示した（命題 4.4.2）．

この節の目的は次の定理を示すことである：

定理 4.5.1（中心極限定理） μ_0 は C^2–拡大微分写像 f の SRB 測度とし，$\nu \in (0, \nu_0]$ とする．ν–ヘルダー連続関数 $\varphi : \mathbb{T}^2 \to \mathbb{R}$ に対して

$$\phi = \varphi - \int \varphi d\mu_0,$$
$$\sigma^2 = \int \phi^2 d\mu_0 + 2 \sum_{j=1}^\infty \int \phi(\phi \circ f^j) d\mu_0$$

とおく．このとき σ は定義されて

(1) $\sigma = 0 \iff \varphi = u \circ f - u + \int \varphi d\mu_0$ を満たす $u \in L^2(\mu_0)$ が存在する.

(2) $\sigma > 0 \implies \mathbb{R}$ の部分区間 A に対して
$$\mu_0\left(\left\{x \in M \;\middle|\; \frac{1}{\sqrt{n}}\sum_{j=0}^{n-1}(\varphi(f^j(x)) - \int \varphi d\mu_0) \in A\right\}\right)$$
$$\longrightarrow \frac{1}{\sigma\sqrt{2\pi}}\int_A e^{-\frac{t^2}{2\sigma^2}}\,dt \quad (n \to \infty).$$

定理 4.5.1 を証明するために,命題 4.4.1 を必要とする.すなわち ν–ヘルダー連続関数 φ と $\psi \in L^1(\mathbb{T}^2, \mu_0)$ に対して,$K_0 = K_0(\varphi) > 0$ があって

$$\left|\int (\psi \circ f^n)\varphi dm - \int \psi d\mu_0 \int \varphi dm\right| \le K_0 \|\psi\|_1 \lambda_1^n \quad (n \ge 0). \quad (4.5.1)$$

ここに λ_1 は $0 < \lambda_1 < 1 \;(x \in \mathbb{T}^2)$ を満たす定数である.

$\mathcal{B}$ は $\mathbb{T}^2$ のボレルクラスとして,$n \ge 1$ に対して
$$\mathcal{B}_n = f^{-n}(\mathcal{B})$$
とおく.明らかに,各 $\mathcal{B}_n$ は σ–集合体であって $\mathcal{B}_1 \supset \mathcal{B}_2 \supset \cdots$ が成り立つ.
$$L^2(\mathcal{B}_n) = \{\xi \in L^2(\mu_0) \,|\, \xi \text{ は } \mathcal{B}_n\text{–可測}\}$$
とおくと
$$L^2(\mu_0) \supset L^2(\mathcal{B}_1) \supset L^2(\mathcal{B}_2) \supset \cdots$$
であって
$$\mu_0 \text{ が完全である} \iff \bigcap_{n=0}^{\infty} L^2(\mathcal{B}_n) = \mathbb{R}$$
が成り立つ.

$n \ge 0$ を固定する.$\varphi \in L^2(\mu_0)$ に対して,$L^2(\mathcal{B}_n)$ への φ の**直交射影** (orthogonal projection) を $E(\varphi|\mathcal{B}_n)$ で表す.

実際に,$A \in \mathcal{B}_n$ に対して
$$\nu(A) = \int_A \varphi d\mu_0$$
によって σ–加法的集合関数を定義する.$\nu \ll \mu_0$ であるから,$E(\varphi|\mathcal{B}_n)$ はラドン–ニコディムの定理により $\mathcal{B}_n$–可測な密度関数 ψ に対応する ($\psi = E(\varphi|\mathcal{B}_n)$ μ–a.e.).よって
$$\int \phi E(\varphi|\mathcal{B}_n) d\mu_0 = \int \phi \varphi d\mu_0 \quad (\phi \in L^2(\mathcal{B}_n)).$$

$L^2(\mu_0)$ の上の内積を $\langle \phi, \varphi \rangle = \int \phi\varphi d\mu_0$ で与え,$\|\phi\|_2 = \langle \phi, \phi \rangle^{\frac{1}{2}}$ によってノルム $\|\cdot\|_2$ を定義する.

補題 4.5.2 φ は $\int \varphi d\mu_0 = 0$ を満たす ν–ヘルダー連続関数とする.このとき,$K_0 = K_0(\varphi) > 0$ があって

$$\|E(\varphi|\mathcal{B}_n)\|_2 \leq \sup\left\{\int \psi E(\varphi \,\Big|\, \mathcal{B}_n) d\mu_0 \,\Big|\, \psi \in L^2(\mathcal{B}_n),\ \|\psi\|_2 = 1\right\}$$
$$\leq K_0 \lambda_1^n.$$

証明

$$\|E(\varphi|\mathcal{B}_n)\|_2$$
$$= \frac{\langle E(\varphi|\mathcal{B}_n), E(\varphi|\mathcal{B}_n)\rangle}{\|E(\varphi|\mathcal{B}_n)\|_2}$$
$$= \left\langle \frac{E(\varphi|\mathcal{B}_n)}{\|E(\varphi|\mathcal{B}_n)\|_2}, E(\varphi|\mathcal{B}_n) \right\rangle$$
$$\leq \sup\left\{\int \psi\varphi d\mu_0 \,\Big|\, \psi \in L^2(\mathcal{B}_n),\ \|\psi\|_2 = 1\right\}$$
$$= \sup\left\{\int (\psi \circ f^n)\varphi\varphi_0 dm \,\Big|\, \psi \in L^2(\mu_0),\ \|\psi\|_2 = 1\right\} \quad (\varphi_0 dm = d\mu_0)$$
$$= \sup\left\{\int (\psi \circ f^n)\varphi\varphi_0 dm - \int \psi d\mu_0 \int \varphi\varphi_0 dm \,\Big|\, \psi \in L^2(\mu_0),\ \|\psi\|_2 = 1\right\}$$
$$\left(\int \varphi d\mu_0 = \int \varphi\varphi_0 dm = 0 \text{ により}\right)$$
$$\leq \sup\{K_0 \|\psi\|_1 \lambda_1^n \,|\, \psi \in L^2(\mu_0),\ \|\psi\|_2 = 1\} \quad ((4.5.1) \text{ により})$$
$$\leq \sup\{K_0 \|\psi\|_2 \lambda_1^n \,|\, \psi \in L^2(\mu_0),\ \|\psi\|_2 = 1\}$$
$$\left(\int |\psi| d\mu_0 \leq \left(\int |\psi|^2 d\mu_0\right)^{\frac{1}{2}} \text{ により}\right)$$
$$= K_0 \lambda_1^n.$$

$\square$

$\mathcal{L} : L^2(m) \to L^2(m)$ はペロン–フロベニウス作用素で,U は $(U\varphi)(x) = \varphi(f(x))$ $(\varphi \in L^2(m))$ によって定義された作用素とする.

$$H = \left\{\varphi \in L^2(m) \,\Big|\, \int \varphi dm = 0\right\}$$

とおく．このとき $\varphi \in H$ に対して

$$\int \mathcal{L}\varphi dm = \int \varphi(U1)dm = \int \varphi(1 \circ f)dm = \int \varphi dm = 0$$

であるから，$\mathcal{L}(H) \subset H$ である．φ_0 は μ_0 の密度関数 $\varphi_0 = \dfrac{d\mu_0}{dm}$ であった．すなわち $\mathcal{L}(\varphi_0) = \varphi_0$ である．(4.3.3) により，$\varphi_0 > 0$ であるから線形作用素 $h : L^2(m) \to L^2(\mu_0)$ を

$$h(\varphi) = \frac{\varphi}{\varphi_0} \qquad (\varphi \in L^2(m))$$

によって定義する．次の図式を満たすように作用素 $\mathcal{P}$ を定義する：

$$\begin{array}{ccc} L^2(m) & \xrightarrow{\mathcal{L}} & L^2(m) \\ h \downarrow & & \downarrow h \\ L^2(\mu_0) & \xrightarrow{\mathcal{P}} & L^2(\mu_0) \end{array} \qquad \mathcal{P} = h \circ \mathcal{L} \circ h^{-1}$$

このとき

$$h(H) = \left\{ \psi \in L^2(\mu_0) \,\bigg|\, \int \psi d\mu_0 = 0 \right\}$$

が成り立つ．$N = h(H)$ とおく．このとき

$$\mathcal{P}(1) = h \circ \mathcal{L} \circ h^{-1}(1) = h \circ \mathcal{L}(\varphi_0) = h(\varphi_0) = 1,$$
$$\mathcal{P}(N) = h \circ \mathcal{L}(H) \subset h(H) = N$$

である．$\phi, \psi \in L^2(\mu_0)$ に対して

$$\int \mathcal{P}(\phi)\psi d\mu_0 = \int (h \circ \mathcal{L} \circ h^{-1})(\phi)\psi d\mu_0$$
$$= \int \mathcal{L} \circ h^{-1}(\phi)\psi \frac{d\mu_0}{\varphi_0}$$
$$= \int \mathcal{L} \circ h^{-1}(\phi)\psi dm$$
$$= \int h^{-1}(\phi)U(\psi)dm$$
$$= \int \phi U(\psi)d\mu_0$$

であるから，$\mathcal{P}$ は U の**随伴作用素** (adjoint operator) で，等長的である．$n \geq 0$ に対して

$$L_0^2(\mathcal{B}_n) = N \cap L^2(\mathcal{B}_n)$$

とおく．このとき
$$U(L_0^2(\mathcal{B}_n)) = L_0^2(\mathcal{B}_{n+1}),$$
$$\mathcal{P}(L_0^2(\mathcal{B}_{n+1})) = L_0^2(\mathcal{B}_n).$$
が成り立つ．$\langle \cdot, \cdot \rangle$ に関して，$L^2(\mu_0)$ は
$$L^2(\mu_0) = \mathbb{R} \oplus N = \mathbb{R} \oplus \bigoplus_{n=0}^{\infty}(L_0^2(\mathcal{B}_n) \ominus L_0^2(\mathcal{B}_{n+1}))$$
に直交分解される．ここに $\oplus$ は直和を表し，$\ominus$ は直交補空間を表す．

定理 4.5.1 は補題 4.5.2 と次の定理を併せるとただちに証明される：

定理 4.5.3 Ω は集合として，$(\Omega, \mathcal{F}, \mu)$ は確率空間とする．$f: \Omega \to \Omega$ は保測で，エルゴード的であるとして，$\mathcal{F}_n = f^{-n}(\mathcal{F})$ $(n \geq 0)$ とおく．このとき $\phi \in L^2(\mu)$ が
$$\sum_{n=0}^{\infty} \|E(\phi|\mathcal{F}_n)\|_2 < \infty$$
を満たすならば
$$\sigma^2 = \int \phi^2 d\mu + 2\sum_{n=1}^{\infty} \int \phi(\phi \circ f^n) d\mu < \infty$$
が存在して，次の (1), (2) が成り立つ：

(1) $\sigma = 0 \iff \phi = u \circ f - u$ を満たす $u \in L^2(\mu)$ が存在する．

(2) $\sigma > 0 \implies \mathbb{R}$ の部分区間 A に対して
$$\mu\left(\left\{x \in \Omega \,\middle|\, \frac{1}{\sqrt{n}}\sum_{j=0}^{n-1}\phi(f^j(x)) \in A\right\}\right) \longrightarrow \frac{1}{\sigma\sqrt{2\pi}}\int_A e^{-\frac{t^2}{2\sigma^2}} dt$$
$$(n \to \infty).$$

定理 4.5.3 はマルチンゲール中心極限定理と呼ばれる定理を用いて証明される．その定理を述べるために準備をする．

X_n $(n \geq 0)$ は確率空間 $(\Omega, \mathcal{F}, \mu)$ の上の確率変数の列とする．$\mathbb{N}$ は 0 を含む自然数の集合とする．無限直積位相空間 $\mathbb{R}^{\mathbb{N}} = \prod_0^{\infty} \mathbb{R}$ の上に $(w_n) \in \mathbb{R}^{\mathbb{N}}$ に対して，$\tau(w_n) = (w_{n+1})$ によって推移写像 $\tau: \mathbb{R}^{\mathbb{N}} \to \mathbb{R}^{\mathbb{N}}$ を定義して，$\mathbb{R}^{\mathbb{N}}$ の上に
$$\nu(\{(w_n) \in \mathbb{R}^{\mathbb{N}} | w_k \in A_0, \cdots, w_{k+m} \in A_m\})$$
$$= \mu(X_k^{-1}(A_0) \cap \cdots \cap X_{k+m}^{-1}(A_m))$$

によって確率測度を与える．ただし，$k \geq 0, m \geq 0$ であって $A_0, \cdots, A_m$ は $\mathbb{R}$ の区間である．

確率変数の列 X_n $(n \geq 0)$ が**定常的** (stationary) であるとは，確率測度 ν が τ–不変であるときをいう．X_n $(n \geq 0)$ が**エルゴード的** (ergodic) であるとは，ν がエルゴード的であるときをいう．

注意 4.5.4 X_0 は確率空間 $(\Omega, \mathcal{F}, \mu)$ の上の実数値可測関数（確率変数）とし，$f : \Omega \to \Omega$ は保測変換とする．このとき $X_n = X_0 \circ f^n$ $(n \geq 0)$ によって，可測関数の列を与えることができて，次が成り立つ：

(1) f が μ–保測であれば，X_n $(n \geq 0)$ は定常的である．

(2) f がエルゴード的であれば，X_n $(n \geq 0)$ はエルゴード的である．

$\mathcal{F}_n$ $(n \geq 0)$ は非増加な σ–集合体の列とする．このとき $n \geq 0$ に対して，X_n が $\mathcal{F}_n$ に対する**逆マルチンゲール差分** (reversed martingale difference) であるとは

(a) $n \geq 0$ に対して，X_n は $\mathcal{F}_n$–可測で，X_n は μ–可積分，

(b) $n \geq 0$ に対して，$E(X_n | \mathcal{F}_{n+1}) = 0$

が成り立つことである．

$\mathcal{F}_n$ が非減少であるとき，$n \geq 0$ に対して，X_n が $\mathcal{F}_n$ に対する**直接的マルチンゲール差分** (direct martingale difference) であるとは，$n \geq 0$ に対して

(a) X_n は $\mathcal{F}_n$–可測で，μ–可積分，

(b) $E(X_n | \mathcal{F}_{n-1}) = 0$, $E(X_0) = \int X_0 d\mu = 0$

が成り立つことである．

定理 4.5.5（マルチンゲール中心極限定理） 確率空間 $(\Omega, \mathcal{F}, \mu)$ の上の確率変数の列 X_n $(n \geq 0)$ は定常的，エルゴード的，直接マルチンゲール差分であるか，または逆マルチンゲール差分であるとして

$$\infty > \sigma^2 = E(X_0^2) > 0$$

を仮定する．このとき $z \in \mathbb{R}$ に対して

$$\mu\left(\left\{x \in \Omega \ \Big|\ \frac{1}{\sqrt{n}}\sum_{j=0}^{n-1} X_j(x) < z\right\}\right) \longrightarrow \frac{1}{\sigma\sqrt{2\pi}}\int_{-\infty}^{z} e^{-\frac{t^2}{2\sigma^2}}dt \quad (n \to \infty)$$

が成り立つ．

証明に対して洋書文献 [N] を参照．

確率変数 $X_1, X_2, \cdots$ は同一の確率分布に従い，互に独立であって，平均は $E(X_n) = m$，分散 $V(X_n) = \sigma^2 < \infty$ $(n \geq 1)$ であるとする．このとき $a > b$ に対して

$$\lim_{n \to \infty} \mu\left(a < \frac{1}{\sqrt{n}\sigma}\sum_{i=1}^{n}(X_i - m) < b\right) = \frac{1}{\sqrt{2\pi}}\int_a^b e^{-\frac{x^2}{2}}dx$$

が成り立つ．

注意 4.5.6 H は内積 $\langle \cdot, \cdot \rangle$ をもつヒルベルト空間とし，$\|\cdot\| = \langle \cdot, \cdot \rangle^{\frac{1}{2}}$ によってノルムを与える．$U: H \to H$ は有界線形作用素とし

$$\langle P\varphi, \psi \rangle = \langle \varphi, U\psi \rangle \qquad (\varphi, \psi \in H)$$

によって随伴作用素 P を定義する．このとき次は互いに同値である：

(i) $\|U\varphi\| = \|\varphi\|$ $\quad (\varphi \in U)$,

(ii) $\langle U\varphi, U\psi \rangle = \langle \varphi, \psi \rangle$ $\quad (\varphi, \psi \in H)$,

(iii) $UP = PU = I$.

ここに I は恒等写像である．

証明 (i) $\Rightarrow$ (ii) の証明：

$$\begin{aligned}
\langle U\varphi, U\psi \rangle &= \frac{1}{4}(\|U\varphi + U\psi\|^2 - \|U\varphi - U\psi\|^2) \qquad \text{(中線定理)} \\
&= \frac{1}{4}(\|\varphi + \psi\|^2 - \|\varphi - \psi\|^2) = \langle \varphi, \psi \rangle.
\end{aligned}$$

(ii) $\Rightarrow$ (iii) の証明：$\varphi, \psi \in H$ に対して

$$\langle \varphi, \psi \rangle = \langle U\varphi, U\psi \rangle = \langle PU\varphi, \psi \rangle.$$

よって
$$\langle (I-PU)\varphi, \psi \rangle = 0.$$

ψ は任意であるから，$\psi = (I-PU)\varphi$ とおくと $\|(I-PU)\varphi\| = 0$ である．よって $\varphi = PU\varphi$ $(\varphi \in H)$ である．

(iii) $\Rightarrow$ (i) の証明：$\varphi \in H$ に対して
$$\langle U\varphi, U\varphi \rangle = \langle PU\varphi, \varphi \rangle = \langle \varphi, \varphi \rangle.$$

□

定理 4.5.3 の証明 定理 4.5.5 の仮定を満たす確率変数列 X_n $(n \geq 0)$ の存在を示せば十分である．そのために，次の (i), (ii), (iii) を満たす $\psi, \varphi \in L^2(\mu)$ が存在することを示す：
ϕ は定理 4.5.3 の仮定を満たす関数とする．このとき

(i) $\phi = \psi - \varphi + \varphi \circ f$ を満たす $\psi, \varphi \in L^2(\mu)$ が存在する．

(ii) φ は (i) の関数とする．$\varepsilon > 0$ に対して
$$\mu\left(\left\{x \in \Omega \,\bigg|\, \left|\frac{1}{\sqrt{n}}(\varphi(f^n(x)) - \varphi(x))\right| \geq \varepsilon\right\}\right) \longrightarrow 0 \quad (n \to \infty), \quad (4.5.2)$$

(iii) ψ は (i) の関数とするとき
$$E(\psi \circ f^n | \mathcal{F}_{n+1}) = 0 \qquad (n \geq 0).$$

$U\varphi = \varphi \circ f$ $(\varphi \in L^2(\mu))$ によって，$U : L^2(\mu) \to L^2(\mu)$ を定義する．f は μ–保測であるから，$\|U\varphi\|_2 = \|\varphi\|_2$ $(\varphi \in L^2(\mu))$ が成り立つ．このような線形作用素 U を**ユニタリー作用素** (unitary operator) という．このとき
$$\int (\mathcal{P}\psi)\varphi \, d\mu = \int \psi(U\varphi) \, d\mu$$

によって，U の随伴作用素 $\mathcal{P} : L^2(\mu) \to L^2(\mu)$ を定義すると $\mathcal{P}$ も注意 4.5.6 により等長的である．

$n \geq 0$ に対して
$$U(L^2(\mathcal{F}_n)) = L^2(\mathcal{F}_{n+1}),$$
$$\mathcal{P}(L^2(\mathcal{F}_{n+1})) = L^2(\mathcal{F}_n)$$

であることに注意する．

定理 4.5.3 の仮定により，$\phi \in L^2(\mu)$ に対して，$\sum_{j=1}^{\infty} \|E(\phi|\mathcal{F}_j)\|_2 < \infty$ であるから
$$\sum_{j=1}^{\infty} \|\mathcal{P}^j(E(\phi|\mathcal{F}_j))\|_2 = \sum_{j=1}^{\infty} \|E(\phi|\mathcal{F}_j)\|_2.$$
よって
$$\varphi = \sum_{j=1}^{\infty} \mathcal{P}^j(E(\phi|\mathcal{F}_j)), \tag{4.5.3}$$
$$\psi = \sum_{j=0}^{\infty} \mathcal{P}^j(E(\phi|\mathcal{F}_j) - E(\phi|\mathcal{F}_{j+1}))$$
とおく．このとき
$$\left\|\frac{1}{\sqrt{n}}(\varphi \circ f^n - \varphi)\right\|_2 \leq \frac{1}{\sqrt{n}}(\|\varphi \circ f^n\|_2 + \|\varphi\|_2)$$
$$= \frac{2}{\sqrt{n}}\|\varphi\|_2 \longrightarrow 0 \quad (n \to \infty)$$
であるから，$\left\{\frac{1}{\sqrt{n}}(\varphi \circ f^n - \varphi)\right\}$ は確率収束する．よって (ii) が成り立つ．

(i) を示すために，まず $\psi \in L^2(\mu)$ を示す．実際に，$j \geq 0$ に対して
$$\|\mathcal{P}^j(E(\phi|\mathcal{F}_j) - E(\phi|\mathcal{F}_{j+1}))\|_2 = \|E(\phi|\mathcal{F}_j) - E(\phi|\mathcal{F}_{j+1})\|_2 \tag{4.5.4}$$
$$\leq \|E(\phi|\mathcal{F}_j)\|_2 + \|E(\phi|\mathcal{F}_{j+1})\|_2.$$
よって $\psi \in L^2(\mu)$ である．

ψ は (i) を満たす．実際に，$\phi \in L^2(\mu)$ に対して，$E(\phi|\mathcal{F}_0) = \phi$ で
$$\mathcal{P}^{j-1}(E(\phi|\mathcal{F}_j)) = U\mathcal{P}^j(E(\phi|\mathcal{F}_j)) = \mathcal{P}^j(E(\phi|\mathcal{F}_j)) \circ f \quad (j \geq 1) \tag{4.5.5}$$
であるから
$$\psi = E(\phi|\mathcal{F}_0) + \mathcal{P}(E(\phi|\mathcal{F}_1)) + \mathcal{P}^2(E(\phi|\mathcal{F}_2)) + \cdots$$
$$- E(\phi|\mathcal{F}_1) - \mathcal{P}(E(\phi|\mathcal{F}_2)) - \mathcal{P}^2(E(\phi|\mathcal{F}_3)) - \cdots$$
$$= \phi + \sum_{j=1}^{\infty} \mathcal{P}^j(E(\phi|\mathcal{F}_j)) - \sum_{j=1}^{\infty} \mathcal{P}^j(E(\phi|\mathcal{F}_j)) \circ f$$
$$= \phi + \varphi - \varphi \circ f$$

が成り立つ．(i) が示された．

(iii) を示す．$j \geq 0$ に対して

$$E(\phi|\mathcal{F}_j) - E(\phi|\mathcal{F}_{j+1}) \in L^2(\mathcal{F}_{j+1})^\perp$$

であるから

$$\mathcal{P}^j(E(\phi|\mathcal{F}_j) - E(\phi|\mathcal{F}_{j+1})) \in L^2(\mathcal{F}_1)^\perp \qquad (j \geq 0).$$

よって $\psi \in L^2(\mathcal{F}_1)^\perp$ である．すなわち

$$E(\psi \circ f^n | \mathcal{F}_{n+1}) = E(\psi|\mathcal{F}_1) \circ f^n = 0 \qquad (n \geq 0).$$

(iii) が示された．

(i), (ii), (iii) の証明は完了した．

定理 4.5.5 を用いるために，定理 4.5.5 の条件を確認する必要がある．実際に，ψ を X_0 として，$\psi \circ f^n \ (n \geq 1)$ を X_n とすれば，確率変数の列 $\{X_n \,|\, n \geq 0\}$ が定義される．f は μ–保測であるから，$\psi \circ f^n \ (n \geq 0)$ は定常的であり，f はエルゴード的であるから，$\psi \circ f^n$ はエルゴード的である．

いまから，定理 4.5.3 の条件

$$\sigma^2 = \int \phi^2 d\mu + 2\sum_{j=1}^\infty \int \phi(\phi \circ f^j) d\mu$$

がうまく定義されることを確かめ，さらに $\infty > \sigma^2 = E(X_0^2) > 0$ を示す．

関数列 $\{\psi \circ f^n \,|\, n \geq 0\}$ は互いに直交していることに注意する．実際に，(iii) により $\psi \circ f^n \in L^2(\mathcal{F}_{n+1})^\perp$ であって，$k \geq n+1$ に対して，$\psi \circ f^k \in L^2(\mathcal{F}_{n+1})$ から明らかである．

よって

$$\|\psi\|_2^2 = \frac{1}{n}\sum_{j=0}^{n-1}\|\psi \circ f^j\|_2^2$$

$$= \frac{1}{n}\left\|\sum_{j=0}^{n-1}\psi \circ f^j\right\|_2^2 \qquad \text{（直交性により）}$$

$$= \left\|\frac{1}{\sqrt{n}}\sum_{j=0}^{n-1}\psi \circ f^j\right\|_2^2.$$

また

$$\left\|\frac{1}{\sqrt{n}}\sum_{j=0}^{n-1}\phi\circ f^j - \frac{1}{\sqrt{n}}\sum_{j=0}^{n-1}\psi\circ f^j\right\|_2 = \left\|\frac{1}{\sqrt{n}}\sum_{j=0}^{n-1}(\phi\circ f^j - \psi\circ f^j)\right\|_2$$
$$= \left\|\frac{1}{\sqrt{n}}(\varphi\circ f^n - \varphi)\right\|_2$$
((i) により)
$$\longrightarrow 0 \quad (n\to\infty).$$

よって

$$\|\psi\|_2^2 = \lim\left\|\frac{1}{\sqrt{n}}\sum_{j=0}^{n-1}\psi\circ f^j\right\|_2^2$$
$$= \lim\left\|\frac{1}{\sqrt{n}}\sum_{j=0}^{n-1}\phi\circ f^j\right\|_2^2$$
$$= \lim\frac{1}{n}\left\{\sum_{j=0}^{n-1}\int(\phi\circ f^j)^2 d\mu + 2\sum_{0\le k<l\le n-1}\int(\phi\circ f^k)(\phi\circ f^l)d\mu\right\}$$
$$= \lim\left\{\int\phi^2 d\mu + 2\sum_{j=1}^{n-1}\left(1-\frac{j}{n}\right)\int\phi(\phi\circ f^j)d\mu\right\}. \tag{4.5.6}$$

(4.5.4) から

$$\|\psi\|_2^2 = \int\phi^2 d\mu + 2\sum_{j=1}^{\infty}\int\phi(\phi\circ f^j)d\mu \tag{4.5.7}$$

を結論する．そのために

$$\lim\sum_{j=1}^{n-1}\left(1-\frac{j}{n}\right)\int\phi(\phi\circ f^j)d\mu = \sum_{j=1}^{\infty}\int\phi(\phi\circ f^j)d\mu \tag{4.5.8}$$

を示せば十分である．実際に，$j\ge 0$ に対して

$$\int\phi(\phi\circ f^j)d\mu = \int E(\phi|\mathcal{F}_j)(\phi\circ f^j)d\mu$$
$$\le \|E(\phi|\mathcal{F}_j)\|_2\|\phi\circ f^j\|_2$$
$$= \|E(\phi|\mathcal{F}_j)\|_2\|\phi\|_2$$

である．よって $\varepsilon>0$ に対して

$$\left|\sum_{j=1}^{n-1}\frac{j}{n}\int\phi(\phi\circ f^j)d\mu + \sum_{j=n}^{\infty}\int\phi(\phi\circ f^j)d\mu\right|$$

$$\le \|\phi\|_2 \left\{ \sum_{j=1}^{n-1} \frac{j}{n} \|E(\phi|\mathcal{F}_j)\|_2 + \sum_{j=n}^{\infty} \|E(\phi|\mathcal{F}_j)\|_2 \right\}$$

$$\le \|\phi\|_2 \left\{ \sum_{j \le n\varepsilon} \varepsilon \|E(\phi|\mathcal{F}_j)\|_2 + \sum_{j > n\varepsilon} \|E(\phi|\mathcal{F}_j)\|_2 \right\}$$

$$\le \|\phi\|_2 \left\{ \sum_{j=1}^{\infty} \varepsilon \|E(\phi|\mathcal{F}_j)\|_2 + \sum_{j > n\varepsilon} \|E(\phi|\mathcal{F}_j)\|_2 \right\}.$$

この不等式を用いて

$$\left| \sum_{j=1}^{n-1} \left(1 - \frac{j}{n}\right) \int \phi(\phi \circ f^j) d\mu - \sum_{j=1}^{\infty} \int \phi(\phi \circ f^j) d\mu \right|$$

$$= \left| \sum_{j=1}^{n-1} \left(1 - \frac{j}{n}\right) \int \phi(\phi \circ f^j) d\mu - \sum_{j=1}^{n-1} \int \phi(\phi \circ f^j) d\mu \right.$$

$$\left. - \sum_{j=n}^{\infty} \int \phi(\phi \circ f^j) d\mu \right|$$

$$\le \|\phi\|_2 \left\{ \varepsilon \sum_{j=1}^{\infty} \|E(\phi|\mathcal{F}_j)\|_2 + \left\| \sum_{j \ge n\varepsilon} \|E(\phi|\mathcal{F}_j)\| \right\|_2 \right\}$$

$$\longrightarrow \varepsilon \|\phi\|_2 \sum_{j=1}^{\infty} \|E(\phi|\mathcal{F}_j)\|_2 \quad (n \to \infty)$$

$$\longrightarrow 0 \quad (\varepsilon \to 0).$$

よって (4.5.6) を,さらに (4.5.7) を得る.

$\sigma^2 = \|\psi\|_2^2$ とおく.このとき定理 4.5.5 の σ^2 の存在,すなわち

$$\sigma^2 = \int \phi^2 d\mu + 2 \sum_{n=1}^{\infty} \int \phi(\phi \circ f^n) d\mu < \infty$$

を得る.ここで定理 4.5.1(1) を示す.

(1) $\sigma = 0$ のとき,$\psi = 0$ である.よって $\phi + \varphi - \varphi \circ f = 0$ であって

$$\phi = \varphi \circ f - \varphi$$

が求まる.逆に,$\phi = u \circ f - u$ を満たす $u \in L^2(\mu)$ が存在するとき,(4.5.3),(4.5.5) により,$j \ge 1$ に対して

$$P^j E(u \circ f|\mathcal{F}_j) = P^j E(u|\mathcal{F}_{j-1}) \circ f$$
$$= P^{j-1} E(u|\mathcal{F}_{j-1}).$$

よって

$$\begin{aligned}
\varphi &= \sum_{j=1}^{\infty} P^j E(\phi|\mathcal{F}_j) \\
&= \sum_{j=1}^{\infty} P^j (E(u \circ f|\mathcal{F}_j) - E(u|\mathcal{F}_j)) \\
&= \sum_{j=1}^{\infty} P^{j-1} E(u|\mathcal{F}_{j-1}) - \sum_{j=1}^{\infty} P^j E(u|\mathcal{F}_j) \\
&= u.
\end{aligned}$$

よって $\psi = 0$ を得る．すなわち $\sigma = 0$ を得る．定理 4.5.1(1) が示された．

定理 4.5.1(2) を示す．そのために定理 4.5.5 の条件を調べその結果を用いる．
$\sigma > 0$ の場合に，$a < b$ を固定して

$$\Phi(a,b) = \frac{1}{\sigma\sqrt{2\pi}} \int_a^b e^{-\frac{t^2}{2\sigma^2}} dt$$

とおく．$\delta > 0$ に対して，$\varepsilon > 0$ を選び

$$\Phi(a-\varepsilon, b+\varepsilon) \leq \Phi(a,b) + \delta$$

とできる．(ii) により $n_1 > 0$ があって

$$\mu\left(\left\{\left|\frac{1}{\sqrt{n}}(\varphi \circ f^n - \varphi)\right| > \varepsilon\right\}\right) \leq \delta \qquad (n \geq n_1).$$

$\mathcal{F}_0 \supset \mathcal{F}_1 \supset \cdots$ であって，$\psi \circ f^n$ は $\mathcal{F}_n$-可測で，(iii) により

$$E(\psi \circ f^n | \mathcal{F}_{n+1}) = 0 \qquad (n \geq 0)$$

であるから，$\{\psi \circ f^n\}$ は逆マルチンゲール差分を満たしている．よって定理 4.5.5 により

$$\mu\left(\left\{x \in \Omega \,\middle|\, \frac{1}{\sqrt{n}}\sum_{j=0}^{n-1} \psi(f^j(x)) \in (a-\varepsilon, b+\varepsilon)\right\}\right) \longrightarrow \Phi(a-\varepsilon, b+\varepsilon)$$

$$(n \to \infty)$$

が成り立つ．よって $n_2 > 1$ があって，$n \geq n_2$ に対して

$$\mu\left(\left\{x \in \Omega \,\middle|\, \frac{1}{\sqrt{n}}\sum_{j=0}^{n-1} \psi(f^j(x)) \in (a-\varepsilon, b+\varepsilon)\right\}\right) \leq \Phi(a-\varepsilon, b+\varepsilon) + \delta.$$

一方において
$$\frac{1}{\sqrt{n}} \sum_{j=0}^{n-1} \phi \circ f^j(x) \in (a,b)$$
ならば，$\phi = \psi - \varphi + \varphi \circ f$ であるから，次のいずれかが成り立つ：
$$\frac{1}{\sqrt{n}} \sum_{j=0}^{n-1} \psi \circ f^j(x) \in (a-\varepsilon, b+\varepsilon),$$
$$\frac{1}{\sqrt{n}} |\varphi \circ f^n(x) - \varphi(x)| \geq \varepsilon.$$

よって
$$\mu\left(\left\{x \in \Omega \,\middle|\, \frac{1}{\sqrt{n}} \sum_{j=0}^{n-1} \phi(f^j(x)) \in (a,b)\right\}\right)$$
$$\leq \mu\left(\left\{x \in \Omega \,\middle|\, \frac{1}{\sqrt{n}} \sum_{j=0}^{n-1} \psi(f^j(x)) \in (a-\varepsilon, b+\varepsilon)\right\}\right)$$
$$+ \mu\left(\left\{x \in \Omega \,\middle|\, \frac{1}{\sqrt{n}} |(\varphi \circ f^n - \varphi)(x)| > \varepsilon\right\}\right)$$
$$\leq \Phi(a-\varepsilon, b+\varepsilon) + 2\delta$$
$$\leq \Phi(a,b) + 3\delta.$$

$\delta > 0$ は任意であるから，$\delta \to 0$ とすれば
$$\limsup_n \mu\left(\left\{x \in \Omega \,\middle|\, \frac{1}{\sqrt{n}} \sum_{j=0}^{n-1} \phi(f^j(x)) \in (a,b)\right\}\right) \leq \Phi(a,b).$$

同様にして
$$\liminf_n \mu\left(\left\{x \in \Omega \,\middle|\, \frac{1}{\sqrt{n}} \sum_{j=0}^{n-1} \phi(f^j(x)) \in (a,b)\right\}\right) \geq \Phi(a,b)$$

が求まる．よって定理 4.5.3 が示された． □

4.6 測度的安定性

測度的安定性は写像 f のランダムな摂動によって力学系の安定性を測度論的に保証する概念であって，構造安定性とは異なる概念である．

実際に,小さな区間 $[-\varepsilon,\varepsilon]$ が確率分布 θ_ε をもつときに,その区間からランダムに $t_1,\cdots,t_n$ を選び,それをパラメータにもつ $f_{t_1},\cdots,f_{t_n}$ に対して,合成写像 $f_{t_1}\circ\cdots\circ f_{t_n}$ に f^n を摂動する.このとき,それらの漸近的な挙動は構造安定性を満たさない.例えば,周期点の型が定まらない.

力学系が構造安定性をもつためには,C^1-位相のもとで互いに近い 2 つの写像は周期点の型がまったく同じであることが必要である.

この節では,拡大写像を用いて,測度的安定性を議論する.そのために,4.1 節～4.5 節に述べた命題を用いる.

$C^2(\mathbb{T}^2)$ は C^2-微分写像の全体を表し,C^2-位相をもつとする(邦書文献 [Ao1] 参照).

拡大微分写像 $f:\mathbb{T}^2\to\mathbb{T}^2$ は滑らかな測度 μ_0 をもつことを見てきた (2.3 節).一方において,拡大微分写像は構造安定である.すなわち,$C^2(\mathbb{T}^2)$ に含まれる f の近傍 $\mathcal{U}(f)$ があって,$g\in\mathcal{U}(f)$ に対して,同相写像 $h_g:\mathbb{T}^2\to\mathbb{T}^2$ が存在して,次の図式を可換にすることができる(邦書文献 [Ao1] を参照):

$$\begin{array}{ccc} \mathbb{T}^2 & \xrightarrow{g} & \mathbb{T}^2 \\ h_g\downarrow & & \downarrow h_g \\ \mathbb{T}^2 & \xrightarrow{f} & \mathbb{T}^2 \end{array} \qquad h_g\circ g=f\circ h_g.$$

このことは,g も拡大写像であることを意味している.よって g も滑らかな測度 μ_g をもつ.C^2-位相のもとで,$g\to f$ であるとき,$\mu_g\to\mu_0$ が成り立つか,否かを判定するために測度的安定性を用いる.

f は拡大写像であるから,f は滑らかな測度 μ_0 をもつ.このとき g も拡大写像であるから,g も滑らかな測度をもつ.

T は距離空間とし,対応

$$t\longmapsto f_t\in C^2(\mathbb{T}^2)$$

は連続であるとする.$\{\theta_\varepsilon\,|\,\varepsilon>0\}$ は T の上のボレル確率測度の族として

$$\mathrm{Supp}(\theta_\varepsilon)\longrightarrow\{\tau\}\qquad(\varepsilon\to 0)\tag{4.6.1}$$

であるとする.f_τ は拡大写像であるとし f_τ の近傍 $\mathcal{U}(f_\tau)\subset C^2(\mathbb{T}^2)$ の各元は拡大写像であるように選ぶ.このとき $\varepsilon>0$ を十分に小さく選ぶとき

$$\{f_t\,|\,t\in\mathrm{Supp}(\theta_\varepsilon)\}\subset\mathcal{U}(f_\tau)\tag{4.6.2}$$

を満たすようにできる．(4.6.1) の条件は以後の議論で必要である．
$t \in T$ に対して

$$(U_t\varphi)(x) = \varphi(f_t(x)) \qquad (\varphi \in C(\mathbb{T}^2, \mathbb{R})),$$
$$(\mathcal{L}_t\varphi)(y) = \sum_{f_t(x)=y} \varphi(x) |\det(D_x f_t)|^{-1}$$

とおき

$$(\hat{U}_\varepsilon\varphi)(x) = \int (U_t\varphi)(x) d\theta_\varepsilon(t),$$
$$(\hat{\mathcal{L}}_\varepsilon\varphi)(y) = \int (\mathcal{L}_t\varphi)(y) d\theta_\varepsilon(t)$$

を定義する．m は $\mathbb{T}^2$ の上のルベーグ測度を表す．フビニ (Fubini) の定理を用いるとき，$\psi \in C(\mathbb{T}^2, \mathbb{R})$ に対して

$$\int (\hat{\mathcal{L}}_\varepsilon\varphi)(y)\psi(y)dm(y) = \int \left(\int (\mathcal{L}_t\varphi)d\theta_\varepsilon(t)\right)\psi(y)dm(y)$$
$$= \int \left(\int (\mathcal{L}_t\varphi)(y)\psi(y)dm(y)\right) d\theta_\varepsilon(t)$$
$$= \int \left(\int \varphi(x)(U_t\psi)(x)dm(x)\right) d\theta_\varepsilon(t)$$
$$= \int \varphi(x) \left(\int (U_t\psi)(x)d\theta_\varepsilon(t)\right) dm(x)$$
$$= \int \varphi(x)(\hat{U}_\varepsilon\psi)(x)dm(x).$$

このとき

$$\hat{\mathcal{L}}_\varepsilon(\varphi_\varepsilon) = \varphi_\varepsilon, \qquad \int \varphi_\varepsilon dm = 1$$

を満たす $\varphi_\varepsilon \in L^1(m)$ が存在すれば，$\mu_\varepsilon = \varphi_\varepsilon m$ は

$$\int (\hat{U}_\varepsilon\psi)d\mu_\varepsilon = \int \psi d\mu_\varepsilon \qquad (\psi \in C(\mathbb{T}^2, \mathbb{R}))$$

を満たす．μ_ε を**定常確率測度** (stationary probability measure) という．

定常確率測度の列 $\{\mu_\varepsilon\}$ が，f_τ の滑らかな測度 $\mu_0 = \varphi_0 m$ に収束するとき，f は**測度的安定性** (stochastic stability) を満たすという．

注意 4.6.1 $\mathrm{Supp}(\theta_\varepsilon)$ は (4.6.2) を満たすとし, $\sigma > 0$ は拡大定数であるとする. f_t ($t \in \mathrm{Supp}(\theta_\varepsilon)$) は拡大であるから, $\sigma^{-1} < \lambda_1 < 1$ と $a \geq \dfrac{a_0}{\lambda_1 - \sigma^{-\nu}}$ があって, $0 < \nu < \nu_0$ に対して

$$\mathcal{L}_t(C(a,\nu)) \subset C(\lambda_1 a, \nu) \qquad (t \in \mathrm{Supp}(\theta_\varepsilon))$$

を求めることができる. このとき

$$\hat{\mathcal{L}}_\varepsilon(C(a,\nu)) \subset C(\lambda_1 a, \nu)$$

が成り立つ.

証明 $\psi \in C(a,\nu)$ に対して, $\psi > 0$ であるから $\mathcal{L}_t(\psi) > 0$ である. $C(a,\nu)$ の定義 (4.2.1) に現れる $\rho_0 > 0$ に対して

$$d(y_1, y_2) \leq \rho_0 \Longrightarrow \mathcal{L}_t\psi(y_1) \leq \exp\{\lambda_1 a d(y_1, y_2)^\nu\}\mathcal{L}_t\psi(y_2) \quad (t \in \mathrm{Supp}(\theta_\varepsilon))$$

が成り立つ. よって

$$\hat{\mathcal{L}}_\varepsilon\psi(y) = \int \mathcal{L}_t\psi(y)d\theta_\varepsilon(t) > 0.$$

このとき

$$d(y_1, y_2) \leq \rho_0 \Longrightarrow \hat{\mathcal{L}}_\varepsilon\psi(y_1) = \int \mathcal{L}_t\psi(y_1)d\theta_\varepsilon$$

$$\leq \exp\{\lambda_1 a d(y_1,y_2)^\nu\}\int \mathcal{L}_t\psi(y_2)d\theta_\varepsilon$$

$$= \exp\{\lambda_1 a d(y_1,y_2)^\nu\}\hat{\mathcal{L}}_\varepsilon\psi(y_2).$$

ゆえに $\hat{\mathcal{L}}_\varepsilon(C(a,\nu)) \subset C(\lambda_1 a, \nu)$ が成り立つ. □

$\hat{\mathcal{L}}_\varepsilon$ は射影距離関数 $\theta_{a,\nu}$ に関して縮小写像である. したがって $\int \hat{\mathcal{L}}_\varepsilon(1)dm = 1$ で, $\varphi_\varepsilon \in C(\lambda_1 a, \nu)$ があって

$$\hat{\mathcal{L}}_\varepsilon(\varphi_\varepsilon) = \varphi_\varepsilon$$

である. よって

$$\mu_\varepsilon = \varphi_\varepsilon m \qquad (4.6.3)$$

は m に絶対連続な定常確率測度である.

$\mathbb{N}$ は自然数の集合とする. $\theta_\varepsilon^{\mathbb{N}}$ は $T^{\mathbb{N}}$ の上の直積確率測度を表すとする.

命題 4.6.2　$m \times \theta_\varepsilon^{\mathbb{N}}$-a.e. $(x_0, t_1, t_2, \cdots) \in \mathbb{T}^2 \times T^{\mathbb{N}}$ に対して, $x_j = f_{t_j} \circ \cdots \circ f_{t_1}(x_0)$ $(j \geq 0)$ とおき, μ_ε を (4.6.3) の定常確率測度とする. このとき

$$\lim_n \frac{1}{n} \sum_{j=0}^{n-1} \varphi(x_j) = \int \varphi d\mu_\varepsilon \qquad (\varphi \in C(\mathbb{T}^2, \mathbb{R}))$$

が成り立つ.

命題 4.6.2 を示すために, 次の補題 4.6.3 を必要とする:

補題 4.6.3 (ランダム摂動の指数的混合性)　$0 < \tilde{\lambda}_1 < 1$ であって $\varphi : \mathbb{T}^2 \to \mathbb{R}$ は ν–ヘルダー連続で, $\psi \in L^1(m)$ に対して $K_0 > 0$ があって

$$\left| \int (\hat{U}_\varepsilon^n \psi) \varphi dm - \int \psi d\mu_\varepsilon \int \varphi dm \right| \leq K_0 \|\psi\|_1 \tilde{\lambda}_1^n \qquad (n \geq 0)$$

が成り立つ.

証明　命題 4.4.1 の $U, \mathcal{L}, \mu_0, \varphi_0$ を $\hat{U}, \hat{\mathcal{L}}_\varepsilon, \mu_\varepsilon, \varphi_\varepsilon$ に置き換えて, まったく同じ仕方で結論を得る. □

命題 4.6.2 の証明　直積位相空間 $\mathbb{T}^2 \times T^{\mathbb{N}}$ の上の直積測度 $\mu_\varepsilon \times \theta_\varepsilon^{\mathbb{N}}$ を ν_ε で表す. (4.6.3) により, μ_ε は m に絶対連続であるから, ν_ε は $m \times \theta_\varepsilon^{\mathbb{N}}$ に絶対連続である.

$$\hat{\sigma}(x, t_1, t_2, \cdots) = (f_{t_1}(x), t_2, t_3, \cdots)$$

によって f_{t_1} と推移写像の直積写像 $\hat{\sigma} : \mathbb{T}^2 \times T^{\mathbb{N}} \to \mathbb{T}^2 \times T^{\mathbb{N}}$ を定義する. このとき, $\hat{\sigma}$ は ν_ε–不変である. このことはフビニの定理を用いれば求まる.

実際に, $\psi \in C(\mathbb{T}^2 \times T^{\mathbb{N}}, \mathbb{R})$ に対して

$$\tilde{\psi}_0(x) = \int \psi(x, t_1, t_2, \cdots) d\theta_\varepsilon^{\mathbb{N}}$$

とおく. このとき

$$\int \psi \circ \hat{\sigma}(x, t_1, t_2, \cdots) d\nu_\varepsilon = \int \psi \circ \hat{\sigma}(x, t_1, t_2, \cdots) d\mu_\varepsilon d\theta_\varepsilon^{\mathbb{N}}$$
$$= \int \psi(f_{t_1}(x), t_2, t_3, \cdots) d\theta_\varepsilon(t_1) d\theta_\varepsilon^{\mathbb{N}}(t_2, t_3, \cdots) d\mu_\varepsilon$$

$$= \int \left\{ \int \left(\int \psi(f_{t_1}(x), t_2, t_3, \cdots) d\theta_\varepsilon^\mathbb{N}(t_2, t_3, \cdots) \right) d\theta_\varepsilon(t_1) \right\} d\mu_\varepsilon$$
$$= \int \left(\int \tilde{\psi}_0(f_{t_1}(x)) d\theta_\varepsilon(t_1) \right) d\mu_\varepsilon$$
$$= \int \hat{U}_\varepsilon \tilde{\psi}_0(x) d\mu_\varepsilon$$
$$= \int \tilde{\psi}_0(x) d\mu_\varepsilon$$
$$= \int \psi(x, t_1, t_2, \cdots) d\theta_\varepsilon^\mathbb{N} d\mu_\varepsilon$$
$$= \int \psi(x, t_1, t_2, \cdots) d\nu_\varepsilon.$$

$\Pi : \mathbb{T}^2 \times T^\mathbb{N} \to \mathbb{T}^2$ を
$$(x, t_1, t_2, \cdots) \longmapsto x$$
によって定義された自然な射影とすると，$n \geq 1$ に対して
$$\frac{1}{n} \sum_{j=0}^{n-1} \varphi \circ \Pi(\hat{\sigma}^j(x, t_1, t_2, \cdots)) = \frac{1}{n} \sum_{j=0}^{n-1} \varphi(x_j) \qquad (\varphi \in C(\mathbb{T}^2, \mathbb{R})).$$
バーコフのエルゴード定理によって，ν_ε-a.e. $(x, t_1, t_2, \cdots)$ に対して上の平均値は収束する．その値を
$$\tilde{\varphi}(x, t_1, t_2, \cdots)$$
で表す．明らかに
$$\tilde{\varphi} \circ \hat{\sigma} = \tilde{\varphi} \qquad (\nu_\varepsilon\text{-a.e.})$$
が成り立つ．命題 4.6.2 を得るためには
$$\tilde{\varphi}(x, t_1, t_2, \cdots) = \int \varphi \circ \Pi d\nu_\varepsilon = \int \varphi d\mu_\varepsilon \qquad \nu_\varepsilon\text{-a.e.}$$
を示せば十分である．

そのために
$$\tilde{\varphi}_0(x) = \int \tilde{\varphi}(x, t_1, t_2, \cdots) d\theta_\varepsilon^\mathbb{N}(t_1, t_2, \cdots),$$
$$\tilde{\varphi}_k(x, t_1, t_2, \cdots, t_k) = \int \tilde{\varphi}(x, t_1, t_2, \cdots, t_k, t_{k+1}, \cdots) d\theta_\varepsilon^\mathbb{N}(t_{k+1}, t_{k+2}, \cdots)$$
とおく．このとき $\tilde{\varphi} \circ \hat{\sigma} = \tilde{\varphi}$ (ν_ε-a.e.) であるから
$$\tilde{\varphi}_k(x, t_1, \cdots, t_k) = \tilde{\varphi}_{k-1}(x_1, t_2, \cdots, t_k)$$

が成り立つ. ここに $x_1 = f_{t_1}(x)$ である.

$$\begin{aligned}
\tilde{\varphi}_0(x) &= \int \tilde{\varphi}(x, t_1, t_2, \cdots) d\theta_\varepsilon^{\mathbb{N}}(t_1, t_2, \cdots) \\
&= \int \tilde{\varphi}(f_{t_1}(x), t_2, t_3, \cdots) d\theta_\varepsilon^{\mathbb{N}}(t_2, t_3, \cdots) d\theta_\varepsilon(t_1) \\
&= \int \tilde{\varphi}_0(f_{t_1}(x)) d\theta_\varepsilon(t_1) \\
&= \hat{U}_\varepsilon \tilde{\varphi}_0(x) \qquad \mu_\varepsilon\text{-a.e.}
\end{aligned}$$

$\varphi \in C(\mathbb{T}^2, \mathbb{R})$ であるから

$$\tilde{\varphi}_0 \in L^1(m).$$

よって補題 4.6.3 を用いて，ν–ヘルダー連続関数 ψ に対して

$$\int \left(\tilde{\varphi}_0 - \int \tilde{\varphi}_0 d\mu_\varepsilon \right) \psi dm = \int \left(\hat{U}_\varepsilon^n \tilde{\varphi}_0 \right) \psi dm - \int \tilde{\varphi}_0 d\mu_\varepsilon \int \psi dm$$
$$\longrightarrow 0 \qquad (n \to \infty)$$

が成り立つ. よって

$$\int \left(\tilde{\varphi}_0 - \int \tilde{\varphi}_0 d\mu_\varepsilon \right) \psi dm = 0 \tag{4.6.4}$$

である. 連続関数はヘルダー連続関数によって近似されるから，(4.6.4) は連続関数 ψ に対して成り立つ. よって

$$\begin{aligned}
\tilde{\varphi}_0(x) &= \int \tilde{\varphi}_0 d\mu_\varepsilon = \int \tilde{\varphi} d\theta_\varepsilon^{\mathbb{N}} d\mu_\varepsilon \\
&= \int \tilde{\varphi} d\nu_\varepsilon = \int \varphi \circ \Pi d\nu_\varepsilon = \int \varphi d\mu_\varepsilon \qquad m\text{-a.e.} \tag{4.6.5}
\end{aligned}$$

(4.6.5) は μ_ε-a.e. x で成り立つ. 一方において

$$\tilde{\varphi}_k(x, t_1, t_2, \cdots, t_k) = \tilde{\varphi}_{k-1}(x_1, t_2, \cdots, t_k)$$
$$\cdots$$
$$= \tilde{\varphi}_0(x_k).$$

ここに $x_k = f_{t_k} \circ \cdots \circ f_{t_1}(x)$ である. (4.6.5) により

$$\tilde{\varphi}_k = \int \varphi d\mu_\varepsilon \qquad (\mu_\varepsilon \times \theta_\varepsilon^k)\text{-a.e.} \qquad (k \geq 0).$$

$k > 0$ は任意であるから
$$\tilde{\varphi} = \int \varphi d\mu_\varepsilon \qquad (\mu_\varepsilon \times \theta_\varepsilon^{\mathbb{N}})\text{-a.e.}$$
が成り立つ. □

定理 4.6.4（測度的安定性） 定常確率測度 μ_ε は f の滑らかな測度 μ_0 に収束する.

証明 $K_0 > 0$ があって, $\psi \in L^1(m)$ に対して, 補題 4.6.3 により
$$\left| \int \psi(\hat{\mathcal{L}}_\varepsilon^n(1)) dm - \int \psi d\mu_\varepsilon \right| \le K_0 \|\psi\|_1 \tilde{\lambda}_1^n \qquad (n \ge 0). \tag{4.6.6}$$
命題 4.4.1 により
$$\left| \int \psi(\mathcal{L}^n(1)) dm - \int \psi d\mu_0 \right| \le K_0 \|\psi\|_1 \tilde{\lambda}_1^n \qquad (n \ge 0). \tag{4.6.7}$$
これら 2 つの不等式を用いて, 定理 4.6.4 を結論する.

f_τ は拡大微分写像であるから, f_τ は局所微分同相写像である. よって f_τ は k 対 1 の写像であり, $\varepsilon > 0$ は十分に小さいから, f_t も k 対 1 の写像である. よって $y \in \mathbb{T}^2$ と $t \in \mathrm{Supp}(\theta_\varepsilon)$ に対して
$$f_\tau^{-1}(y) = \{x_1, \cdots, x_k\}, \quad f_t^{-1}(y) = \{x_{1,t}, \cdots, x_{k,t}\}$$
である. ここで, $x_i, x_{i,t}$ の番号の付け方は
$$\sup\{d(x_{i,t}, x_i) \,|\, 1 \le i \le k, \ t \in \mathrm{Supp}(\theta_\varepsilon), \ y \in \mathbb{T}^2\} \longrightarrow 0 \quad (\varepsilon \to 0)$$
であるとする. $\varphi \in C(a, \nu)$ に対して
$$(\mathcal{L}\varphi)(y) = \sum_{i=1}^k \varphi(x_i) |\det(D_{x_i} f_\tau)|^{-1},$$
$$(\mathcal{L}_t \varphi)(y) = \sum_{i=1}^k \varphi(x_{i,t}) |\det(D_{x_{i,t}} f_t)|^{-1}$$
であるから, $\xi(\varepsilon) > 0$ があって

(i) $\quad 1 - \xi(\varepsilon) \le \dfrac{(\mathcal{L}_t \varphi)(y)}{(\mathcal{L}\varphi)(y)} < 1 + \xi(\varepsilon)$
$\qquad\qquad (y \in \mathbb{T}^2, \ t \in \mathrm{Supp}(\theta_\varepsilon), \ \varphi \in C(a, \nu)),$

(ii) $\xi(\varepsilon) \to 0 \qquad (\varepsilon \to 0)$

が成り立つ．(i) により

$$|(\mathcal{L}_t\varphi)(y) - (\mathcal{L}\varphi)(y)| < \xi(\varepsilon)|(\mathcal{L}\varphi)(y)| \qquad (y \in \mathbb{T}^2)$$

であるから

$$\|\hat{\mathcal{L}}_\varepsilon\varphi - \mathcal{L}\varphi\| < \xi(\varepsilon)\|\mathcal{L}\varphi\|.$$

ここに $\|\cdot\|$ は一様ノルムを表す．$i \geq 1$ に対して

$$\mathcal{L}^i(1) \in C(\lambda_1 a, \nu), \qquad \int \mathcal{L}^i(1) dm = 1$$

であるから，$C > 0$ があって

$$|\mathcal{L}^i(1)(x)| \leq C \qquad (x \in \mathbb{T}^2,\ i \geq 0).$$

よって $\psi \in L^1(m)$ に対して

$$\begin{aligned}
&\left|\int (\hat{\mathcal{L}}_\varepsilon^n(1) - \mathcal{L}^n(1))\psi dm\right| \\
&= \left|\sum_{i=0}^{n-1} \int \hat{\mathcal{L}}_\varepsilon^{n-i-1}(\hat{\mathcal{L}}_\varepsilon - \mathcal{L})(\mathcal{L}^i(1))\psi dm\right| \\
&= \left|\sum_{i=0}^{n-1} \int (\hat{\mathcal{L}}_\varepsilon - \mathcal{L})(\mathcal{L}^i(1))(\hat{U}_\varepsilon^{n-i-1}\psi) dm\right| \\
&\leq \sum_{i=0}^{n-1} \|(\hat{\mathcal{L}}_\varepsilon - \mathcal{L})(\mathcal{L}^i(1))\| \int \hat{U}_\varepsilon^{n-i-1}\psi d\mu_\varepsilon \sup|\varphi_\varepsilon|^{-1} \\
&\leq n\xi(\varepsilon)C\|\psi\|_1 \sup|\varphi_\varepsilon|^{-1}.
\end{aligned} \qquad (4.6.8)$$

(4.6.6), (4.6.7), (4.6.8) を併せて

$$\begin{aligned}
\left|\int (\varphi_\varepsilon - \varphi_0)\psi dm\right| &= \left|\int \psi d\mu_\varepsilon - \int \psi d\mu_0\right| \\
&\leq \left|\int \psi d\mu_\varepsilon - \int \psi(\hat{\mathcal{L}}_\varepsilon^n(1))dm\right| + \left|\int (\hat{\mathcal{L}}_\varepsilon^n(1) - \mathcal{L}^n(1))\psi dm\right| \\
&\quad + \left|\int \psi(\mathcal{L}^n(1))dm - \int \psi d\mu_0\right| \\
&\leq K_0\|\psi\|_1 \tilde{\lambda}_1^n + n\xi(\varepsilon)C\|\psi\|_1 \sup|\varphi_\varepsilon|^{-1} + K_0\|\psi\|_1 \tilde{\lambda}_1^n \\
&= (*).
\end{aligned}$$

$\sup |\varphi_\varepsilon|^{-1} \leq C_1$ ($\varepsilon > 0$) を満たす $C_1 > 0$ が存在するから

$$(*) \leq (2K_0\tilde{\lambda}_1^n + n\xi(\varepsilon)CC_1)\|\psi\|_1.$$

$\psi \in C(\mathbb{T}^2, \mathbb{R}) \subset L^1(m)$ は任意であるから

$$\frac{|\int \psi d\mu_\varepsilon - \int \psi d\mu_0|}{\|\psi\|_1} \leq 2K_0\tilde{\lambda}_1^n + n\xi(\varepsilon)CC_1$$

が成り立つ．$\varepsilon > 0$ を十分に小さく選び，(ii) により

$$\tilde{\lambda}_1^n \geq \xi(\varepsilon) > \tilde{\lambda}_1^{n+1}$$

を満たすようにできる．よって

$$\frac{|\int \psi d\mu_\varepsilon - \int \psi d\mu_0|}{\|\psi\|_1} \leq \{2K_0\tilde{\lambda}_1^{-1} + nCC_1\}\xi(\varepsilon)$$
$$\longrightarrow 0 \quad (\varepsilon \to 0).$$

定理 4.6.4 が証明された． □

定理 4.6.4 の特別な場合として，g_ε は $C^2(\mathbb{T}^2)$ に属する 1 径数族とする．θ_ε は $C^2(\mathbb{T}^2)$ の上のディラック測度 $\theta_\varepsilon = \delta_{g_\varepsilon}$ とする．このとき，$g_\varepsilon \to f_\tau$ ($\varepsilon \to 0$) であれば，$\mathrm{Supp}(\theta_\varepsilon) \to \{f_\tau\}$ である．よって定理 4.6.4 から，次の注意が求まる：

注意 4.6.5（決定論的安定性） $f \in C^2(\mathbb{T}^2)$ は拡大であるとする．このとき μ_f は f の滑らかな測度とするとき，f の十分に小さい近傍 $\mathcal{U}(f)$ に属する g は滑らかな測度 μ_g をもち，$g \to f$ のとき μ_g は f の滑らかな測度 μ_f に収束する．すなわち $\mu_g \to \mu_f$ が成り立つ．

まとめ

一様双曲的な力学系は拡大性と一様追跡性の位相的特徴をもっている．これら 2 つの性質はマルコフ分割の構成を可能にし，力学系が位相混合性をもつならば，その力学系はベルヌーイであることが示される．

したがって，力学系のある種の関数族の相関関数の収束の速さは指数的減衰であることが求まる．よって，中心極限定理，さらに測度的安定性が議論できる．

一様双曲的な力学系に SRB 条件をもつ測度の存在を議論するとき，凸状円すい形の上の射影距離関数とペロン–フロベニウス作用が用いられる．そのとき SRB 条件をもつ測度の存在と同時に相関関数の減衰の速さが導かれる．射影距離関数は 1 次元力学系のエルゴード性の議論にも有効に働いている．

　拡大微分写像のエルゴード性を調べるために，最初にペロン–フロベニウス作用素を用いたのはルエルであった．しかし，このような作用素の有効性はすでに関連論文 [I-T]，[T1] に記述されていた．

　ここで述べた中心極限定理の証明は関連論文 [Go] に従い，ランダム摂動に基づく測度的安定性定理の証明は洋書文献 [Ki1]，[Ki2]，関連論文 [Liv1] に従った．

第5章 アトラクターのエルゴード的性質

f は $\mathbb{R}^2$ の上の C^2-微分同相写像とする．このとき有界開集合 U に対して，$f(U) \subset U$ とし，μ は U の f-不変ボレル確率測度であるとする．μ にエルゴード性と双曲性を仮定する．

μ が SRB 条件をもつとき，μ の台 (support) は SRB アトラクターである（第3章）．ところで，SRB アトラクターの上の f の相関関数の指数的減衰は解明されていない．しかし，一様双曲的アトラクターの場合は拡大写像（第4章）と類似の方法で解明される．そこで，第4章での議論を一様双曲的アトラクターにもち込むことを考える．実際に，双曲的アトラクターは SRB 条件をもつ測度を許容する．よって，この測度に関して f の相関関数が指数的減衰であることを示す．

$f : U \to U$ は微分同相写像として，$Q \subset U$ は開集合で $f(\mathrm{Cl}(Q)) \subset Q$ を満たすとし，$\Lambda = \bigcap_{n \geq 0} f^n(Q)$ は位相推移的で双曲的であるとする．すなわち，Λ は双曲的アトラクターであるとする．**双曲的** (hyperbolicity) とは次を満たすときをいう：

Λ の点 x の分解
$$\mathbb{R}^2 = E^s(x) \oplus E^u(x)$$
と $0 < \lambda < 1, \|\cdot\|$ が存在して

(a) $D_x f(E^s(x)) = E^s(f(x)), \ D_x f^{-1}(E^u(x)) = E^u(f^{-1}(x)),$

(b) $\|D_x f|_{E^s(x)}\| \leq \lambda, \ \|D_x f^{-1}|_{E^u(x)}\| \leq \lambda \quad (x \in \Lambda)$

を満たす．

双曲的アトラクターの f の相関関数の減衰を見いだすために，関数空間を定義し，その空間の上にペロン–フロベニウス作用素を与える．そのために縮小方向に着目する．縮小方向の局所安定多様体の上でヤコビ行列式の絶対値の逆数によっ

て $\mathcal{L}$ を定義する．

この章で扱う手法は SRB アトラクターの上の C^2-微分同相写像に対しても適用できるように議論を進める．

5.1 微分同相写像と円すい形

拡大微分写像は力学的に扱いやすい対象である．その理由は鞍部的なタイプ（図 5.1.1）の双曲性が現れないところにある．

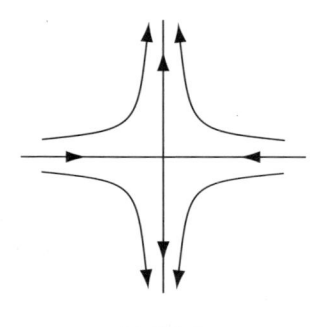

図 5.1.1

この節では双曲的アトラクターをもつ微分同相写像に対応するペロン–フロベニウス作用素と，それの定義域になる関数空間を用意する．この力学系は拡大写像に比較して取り扱いは厄介である．

U は $\mathbb{R}^2$ の有界開集合で，$f : U \to U$ は C^2-微分同相写像とする．U の閉部分集合 Λ は双曲的アトラクターとする．このとき，Λ は位相推移的で，Λ を含む開集合 Q が存在して

$$f(\mathrm{Cl}(Q)) \subset Q, \qquad \Lambda = \bigcap_{n=0}^{\infty} f^n(Q)$$

を満たし，$0 < \lambda < 1$ と $\|\cdot\|$ が存在して，$x \in \Lambda$ に対して $\mathbb{R}^2$ は部分空間 $E^s(x)$，$E^u(x)$ の直和

$$\mathbb{R}^2 = E^s(x) \oplus E^u(x)$$

に C^1-**分解**され，上述の (a), (b) を満たす．

この分解に基づいて議論を展開する．$z \in \Lambda$ に対して，$\hat{W}^s(z)$ は点 z の安定多様体を表し

$$\hat{W}^s(\Lambda) = \bigcup_{z \in \Lambda} \hat{W}^s(z)$$

とおく．このとき $\hat{W}^s(\Lambda)$ は Λ の近傍である（邦書文献 [Ao3]，注意 6.1.9）．ここで Q は
$$\Lambda \subset Q \subset \hat{W}^s(\Lambda)$$
を満たすように選ぶ．

開集合 Q の直径は 1 以下 $(\mathrm{diam}(Q) < 1)$ であるとして一般性を失わない．関数 $\varphi : U \to \mathbb{R}$ に対して
$$(K\varphi)(x) = \varphi(f(x)),$$
$$(\mathcal{L}\varphi)(y) = \begin{cases} \varphi(f^{-1}(y))|\det(D_{f^{-1}(y)}f)|^{-1} & (y \in f(Q)) \\ 0 & (y \notin f(Q)) \end{cases}$$
を定義する．$y = f(x)$ であれば，K と $\mathcal{L}$ との間の関係は，$\varphi, \psi \in C(\mathrm{Cl}(U), \mathbb{R})$ に対して
$$\int_{f(Q)} (\mathcal{L}\varphi)\psi dm = \int_{f(Q)} \frac{\varphi(f^{-1}(y))}{|\det(D_{f^{-1}(y)}f)|} \psi(y) dm(y)$$
$$= \int_Q \varphi(x)\psi(f(x)) dm(x)$$
$$= \int_Q \varphi K\psi dm.$$
ここに，m はルベーグ測度である．

$\mathrm{Cl}(U)$ は有界な開集合 U の閉包であるから，$\mathrm{Cl}(U)$ はコンパクトである．

Λ はマルコフ分割 $R = \{R_1, \cdots, R_n\}$ をもつ（邦書文献 [Ao3]，6.1 節）．$x \in R_i$ に対して $\hat{W}^s(x) \cap R_i$ の両端点を含む $\hat{W}^s(x)$ の曲線を $\gamma(x)$ で表す．このとき
$$\mathcal{F}_i^s = \{\gamma(x) \mid x \in R_i\},$$
$$\mathcal{F}^s = \bigcup_{i=1}^n \mathcal{F}_i^s$$
とおく．明らかに
$$\tilde{R}_i = \bigcup_{\mathcal{F}_i^s} \gamma(x) \qquad (1 \leq i \leq n)$$
は $R_i \subset \tilde{R}_i$ を満たすコンパクト集合で $m(\tilde{R}_i) > 0$ である．よって
$$\tilde{R} = \bigcup_{i=1}^n \tilde{R}_i$$

とおくと $m(\tilde{R}) > 0$ である．$\mathcal{F}^s$ は $\tilde{R}$ の可測分割で定理 1.3.2 を満たしている．以後において，m は $\tilde{R}$ の補集合は 0 の値をとるとする．

ここから先は 4.1 節の結果を利用する．$\gamma \in \mathcal{F}^s$ を固定する．$a > 0$, $0 < \eta < 1$ に対して

$$\mathcal{D}(a, \eta, \gamma) = \{\rho : \gamma \to \mathbb{R} \,|\, \rho > 0, \ \log \rho \text{ は } (a, \eta)\text{-ヘルダー連続}\} \quad (5.1.1)$$

は凸状円すい形である．明らかに

$$\rho \in \mathcal{D}(a, \eta, \gamma) \Longrightarrow \alpha > 0 \text{ に対して}, \ \alpha \rho \in \mathcal{D}(a, \eta, \gamma) \ .$$

この円すい形に，拡大写像の場合と同じように，射影距離関数 $\theta_{a,\eta,\gamma}$ を次のように与える：

$\rho', \rho'' \in \mathcal{D}(a, \eta, \gamma)$ に対して

$$\alpha_\gamma(\rho', \rho'')$$
$$= \inf\left\{\frac{\rho''(x)}{\rho'(x)}, \ \frac{\exp\{ad(x,y)^\eta\}\rho''(x) - \rho''(y)}{\exp\{ad(x,y)^\eta\}\rho'(x) - \rho'(y)} \ \bigg| \ x, y \in \gamma, \ x \neq y\right\},$$
$$\beta_\gamma(\rho', \rho'')$$
$$= \sup\left\{\frac{\rho''(x)}{\rho'(x)}, \ \frac{\exp\{ad(x,y)^\eta\}\rho''(x) - \rho''(y)}{\exp\{ad(x,y)^\eta\}\rho'(x) - \rho'(y)} \ \bigg| \ x, y \in \gamma, \ x \neq y\right\}$$

として

$$\theta_{a,\eta,\gamma}(\rho', \rho'') = \theta_\gamma(\rho', \rho'')$$
$$= \log \frac{\beta_\gamma(\rho', \rho'')}{\alpha_\gamma(\rho', \rho'')} \quad (5.1.2)$$

を定義する．θ_γ は $\mathcal{D}(a, \eta, \gamma)$ の上で命題 4.1.3 を満たす．よって θ_γ は射影距離関数である．

$\mathcal{D}(a, \eta, \gamma)$ を含む広い凸状円すい形

$$\mathcal{D}_+(\gamma) = \{\rho : \gamma \to \mathbb{R} \,|\, \rho > 0 \text{ であって，} \rho \text{ は連続}\}$$

の上に射影距離関数 $\theta_{+,\gamma}$ を与えるために，$\rho', \rho'' \in \mathcal{D}_+(\gamma)$ に対して

$$\alpha_+(\rho', \rho'') = \inf\left\{\frac{\rho''(x)}{\rho'(x)} \ \bigg| \ x \in \gamma\right\},$$
$$\beta_+(\rho', \rho'') = \sup\left\{\frac{\rho''(x)}{\rho'(x)} \ \bigg| \ x \in \gamma\right\}$$

とおき

$$\theta_{+,\gamma}(\rho', \rho'') = \log \frac{\beta_+(\rho', \rho'')}{\alpha_+(\rho', \rho'')}$$

を定義する．$\mathcal{D}(a,\eta,\gamma)$ の上の θ_γ と $\mathcal{D}_+(\gamma)$ の上の $\theta_{+,\gamma}$ に関して

$$\theta_{+,\gamma} \leq \theta_\gamma$$

が成り立つ．

l_γ^s は $\mathcal{F}^s$ に属する γ の上のルベーグ測度を表し，$\rho \in \mathcal{D}(a,\eta,\gamma)$ は

$$\int_\gamma \rho\, dl_\gamma^s = 1 \qquad (\gamma \in \mathcal{F}^s)$$

を満たすとする．以後において，記号の複雑さを避けるために

$$\int_\gamma \varphi\rho = \int_\gamma \varphi\rho\, dl_\gamma^s \qquad (\varphi \text{ は } \rho\, dl_\gamma^s \text{ 可積分関数})$$

と表すことにする．

$\gamma \in \mathcal{F}^s$ とする．$f^{-1}(\gamma) \cap \tilde{R}$ は $0 < k \leq n$ と $\gamma_j \in \mathcal{F}_j^s (1 \leq j \leq k)$ があって

$$f^{-1}(\gamma) \cap \tilde{R} = \bigcup_{j=1}^{k} \gamma_j$$

と表される．$x \in \gamma$ に対して $T_x\gamma$ は γ の点 x の接線の傾きをもつ $\mathbb{R}^2$ の部分空間を表し，$T_x\gamma$ への D_xf の制限を

$$D_xf_{|T\gamma}$$

と表す．

$1 \leq j \leq k$ に対して

$$\rho_j(x) = \frac{|\det(D_xf_{|T\gamma_j})|}{|\det(D_xf)|}(\rho \circ f)(x) \quad (x \in \gamma_j,\ \rho \in \mathcal{D}(a,\eta,\gamma)) \quad (5.1.3)$$

とおく．このとき

$$\int_\gamma (\mathcal{L}\varphi)\rho = \sum_{j=1}^{k} \int_{\gamma_j} \varphi\rho_j. \tag{5.1.4}$$

ここで $\int_{\gamma_j} \rho_j = 1$ とは限らない．

(5.1.4) を示す．

$$\int_\gamma \mathcal{L}\varphi\rho = \int_\gamma \varphi \circ f^{-1}|\det(D_{f^{-1}(x)}f)|^{-1}\rho(x)\,dl_\gamma^s$$

$$= \sum_j \int_{\gamma_j} \frac{\varphi(x)}{|\det(D_xf)|}|\det(D_xf_{|T\gamma_j})|\rho \circ f(x)\,dl_{\gamma_j}^s.$$

よって (5.1.1) と同様に，$a > 0$, $0 < \eta < 1$, $\lambda_1 \in (0,1)$ に対して

$$\mathcal{D}(\lambda_1 a, \eta, \gamma_j) = \{\rho : \gamma_j \to \mathbb{R} \mid \rho > 0, \ \log \rho \ \text{は} \ (\lambda_1 a, \eta)\text{-ヘルダー連続}\}$$

を定義する．

補題 5.1.1 $\lambda_1, \tilde{\lambda}_1 \in (0,1)$ があって，十分に大きな $a > 1$ と $\gamma \in \mathcal{F}^s$ に対して次が成り立つ：

(a) $\rho \in \mathcal{D}(a, \eta, \gamma) \implies \rho_j \in \mathcal{D}(\lambda_1 a, \eta, \gamma_j) \quad (1 \leq j \leq k)$,

(b) θ_γ は $\mathcal{D}(a, \eta, \gamma)$ の上の，θ_j は $\mathcal{D}(a, \eta, \gamma_j)$ の上の射影距離関数とする．このとき $\rho', \rho'' \in \mathcal{D}(a, \eta, \gamma)$ に対して

$$\theta_j(\rho'_j, \rho''_j) \leq \tilde{\lambda}_1 \theta_\gamma(\rho', \rho'') \quad (1 \leq j \leq k).$$

証明 (a) の証明：$\rho > 0$ であるから，明らかに，(5.1.3) により $\rho_j > 0$ である．$K_1 > 0$ は

$$\log |\det(D_x f)|$$

のリプシッツ定数とし，$K_2 > 0$ は

$$\log |\det(D_x f|_{T\gamma_j})| \quad (x \in \gamma_j)$$

のリプシッツ定数とする．

$0 < \lambda_s < 1$ は安定葉に沿った f の縮小率として

$$\lambda_1 \in (\lambda_s^\eta, 1), \qquad a \geq \frac{K_1 + K_2}{\lambda_1 - \lambda_s^\eta} \tag{5.1.5}$$

を選ぶとき，$x, y \in \gamma_j$ に対して

$$\begin{aligned}
&|\log \rho_j(x) - \log \rho_j(y)| \\
&\leq |\log \rho(f(x)) - \log \rho(f(y))| + |\log |\det(D_y f)| - \log |\det(D_x f)|| \\
&\quad + |\log |\det(D_x f|_{T\gamma_j})| - \log |\det(D_y f|_{T\gamma_j})|| \quad ((5.1.3) \text{ により}) \\
&\leq a d(f(x), f(y))^\eta + K_1 d(x, y) + K_2 d(x, y) \\
&\leq (a \lambda_s^\eta + K_1 + K_2) d(x, y)^\eta \\
&\leq a \lambda_1 d(x, y)^\eta.
\end{aligned}$$

5.1 微分同相写像と円すい形

よって，$\rho_j \in \mathcal{D}(\lambda_1 a, \eta, \gamma_j)$ である．(a) が示された．

(b) の証明：

$$\tau_1 = \inf\left\{\left.\frac{z - z^{\lambda_1}}{z - z^{-\lambda_1}}\,\right|\, z > 1\right\} \in (0, 1),$$

$$\tau_2 = \sup\left\{\left.\frac{z - z^{-\lambda_1}}{z - z^{\lambda_1}}\,\right|\, z > 1\right\} \in (1, \infty)$$

とおく．このとき，$\rho'_j, \rho''_j \in \mathcal{D}(\lambda_1 a, \eta, \gamma_j)$, $x, y \in \gamma_j$ $(x \neq y)$ に対して

$$\frac{\exp\{ad(x,y)^\eta\} - \frac{\rho''_j(y)}{\rho''_j(x)}}{\exp\{ad(x,y)^\eta\} - \frac{\rho'_j(y)}{\rho'_j(x)}} \geq \frac{\exp\{ad(x,y)^\eta\} - \exp\{\lambda_1 ad(x,y)^\eta\}}{\exp\{ad(x,y)^\eta\} - \exp\{-\lambda_1 ad(x,y)^\eta\}}$$
$$\geq \tau_1.$$

よって

$$\alpha_{\gamma_j}(\rho'_j, \rho''_j) \geq \tau_1 \alpha_{+,\gamma_j}(\rho'_j, \rho''_j).$$

同様にして $\rho'_j, \rho''_j \in \mathcal{D}(\lambda_1 a, \eta, \gamma_j)$ に対して

$$\beta_{\gamma_j}(\rho'_j, \rho''_j) \leq \tau_2 \beta_{+,\gamma_j}(\rho'_j, \rho''_j)$$

が成り立つ．よって

$$\theta_{\gamma_j}(\rho'_j, \rho''_j) \leq \theta_{+,\gamma_j}(\rho'_j, \rho''_j) + \log\frac{\tau_2}{\tau_1}. \tag{5.1.6}$$

仮定によって $\rho'_j, \rho''_j \in \mathcal{D}(\lambda_1 a, \eta, \gamma_j)$ で

$$\frac{\int_{\gamma_j} \rho''_j}{\int_{\gamma_j} \rho'_j} = K$$

とおくと

$$\frac{\rho''_j}{\rho'_j}(x) \geq \frac{\exp\{-a(\mathrm{diam}(\gamma_j))^\eta\}}{\exp\{a(\mathrm{diam}(\gamma_j))^\eta\}} K$$
$$\geq \exp(-2a) K \qquad (\mathrm{diam}(Q) \leq 1 \text{ により})．$$

よって

$$\alpha_{+,\gamma_j}(\rho'_j, \rho''_j) \geq \exp(-2a) K,$$
$$\beta_{+,\gamma_j}(\rho'_j, \rho''_j) \leq \exp(2a) K$$

であるから
$$\theta_{+,\gamma_j}(\rho'_j, \rho''_j) \leq 4a. \tag{5.1.7}$$

(5.1.6) と (5.1.7) により，$\rho'_j, \rho''_j \in \mathcal{D}(\lambda_1 a, \eta, \gamma_j)$ に対して
$$\theta_j(\rho'_j, \rho''_j) \leq 4a + \log \frac{\tau_2}{\tau_1}. \tag{5.1.8}$$

$\rho \in \mathcal{D}(a, \eta, \gamma)$ に対して，$\rho_j \in \mathcal{D}(\lambda_1 a, \eta, \gamma_j)$ を対応させる写像
$$L(\rho) = \rho_j$$
を定義する．(a) により
$$L(\mathcal{D}(a, \eta, \gamma)) \subset \mathcal{D}(\lambda_1 a, \eta, \gamma_j)$$
である．このとき
$$0 < D = \sup\{\theta_j(L(\rho'), L(\rho'')) \mid \rho', \rho'' \in \mathcal{D}(a, \eta, \gamma)\}$$
は (5.1.8) により有限である．命題 4.1.6 により
$$\theta_j(\rho'_j, \rho''_j) \leq \tilde{\lambda}_1 \theta_\gamma(\rho', \rho'')$$
が成り立つ．ここに $\tilde{\lambda}_1 = 1 - e^{-D}$ である． □

マルコフ分割 $\mathcal{R}$ の各成分の直径は十分に小さく選ばれているとする．このとき $a_0 > 0$ があって $\gamma, \tilde{\gamma} \in \mathcal{F}_i^s$ $(1 \leq i \leq n)$ に対するポアンカレ写像
$$\pi(\tilde{\gamma}, \gamma) = \pi : \tilde{\gamma} \longrightarrow \gamma \tag{5.1.9}$$
が定義され，π はリプシッツ定数 a_0 をもつリプシッツ連続である（実際に，π は微分可能である．邦書文献 [Ao3]，注意 2.3.4）．このとき γ と $\tilde{\gamma}$ との距離を
$$d(\tilde{\gamma}, \gamma) = \sup\{d(z, \pi(z)) \mid z \in \tilde{\gamma}\}$$
によって定義する．

$\tilde{\gamma}, \gamma \in \mathcal{F}_i^s$ $(1 \leq i \leq n)$ により $k \geq 1$ があって
$$f^{-1}(\tilde{\gamma}) \cap \tilde{R} = \bigcup_{j=1}^k \tilde{\gamma}_j, \qquad f^{-1}(\gamma) \cap \tilde{R} = \bigcup_{j=1}^k \gamma_j$$

を満たす $\tilde{\gamma}_j, \gamma_j \in \mathcal{F}^s$ が存在する．ポアンカレ写像

$$\pi_j : \tilde{\gamma}_j \longrightarrow \gamma_j$$

は $f \circ \pi = \pi_j \circ f$ を満たすように定義する．このとき $1 < \lambda_u$ があって

$$d(\gamma, \tilde{\gamma}) \geq \lambda_u d(\gamma_j, \tilde{\gamma}_j) \tag{5.1.10}$$

が成り立つ．ここに，λ_u は不安定多様体に沿った f の拡大率を表す．

$a > 0$ は任意であったので $a > 2a_0$ を満たすとする．このとき

$$0 < a_1 < \frac{a}{2}, \quad \eta < \eta_1 < 1$$

は

$$a_0 + a_1 a_0^{\eta_1} = \tilde{a} \leq \frac{a}{2} \tag{5.1.11}$$

を満たすように選ぶ．明らかに $\gamma \in \mathcal{F}^s$ に対して

$$\mathcal{D}(a_1, \eta_1, \gamma) \subset \mathcal{D}(a, \eta, \gamma).$$

(5.1.9) により $\pi : \tilde{\gamma} \to \gamma$ であるから，$\rho \in \mathcal{D}(a_1, \eta_1, \gamma)$ に対して

$$\tilde{\rho} : \tilde{\gamma} \longrightarrow \mathbb{R}$$

を

$$\tilde{\rho}(\tilde{y}) = \rho(\pi(\tilde{y})) |\det(D_{\tilde{y}}\pi)| \tag{5.1.12}$$

によって定義する．

注意 5.1.2 $\tilde{\rho} \in \mathcal{D}\left(\dfrac{a}{2}, \eta, \tilde{\gamma}\right)$ が成り立つ．

実際に，注意 2.4.3(1), (2) により

$$|\log \tilde{\rho}(\tilde{x}) - \log \tilde{\rho}(\tilde{y})|$$
$$\leq |\log \rho(\pi(\tilde{x})) - \log \rho(\pi(\tilde{y}))| + |\log |\det(D_{\tilde{x}}\pi)| - \log |\det(D_{\tilde{y}}\pi)||$$
$$\leq a_1 d(\pi(\tilde{x}), \pi(\tilde{y}))^{\eta_1} + a_0 d(\tilde{x}, \tilde{y})$$
$$\leq (a_1 a_0^{\eta_1} + a_0) d(\tilde{x}, \tilde{y})^\eta$$
$$\leq (a_1 a^{\eta_1} + a_0) d(\tilde{x}, \tilde{y})^\eta$$
$$\leq \frac{a}{2} d(\tilde{x}, \tilde{y})^\eta.$$

注意 5.1.3 $\gamma \in \mathcal{F}^s$ とする.(5.1.12) によって定義された $\tilde{\rho}: \tilde{\gamma} \to \mathbb{R}$ に対して

$$\int_{\tilde{\gamma}} \tilde{\rho} dl_{\tilde{\gamma}}^s = \int_{\tilde{\gamma}} \rho(\pi(\tilde{y})) |\det(D_{\tilde{y}}\pi)| dl_{\tilde{\gamma}}^s(y)$$
$$= \int_{\gamma} \rho(y) dl_{\gamma}^s(y).$$

注意 5.1.4 $\rho', \rho'' \in \mathcal{D}(a, \eta, \gamma)$ に対して

$$\frac{\int_\gamma \varphi \rho'}{\int_\gamma \varphi \rho''} \leq \frac{\sup \rho'}{\inf \rho''} \qquad (\varphi \in C^0(U, \mathbb{R}),\ \varphi > 0)$$
$$\leq \frac{\frac{\sup \rho'}{\inf \rho'}}{\frac{\inf \rho''}{\sup \rho''}}$$
$$\leq \exp(\theta_+(\rho', \rho''))$$
$$\leq \exp(\theta(\rho', \rho'')). \tag{5.1.13}$$

$b > 0,\ c > 0,\ 0 < \nu < 1$ とする.次の (A), (B), (C) を満たす有界関数 $\varphi: \tilde{R} \to \mathbb{R}$ の集合を

$$C(b, c, \nu)$$

で表す:

θ は $\mathcal{D}(a, \eta, \gamma)$ の上の射影距離関数とし,a_1, η_1 は (5.1.11) を満たすとする.このとき

(A) $\displaystyle\int_\gamma \varphi \rho > 0 \quad (\gamma \in \mathcal{F}^s,\ \rho \in \mathcal{D}(a, \eta, \gamma))$,

(B) $\left| \log \displaystyle\int_\gamma \varphi \rho' - \log \int_\gamma \varphi \rho'' \right| \leq b\theta(\rho', \rho'')$

$\left(\gamma \in \mathcal{F}^s,\ \rho', \rho'' \in \mathcal{D}(a, \eta, \gamma),\ \displaystyle\int_\gamma \rho' = \int_\gamma \rho'' = 1\right)$,

(C) $\left| \log \displaystyle\int_\gamma \varphi \rho - \log \int_{\tilde{\gamma}} \varphi \tilde{\rho} \right| < cd(\gamma, \tilde{\gamma})^\nu$

$(\gamma, \tilde{\gamma} \in \mathcal{F}_i^s\ (1 \leq i \leq n),\ \rho \in \mathcal{D}(a_1, \eta_1, \gamma))$.

ここに $\tilde{\rho}$ は ρ に対して (5.1.12) にしたがって定義された $\tilde{\gamma}$ の上の関数である.同様にして,$1 \leq i \leq n$(n はマルコフ分割の要素の個数)に対して

$(C)_i$ $\quad \left| \log \int_\gamma \varphi\rho - \log \int_{\tilde\gamma} \varphi\tilde\rho \right| \le cd(\gamma,\tilde\gamma)^\nu \quad (\gamma,\tilde\gamma \in \mathcal{F}_i^s, \rho \in \mathcal{D}(a,\eta,\gamma))$

として，(A), (B), $(C)_i$ を満たす有界関数 $\varphi : \tilde R \to \mathbb{R}$ の集合を $C_i(b,c,\nu)$ で表す．

明らかに，$C(b,c,\nu) \subset C_i(b,c,\nu)$ は正の実数 $\mathbb{R}^+$ を含んで

$$C(b,c,\nu) = \bigcap_i C_i(b,c,\nu)$$

である．

注意 5.1.5 $C_i(b,c,\nu)$ は凸状円すい形で

$$-\mathrm{Cl}(C_i(b,c,\nu)) \cap \mathrm{Cl}(C_i(b,c,\nu)) = \{0\}$$

が成り立つ．$C(b,c,\nu)$ も同様である．

証明 凸状円すい形は $t > 0$，$\varphi \in C_i(b,c,\nu)$ に対して，$t\varphi \in C_i(b,c,\nu)$ を示せばよい．さらに，凸性は $t_1 > 0$, $t_2 > 0$ ($t_1 + t_2 = 1$) と φ_1, $\varphi_2 \in C_i(b,c,\nu)$ に対して $t_1\varphi_1 + t_2\varphi_2 \in C_i(b,c,\nu)$ を示せばよい．いずれも容易に示すことができる．

残りの部分を示すために，$\varphi \in C_i(b,c,\nu)$ とする．$\rho \in \mathcal{D}(a,\eta,\gamma)$, $\gamma \in \mathcal{F}_i^s$ に対して

$$\int_\gamma \rho\varphi = 0 \implies \varphi = 0 \quad (\tilde R_i \text{ の上で})$$

を示せば十分である．

$\gamma \in \mathcal{F}_i^s$ を固定する．η–ヘルダー連続関数 $\psi : \gamma \to \mathbb{R}$ と $B > 0$ に対して

$$\psi = (\psi^+ + B) - (\psi^- + B),$$
$$\psi^\pm = \frac{1}{2}(|\psi| \pm \psi)$$

とする．B が十分に大きければ，$\psi^\pm + B \in \mathcal{D}(a,\eta,\gamma)$ である．仮定により

$$\int_\gamma \varphi\psi = 0.$$

有界な連続関数は η–ヘルダー連続関数によって C^0–近似されるから，有界連続関数 $\psi : \gamma \to \mathbb{R}$ に対して

$$\int_\gamma \varphi\psi = 0.$$

$\psi = \varphi_{|\gamma}$ とする．このとき，l_γ^s–a.e. の点で $\varphi_{|\gamma} = 0$ である．邦書文献 [Ao2] の定理 2.6.2 により，l_γ^s と $\mathcal{F}_i^s$ に関する m の条件付き確率測度 m_γ は同値であって，γ は $\mathcal{F}_i^s$ で任意であるから $\tilde{R}_i$ の上で $\varphi = 0$ (m–a.e. x) が求まる． □

5.2　ペロン–フロベニウス作用素の縮小性

凸状円すい形 $C(b, c, \nu)$ の上に射影距離関数に類似な関数（しかし距離関数でない）を与え，5.1 節で与えたペロン–フロベニウス作用素 $\mathcal{L}$ はその関数に関して縮小的であることを議論する．

命題 5.2.1　$0 < \lambda_2 < 1$ と $0 < \nu < 1$ があって，十分に大きな $b, c > 0$ に対して
$$\mathcal{L}(C(b, c, \nu)) \subset C_i(\lambda_2 b, \lambda_2 c, \nu) \subset C_i(b, c, \nu)$$
が成り立つ．

証明　後半の包含関係は明らかである．よって，前半を証明するだけである．

$\gamma \in \mathcal{F}_i^s$ とする．$\rho \in \mathcal{D}(a, \eta, \gamma)$ に対して，(5.1.3) により ρ_j $(1 \leq j \leq k)$ があって補題 5.1.1(a) により
$$\rho_j \in \mathcal{D}(\lambda_1 a, \eta, \gamma_j) \subset \mathcal{D}(a, \eta, \gamma_j)$$
である．ここに $\gamma_j \in \mathcal{F}_j^s$ $(1 \leq j \leq k)$ である．有界関数 $\varphi \in C(b, c, \nu)$ が $\int_{\gamma_j} \varphi \rho_j > 0$ を満たせば
$$\int_\gamma (\mathcal{L}\varphi)\rho = \sum_j \int_{\gamma_j} \varphi \rho_j > 0$$
であるから，$\mathcal{L}\varphi$ は (A) を満たす．

(B) を見るために，$\int_\gamma \rho' = \int_\gamma \rho'' = 1$ を満たす $\rho', \rho'' \in \mathcal{D}(a, \eta, \gamma)$ に対して
$$\rho'_j = \frac{|\det(Df|_{T\gamma_j})|}{|\det(Df)|}(\rho' \circ f),$$
$$\rho''_j = \frac{|\det(Df|_{T\gamma_j})|}{|\det(Df)|}(\rho'' \circ f)$$

とおく．さらに
$$\rho_{\bar{j}}^{-} = \frac{\rho_j'}{\int_{\gamma_j} \rho_j'}, \qquad \rho_{\bar{j}}^{=} = \frac{\rho_j''}{\int_{\gamma_j} \rho_j''}$$
とおく．このとき補題 5.1.1(a) により
$$\rho_{\bar{j}}^{-}, \rho_{\bar{j}}^{=} \in \mathcal{D}(\lambda_1 a, \eta, \gamma_j)$$
である．有界関数 $\varphi \in C(b, c, \nu)$ が $\rho_{\bar{j}}^{-}, \rho_{\bar{j}}^{=}$ に対して (B) を満たせば

$$\begin{aligned}
\int_\gamma (\mathcal{L}\varphi) \rho'' &= \sum_j \int_{\gamma_j} \varphi \rho_j'' \\
&= \sum_j \int_{\gamma_j} \rho_j'' \int_{\gamma_j} \varphi \rho_{\bar{j}}^{=} \\
&\leq \sum_j \int_{\gamma_j} \rho_j'' \exp\{b\theta_j(\rho_{\bar{j}}^{-}, \rho_{\bar{j}}^{=})\} \int_{\gamma_j} \varphi \rho_{\bar{j}}^{-} \qquad ((\text{B}) により) \\
&= \sum_j \exp\{b\theta_j(\rho_j', \rho_j'')\} \frac{\int_{\gamma_j} \rho_j''}{\int_{\gamma_j} \rho_j'} \int_{\gamma_j} \varphi \rho_j' \\
&\leq \exp\{b\tilde{\lambda}_1 \theta(\rho', \rho'')\} \sum_j \frac{\int_{\gamma_j} \rho_j''}{\int_{\gamma_j} \rho_j'} \int_{\gamma_j} \varphi \rho_j' \qquad (\text{補題 5.1.1(b) により}).
\end{aligned}$$

$\rho_j', \rho_j'' \in \mathcal{D}(a\lambda_1, \eta, \gamma_j)$ であるから，注意 5.1.4 と類似の方法で

$$\begin{aligned}
\frac{\int_{\gamma_j} \rho_j''}{\int_{\gamma_j} \rho_j'} &\leq \frac{\sup \rho_j''}{\inf \rho_j'} \\
&= \frac{\sup \rho'' \circ f}{\inf \rho'' \circ f} \\
&\leq \frac{\sup \rho''}{\inf \rho'} \\
&\leq \exp(\theta_+(\rho', \rho'')) \\
&\leq \exp(\theta(\rho', \rho'')).
\end{aligned}$$

よって

$$\begin{aligned}
\int_\gamma (\mathcal{L}\varphi)\rho'' &\leq \exp\{b\tilde{\lambda}_1 \theta(\rho', \rho'') + \theta(\rho', \rho'')\} \sum_j \int_{\gamma_j} \varphi \rho_j' \\
&\leq \exp\{b\lambda_2 \theta(\rho', \rho'')\} \int_\gamma (\mathcal{L}\varphi) \rho'.
\end{aligned}$$

ここに $\lambda_2 = \tilde{\lambda}_1 + \dfrac{1}{b}$ である ($\lambda_2 \in (\tilde{\lambda}_1, 1)$). よって

$$\log \int_\gamma (\mathcal{L}\varphi)\rho'' \leq b\lambda_2 \theta(\rho', \rho'') + \log \int_\gamma (\mathcal{L}\varphi)\rho'.$$

ρ' と ρ'' を置き換えたとき

$$\left| \log \int_\gamma (\mathcal{L}\varphi)\rho'' - \log \int_\gamma (\mathcal{L}\varphi)\rho' \right| \leq \lambda_2 b \theta(\rho', \rho'').$$

よって $\mathcal{L}\varphi$ は (B) を満たす.

(C)$_i$ を示すために $\pi : \tilde{\gamma} \to \gamma$ はポアンカレ写像とする. ここに $\gamma, \tilde{\gamma} \in \mathcal{F}_i$ である.

$$\rho \in \mathcal{D}(a_1, \eta_1, \gamma) \subset \mathcal{D}(a, \eta, \gamma) \qquad ((5.1.11) \text{ により})$$

に対して, (5.1.12) により

$$\tilde{\rho}(\tilde{y}) = \rho(\pi(\tilde{y})) |\det(D_{\tilde{y}}\pi)| \quad (\tilde{y} \in \tilde{\gamma}) \tag{5.2.1}$$

であって, 注意 5.1.2 により

$$\tilde{\rho} \in \mathcal{D}\left(\frac{a}{2}, \eta, \tilde{\gamma}\right).$$

$(\tilde{\rho})_j : \tilde{\gamma}_j \to \mathbb{R}$ を

$$\begin{aligned}(\tilde{\rho})_j(x) &= \tilde{\rho}(f(x))\frac{|\det(D_x f|_{T\tilde{\gamma}_j})|}{|\det(D_x f)|} \\ &= \rho(\pi \circ f(x))|\det(D_{f(x)}\pi)|\frac{|\det(D_x f|_{T\tilde{\gamma}_j})|}{|\det(D_x f)|} \qquad (x \in \tilde{\gamma}_j)\end{aligned}$$

によって与えるとき, $(\tilde{\rho})_j \in \mathcal{D}(\lambda_1 a, \eta, \tilde{\gamma}_j)$ であって

$$\int_{\tilde{\gamma}} (\mathcal{L}\varphi)\tilde{\rho} = \sum_j \int_{\tilde{\gamma}_j} \varphi(\tilde{\rho})_j.$$

ここに $\varphi \in C(b, c, \nu)$ である. 補題 5.1.1(a) の証明と同様にして

$$\rho_j \in \mathcal{D}(a_1, \eta_1, \gamma_j)$$

であるから, (C) により

$$\left| \log \int_{\gamma_j} \varphi \rho_j - \log \int_{\tilde{\gamma}_j} \varphi \tilde{\rho}_j \right| \leq c d(\gamma_j, \tilde{\gamma}_j)^\nu \leq c \lambda_u^{-\nu} d(\gamma, \tilde{\gamma})^\nu.$$

正の有限の実数列 $\{a_i\}$ と $\{b_i\}$ が $\dfrac{a_i}{b_i} \leq \dfrac{a_1}{b_1}$ $(1 \leq i \leq k)$ であれば

$$\frac{\sum a_i}{\sum b_i} \leq \frac{a_1}{b_1}$$

である．このことと次の補題から $\gamma, \tilde{\gamma} \in \mathcal{F}_i^s$ に対して

$$\left| \log \int_\gamma (\mathcal{L}\varphi)\rho - \log \int_{\tilde{\gamma}} (\mathcal{L}\varphi)\tilde{\rho} \right| \leq c d(\gamma, \tilde{\gamma})^\nu.$$

$\mathcal{L}\varphi$ は $(C)_i$ を満たしている． □

補題 5.2.2 $K > 0$ があって

$$\left| \log \int_{\tilde{\gamma}_j} \varphi \tilde{\rho}_j - \log \int_{\tilde{\gamma}_j} \varphi(\tilde{\rho})_j \right| \leq K d(\gamma, \tilde{\gamma})^\nu \qquad (1 \leq j \leq k).$$

証明

$$\frac{\int_{\tilde{\gamma}_j} \varphi \tilde{\rho}_j}{\int_{\tilde{\gamma}_j} \varphi(\tilde{\rho})_j} = \frac{\int_{\tilde{\gamma}_j} \tilde{\rho}_j}{\int_{\tilde{\gamma}_j} (\tilde{\rho})_j} \cdot \frac{\int_{\tilde{\gamma}_j} \varphi \frac{\tilde{\rho}_j}{\int_{\tilde{\gamma}_j} \tilde{\rho}_j}}{\int_{\tilde{\gamma}_j} \rho \frac{(\tilde{\rho})_j}{\int_{\tilde{\gamma}_j} (\tilde{\rho})_j}}$$

$$\leq \frac{\int_{\tilde{\gamma}_j} \tilde{\rho}_j}{\int_{\tilde{\gamma}_j} (\tilde{\rho})_j} \exp\left(b\theta_j \left(\frac{\tilde{\rho}_j}{\int_{\tilde{\gamma}_j} \tilde{\rho}_j}, \frac{(\tilde{\rho})_j}{\int_{\tilde{\gamma}_j} (\tilde{\rho})_j} \right) \right)$$

$$= \frac{\int_{\tilde{\gamma}_j} \tilde{\rho}_j}{\int_{\tilde{\gamma}_j} (\tilde{\rho})_j} \exp(b\theta_j(\tilde{\rho}_j, (\tilde{\rho})_j))$$

であるから

$$\left| \log \int_{\tilde{\gamma}_j} \varphi \tilde{\rho}_j - \log \int_{\tilde{\gamma}_j} \varphi(\tilde{\rho})_j \right| \leq \left| \log \int_{\tilde{\gamma}_j} \tilde{\rho}_j - \log \int_{\tilde{\gamma}_j} (\tilde{\rho})_j \right| + b\theta_j(\tilde{\rho}_j, (\tilde{\rho})_j). \tag{5.2.2}$$

(5.2.2) の右辺の 2 つの項を評価する．

$f \circ \pi = \pi_j \circ f$ であるから

$$\frac{(\tilde{\rho})_j}{\tilde{\rho}_j} = \frac{|\det(D_{\pi_j(x)}f)|}{|\det(D_x f)|}.$$

ところで

$$|\log|\det(D_x f)| - \log|\det(D_{\pi(x)}f)|| \leq K_1 d(x, \pi_j(x))$$
$$\leq K_1 \lambda_u^{-1} d(\gamma, \tilde{\gamma}) \quad ((5.1.10) \text{ により})$$
$$\leq K_1 \lambda_u^{-1} d(\gamma, \tilde{\gamma})^\eta$$

であるから
$$\frac{(\tilde{\rho})_j}{\tilde{\rho}_j} \leq \exp(K_1 d(\gamma, \tilde{\gamma})^\eta).$$
よって
$$\left|\log \int_{\tilde{\gamma}_j} (\tilde{\rho})_j - \log \int_{\tilde{\gamma}_j} \tilde{\rho}_j \right| \leq K_1 d(\gamma, \tilde{\gamma})^\eta. \tag{5.2.3}$$

一方において
$$\theta_{t,j}(\tilde{\rho}_j, (\tilde{\rho})_j) = \log \frac{\sup\left\{\frac{\tilde{\rho}_j}{(\tilde{\rho})_j}(x) \mid x \in \tilde{\gamma}_j\right\}}{\inf\left\{\frac{\tilde{\rho}_j}{(\tilde{\rho})_j}(x) \mid x \in \tilde{\gamma}_j\right\}}$$
$$\leq 2K_1 d(\gamma, \tilde{\gamma})^\eta. \tag{5.2.4}$$

ここで
$$\hat{\tau}_1 = \inf\left\{\frac{\exp(ad(x,y)^\eta) - \frac{\tilde{\rho}_j(y)}{\tilde{\rho}_j(x)}}{\exp(ad(x,y)^\eta) - \frac{(\tilde{\rho})_j(y)}{(\tilde{\rho})_j(x)}} \;\middle|\; x,y \in \tilde{\gamma}_j\right\}$$
とおく．同様にして，{ } の中は同じで $\sup\{\ \}$ を $\hat{\tau}_2$ とおく．(5.1.6) により
$$\theta_j(\tilde{\rho}_j, (\tilde{\rho})_j) \leq \theta_{+,j}(\tilde{\rho}_j, (\tilde{\rho})_j) + \log \frac{\hat{\tau}_2}{\hat{\tau}_1} \tag{5.2.5}$$
を得る．
$$B_1 = \frac{(\tilde{\rho})_j(y)}{(\tilde{\rho})_j(x)} \exp(-ad(x,y)^\eta),$$
$$B_2 = \frac{\tilde{\rho}_j(y)}{\tilde{\rho}_j(x)} \exp(-ad(x,y)^\eta)$$
とおく．注意 5.1.2, 補題 5.1.1(a) により
$$(\tilde{\rho})_j \in \mathcal{D}\left(\frac{a}{2}, \eta, \tilde{\gamma}_i\right)$$
であるから
$$\log B_1 \leq -\frac{a}{2} d(x,y)^\eta.$$
同様に
$$\log B_2 \leq -\frac{a}{2} d(x,y)^\eta.$$
よって
$$|B_1 - B_2| \leq |\log B_1 - \log B_2|$$
$$= |\log(\tilde{\rho})_j(y) - \log \tilde{\rho}_j(x)| + |\log(\tilde{\rho})_j(x) - \log \tilde{\rho}_j(y)|$$
$$\leq 2K_1 d(\gamma, \tilde{\gamma})^\eta$$

であるから

$$\left|\log\frac{1-B_2}{1-B_1}\right| \le \frac{|B_1-B_2|}{1-\max\{B_1,B_2\}}$$
$$\le \frac{2K_1 d(\gamma,\tilde{\gamma})^\eta}{1-\exp\left(-\frac{a}{2}d(x,y)^\eta\right)}$$
$$= K_2 d(\gamma,\tilde{\gamma})^\nu \quad (0<\nu<\eta \text{ があって}).$$

よって

$$\log\frac{\hat{\tau}_2}{\hat{\tau}_1} \le K_2 d(\gamma,\tilde{\gamma})^\nu. \tag{5.2.6}$$

(5.2.5) は (5.2.4) と (5.2.6) により

$$\theta_j(\tilde{\rho}_j,(\tilde{\rho})_j) \le (2K_1+K_2)d(\gamma,\tilde{\gamma})^\nu.$$

この不等式を用いて

(5.2.2) の左辺 $\le K_1 d(\gamma,\tilde{\gamma})^\eta + (2K_1+K_2)d(\gamma,\tilde{\gamma})^\nu \quad ((5.2.4) \text{ により})$
$= (3K_1+K_2)d(\gamma,\tilde{\gamma})^\nu.$

$K=3K_1+K_2$ とすれば結論を得る. □

凸状円すい形 $C_i(b,c,\nu)$ の上に射影距離関数を定義するために，この節の最後まで $\mathcal{F}^s$ から選んだ2つの葉 $\gamma,\tilde{\gamma}$ は $\tilde{\gamma}\in\mathcal{F}^s_i$ であれば $\gamma\in\mathcal{F}^s_i$ であってポアンカレ写像

$$\pi(\tilde{\gamma},\gamma):\tilde{\gamma}\longrightarrow\gamma \tag{5.2.7}$$

が定義されているとし

$$\varphi_1,\varphi_2 \in C_i(b,c,\nu)$$

とする.

$\rho,\rho'\in\mathcal{D}(a,\eta,\gamma)$ $(\rho\ne\rho')$ に対して

$$\xi(\rho,\rho',\varphi_1,\varphi_2) = \frac{\exp\{b\theta(\rho,\rho')\} - \frac{\int_\gamma \varphi_2 \rho'}{\int_\gamma \varphi_2 \rho}}{\exp\{b\theta(\rho,\rho')\} - \frac{\int_\gamma \varphi_1 \rho'}{\int_\gamma \varphi_1 \rho}}$$

とおく．ここに, θ は $\mathcal{D}(a,\eta,\gamma)$ の上の射影距離関数である．

$\rho \in \mathcal{D}(a_1, \eta_1, \gamma)$ に対して (5.1.12) により $\tilde{\rho} \in \mathcal{D}\left(\dfrac{a}{2}, \eta, \tilde{\gamma}\right)$ が定義されて

$$\eta(\rho, \tilde{\rho}, \varphi_1, \varphi_2) = \frac{\exp\{cd(\gamma, \tilde{\gamma})^\nu\} - \frac{\int_{\tilde{\gamma}} \varphi_2 \tilde{\rho}}{\int_\gamma \varphi_2 \rho}}{\exp\{cd(\gamma, \tilde{\gamma})^\nu\} - \frac{\int_{\tilde{\gamma}} \varphi_1 \tilde{\rho}}{\int_\gamma \varphi_1 \rho}}$$

とおく.

$$\kappa_1(\rho, \rho', \rho'', \gamma, \tilde{\gamma}) = \min\left\{\frac{\int_\gamma \varphi_2 \rho'}{\int_\gamma \varphi_1 \rho'}, \frac{\int_\gamma \varphi_2 \rho'}{\int_\gamma \varphi_1 \rho'}\xi(\rho', \rho'', \varphi_1, \varphi_2),\right.$$
$$\left.\frac{\int_\gamma \varphi_2 \rho}{\int_\gamma \varphi_1 \rho}\eta(\rho, \tilde{\rho}, \varphi_1, \varphi_2), \frac{\int_{\tilde{\gamma}} \varphi_2 \tilde{\rho}}{\int_{\tilde{\gamma}} \varphi_1 \tilde{\rho}}\eta(\tilde{\rho}, \rho, \varphi_1, \varphi_2)\right\}$$

$$\kappa_2(\rho, \rho', \rho'', \gamma, \tilde{\gamma}) = \max\left\{\frac{\int_\gamma \varphi_2 \rho'}{\int_\gamma \varphi_1 \rho'}, \frac{\int_\gamma \varphi_2 \rho'}{\int_\gamma \varphi_1 \rho'}\xi(\rho', \rho'', \varphi_1, \varphi_2),\right.$$
$$\left.\frac{\int_\gamma \varphi_2 \rho}{\int_\gamma \varphi_1 \rho}\eta(\rho, \tilde{\rho}, \varphi_1, \varphi_2), \frac{\int_{\tilde{\gamma}} \varphi_2 \tilde{\rho}}{\int_{\tilde{\gamma}} \varphi_1 \tilde{\rho}}\eta(\tilde{\rho}, \rho, \varphi_1, \varphi_2)\right\}$$

と表す.

$\alpha_i(\varphi_1, \varphi_2)$
$= \inf\{\kappa_1(\rho, \rho', \rho'', \gamma, \tilde{\gamma}) \,|\, \gamma, \tilde{\gamma} \in \mathcal{F}_i^s$ は (5.2.3) を満たし, $\rho, \rho', \rho'' \in \mathcal{D}(a, \eta, \gamma)\}$,
$\beta_i(\varphi_1, \varphi_2)$
$= \sup\{\kappa_2(\rho, \rho', \rho'', \gamma, \tilde{\gamma}) \,|\, \gamma, \tilde{\gamma} \in \mathcal{F}_i^s$ は (5.2.3) を満たし, $\rho, \rho', \rho'' \in \mathcal{D}(a, \eta, \gamma)\}$

とおく. $C_i(b, c, \nu)$ の上に射影距離関数を

$$\Theta_i(\varphi_1, \varphi_2) = \log \frac{\beta_i(\varphi_1, \varphi_2)}{\alpha_i(\varphi_1, \varphi_2)}$$

によって与える.

$\varphi_1, \varphi_2 \in C(b, c, \nu)$ に対して

$$\Theta(\varphi_1, \varphi_2) = \max_i \Theta_i(\varphi_1, \varphi_2)$$

を定義する. Θ は射影距離関数ではない.

条件 (A) を満たす有界関数の集合

$$C_+ = \left\{\varphi \,\middle|\, \varphi: \tilde{R} \to \mathbb{R} \text{ は有界関数であって,}\right.$$
$$\left.\int_\gamma \varphi\rho > 0 \ (\gamma \in \mathcal{F}^s,\ \rho \in \mathcal{D}(a, \eta, \gamma))\right\}$$

は凸状円すい形である．C_+ の定義の $\gamma \in \mathcal{F}^s$ を $\gamma \in \mathcal{F}_i^s$ に置き換えて $C_{+,i}$ を定義する．明らかに $C_{+,i}$ は凸状円すい形で

$$C_+ = \bigcap_i C_{+,i}$$

である．$C_{+,i}$ の上に射影距離関数 $\Theta_{+,i}$ を $\varphi_1, \varphi_2 \in C_{+,i}$ に対して

$$\alpha_{+,i}(\varphi_1, \varphi_2) = \inf_{\rho, \gamma \in \mathcal{F}_i^s} \left\{ \frac{\int_\gamma \varphi_2 \rho}{\int_\gamma \varphi_1 \rho} \right\},$$

$$\beta_{+,i}(\varphi_1, \varphi_2) = \sup_{\rho, \gamma \in \mathcal{F}_i^s} \left\{ \frac{\int_\gamma \varphi_2 \rho}{\int_\gamma \varphi_1 \rho} \right\}$$

として

$$\Theta_{+,i}(\varphi_1, \varphi_2) = \log \frac{\beta_{+,i}(\varphi_1, \varphi_2)}{\alpha_{+,i}(\varphi_1, \varphi_2)}$$

によって定義し，$\varphi_1, \varphi_2 \in C_+$ に対して

$$\Theta_+(\varphi_1, \varphi_2) = \max_i \Theta_{+,i}(\varphi_1, \varphi_2)$$

とおく．このとき $\varphi_1, \varphi_2 \in C_i(b, c, \nu)$ に対して

$$\Theta_{+,i}(\varphi_1, \varphi_2) \leq \Theta_+(\varphi_1, \varphi_2)$$

である．Θ_+ は射影距離関数ではない．命題 5.2.1 により

$$\mathcal{L}(C(b, c, \nu)) \subset C_i(b, c, \nu) \subset C_{+,i}$$

である．

命題 5.2.3 十分に大きな $b > 0$, $c > 0$ と $\nu \in (0, 1]$ に対して

$$0 < D = \sup\{\Theta_+(\mathcal{L}\varphi_1, \mathcal{L}\varphi_2) \mid \varphi_1, \varphi_2 \in C(b, c, \nu)\}$$

は有界である．

証明 $0 < \lambda_2 < 1$ は命題 5.2.1 の数として，$\gamma, \tilde{\gamma} \in \mathcal{F}^s$ は (5.2.7) を満たすとする（すなわち $\gamma, \tilde{\gamma} \in \mathcal{F}_i^s$）．$\theta$ は $\mathcal{D}(a, \eta, \gamma)$ の上の射影距離関数とする（(5.1.2)）．

$\varphi_1, \varphi_2 \in C_i(\lambda_2 b, \lambda_2 c, \nu)$ とする.$\rho \in \mathcal{D}(a_1, \eta, \gamma)$ に対して (5.2.1) を満たす $\tilde{\rho} \in \mathcal{D}\left(\dfrac{a}{2}, \eta, \tilde{\gamma}\right)$ があって

$$\xi(\rho, \tilde{\rho}, \varphi_1, \varphi_2) = \frac{\exp\{b\theta(\rho, \tilde{\rho})\} - \frac{\int_\gamma \varphi_2 \tilde{\rho}}{\int_\gamma \varphi_2 \rho}}{\exp\{b\theta(\rho, \tilde{\rho})\} - \frac{\int_\gamma \varphi_1 \tilde{\rho}}{\int_\gamma \varphi_1 \rho}}$$
$$\geq \frac{\exp\{b\theta(\rho, \tilde{\rho})\} - \exp\{b\lambda_2 \theta(\rho, \tilde{\rho})\}}{\exp\{b\theta(\rho, \tilde{\rho})\} - \exp\{-b\lambda_2 \theta(\rho, \tilde{\rho})\}} \quad ((\text{B}) \text{ により})$$
$$\geq \tau_1.$$

ここに

$$\tau_1 = \inf\left\{\frac{z - z^{\lambda_2}}{z - z^{-\lambda_2}} \,\bigg|\, z > 1\right\} \in (0, 1).$$

さらに

$$\tau_2 = \sup\left\{\frac{z - z^{-\lambda_2}}{z - z^{\lambda_2}} \,\bigg|\, z > 1\right\} \in (1, \infty)$$

とおくと

$$\tau_1 \leq \xi(\rho, \tilde{\rho}, \varphi_1, \varphi_2) \leq \tau_2.$$

ρ と $\tilde{\rho}$ の入れ換えによって

$$\tau_1 \leq \xi(\tilde{\rho}, \rho, \varphi_1, \varphi_2) \leq \tau_2$$

が求まる.同様にして

$$\eta(\rho, \tilde{\rho}, \varphi_1, \varphi_2),\ \eta(\tilde{\rho}, \rho, \varphi_1, \varphi_2) \in [\tau_1, \tau_2]$$

が求まる.

よって次が成り立つ:

$\varphi_1, \varphi_2 \in C_i(\lambda_2 b, \lambda_2 c, \nu)$ に対して

$$\alpha_i(\varphi_1, \varphi_2) \geq \tau_1 \alpha_{+,i}(\varphi_1, \varphi_2),$$
$$\beta_i(\varphi_1, \varphi_2) \leq \tau_2 \beta_{+,i}(\varphi_1, \varphi_2),$$
$$\Theta_i(\varphi_1, \varphi_2) \leq \Theta_{+,i}(\varphi_1, \varphi_2) + \log(\tau_2/\tau_1).$$

命題 5.2.1 により $\mathcal{L}(C(b, c, \nu))$ の直径が $\Theta_{+,i}$ に関して有界であることを示せば十分である.そのために (5.2.7) を満たす $\gamma, \tilde{\gamma} \in \mathcal{F}_i^s$ に対して次を示す:

$$\int_\gamma \rho = \int_{\tilde{\gamma}} \tilde{\rho} = 1$$

を満たす $\rho \in \mathcal{D}(a_1, \eta_1, \gamma)$, $\tilde{\rho} \in \mathcal{D}\left(\dfrac{a}{2}, \eta, \tilde{\gamma}\right)$ と $\varphi \in C(b, c, \nu)$ に対して

$$\sup\left\{ \dfrac{\int_{\tilde{\gamma}}(\mathcal{L}\varphi)\tilde{\rho}}{\int_{\gamma}(\mathcal{L}\varphi)\rho} \,\Bigg|\, \gamma, \tilde{\gamma} \in \mathcal{F}_i^s \text{ は } (5.2.7) \text{ を満たす} \right\} \leq \Gamma_0 \qquad (5.2.8)$$

なる $\Gamma_0 < \infty$ が存在する.

実際に, (5.1.4) を用いると

$$\dfrac{\int_{\tilde{\gamma}}(\mathcal{L}\varphi)\tilde{\rho}}{\int_{\gamma}(\mathcal{L}\varphi)\rho} = \dfrac{\sum_j \int_{\tilde{\gamma}_j}\varphi\tilde{\rho}_j}{\sum_j \int_{\gamma_j}\varphi\rho_j} \dfrac{\int_{\gamma_j}\rho_j}{\int_{\tilde{\gamma}_j}\rho_j}$$

$$\leq \max_j \left\{ \dfrac{\int_{\tilde{\gamma}_j}\varphi\tilde{\rho}_j}{\int_{\gamma_j}\varphi\rho_j} \dfrac{\int_{\gamma_j}\rho_j}{\int_{\tilde{\gamma}_j}\rho_j} \right\}$$

であって, 補題 5.1.1 により

$$\rho_j \in \mathcal{D}(\lambda_1 a, \eta, \gamma_j), \quad \tilde{\rho}_j \in \mathcal{D}(\lambda_1 a, \eta, \tilde{\gamma}_j)$$

である.

θ_1, θ_2 は (5.1.2) において定義された $\mathcal{D}(a, \eta, \gamma), \mathcal{D}(a, \eta, \tilde{\gamma})$ の上の射影距離関数とする. 最初に, $\mathbb{1}$ は $\int_{\gamma} \mathbb{1} = 1$ を満たす γ の上の定値関数を表し, $\mathbb{1}$ は $\int_{\tilde{\gamma}} \mathbb{1} = 1$ を満たす $\tilde{\gamma}$ の上の定値関数を表すとする. このとき, (B) を用いると

$$\begin{aligned}
\int_{\gamma} \varphi\rho &\geq \exp(-b\theta_1(\rho, \mathbb{1})) \int_{\gamma} \varphi\mathbb{1}, \\
\int_{\tilde{\gamma}} \varphi\tilde{\rho} &\leq \exp(b\theta_2(\tilde{\rho}, \mathbb{1})) \int_{\tilde{\gamma}} \varphi\mathbb{1}.
\end{aligned} \qquad (5.2.9)$$

(5.1.8) により, $0 < D_1 < \infty$ があって

$$\theta_1\text{-diam}(\mathcal{D}(\lambda_1 a, \eta, \gamma)) \leq D_1,$$
$$\theta_2\text{-diam}(\mathcal{D}(\lambda_1 a, \eta, \tilde{\gamma})) \leq D_1.$$

よって

$$\begin{aligned}
\exp(-D_1) &\leq \exp(-b\theta_1(\rho_1, \mathbb{1})) \\
&\leq 1 \\
&\leq \exp(b\theta_2(\rho_2, \mathbb{1})) \\
&\leq \exp(D_1).
\end{aligned}$$

ポアンカレ写像
$$\pi = \pi(\tilde{\gamma},\gamma) : \tilde{\gamma} \to \gamma$$
を用いて
$$\tilde{\mathbb{1}}(x) = \mathbf{1}(\pi(x))|\det(D_x\pi)| \qquad (x \in \tilde{\gamma})$$
とおく. $\mathbf{1}, \tilde{\mathbb{1}} \in \mathcal{D}(a_0, 1, \tilde{\gamma})$ である. (5.1.11) により
$$\mathcal{D}(a_0, 1, \tilde{\gamma}) \subset \mathcal{D}(a_0, \eta, \tilde{\gamma}) \subset \mathcal{D}\left(\frac{a}{2}, \eta, \tilde{\gamma}\right) \subset \mathcal{D}(a, \eta, \tilde{\gamma}).$$

(5.1.5) により, $\dfrac{1}{2} < \lambda_1$ を満たすように λ_1 を選ぶことができるから
$$\mathcal{D}\left(\frac{a}{2}, \eta, \tilde{\gamma}\right) \subset \mathcal{D}(\lambda_1 a, \eta, \tilde{\gamma}).$$

よって (5.1.8) により $0 < D_0 < \infty$ があって
$$\theta_2\text{--diam}\left(\mathcal{D}\left(\frac{a}{2}, \eta, \tilde{\gamma}\right)\right) \leq D_0.$$

$\gamma, \tilde{\gamma} \in \mathcal{F}_i^s$ であって $\varphi \in C(b, c, \nu)$ であるから (B), (C)$_i$ を用いて
$$\frac{\int_{\tilde{\gamma}} \varphi \mathbb{1}}{\int_\gamma \varphi \mathbf{1}} = \frac{\int_{\tilde{\gamma}} \varphi \mathbb{1} \int_{\tilde{\gamma}} \varphi \tilde{\mathbb{1}}}{\int_{\tilde{\gamma}} \varphi \tilde{\mathbb{1}} \int_\gamma \varphi \mathbf{1}}$$
$$\leq \exp(b\theta_2(\mathbb{1}, \tilde{\mathbb{1}})) \exp(cd(\gamma, \tilde{\gamma})^\nu)$$
$$\leq \exp(bD_0 + c). \tag{5.2.10}$$

(5.2.9), (5.2.10) により
$$\frac{\int_{\tilde{\gamma}} \varphi \tilde{\rho}}{\int_\gamma \varphi \rho} \leq \exp(2bD_1 + bD_0 + c)$$
が成り立つ.
$$\Gamma_0 = \exp(2bD_1 + bD_0 + c)$$
とおく. $\dfrac{\int_{\tilde{\gamma}_j} \rho_j}{\int_{\gamma_j} \rho_j}$ は上から定数で評価されるから
$$\frac{\int_{\tilde{\gamma}}(\mathcal{L}\varphi)\tilde{\rho}}{\int_\gamma (\mathcal{L}\varphi)\rho} = \frac{\sum \int_{\tilde{\gamma}_j} \varphi \tilde{\rho}_j}{\sum \int_{\gamma_j} \varphi \rho_j} \frac{\int_{\gamma_j} \rho_j}{\int_{\tilde{\gamma}_j} \rho_j}$$
$$\leq \max_j \left\{\frac{\int_{\tilde{\gamma}_j} \varphi \tilde{\rho}_j}{\int_{\gamma_j} \varphi \rho_j} \frac{\int_{\gamma_j} \rho_j}{\int_{\tilde{\gamma}_j} \rho_j}\right\} \leq \Gamma_0.$$

(5.2.8) が示された.

同様な仕方で
$$\frac{1}{\Gamma_0} \leq \frac{\int_\gamma (\mathcal{L}\varphi)\rho}{\int_{\tilde{\gamma}} (\mathcal{L}\varphi)\tilde{\rho}}$$
を得る. よって $\varphi_1, \varphi_2 \in C(b, c, \nu)$ に対して
$$\frac{1}{\Gamma_0^2} \leq \frac{\int_{\tilde{\gamma}} (\mathcal{L}\varphi_1)\tilde{\rho}}{\int_{\tilde{\gamma}} (\mathcal{L}\varphi_2)\tilde{\rho}} \frac{\int_\gamma (\mathcal{L}\varphi_2)\rho}{\int_\gamma (\mathcal{L}\varphi_1)\rho} \leq \Gamma_0^2.$$

$\mathcal{L}\varphi_1, \mathcal{L}\varphi_2 \in C_{+,i}$ である. $\gamma, \tilde{\gamma}$ は $\mathcal{F}_i^s$ $(1 \leq i \leq n)$ で任意であり, $\rho \in \mathcal{D}(a, \eta, \gamma)$ と $\tilde{\rho} \in \mathcal{D}(\frac{a}{2}, \eta, \tilde{\gamma})$ も任意であるから
$$\inf \left\{ \frac{\int_{\tilde{\gamma}} (\mathcal{L}\varphi_1)\tilde{\rho}}{\int_{\tilde{\gamma}} (\mathcal{L}\varphi_2)\tilde{\rho}} \frac{\int_\gamma (\mathcal{L}\varphi_2)\rho}{\int_\gamma (\mathcal{L}\varphi_1)\rho} \right\} \geq 2\alpha_{+,i}(\mathcal{L}\varphi_1, \mathcal{L}\varphi_2) \geq \frac{1}{\Gamma_0^2},$$
同様に
$$2\beta_{+,i}(\mathcal{L}\varphi_1, \mathcal{L}\varphi_2) \leq \Gamma_0^2$$
であるから
$$\Theta_{+,i}(\mathcal{L}\varphi_1, \mathcal{L}\varphi_2) = \log \frac{\beta_{+,i}(\mathcal{L}\varphi_1, \mathcal{L}\varphi_2)}{\alpha_{+,i}(\mathcal{L}\varphi_1, \mathcal{L}\varphi_2)} \leq \log \Gamma_0^4.$$
よって
$$\Theta_{+,i} - \operatorname{diam}(\mathcal{L}(C(b, c, \nu))) \leq \log \Gamma_0^4$$
である. 上の不等式の右辺の Γ_0 は i に依存しないから
$$\Theta_+ - \operatorname{diam}(\mathcal{L}C(b, c, \nu)) \leq \log \Gamma_0^4. \qquad \square$$

定数 $D > 0$ は命題 5.2.3 の数として
$$\tilde{\lambda} = 1 - e^{-D} \in (0, 1) \tag{5.2.11}$$
とおく. 命題 5.2.1 により, $\mathcal{L}(C(b, c, \nu)) \subset C_i(b, c, \nu)$ である. よって, 命題 4.1.6 により
$$\mathcal{L} : C(b, c, \nu) \longrightarrow C_i(b, c, \nu)$$
は $\varphi_1, \varphi_2 \in C(b, c, \nu)$ に対して
$$\Theta_{+,i}(\mathcal{L}\varphi_1, \mathcal{L}\varphi_2) \leq \tilde{\lambda} \Theta(\varphi_1, \varphi_2) \quad (1 \leq i \leq n).$$

よって $\varphi_1, \varphi_2 \in C(b,c,\nu)$ に対して

$$\Theta_+(\mathcal{L}\varphi_1, \mathcal{L}\varphi_2) \leq \tilde{\lambda}\Theta(\varphi_1, \varphi_2) \tag{5.2.12}$$

が成り立つ.

5.3 アトラクターの上の物理的測度

$\mathcal{L}$ の縮小性 (5.2.12) とリース (Riesz) の表現定理を用いて, SRB 測度 μ_0 の存在を議論して, μ_0 は相関関数の指数的減衰を与えることを示す.

最初に次の命題を示す. Θ_+ は凸状円すい形 C_+ の上の射影距離関数ではない. m は U の上のルベーグ測度とする.

命題 5.3.1 $\{\varphi_n\}$ は $C(b,c,\nu)$ に属し, 各 φ_n は $\int \varphi_n dm = 1, \varphi_n \geq 0$ を満たすとする. $\{\varphi_n\}$ は $\Theta_+(\varphi_k, \varphi_l) \to 0$ $(k,l \to \infty)$ (Θ_+-コーシー列) であれば, 連続関数 $\psi : \tilde{R} \to \mathbb{R}$ に対して $\left\{\int \varphi_n \psi dm\right\}$ は $\mathbb{R}$ の上のコーシー列である.

証明 最初に, $\psi > 0$ であって, $\log \psi$ は $\left(\dfrac{a}{2}, \eta\right)$-ヘルダー連続である場合に証明を与える.

$\mathcal{F}^s$ に関する m の条件付き確率測度を m_γ で表し, $H : \tilde{R} \to (0, \infty)$ は $H_{|\gamma}$ がリプシッツで $\gamma \in \mathcal{F}^s$ に対して, $m_\gamma = (H_{|\gamma})l_\gamma^s$ を満たす関数とする (邦書文献 [Ao3], 命題 2.3.5). このとき

$$\begin{aligned}\int \varphi_n \psi dm &= \int \left(\int_\gamma \varphi_n \psi dm_\gamma\right) dm \\ &= \int \left(\int_\gamma \varphi_n \psi H_{|\gamma} dl_\gamma^s\right) dm \\ &= \sum_i \int_{\bigcup_{\mathcal{F}_i^s} \gamma} \left(\int_\gamma \varphi_n \psi H_{|\gamma} dl_\gamma^s\right) dm. \end{aligned} \tag{5.3.1}$$

次に, $\psi H_{|\gamma} > 0$ であって, $\log \psi H_{|\gamma}$ は (a, η)-ヘルダー連続であることを示す. 実際に, $\log \psi$ は $\left(\dfrac{a}{2}, \eta\right)$-ヘルダーであって, $\log H_{|\gamma}$ $(\gamma \in \mathcal{F}^s)$ は a_1-リプシッツである. $a > 0$ は任意であるから $a_1 < \dfrac{a}{2}$ を満たすように a を選べば $\log \psi H_{|\gamma}$ の (a, η)-ヘルダー連続性が求まる.

よって

$$\psi H_{|\gamma} \in \mathcal{D}(a, \eta, \gamma)$$

であって，$k \geq 1,\ l \geq 1$ に対して

$$\frac{\int_\gamma \varphi_l(\psi H_{|\gamma})}{\int_\gamma \varphi_k(\psi H_{|\gamma})} \leq \beta_{+,i}(\varphi_k,\varphi_l) \qquad (\gamma \in \mathcal{F}_i^s).$$

一方において

$$\int \varphi_n dm = \int \left(\int_\gamma \varphi_n dm_\gamma\right) dm$$
$$= \int \left(\int_\gamma \varphi_n H_{|\gamma}\right) dm.$$

$H_{|\gamma} > 0$ であって，$\log H_{|\gamma}$ は (a,η)-ヘルダー連続であるから，$H_{|\gamma} \in \mathcal{D}(a,\eta,\gamma)$ である．よって

$$\frac{\int_\gamma \varphi_l H_{|\gamma}}{\int_\gamma \varphi_k H_{|\gamma}} \geq \alpha_{+,i}(\varphi_k,\varphi_l) \qquad (\gamma \in \mathcal{F}_i^s,\ k \geq l \geq 1).$$

$$\int \varphi_k dm = 1 = \int \varphi_l dm$$

であるから，$\tilde\gamma \in \mathcal{F}_i^s$ があって

$$\int_{\tilde\gamma} \varphi_k H_{|\tilde\gamma} \leq \int_{\tilde\gamma} \varphi_l H_{|\tilde\gamma}$$

または

$$\int_{\tilde\gamma} \varphi_k H_{|\tilde\gamma} \geq \int_{\tilde\gamma} \varphi_l H_{|\tilde\gamma}$$

が成り立つ．後者が成り立つとすれば

$$\begin{aligned}\frac{\int_\gamma \varphi_l(\psi H_{|\gamma})}{\int_\gamma \varphi_k(\psi H_{|\gamma})} &\leq \beta_{+,i}(\varphi_k,\varphi_l) \\ &\leq \beta_{+,i}(\varphi_k,\varphi_l)\frac{1}{\alpha_{+,i}(\varphi_k,\varphi_l)}\frac{\int_{\tilde\gamma}\varphi_l H_{|\tilde\gamma}}{\int_{\tilde\gamma}\varphi_k H_{|\tilde\gamma}} \\ &\leq \frac{\beta_{+,i}(\varphi_k,\varphi_l)}{\alpha_{+,i}(\varphi_k,\varphi_l)} \\ &\leq e^{\Theta_{+,i}(\varphi_k,\varphi_l)} \qquad (\gamma \in \mathcal{F}_i^s). \end{aligned} \qquad (5.3.2)$$

(5.3.2) を (5.3.1) に代入すれば

$$\frac{\int \varphi_l \psi dm}{\int \varphi_k \psi dm} = \frac{\sum_i \int_{\bigcup_{\mathcal{F}_i^s}\gamma}(\int_\gamma \varphi_l \psi H_{|\gamma})dm}{\sum_i \int_{\bigcup_{\mathcal{F}_i^s}\gamma}(\int_\gamma \varphi_k \psi H_{|\gamma})dm}$$

$$\leq \max_i \frac{\int_{\bigcup_{\mathcal{F}_i^s} \gamma}(\int_\gamma \varphi_l \psi H|_\gamma)dm}{\int_{\bigcup_{\mathcal{F}_i^s} \gamma}(\int_\gamma \varphi_k \psi H|_\gamma)dm}$$
$$\leq e^{\Theta_+(\varphi_k, \varphi_l)} \qquad (k, l \geq 1).$$

よって
$$\left|\int \varphi_k \psi dm - \int \varphi_l \psi dm\right| = \left|\int \varphi_k \psi dm\right| \left|\frac{\int \varphi_l \psi dm}{\int \varphi_k \psi dm} - 1\right|$$
$$\leq \|\psi\|(e^{\Theta_+(\varphi_k, \varphi_l)} - 1). \tag{5.3.3}$$

ここに $\|\cdot\|$ は一様ノルムを表す．よって $\Theta_+(\varphi_k, \varphi_l) \to 0$ とすれば
$$\left|\int \varphi_k \psi dm - \int \varphi_l \psi dm\right| \longrightarrow 0.$$

次に，ψ が η–ヘルダー連続の場合を証明する．
$B > 0$ に対して
$$\psi^\pm = \frac{1}{2}(|\psi| \pm \psi) + B$$
とおく．このとき
$$\psi = \psi^+ - \psi^-$$
である．ψ^+, $\psi^- > 0$ であって，$B > 0$ は十分に大きく選べば，$\log \psi^\pm$ は $\left(\dfrac{a}{2}, \eta\right)$–ヘルダー連続である．

よって $\left\{\int \varphi_n \psi^+ dm\right\}$, $\left\{\int \varphi_n \psi^- dm\right\}$ は $\mathbb{R}$ の上でコーシー列であって
$$\int \varphi_n \psi dm = \int \varphi_n \psi^+ dm - \int \varphi_n \psi^- dm$$
もコーシー列である．

最後に，$\psi : \tilde{R} \to \mathbb{R}$ が連続であるとき，ψ は C^0–位相のもとで η–ヘルダー連続関数で近似されるから，命題 5.3.1 は結論される． $\square$

$n \geq 1$ に対して $\varphi_n = \mathcal{L}^n 1$ とおく．このとき命題 5.2.1 により，$\{\varphi_n\} \subset C(b, c\ \nu)$ で
$$\int \varphi_n dm = \int (\mathcal{L}^n 1) 1 dm = \int 1(U^n 1) dm = \int 1 dm = 1 \qquad (n \geq 1).$$

(5.2.12) により，$\{\varphi_n\}$ は Θ_+-コーシー列である．よって，命題 5.3.1 により各 φ_n に対して，$C(\tilde{R}, \mathbb{R})$ の上の線形作用素

$$J_n(\psi) = \int \varphi_n \psi dm \qquad (\psi \in C(\tilde{R}, \mathbb{R}),\ n \geq 0)$$

はコーシー列である．ここで

$$J(\psi) = \lim_n J_n(\psi)$$

を定義する．J に対してリースの表現定理を用いる．このときボレル確率測度 μ_0 があって，$\psi \in C(\tilde{R}, \mathbb{R})$ に対して

$$\begin{aligned}
\int \psi d\mu_0 &= \lim_{n \to \infty} J_n(\psi) \\
&= \lim_{n \to \infty} \int (\mathcal{L}^n 1) \psi dm \\
&= \lim_{n \to \infty} \int (\psi \circ f^n) dm.
\end{aligned} \qquad (5.3.4)$$

明らかに μ_0 は f-不変である．実際に

$$\begin{aligned}
\int (\psi \circ f) d\mu_0 &= \lim_{n \to \infty} \int (\psi \circ f^{n+1}) dm \\
&= \lim_{n \to \infty} \int (\psi \circ f^n) dm \\
&= \int \psi d\mu_0.
\end{aligned}$$

以後の目的は μ_0 が SRB 測度であることと μ_0 に関して相関関数の減衰が指数的であることを示すことである．

注意 5.3.2 $\int \varphi_0 dm = 1,\ \varphi_0 \geq 0$ を満たす $\varphi_0 \in C(b, c, \nu)$ に対して

$$\hat{\varphi}_{2k-1} = \mathcal{L}^k \varphi_0, \qquad \hat{\varphi}_{2k} = \mathcal{L}^k 1 \quad (k \geq 1)$$

とおき，関数列 $\{\hat{\varphi}_n\}$ を定義する．このとき $\{\hat{\varphi}_n\}$ は

$$\begin{aligned}
&\{\hat{\varphi}_n\} \subset C(b, c, \nu), \\
&\int \hat{\varphi}_n dm = 1 \quad (n \geq 1), \\
&\Theta_+(\hat{\varphi}_n, \hat{\varphi}_{n+1}) \leq \Theta(\hat{\varphi}_n, \hat{\varphi}_{n+1}) \\
&\qquad \leq \tilde{\lambda}_1^n \max\{\Theta(1, \mathcal{L}\varphi_0), \Theta(\mathcal{L}1, \varphi_0)\} \quad ((5.2.12)\ \text{により})
\end{aligned}$$

であるから，命題 5.3.1 の仮定を満たす．よって，$\psi \in C(\tilde{R}, \mathbb{R})$ に対して

$$\begin{aligned}\int \psi d\mu_0 &= \lim_k \int \hat{\varphi}_{2k} \psi dm \\ &= \lim_k \int \hat{\varphi}_{2k-1} \psi dm \\ &= \lim_k \int (\mathcal{L}^k \varphi_0) \psi dm.\end{aligned} \tag{5.3.5}$$

$\mathcal{F}^s$ を含むボレルクラスの部分 σ–集合体を $\mathcal{B}^s$ で表す．すなわち

$$\mathcal{B}^s = \{B \subset \tilde{R} \mid \gamma \cap B = \emptyset, \text{ または } \gamma \subset B \ (\gamma \in \mathcal{F}^s)\}.$$

$L^1(\mathcal{B}^s, m)$ は $\mathcal{B}^s$–可測であって，m–可積分関数の集合とする．

補題 5.3.3 $K > 0$ があって，$\psi \in L^1(\mathcal{B}^s, m)$ ($\psi \geq 0$) に対して

$$\frac{1}{K} \int \psi dm \leq \int \psi d\mu_0 \leq K \int \psi dm$$

が成り立つ．

証明 $\gamma, \tilde{\gamma} \in \mathcal{F}_i^s$ に対して

$$\pi = \pi(\tilde{\gamma}, \gamma) : \tilde{\gamma} \longrightarrow \gamma$$

は a_0–リプシッツ連続である．

l_γ^s は γ の上のルベーグ測度とする．このとき

$$dm_\gamma = (H_{|\gamma}) dl_\gamma^s$$

を満たす関数 $H : \tilde{R} \to \mathbb{R}$ があって，$\log H_{|\gamma}$ は a_1–リプシッツ連続である．

(5.1.1) により $a > 0$, $\eta > 0$ は任意であった．よって (5.1.11) を満たすように $a > 0$ と $1 > \eta_1 > \eta$ を選ぶ．すなわち

$$0 < a_1 < \frac{a}{2}, \quad a_0 + a_2 a_0^{\eta_1} = \tilde{a} < \frac{a}{2}.$$

このとき

$$H_{|\gamma} \in \mathcal{D}(a_1, \eta_1, \gamma),$$
$$H_{|\tilde{\gamma}} \in \mathcal{D}(a_1, \eta_1, \tilde{\gamma})$$

である．
$$\tilde{H}_\gamma = (H_{|\tilde{\gamma}} \circ \pi)|\det(D\pi)| : \tilde{\gamma} \longrightarrow \mathbb{R}$$
とおくとき
$$\tilde{H}_\gamma \in \mathcal{D}\left(\frac{a}{2}, \eta, \tilde{\gamma}\right)$$
が成り立つ．

射影距離関数 θ に関する $\mathcal{D}\left(\frac{a}{2}, \eta, \gamma\right)$ の直径は $\gamma \in \mathcal{F}^s$ に関して一様有界である．すなわち
$$D_0 \geq \sup\left\{\theta\text{-diam}\left(\mathcal{D}\left(\frac{a}{2}, \eta, \gamma\right)\right) \,\bigg|\, \gamma \in \mathcal{F}^s\right\}.$$

実際に，命題 4.2.4 の ν を η に，λ を $\frac{1}{2}$ に置き換えて命題 4.2.4 の証明を繰り返せば結論を得る．

$\varphi_k = \mathcal{L}^k 1 \ (k \geq 1)$ とおくとき，$\varphi_k \in C(b, c, \nu)$ である．よって
$$\frac{\int_\gamma \varphi_k H_{|\gamma}}{\int_{\tilde{\gamma}} \varphi_k H_{|\tilde{\gamma}}} = \frac{\int_{\tilde{\gamma}} \varphi_k \tilde{H}_\gamma}{\int_{\tilde{\gamma}} \varphi_k H_{|\tilde{\gamma}}} \frac{\int_\gamma \varphi_k H_{|\gamma}}{\int_{\tilde{\gamma}} \varphi_k \tilde{H}_\gamma}$$
$$\leq \exp\left\{\left|\log \int_{\tilde{\gamma}} \varphi_k \tilde{H}_\gamma - \log \int_{\tilde{\gamma}} \varphi_k H_{|\tilde{\gamma}}\right| + \left|\log \int_\gamma \varphi_k H_{|\gamma} - \log \int_{\tilde{\gamma}} \varphi_k \tilde{H}_\gamma\right|\right\}$$
$$\leq \exp\{b\theta(\tilde{H}_\gamma, H_{|\tilde{\gamma}}) + cd(\gamma, \tilde{\gamma})^\nu\} \qquad ((\text{B}), (\text{C}) \text{ により})$$
$$\leq \exp\{bD_0 + c\} \qquad (d(\gamma, \tilde{\gamma}) \leq 1 \text{ により})$$
$$= K.$$

よって
$$\int_\gamma \varphi_k H_{|\gamma} \leq K \int_{\tilde{\gamma}} \varphi_k H_{|\tilde{\gamma}},$$
$$\frac{1}{K} \int_{\tilde{\gamma}} \varphi_k H_{|\tilde{\gamma}} \leq \int_\gamma \varphi_k H_{|\gamma}$$

である．$\tilde{\gamma} \in \mathcal{F}^s_i$ は $\gamma \in \mathcal{F}^s_i$ に依存するから $K_0 > 0$ があって
$$\frac{1}{K_0} \leq \int \left(\int_\gamma \varphi_k H_{|\gamma}\right) dm \leq K_0$$

を得る．

$\psi \in L^1(\mathcal{B}^s, m)$ に対して，ψ は各葉の上で定数であるから，その値を $\psi(\gamma)$ と表すと

$$\int \psi \mathcal{L}^k 1 dm = \int \left(\int_\gamma \psi(\gamma) \mathcal{L}^k 1 dm_\gamma \right) dm$$
$$= \int \psi \left(\int_\gamma \varphi_k H_{|\gamma} \right) dm$$
$$\begin{cases} \leq K_0 \int \psi dm \\ \geq \dfrac{1}{K_0} \int \psi dm. \end{cases}$$

$k \to \infty$ とすれば，(5.3.4) により

$$\int \psi(\mathcal{L}^k 1) dm \longrightarrow \int \psi d\mu_0.$$

よって結論を得る． □

命題 5.3.4（相関関数の指数的減衰） $0 < \tilde{\lambda} < 1$ は (5.2.11) の数とする．φ は ν–ヘルダーで，ψ は κ–ヘルダー連続関数とする．このとき，$C = C(\varphi, \psi) > 0$ があって，$n \geq 0$ に対して

(a) $\left| \int (\psi \circ f^n) \varphi dm - \int \psi dm \int \varphi dm \right| \leq C \tilde{\lambda}^n,$

(b) $\left| \int (\psi \circ f^n) \varphi d\mu_0 - \int \psi d\mu_0 \int \varphi d\mu_0 \right| \leq C \tilde{\lambda}^n.$

証明 最初に，$\psi > 0$ であって，$\log \psi$ は $\left(\dfrac{a}{2}, \kappa \right)$–ヘルダー連続であって，かつ $\varphi \in C(b, c, \nu)$ $(\varphi > 0)$ である場合に証明を与える．

$n > 0, k > 0$ に対して

$$\left| \int \psi(\mathcal{L}^n \varphi) dm - \int \psi(\mathcal{L}^{n+k} \varphi) dm \right|$$
$$= \int \psi(\mathcal{L}^{n+k} \varphi) dm \left| \frac{\int \psi(\mathcal{L}^n \varphi) dm}{\int \psi(\mathcal{L}^{n+k} \varphi) dm} - 1 \right|$$
$$\leq \sup \psi \int \mathcal{L}^{n+k} \varphi dm \left| \frac{\int \varphi dm}{\int \varphi dm} \frac{\int \psi(\mathcal{L}^n \tilde{\varphi}) dm}{\int \psi(\mathcal{L}^{n+k} \tilde{\varphi}) dm} - 1 \right|$$
$$\left(\tilde{\varphi} = \frac{\varphi}{\int \varphi dm} \text{ とおく} \right)$$

$$\leq \sup \psi \int \mathcal{L}^{n+k}\varphi dm |e^{\Theta_+(\mathcal{L}^n\tilde{\varphi}, \mathcal{L}^{n+k}\tilde{\varphi})} - 1| \quad ((5.3.3) \text{により})$$

$$\leq \sup \psi \int \mathcal{L}^{n+k}\varphi dm |e^{\Theta(\mathcal{L}^n\tilde{\varphi}, \mathcal{L}^{n+k}\tilde{\varphi})} - 1|$$

$$\leq \sup \psi \int \mathcal{L}^{n+k}\varphi dm |e^{\tilde{\lambda}^{n-1}\Theta(\mathcal{L}\tilde{\varphi}, \mathcal{L}^{k+1}\tilde{\varphi})} - 1| \quad ((5.2.12) \text{により})$$

$$\leq \sup \psi \int \mathcal{L}^{n+k}\varphi dm |e^{\tilde{\lambda}^{n-1}D} - 1| \quad (\text{命題 } 5.2.3 \text{により}).$$

ここで

$$\int \psi(\mathcal{L}^n\varphi)dm = \int (\psi \circ f^n)\varphi dm$$

であって,(5.3.5) の φ_0 として

$$\varphi_0 = \frac{\varphi}{\int \varphi dm}$$

とする.このとき

$$\lim_{k \to \infty} \int \psi(\mathcal{L}^{n+k}\varphi)dm = \int \psi d\mu_0 \int \varphi dm$$

であるから

$$\left| \int (\psi \circ f^n)\varphi dm - \int \psi d\mu_0 \int \varphi dm \right| \leq C\tilde{\lambda}^n \sup \psi \int \varphi dm. \quad (5.3.6)$$

(5.3.6) は φ, ψ に対して (a) を示している.

次に (b) を示すために,$C_1 > 0$ を十分に小さいとして,$\varphi > 0$,$\log \varphi$ は (C_1, ν)–ヘルダー連続とする.次の補題 5.3.6 により

$$\varphi \mathcal{L}^l 1 \in C(b, c, \nu) \qquad (l \geq 0)$$

が成り立つ.(5.3.6) の φ を $\varphi \mathcal{L}^l 1$ に置き換えるとき

$$\left| \int (\psi \circ f^n)\varphi \mathcal{L}^l 1 dm - \int \psi d\mu_0 \int \varphi \mathcal{L}^l 1 dm \right|$$
$$\leq C\tilde{\lambda}^n \sup \psi \int \varphi \mathcal{L}^l 1 dm.$$

$l \to \infty$ とすれば

$$\left| \int (\psi \circ f^n)\varphi d\mu_0 - \int \psi d\mu_0 \int \varphi d\mu_0 \right| \leq C\tilde{\lambda}^n \sup \psi \int \varphi d\mu_0. \quad (5.3.7)$$

$\varphi > 0$,$\psi > 0$ であって,$\log \varphi$ は (C_1, ν)–ヘルダー,$\log \psi$ は $\left(\frac{a}{2}, \kappa\right)$–ヘルダーである場合に (a),(b) を示した.

一般の場合は，$B > 0$ に対して
$$\varphi^{\pm} = \frac{1}{2}(|\varphi| \pm \varphi) + B$$
$$\psi^{\pm} = \frac{1}{2}(|\psi| \pm \psi) + B$$
を定義すると $\varphi = \varphi^{+} - \varphi^{-}$ と表される．B が十分に大きいとき，$\log \varphi^{\pm}$ は (C_1, ν)-ヘルダー連続で，$\log \psi^{\pm}$ は $\left(\frac{a}{2}, \kappa\right)$-ヘルダー連続になる．よって一般の場合に (a), (b) を得る． $\square$

ψ は $\psi > 0$ で $\psi \in L^1(\mathcal{B}^s, m)$ であるとし，$\varphi \in C(a, b, \nu)$ は $\varphi > 0$ であるとき
$$\left| \int \psi(\mathcal{L}^n \varphi) dm - \int \psi(\mathcal{L}^{n+k} \varphi) dm \right|$$
$$= \int \psi(\mathcal{L}^{n+k} \varphi) dm \left| \frac{\int \psi(\mathcal{L}^n \varphi) dm}{\int \psi(\mathcal{L}^{n+k} \varphi) dm} - 1 \right|. \qquad (5.3.8)$$

$\{m_\gamma\}$ は $\mathcal{F}^s$ に関する m の条件付き確率測度の標準系とするとき
$$\int \psi(\mathcal{L}^{n+k} \varphi) dm = \int \int \psi(\mathcal{L}^{n+k} \varphi) dm_\gamma dm$$
$$= \int \psi \int \mathcal{L}^{n+k} \varphi dm_\gamma dm \qquad (\psi \text{ は } \gamma \text{ の上で定数により})$$
$$\leq \left\{ \int \psi dm \right\}^{\frac{1}{2}} \left\{ \int \mathcal{L}^{n+k} \varphi dm \right\}^{\frac{1}{2}}$$

であるから
$$(5.3.8) \leq C \tilde{\lambda}^n \left\{ \int \psi dm \right\}^{\frac{1}{2}} \left\{ \int \mathcal{L}^{n+k} \varphi dm \right\}^{\frac{1}{2}}$$

を得る．よって次の命題が成り立つ:

命題 5.3.5 $0 < \tilde{\lambda} < 1$ は (5.2.11) の数として，φ は ν-ヘルダー連続関数とする．このとき，$C = C(\varphi) > 0$ があって，ψ は有界な $\mathcal{B}^s$-可測関数であれば $n \geq 0$ に対して

(a) $\left| \int (\psi \circ f^n) \varphi dm - \int \psi d\mu_0 \int \varphi dm \right| \leq C \tilde{\lambda}^n \left\{ \int |\psi| dm \right\}^{\frac{1}{2}}$,

(b) $\left| \int (\psi \circ f^n) \varphi d\mu_0 - \int \psi d\mu_0 \int \varphi d\mu_0 \right| \leq C \tilde{\lambda}^n \left\{ \int |\psi| dm \right\}^{\frac{1}{2}}$.

5.3 アトラクターの上の物理的測度   345

補題 5.3.6 $C_1 > 0$ は十分に小さいとする．このとき $\inf \varphi > 0$, かつ $\log \varphi$ が (C_1, ν)–ヘルダー連続であれば

$$\varphi \mathcal{L}^l 1 \in C_i(b, c, \nu) \qquad (l \geq 0)$$

が成り立つ．

証明 $1 \in C(b, c, \nu)$ であって，命題 5.2.1 により，$l \geq 0$ に対して $\mathcal{L}^l 1 \in C_i(b, c, \nu)$ である．$\rho \in \mathcal{D}(a, \eta, \gamma)$ に対して

$$\int_\gamma \varphi \mathcal{L}^l 1 \rho \geq \inf \varphi \int_\gamma (\mathcal{L}^l 1) \rho > 0.$$

よって $\varphi \mathcal{L}^l 1$ は (A) を満たしている．

(C)$_i$ を示すために，(5.2.7) を満たす $\gamma, \tilde{\gamma} \in \mathcal{F}_i^s$ として $\rho \in \mathcal{D}(a_1, \eta_1, \gamma)$ とする．$l \geq 0$ を固定して，$\gamma_j, \tilde{\gamma}_j \ (1 \leq j \leq k^l)$ は

$$f^{-l}(\gamma) \cap \tilde{R}, \quad f^{-l}(\tilde{\gamma}) \cap \tilde{R}$$

の連結成分とする．このとき

$$\int_\gamma \varphi \mathcal{L}^l 1 \rho = \sum_{j=1}^{k^l} \int_{\gamma_j} (\varphi \circ f^l)(\rho \circ f^l) \frac{|\det(Df^l_{|T\gamma_j})|}{|\det(Df^l)|}$$

$$= \sum_{j=1}^{k^l} \int_{\tilde{\gamma}_j} (\varphi \circ f^l \circ \pi_j)(\rho \circ f^l \circ \pi_j) \frac{|\det(Df^l_{|T\gamma_j})| \circ \pi_j}{|\det(Df^l)| \circ \pi_j} |\det(D\pi_j)|.$$

ここに

$$\pi_j = \pi(\tilde{\gamma}_j, \gamma_j) : \tilde{\gamma}_j \longrightarrow \gamma_j$$

は

$$\pi \circ f^l(z) = f^l \circ \pi_j(z) \qquad (z \in \tilde{\gamma}_j)$$

を満たすように定義する．

さらに

$$\int_{\tilde{\gamma}} \varphi \mathcal{L}^l 1 \tilde{\rho} = \sum_{j=1}^{k^l} \int_{\tilde{\gamma}_j} (\varphi \circ f^l)(\tilde{\rho} \circ f^l) \frac{|\det(Df^l_{|T\tilde{\gamma}_j})|}{|\det(Df^l)|}$$

$$= (*).$$

(5.1.11) により
$$\tilde{\rho}(\tilde{y}) = \rho(\pi(\tilde{y}))|\det(D_{\tilde{y}}\pi)|$$
であるから
$$(*) = \sum_{j=1}^{k^l} \int_{\tilde{\gamma}_j} (\varphi \circ f^l)(\rho \circ \pi \circ f^l)(|\det(D\pi)| \circ f^l) \frac{|\det(Df^l_{|T\tilde{\gamma}_j})|}{|\det(Df^l)|}.$$

すべての関数は正であるから，次の (5.3.9) のノルムが $x \in \tilde{\gamma}_j$ と $1 \leq j \leq k^l$ に対して $c > 0$ があって $cd(\gamma, \tilde{\gamma})^\nu$ によって上から評価されれば，$(C)_i$ を得る：

$$\log\left\{\frac{\varphi(f^l \circ \pi_j(x))}{\varphi(f^l(x))} \frac{\rho(f^l \circ \pi_j(x))}{\rho(\pi \circ f^l(x))} \frac{|\det(Df^l)|(x)}{|\det(Df^l)|(\pi_j(x))}\right\}. \quad (5.3.9)$$

$x \in \tilde{\gamma}_j$ に対して $\pi \circ f^l(x) = f^l \circ \pi_j(x)$ で φ は (C_1, ν)–ヘルダーであるから
$$|\log \varphi(f^l(\pi_j(x))) - \log \varphi(f^l(x))| \leq C_1 d(\gamma, \tilde{\gamma})^\nu.$$

同様にして，$\rho \in \mathcal{D}(a_1, \eta_1, \gamma)$ に対して
$$|\log \rho(f^l(\pi_j(x))) - \log \rho(\pi(f^l(x)))| \leq a_1 d(\gamma, \tilde{\gamma})^{\eta_1}$$
$$\leq a_1 d(\gamma, \tilde{\gamma})^\eta \quad ((5.1.11) \text{ により}).$$

一方において，$\log|\det(D_x f)|$ がリプシッツ連続であることを用いるとき
$$|\log|\det(D_x f^l)| - \log|\det(D_{\pi_j(x)} f^l)|| \leq Kd(\gamma, \tilde{\gamma}).$$

ここに $K > 0$ は定数とする．

十分に大きな $c > 0$ に対して
$$(5.3.9) \leq (C_1 + a_1 + K)d(\gamma, \tilde{\gamma})^\nu \leq cd(\gamma, \tilde{\gamma})^\nu.$$

よって $(C)_i$ が成り立つ．

(5.1.4) により
$$\int_\gamma \varphi \mathcal{L}1\rho = \sum_j \int_{\gamma_j} \varphi \circ f \rho_j,$$
$$\int_{\tilde{\gamma}} \varphi \mathcal{L}1\rho = \sum_j \int_{\gamma_{\tilde{j}}} \varphi \circ f \tilde{\rho}_j.$$

ここに
$$\rho_j = \rho \circ f \frac{|\det(Df_{|T\gamma_j})|}{|\det(Df)|},$$
$$\tilde{\rho}_j = \tilde{\rho} \circ f \frac{|\det(Df_{|T\gamma_j})|}{|\det(Df)|}.$$

命題 5.2.1 の証明の前半と同じ仕方で (B) を得る．補題 5.3.6 が示された． □

定理 5.3.7（物理的測度） (5.3.4) を満たす確率測度 μ_0 はエルゴード的で SRB 測度である．

証明 μ_0 のエルゴード性を示すために，$\varphi \in C(\tilde{R}, \mathbb{R})$ に対して

$$\tilde{\varphi}(x) = \begin{cases} \lim \dfrac{1}{n} \sum_{i=0}^{n-1} \varphi(f^i(x)) & (x \in B(\mu_0)) \\ 0 & (x \notin B(\mu_0)) \end{cases}$$

とおく．$\tilde{\varphi}$ は有界な $\mathcal{B}^s$–可測関数である．補題 5.3.3 により

$$\tilde{\varphi} \circ f = \tilde{\varphi} \quad (m\text{–a.e.})$$

が成り立つ．

命題 5.3.5(a) により，$n \geq 0$ と ν–ヘルダー連続関数 ϕ に対して

$$\left| \int (\tilde{\varphi} - \int \tilde{\varphi} d\mu_0) \phi dm \right| = \left| \int (\tilde{\varphi} \circ f^n) \phi dm - \int \tilde{\varphi} d\mu_0 \int \phi dm \right|$$
$$\leq C_3 \tilde{\lambda}^n \left\{ \int |\tilde{\varphi}| dm \right\}^{\frac{1}{2}}.$$

よって
$$\tilde{\varphi} = \int \tilde{\varphi} d\mu_0 = \int \varphi d\mu_0 \qquad m\text{–a.e.}$$

一方において
$$F = \left\{ x \in Q \mid \tilde{\varphi} \neq \int \tilde{\varphi} d\mu_0 \right\}$$

とおく．明らかに $m(F) = 0$ である．補題 5.3.3 により

$$\mu_0(F) = 0.$$

よって
$$\tilde{\varphi} = \int \tilde{\varphi} d\mu_0 \quad \mu_0\text{-a.e.}$$
すなわち μ_0 はエルゴード的である.

$B(\mu_0) = \bigcup_{y \in B(\mu_0)} \hat{W}^s(y)$ であるから,補題 5.3.3 の ψ として $\psi = 1_{B(\mu_0)}$ とすれば
$$\frac{1}{K} m(B(\mu_0)) \leq \mu_0(B(\mu_0)) \leq K m(B(\mu_0))$$
であるから,$m(B(\mu_0)) > 0$ を得る.よって μ_0 は SRB 測度である. □

命題 5.3.8 μ_0 は SRB 条件を満たす.

証明 Λ は双曲的アトラクターであるから,$h(f) = h_\mu(f)$ を満たす平衡測度 μ が存在し,Λ は μ に関する正則点集合 R_μ(邦書文献 [Ao3])を含む.定理 3.2.2 により μ は SRB 条件を満たし $\mu(B(\mu) \cap R_\mu) = 1$ である.定理 3.4.2(1) により
$$m(B(\mu)) \geq m(\hat{W}^s(B(\mu) \cap R_\mu)) > 0$$
が成り立つ.

補題 5.3.3 により $\psi = 1_{B(\mu)}$ に対して
$$\frac{1}{K} m(B(\mu)) \leq \mu_0(B(\mu)) \leq K m(B(\mu))$$
であるから $\mu_0(B(\mu)) > 0$ を得る.よって
$$B(\mu) \cap B(\mu_0) \neq \emptyset.$$
すなわち $\mu = \mu_0$ である. □

注意 5.3.9 μ_1 は SRB 測度とする.このとき μ_1 は SRB 条件をもつ測度である.

証明 5.1 節において $\tilde{R}$ は Λ を含み $m(\tilde{R}) > 0$ で,かつ内点をもつ集合であった.μ_1 は SRB 測度であるから,$m(B(\mu_1)) > 0$ である.このとき $m(B(\mu_1) \cap \tilde{R}) > 0$ が成り立つ.

実際に, $m(B(\mu_1) \cap \tilde{R}) = 0$ を仮定すると

$$m(B(\mu_1)) = m\left(B(\mu_1) \cap \bigcup_{i=0}^{\infty} f^{-i}(\tilde{R})\right) + m\left(B(\mu_1) \setminus \bigcup_{i=0}^{\infty} f^{-i}(\tilde{R})\right)$$
$$= m\left(B(\mu_1) \setminus \bigcup_{i=0}^{\infty} f^{-i}(\tilde{R})\right).$$

よって $h(x) = 1 \ (x \in \Lambda)$, $h(x) = 0 \ (x \in \mathrm{int}(\tilde{R}))$ を満たす連続関数 h に対して

$$\lim_{n \to \infty} \frac{1}{n} \sum_{i=0}^{n-1} h(f^i(z)) = \int h d\mu_1 \quad \left(z \in B(\mu_1) \setminus \bigcup_{i=0}^{\infty} f^{-i}(\tilde{R})\right).$$

しかし上式の左辺は 0 であって右辺は 1 であるから矛盾を得る.

μ_0 は SRB 条件をもつから補題 5.3.3 により $\mu_0(B(\mu_1) \cap \tilde{R}) > 0$ である. よって $B(\mu_1) \cap B(\mu_0) \neq \emptyset$ を得る. □

5.4 アトラクターの上の中心極限定理

この節の目的は 4.5 節で与えた拡大写像に対して得た中心極限定理を双曲的アトラクターの上でも成り立つことを示すことである.

定理 5.4.1 $(\Omega, \mathcal{G}, \mu)$ は確率空間として, $\phi \in L^2(\mu)$ とする. $f : \Omega \to \Omega$ は単射で, f と f^{-1} は可測とする. μ は f-不変で, エルゴード的であるとする. 部分 σ-集合体 $\mathcal{G}_0 \subset \mathcal{G}$ に対して, $\mathcal{G}_n = f^{-n}(\mathcal{G}_0) \ (n \in \mathbb{Z})$ は非増加な σ-集合体の列であって, 次の仮定を満たすとする:

(1) $\displaystyle\sum_{n=0}^{\infty} \|E(\phi|\mathcal{G}_n)\|_2 < \infty, \quad \sum_{n=0}^{\infty} \|\phi - E(\phi|\mathcal{G}_{-n})\|_2 < \infty,$

(2) $\displaystyle\sigma^2 = \int \phi^2 d\mu + 2 \sum_{j=1}^{\infty} \int \phi(\phi \circ f^j) d\mu$ とおく.

このとき σ は有限であって

(i) $\sigma = 0 \iff u \in L^2(\mu)$ があって, $\phi = u \circ f - u$,

(ii) $\sigma > 0$ のとき, 区間 $A \subset \mathbb{R}$ に対して

$$\mu\left(\left\{x \in M \ \middle| \ \frac{1}{\sqrt{n}} \sum_{j=0}^{n-1} \phi(f^j(x)) \in A\right\}\right) \longrightarrow \frac{1}{\sigma\sqrt{2\pi}} \int_A e^{-\frac{t^2}{2\sigma^2}} dt$$

$(n \to \infty)$

が成り立つ．

証明 証明の仕方は基本的に拡大写像の場合と同じである．すなわち，ϕ は $\psi, \varphi \in L^2(\mu)$ があって

$$\phi = \psi + \varphi \circ f - \varphi$$

に分解されることを示す．そのために

$$\phi^+ = E(\phi|\mathcal{G}_0), \qquad \phi^- = \phi - E(\phi|\mathcal{G}_0)$$

とおく．明らかに $\phi = \phi^+ + \phi^-$ である．

ϕ^+ に対して，(1) の最初の部分に基づいて定理 4.5.3 に類似した議論をする．ϕ^- に対して，(1) の後半部分に基づいて，同じ議論をする．

$j \in \mathbb{Z}$ に対して，$L^2(\mathcal{G}_j)^\perp$ への ϕ の直交射影を

$$\hat{E}(\phi|\mathcal{G}_j) = \phi - E(\phi|\mathcal{G}_j)$$

で表す．$U : L^2(\mu) \to L^2(\mu)$ は

$$U : L^2(\mathcal{G}_j) \longrightarrow L^2(\mathcal{G}_{j+1})$$

を満たすユニタリー作用素として

$$\mathcal{P} : L^2(\mathcal{G}_{j+1}) \longrightarrow L^2(\mathcal{G}_j)$$

である．このとき

$$\varphi^+ = \sum_{j=1}^\infty \mathcal{P}^j (E(\phi|\mathcal{G}_j)), \quad \psi^+ = \sum_{j=0}^\infty \mathcal{P}^j (E(\phi|\mathcal{G}_j) - E(\phi|\mathcal{G}_{j+1})),$$

$$\varphi^- = -\sum_{j=0}^\infty U^j (\hat{E}(\phi|\mathcal{G}_{-j})), \quad \psi^- = \sum_{j=1}^\infty U^j (\hat{E}(\phi|\mathcal{G}_{-j+1}) - \hat{E}(\phi|\mathcal{G}_{-j}))$$

を導入する．$\mathcal{P}, U$ は等長的であるから，仮定 (1) は次の不等式が成り立つことを保証している：

$$\|\varphi^+\|_2 \le \sum_{j=1}^\infty \|E(\phi|\mathcal{G}_j)\|_2 < \infty,$$

$$\|\varphi^-\|_2 \le \sum_{j=0}^\infty \|\phi - E(\phi|\mathcal{G}_{-j})\|_2 < \infty.$$

$\mathcal{G}_{j+1} \subset \mathcal{G}_j$ により,$E(\phi|\mathcal{G}_j) - E(\phi|\mathcal{G}_{j+1})$ は $E(\phi|\mathcal{G}_{j+1})$ に直交する.よって

$$\|\psi^+\|_2 \leq \sum_{j=0}^{\infty} \|E(\phi|\mathcal{G}_j) - E(\phi|\mathcal{G}_{j+1})\|_2$$
$$\leq \sum_{j=0}^{\infty} \|E(\phi|\mathcal{G}_j)\|_2 < \infty.$$

同様にして

$$\hat{E}(\phi|\mathcal{G}_{-j+1}) - \hat{E}(\phi|\mathcal{G}_{-j}) = E(\phi|\mathcal{G}_{-j}) - E(\phi|\mathcal{G}_{-j+1}) \in L^2(\mathcal{G}_{-j})$$

は $\hat{E}(\phi|\mathcal{G}_{j+1}) \in L^2(\mathcal{G}_{-j})^{\perp}$ に直交するから

$$\|\psi^-\|_2 \leq \sum_{j=1}^{\infty} \|\hat{E}(\phi|\mathcal{G}_{-j+1}) - \hat{E}(\phi|\mathcal{G}_{-j})\|_2$$
$$\leq \sum_{j=1}^{\infty} \|\hat{E}(\phi|\mathcal{G}_{-j+1})\|_2 < \infty.$$

$\varphi^+, \psi^+, \varphi^-, \psi^-$ は $L^2(\mu)$ に属することを示した.

一方において

$$\hat{E}(\phi|\mathcal{G}_{-j+1}) - \hat{E}(\phi|\mathcal{G}_{-j}) \in L^2(\mathcal{G}_{-j}) \ominus L^2(\mathcal{G}_{-j+1}) \quad (j \geq 1)$$
$$\Longrightarrow$$
$$U^j(\hat{E}(\phi|\mathcal{G}_{-j+1}) - \hat{E}(\phi|\mathcal{G}_{-j}) \in L^2(\mathcal{G}_0) \ominus L^2(\mathcal{G}_1) \quad (j \geq 1)$$
$$\Longrightarrow$$
$$\psi^- \in L^2(\mathcal{G}_0) \ominus L^2(\mathcal{G}_1).$$

同様にして
$$\psi^+ \in L^2(\mathcal{G}_0) \ominus L^2(\mathcal{G}_1).$$

ここに $\ominus$ は直交補空間を表す.定理 4.5.3 の証明から

$$\psi^+ = \phi^+ - \varphi^+ \circ f + \varphi^+.$$

ψ^- の定義から

$$\psi^- = U(\hat{E}(\phi|\mathcal{G}_0)) + U^2(\hat{E}(\phi|\mathcal{G}_{-1})) + U^3(\hat{E}(\phi|\mathcal{G}_{-2})) + \cdots$$
$$- U(\hat{E}(\phi|\mathcal{G}_{-1})) - U^2(\hat{E}(\phi|\mathcal{G}_{-2})) - U^3(\hat{E}(\phi|\mathcal{G}_{-3})) - \cdots$$

$$= \hat{E}(\phi|\mathcal{G}_0) + U(\hat{E}(\phi|\mathcal{G}_0)) + U^2(\hat{E}(\phi|\mathcal{G}_{-1})) + U^3(\hat{E}(\phi|\mathcal{G}_{-2})) + \cdots$$
$$- \hat{E}(\phi|\mathcal{G}_0) - U(\hat{E}(\phi|\mathcal{G}_{-1})) - U^2(\hat{E}(\phi|\mathcal{G}_{-2})) - U^3(\hat{E}(\phi|\mathcal{G}_{-3})) - \cdots$$
$$= \phi^- - U(\varphi^-) + \varphi^-$$
$$= \phi^- - \varphi^- \circ f + \varphi^-.$$

$\psi = \psi^+ + \psi^-$, $\varphi = \varphi^+ + \varphi^-$ とおく. このとき

$$\phi = \psi + \varphi \circ f - \varphi$$

であって

(i) $\dfrac{1}{\sqrt{n}}(\varphi \circ f^n - \varphi) \longrightarrow 0 \qquad (L^2(\mu)\text{-ノルムのもとで}),$

(ii) $\psi \circ f^n \in L^2(\mathcal{G}_n) \ominus L^2(\mathcal{G}_{n+1}) \qquad (n \geq 0),$
$\psi \circ f^n$ は $\mathcal{G}_n$ $(n \geq 0)$ に対する逆マルチンゲール差分である.

よって,f が単射である場合に,定理 5.4.1 を証明するときに必要な条件を求めた.以後は定理 4.5.3 と同様にして証明を進めれば,結論を得る. □

f を双曲的アトラクター Λ に制限して定理 5.4.1 を適用するときに,次の定理を得る:

定理 5.4.2 φ は ν-ヘルダー連続関数で,$\phi = \varphi - \int \varphi d\mu_0$ に対して

$$\sigma^2 = \int \phi^2 d\mu_0 + 2\sum_{j=1}^{\infty} \int \phi(\phi \circ f^j) d\mu_0$$

は非負の値 $(\sigma \geq 0)$ である.このとき

$\sigma < \infty$ であって

(i) $\sigma = 0 \iff \phi = u \circ f - u$ を満たす $u \in L^2(\mu_0)$ が存在する.

(ii) $\sigma > 0$ のとき,区間 $A \subset \mathbb{R}$ に対して

$$\mu_0\left(\left\{x \in M \,\middle|\, \frac{1}{\sqrt{n}}\sum_{j=0}^{n-1}\phi(f^j(x)) \in A\right\}\right) \longrightarrow \frac{1}{\sigma\sqrt{2\pi}}\int_A e^{-\frac{t^2}{2\sigma^2}} dt$$
$$(n \to \infty)$$

が成り立つ.

証明 $\mathcal{G}$ は $\Lambda = \bigcap_{n=0}^{\infty} f^n(Q)$ のボレルクラスとする. $\mathcal{G}_0$ は局所安定葉の和集合からなる σ–集合体の Λ への制限とする. 明らかに, $\mathcal{G}_n = f^{-n}(\mathcal{G}_0)$ は減少列である. 定理 5.4.1 の (1) を確かめる必要がある. (1) の最初の無限和の有限性は命題 5.3.5(b) から求まる.

実際に, $\int \phi d\mu_0 = 0$ であって, $\psi \in L^2(\mu)$ に対して $\|\psi\|_1 \leq \|\psi\|_2$ であるから

$$\|E(\phi|\mathcal{G}_n)\|_2 = \sup\left\{\int \phi\psi d\mu_0 \,\bigg|\, \psi \in L^2(\mathcal{G}_n, \mu_0), \|\psi\|_2 = 1\right\}$$
$$\leq \sup\left\{\int \phi(\psi \circ f^n) d\mu_0 \,\bigg|\, \psi \in L^1(\mathcal{G}_0, \mu_0), \|\psi\|_1 = 1\right\}$$
$$\leq C\tilde{\lambda}^n \qquad (\text{命題 5.3.4(b) により}).$$

(1) の第 2 の無限和の有限性を示す. $E(\phi|\mathcal{G}_{-n})$ は局所安定葉 γ に対して, $\eta = f^n(\gamma)$ の上で定数である. よって

$$\inf(\phi|\eta) \leq E(\phi|\mathcal{G}_{-n})(\eta) \leq \sup(\phi|\eta).$$

$C_s > 0,\ 0 < \lambda_s < 1$ があって

$$\mathrm{diam}(\eta) \leq C_s \lambda_s^n.$$

ϕ は (A, ν)–ヘルダーであるから

$$\|\phi - E(\phi|\mathcal{G}_{-n})\|_2 \leq \|\phi - E(\phi|\mathcal{G}_{-n})\|_1 \leq A C_s^\nu \lambda_s^{n\nu}.$$

よって定理 5.4.1 の条件が満たされるから, 定理 5.4.2 は結論される. □

$f : M \to M$ が双曲的アトラクターをもつとき, そのアトラクターの上に SRB 条件をもつ測度の存在を明らかにして, 中心極限定理が成り立つことを示した. さらに, 測度論的安定性が成り立つことも示すことができる.

しかし, その証明は 4.6 節で述べた拡大写像の場合と同じように定常確率測度の存在から議論を始めなくてはならない. したがって, 双曲的アトラクターをもつ f の場合も 5.1 節から再び議論を繰り返すことになる. そのために, 双曲的アトラクターをもつ C^2–微分同相写像 f の測度的安定性の証明は省略する.

━━━━━━━━━━━━━━ まとめ ━━━━━━━━━━━━━━

一様双曲的な力学系はスメールによって導入され数多くの成果が得られている.

さらに，理論展開をエルゴード理論の立場で進めるとき幾何的手法では解決できない成果を得ている．この章は双曲的アトラクターの上でSRB測度の構成を試みた．SRB測度はアノソフ系に対してシナイが初めて構成し，ルエル–ボウエンによって公理A系に拡げられた．双曲的アトラクターの上にSRB測度が存在したとき，相関関数の減衰が指数的であることを射影距離関数を用いて示している．

中心極限定理は拡大微分写像の場合と同様にして示される．測度的安定性の証明に対してはビアナ（洋書文献 [V]）を参照．

最後に本書の内容を要約する．

一様双曲性の理論は位相的方法によって，双曲性をもつ力学系を探ることであって，主な目的は構造的安定性問題の解決にあった．このような力学系は位相的エントロピー正の値をもつ．

安定性の問題は1985年に一応の決着を得て，現在は部分的（一様）双曲性 (partially hyperbolicity) をもつ力学系の解明にある．

位相的方法を実解的方法に置き換えて力学系を解析する理論を非一様双曲性の理論という．この理論は位相的エントロピーが正の値をもつ力学系を対象にして，その性質を探ることにあって一様双曲性の理論を含んでいる．

位相的エントロピーが正であれば，測度的エントロピーが正となる不変ボレル確率測度があって，その測度の値が1である集合の上で非一様双曲性が見いだせる．これは一様双曲性を越えた概念であって，非一様双曲性をもつ集合の近くに一様双曲性が出現する．

しかし，非一様双曲性を導く測度がルベーグ測度，またはルベーグ測度に絶対連続であることが力学系の成果を現実的にする．

不変ボレル確率測度がSRB測度，SRB条件をもつ測度，絶対連続な測度または滑らかな測度であるとき，それらの測度を物理的測度と呼んでいる．このような測度の存在は測度的エントロピーが正のリャプノフ指数の積分と一致することを通して見いだせる．

測度に関するハウスドルフ次元が存在するとき，その測度を完全次元測度という．力学系が完全次元測度をもてば，ハウスドルフ次元，ボックス次元，情報次元は一致し，それらの次元を総称してフラクタル次元と呼んでいる．ところで，完全次元測度はいかなる力学系に存在するのであろうか．

非一様双曲性よりも弱い概念に部分的非一様双曲性がある．力学系が（非部分的）非一様双曲性の場合に，物理的測度は完全次元測度である．逆に，完全次元測度に関する次元が空間の次元と一致し完全次元測度はエルゴード的であるならば，その測度は物理的測度である．

物理的測度が存在する典型的な例に（一様）双曲的アトラクターがある．それを含む形で部分的非一様双曲性であってもSRBアトラクターが定義される．SRBアトラクターが存在する必要十分条件は物理的測度の最も弱い条件であるSRB測度が存在することである．物理的測度のうちSRB条件をもつ測度が双曲型であるとき，SRBアトラクターと双曲的アトラクターは互に類似な性質をもっている．

　実解析的手法による力学系の重要な成果の一部を概観しただけで，この方法による力学系の解析は従来の方法よりも推進力があるように思われ，その方法は魅力的に思える．

文　　献

本書の執筆に当たって参考にした著書と関連する論文を挙げる.

邦書文献

[Ao1]　　青木統夫, 力学系・カオス, 共立出版, 1996.

[Ao2]　　青木統夫, 非線形解析 I, 力学系の実解析入門, 共立出版, 2004.

[Ao3]　　青木統夫, 非線形解析 II, エルゴード理論と特性指数, 共立出版, 2004.

[Ao4]　　青木統夫, 非線形解析 IV, ロジスティック写像と間欠性の実解析, 共立出版, 2004 (9 月刊行予定).

[Ao-Sh]　青木統夫, 白岩謙一, 力学系とエントロピー, 共立出版, 1985.

[Ito]　　伊藤秀一, 常微分方程式と解析力学, 共立出版, 1998.

[K]　　　久保　泉, 力学系 1, 現代数学の基礎, 岩波書店, 1997.

[K-T]　　釜江哲朗, 高橋　智, エルゴード理論とフラクタル, シュプリンガー・フェアラーク東京, 1993.

[Sh1]　　白岩謙一, 力学系理論, 岩波書店, 1974.

[Sh2]　　白岩謙一, 常微分方程式論序説, サイエンス社, 1975.

[Ta]　　高橋陽一郎, 微分方程式入門, 東京大学出版会, 1988.

[To]　　十時東生, エルゴード理論入門, 共立出版, 1971.

[Ya1]　　矢野公一, 力学系 2, 現代数学の基礎, 岩波書店, 1998.

[Ya2] 矢野公一，距離空間と位相構造，共立出版，1997.

洋書文献

[Ao-Hi] N. Aoki & K. Hiraide, *Topological Theory of Dynamical Systems*, Recent Advances **52**, Elsevier North–Holand, 1994.

[Ba-Pe] L. Barreira & Ya. Pesin, *Lectures on Lyapunov Exponents and Smooth Ergodic Theory*, Proc. Symposia Pure Math. AMS, 2000.

[B] R. Billingsley, *Ergodic Theory and Information*, New York, Wiley, 1965.

[Bo2] R. Bowen, *Equilibrium States and The Ergodic Theory of Anosov Diffeomorphisms*, Lecture Notes in Math., **470**, Springer–Verlag, 1975.

[D-Gr-Sig] M. Denker, C. Grillenberger & K. Sigmund, *Ergodic Theory on Compact Spaces*, Lecture Notes in Math., **527**, Springer–Verlag, 1976.

[Fa] K. Falconer, *Fractal Geometry, Mathematical Fundations and Applications*, John Wiley and Sons, 1990.

[Fe] H. Federer, *Geometric Measure Theory*, Springer–Verlarg, 1969.

[G] M. de Guzmán, *Differentiation of Integrals in $\mathbb{R}^n$*, Lecture Notes in Math., **481**, Springer–Verlag, 1975.

[H-P-Shu] M. Hirsch, C. Pugh & M. Shub *Invariant Manifolds*, Lecture Notes in Math. **583**, Springer–Verlag, 1977.

[Ka-Str] A. B. Katok & J. P. Strelcyn, *Invariant Manifolds, Entropy and Billiards, Smooth Maps with Singularity*, Lecture Notes in Math., **1222**, Springer–Verlarg, 1986.

[Ki1] Yu. Kifer, *Ergodic Theory of Random Perturbations*, Birkhäuser, Boston Basel, 1986.

[Ki2] Yu. Kifer, *Random Perturbations of Dynamical Systems*, Birkhäuser, Boston Basel, 1986.

[Ma] R. Mané, *Ergodic Theory and Differentiable Dynamics*, Springer–Varlag, 1987.

[M-Ste] W. de Melo and S. van Stein, *One–Dimensional Dynamics*, Springer–Verlag, Berlin, 1993.

[N] J. Neveu, *Mathematical Foundations of The Calculus of Probability*, Holden–Day, S. Francisco, 1965.

[Pe] Y. B. Pesin, *Dimension Theory in Dynamical Systems*, Chicago Lectures in Math., The Univ. Chicago Press, 1997.

[Po] M. Pollicott, *Lectures on Ergodic Theory and Pesin Theory on Compact Manifolds*, London Math. Soc. Lecture Note Series, vol. 180, Cambridge Univ. Press, 1993.

[Po-Yu] M. Pollicott and M. Yuri, *Dynamical Systems and Ergodic Theory*, Students Textes 40, Cambridge Univ. Press, 1998.

[Ro] C. Robinson, *Dynamical Systems ; Stability, Symbolic Dynamics, Chaos*, CRC Press, Boca Raton, 1995.

[Ru] D. Ruelle, *Thermodynamics Formalism*, Encyclopedia of Math. and its Appl., **5**, Addison Wesly, 1978.

[S] G. Simons, *Topology and Modern Analysis*, McGraw Hill, 1963.

[Shu] M. Shub, *Global Stability of Dynamical Systems*, Springer–Varlag, 1987.

[V] M. Viana, *Stochastic Dynamics of Deterministic Systems*, IMPA **21**, 1997.

[Wa] P. Walters, *Ergodic Theory*, Lecture Notes in Math., **458**, Springer–Varlag, 1975.

関連論文

[A-P1]   F. Afraimovich & Ya. Pesin, *Hyperbolicity of infinite-dimensional drift systems*, Nonlinearity, **3** (1990), 1–19.

[A-P2]   F. Afraimovich & Ya. Pesin, *Traveling waves in lattice models of multi-dimensional and multi-component media, I General hyperbolic properties*, Nonlinearity, **6** (1993), 429–455.

[An-Si] D. Anosov & Ya. Sinai, *Some smooth ergodic systems*, Russ. Math. Surveys, **22** (1967), 5.

[Ao]   N. Aoki, *A simple proof of the Bernoullicity of ergodic automorphisms on compact abelian groups*, Israel J. Math., **38** (1981), 189-198.

[Ao-M-O] N. Aoki, K. Moriyasu & M. Oka, *Differentiable maps having hyperbolic sets*, Topol. and its Appl., **82** (1998), 15–48.

[Ao-M-Su] N. Aoki, K. Moriyasu & N. Sumi, C^1-*maps having hyperbolic periodic points*, Fund. Math., **169** (2001), 1–49.

[Ba-Pe-Sc] L. Barreira, Y. Pesin & J. Schmeling, *Dimension and product structure of hyperbolic measures*, Ann. of Math., **149** (1999), 755–783.

[Be-Yo] M. Benedicks & L-S. Young, *Sinai-Bowen-Ruelle measures for certain Hénon maps*, Invent. Math., **112** (1993), 541–576.

[Be-V]   M. Benedicks & M. Viana, *Solution of the basin problem for Hénon-like attractors*, Invent. Math., **143** (2001), 375–434.

[Bu-Si] L. Bunimovich & Ya. Sinai, *Spacetime chaos in coupled map lattices*, Nonlinearity, **1** (1988), 491–516.

[C]   Y. M. Chung, *Shadowing property for non-invertible maps with hyperbolic measure*, Tokyo J. Math., **22** (1999), 145–166.

[Da]   M. Dateyama, *Homeomorphisms with Markov partitions*, Osaka J. Math., **26** (1989), 411–428.

[De-Ni]   R. Devaney & Z. Nitecki, *Shift automorphisms in the Hönon mapping*, Comm. Math. Phys., **67** (1979), 137–146.

[Do-Hu-Pe]   D. Dolgopyat, H. Hu & Ya. Pesin, *An example of a smooth hyperbolic measure with countably many ergodic commponents*, preprint, (2000).

[Go]   M. I. Godrin, *The central limit theorem for stationary processes*, Dokl. Acad–Nauk. SSSR, **188** (1969), 1174–1176.

[Hi]   K. Hiraide, *On homeomorphisms with Markov partitions*, Tokyo J. Math., **8** (1985), 291–229.

[Hir]   M. Hirata, *Stochastics of return times : A general framework and new applications*, Common. Math. Phys., **206** (1999), 33–55.

[Hu-Yo]   H. Hu & L-S. Young, *Nonexistence of SBR measures for some diffeomorphisms that are 'Almost Anosov'*, Erg. Th. & Dynam. Sys., **15** (1995), 67–76.

[Is]   H. Ishitani, *Introduction to ergodic theory*, the transcript of lectures at Tokyo Metropolitan Univ., (1999)

[In-Is]   T. Inoue & H. Ishitani, *Asymptotic periodicity of densities and ergodic properties for nonsingular systems*, Hiroshima Math. J., **21** (1991), 597–620.

[It-T]   S. Ito, & Y. Takahashi, *Markov subshifts and realization of β-expansion*, J. Math. Soc. Japan, **26** (1976), 33–55.

[It-N-T]   S. Ito, H. Nakada & S. Tanaka, *Unimodal linear transformations and chaos I,II*, Tokyo J. Math., **2** (1979), 221–259.

[Io-Ma]   C. T. Ionescu & G. Marinescu, *Theorie ergodique pour des classes d'operations non completement continues*, Ann. of Math., **52** (1950), 140–147.

[J]   M. Jacobson, *Absolutely continuous invariant measures for one-parameter families of one-dimensional maps*, Commun. Math. Phys., **81** (1981), 39–88.

[Ka]   A. Katok, *Lyapunov exponents, entropy and periodic orbits for diffeomorphisms*, I.H.E.S. Publ. Math., **51** (1980), 137–173.

[Ke]   G. Keller, *Stochastic stability in some chaotic dynamical systems*, Monatsh. Math., **94** (1982), 313–333.

[Ke-Ku]   G. Keller & M. Künzle, *Transfer operators for coupled map lattices*, Ergod. Th. & Dynam. Sys., **12** (1992), 297–318.

[Ke-Ku-No]   G. Keller, M. Künzle & T. Nowicki, *Some phase transitions in coupled map lattices*, Physica. D, **59** (1992), 39–51.

[Ki1]   Yu. Kifer, *On small random perturbations of some smooth dynamical systems*, Math. USSR Izv., **8** (1974), 1083–1107.

[Ki2]   Yu. Kifer, *General random perturbations of hyperbolic and expanding transformations*, J. Analysis Math., **47** (1986), 11–150.

[Kr-Sz]   K. Krzyzewski & S. Szlenk, *On invariant measures for expanding differentiable mapping*, Studia Math., **33** (1969), 83–92.

[La-Y]   A. Lasota & J.A. Yorke, *On the existence of invariant measures for piecewise monotonic transformations*, Trans. AMS., **186** (1973), 481–488.

[L1]   F. Ledrappier, *Some relations between dimension and Lyapunov exponents*, Common. Math. Phys., **81** (1981), 229–238.

[L2]   F. Ledrappier, *Propriétés ergodique des measures de Sinaĭ*, I.H.E.S. Publ. Math., **59** (1984), 163–188.

[L-Str]   F. Ledrappier & J. Strelcyn, *A proof of the estimtion from below in Pesin's entropy formula*, Ergod. Th. & Dynam. Sys., **2** (1982), 203–219.

[L-Yo1]   F. Ledrappier & L-S. Young, *The metric entropy of diffeomorphisms. I. Characterization of measures satisfying Pesin's entropy formula*, Ann. of Math., **122** (1985), 509–539.

[L-Yo2]   F. Ledrappier & L-S. Young, *The metric entropy of diffeomorphisms. II. Relations between entropy, exponents and dimension*, Ann. of Math., **122** (1985), 540–574.

[Liv1]   C. Liverani, *Decay of correlations*, Ann. of Math., **142** (1995), 239–301.

[Liv2]   C. Liverani, *Decay of correlations for piecewise expanding maps*, J. Stat. Phys., **78** (1995), 1111–1129.

[Ma1]   R. Mané, *A proof of the C^1-stability conjecture*, I.H.E.S. Publ. Math., **66** (1988), 160–210.

[Ma2]   R. Mané, *A proof of Pessin's formula*, Erg. Th. & Dynam. Sys., **1** (1981), 95–102.

[Mc-Ma]   H. Maclausky & A. Manning, *Hausdorff dimension for horseshoe*, Erg. Th. & Dynam. Sys., **3** (1983), 251–260.

[Mi]   J. Milnor, *On the concept of attractor*, Commun. Math. Phys., **99** (1985), 177–195.

[Mo]   M. Mori, *Fredholm determinant for piecewise linear transformations on a plane*, Tokyo J. Math., **21** (1998), 477–510.

[Mor1]   T. Morita, *Meromorphic extensions of a class of zeta functions for two dimensional billiards without eclipse*, preprint (1999).

[Mor2]   T. Morita, *Meromorphic extensions of a class of dynamical zeta functions and their special values at the origin*, preprint (2000).

[Mor3]   T. Morita, *Construction of K-stable foliations for two dimensional dispersing billiards without eclipse*, preprint (2001).

[Mor4]   T. Morita, *Random interation of one-dimensional transformations*, Osaka J. Math., **22** (1985), 473–478.

[Mor5]   T. Morita, *Limit theorems and transfer operators for Lasota-Yorke transformations*, Sugaku Expositions, **9** (1996), 117–134.

[Mori]   K. Moriyasu, *The topological stability of diffeomorphisms*, Nagoya Math. J., **123** (1991), 91–102.

[Nu]   R. D. Nussbaum, *Hilbert projective metric*, Memoirs AMS, **391** (1988), 1–137.

[Os] Y.I. Oseledec, *A multiplicative ergodic theorem, Lyapunov characteristic numbers for dynamical systems*, Trudy Moskov Mat. Ostc., **19** (1968), 179–210.

[Pa] J. Palis, *On the C^1-stability conjecture*, I.H.E.S. Publ. Math., **66** (1988), 211–215.

[Pe] Ya. B. Pesin, *Characteristic Lyapunov exponents and smooth ergodic theory*, Russ. Math. Surveys, **32** (1977), 55–114.

[Pe-Si1] Ya. Pesin & Ya. Sinai, *Gibbs measures for partially hyperbolic attractors*, Erg. Th. & Dynam. Sys., **2** (1982), 417–438.

[Pe-Si2] Ya. Pesin & Ya. Sinai, *Space-time chaos in the systems of weakly interacting hyperbolic systems*, JGP, **5** (1988), 483–492.

[Pr1] F. Przytykhi, *Anosov endomorphisms*, Studia Math., **58** (1976), 249–285.

[Pr2] F. Przytykhi, *On Ω-stability and structural stability of endomorphisms satisfying Axiom A*, Studia Math., **60** (1977), 61–77.

[Pu-Shu] C. Pugh & M. Shub, *Ergodic attractors*, Trans. AMS., **312** (1989), 1–54.

[Ro] J. Robbin, *A structure stability theorem*, Ann. of Math., **44** (1971), 447–493.

[Rob] C. Robinson, *Structural stability of C^1-diffeomorphisms*, J. Diff. Eqs., **22** (1976), 28–73.

[Roh1] V. A. Rohlin, *On the fundermental ideas of measure theory*, AMS Translation, **49** (1966), 171–240.

[Roh2] V. A. Rohlin, *Lectures on the theory of entropy of transformations with invarient measures*, Russ. Math. Surveys, **22** (1967), 1–54.

[Ru1] D. Ruelle, *An inequality for the entropy of differentiable maps*, Bol. Soc. Bras. Mat., **9** (1978), 83–87.

[Ru3]　　　D. Ruelle, *Ergodic theory of differentiable dynamical systems*, I.H.E.S. Publ. Math., **50** (1979), 27–58.

[Sa]　　　K. Sakai, C^1-*uniformly pseudo-orbit tracing property*, Tokyo J. Math., **15** (1992), 99–109.

[Shi1]　　M. Shishikura, *The boundary of the Mandelbrot set has Hausdorff dimension two*, Astérisque, **7** (1994), 389–405.

[Shi2]　　M. Shishikura, *The Hausdorff dimension of the boundary of the Mandelbrot set and Julia sets*, Ann. of Math., **147** (1998), 225–267.

[Sm]　　　R. Smale, *Differentiable dynamical systems*, Bull. Am. Math. Soc., **73** (1967), 747–817.

[Ste-W]　H. Steilein & H.O. Walther, *Hyperbolic sets, Transversal homoclinic trajectories, and symbolic dynamics for C^1-maps in Banach spaces*, J. Dyn. and Differ. Eq., **2** (1990), 325–365.

[Su]　　　N. Sumi, *Diffeomorphisms approximated by Anosov on the 2-torus and their SRB measures*, Trans. AMS, **351** (1999), 3373–3385.

[Tak1]　　Y. Takahashi, *Isomorphisms of β-automorphisms to Markov automorphisms*, Osaka J. Math., **10** (1973), 175–184.

[Tak2]　　Y. Takahashi, *Entropy functional (free energe) for dynamical systems and their random perturbations*, Proc. Taniguchi Symp. on Stochastic Analysis, Katada and Kyoto, (1982), 937–967.

[Take-Ve1]　F. Takens, & E. Verbitski, *Multifractal analysis of local entropies for expansive homeomorphisms with specification*, Commun. Math. Phys., **203** (1999), 593–612.

[Take-Ve2]　F. Takens, & E. Verbitski, *On the variational principle for the topological entropy of certain non-compact sets*, Erg. Th. & Dynam. Sys., **23** (2003), 317–348.

[Tu]　　　M. Tujii, *Introduction to Pesin theory*, the transcript of Lectures at autumn school of Dynamical Systems, (1998).

[Ta]   M. Tamashiro, *Measure and dimensions*, Dept. of Math. Mie Univ., preprint (1998), 1–51.

[Y-K]   K. Yoshida & S. Kakutani, *Operator-theoretical treatment of Markov's process and mean ergodic theorem*, Ann. of Math., **42** (1941), 188–228.

[Yo1]   L-S. Young, *Dimension, entropy and Lyapunov exponents*, Erg. Th. & Dynam. Sys., **2** (1982), 109–124.

[Yo2]   L-S. Young, *Entropy, Lyapunov exponents, and Hausdorff dimension in differentiable dynamical systems*, IEEE Trans., **30** (1983), 599–607.

[Yo3]   L-S. Young, *Dimension, entropy and Lyapunov exponents in differentiable dynamical systems*, Physica. A., **124** (1984), 639–645.

[Yo4]   L-S. Young, *Stochastic stability of hyperbolic attractors*, Erg. Th. & Dynam. Sys., **6** (1986), 311–319.

[Yo5]   L-S. Young, *Ergodic theory of chaotic dynamical systems*, From Topology to Computation: Proceedings of the Smalefest (Berkeley, CA, 1990), Springer, New York, (1993), 201–226.

[Yo6]   L-S. Young, *Decay of correlations for certain quadratic maps*, Comm. Math. Phys., **146** (1992), 123–138.

[Yo7]   L-S. Young, *Some open sets of nonuniformly hyperbolic cocycles*, Erg. Th. & Dynam. Sys., **13** (1993), 409–415.

[Yo8]   L-S. Young, *Ergodic theory of attractors*, P.I.C.M., Zürich (1994) Birkhäuser Verlag (1995), 1230–1237.

[Yur]   M. Yuri, *Multifractal analysis of weak Gibbs measures for intermittent systems*, Comm. Math. Phys., **230** (2002), 365–388.

索 引

[ア]
安定　14
安定多様体　19, 167

[イ]
位相的アノソフ　250
位相的鉢　173

[エ]
SRB アトラクター　9, 173
SRB 条件　8, 175, 263
SRB 測度　9, 171, 263
s–等角　45
エルゴード的　294
エルゴード的アトラクター　9, 173
円すい形　267

[オ]
横断的次元　95

[カ]
拡大　277
拡大写像　264
拡大定数　277
(可測) 分割　55
完全　288
完全次元測度　28, 39, 73
完全指数　17
完全正のエントロピーへの有限分解　237
カントール集合　30

[キ]
基礎集合　2
逆マルチンゲール差分　294
局所安定多様体　24, 81
局所積構造　138
局所的極大　45
局所的次元　5, 33, 65
局所的葉　241
局所微分同相写像　277
局所不安定多様体　22

[ケ]
決定論的安定性　311

[コ]
構造行列　264
後方正則　17
混合的　13

[シ]
C^r–構造安定　14
C^r–微分同相写像　277
指数的減衰　13
シナイ–ルエル–ボウエン条件　175
シナイ–ルエル–ボウエン測度　171, 263
射影距離関数　270
商空間　95
情報次元　39

[ス]

随伴作用素　292

[セ]

正則　17
絶対連続　198
絶対連続な条件付き確率測度　175
前方正則　17

[ソ]

相関関数　13
相関関数の指数的減衰　288, 342
双曲的　313
測度的安定　15
測度的安定性　304, 309

[タ]

第 i 不安定多様体　19
大域的葉　241
第 1 局所不安定多様体　81
第 1 不安定多様体　167
第 2 局所不安定多様体　81
多項式的減衰　13
多重フラクタル構造　12, 220, 221
単一的　1

[チ]

中心極限定理　289
中心多様体　27
中心不安定集合　22
直接的マルチンゲール差分　294
直交射影　290

[テ]

定常確率測度　304
定常的　294
δ-次元測度　29

[ト]

等角　45, 105, 215
凸状　267

[ナ]

流れ　172

滑らかな測度　173, 262

[ハ]

ハウスドルフ次元　5, 29, 33
バレイラ　46
バレイラ–ペシン–シメイリング　26, 139

[ヒ]

非一様双曲性　18
非一様追跡性補題　2
非単一的　1
微分可能　277
微分同相写像　277
ピンスカー σ-集合体　62

[フ]

不安定多様体　19, 167
不安定多様体に沿う　60
不安定多様体に沿う ν-可測分割　61
物理的測度　3, 347
フー–ヤン　251
フラクタル次元　39
フラクタル分割　12, 221
フロストマンの補題　35
分解　314

[ヘ]

ベシコビッチ　31
ペシン　198
ペシン集合　19, 24
ペシンの公式　187
ペシン–ルドラピエ　8
ペシン–ルドラピエ–ヤン　195
ベネディクト–カールソン　260
ベネディクト–ビアナ　261
ベネディクト–ヤン　261

[ホ]

ポアンカレ写像　198
ボックス次元　37, 38

[マ]

マニング　45
マルチンゲール中心極限定理　294

[ミ]

μ–可測分割 7, 55
μ–mod 0 開集合 242

[モ]

持ち上げ 276

[ヤ]

ヤン 39
ヤンの次元公式 47

[ユ]

u–等角 44
u–分割 73
ユニタリー作用素 296

[ラ]

ラミネイション 54, 81
ランダム摂動の指数的混合性 306

[リ]

リプシッツ条件 31
リプシッツ同相写像 31
リペラー 265
リャプノフ指数 17
リャプノフ正則 17

[ル]

ルエル–エックマン予想 135
ルエル–キイファー–リベラーニ 15
ルエル–リベラーニ 15
ルドラピエ–ストレルシン 7, 55
ルドラピエ–ヤン 8, 25, 26, 65, 72, 77, 106, 158, 177

[レ]

連続 C^1–ラミネイション 241
連続微分可能 277

[ロ]

ロビン–ロビンソン–マニエ 14

著者紹介

青木　統夫
　　　あお き　のぶ お

1969年　東京都立大学大学院修士課程修了
　　　　東京都立大学大学院理学研究科教授を経て
現　在　中央大学商学部教授・理学博士
専　攻　力学系理論，エルゴード理論
著　書　「力学系とエントロピー」（共立出版，1985，共著）
　　　　「力学系・カオス」（共立出版，1996）
　　　　「非線形解析 I　力学系の実解析入門」（共立出版，2004）
　　　　「非線形解析 II　エルゴード理論と特性指数」（共立出版，2004）
　　　　「The Theory of Topological Dynamical Systems」
　　　　（North-Holland, 1994, 共著）

非線形解析 III
測度・エントロピー・フラクタル

2004 年 8 月 15 日　初版 1 刷発行

著　者　青木統夫 © 2004
発行者　南條光章
発行所　共立出版株式会社
　　　　東京都文京区小日向 4-6-19
　　　　電話　東京(03)3947-2511 番（代表）
　　　　郵便番号 112-8700
　　　　振替口座 00110-2-57035 番
　　　　URL http://www.kyoritsu-pub.co.jp/

印　刷
製　本　加藤文明社

検印廃止
NDC 410, 420
ISBN 4-320-01773-0
Printed in Japan

社団法人
自然科学書協会
会員

JCLS　＜㈳日本著作出版権管理システム委託出版物＞

本書の無断複写は著作権法上での例外を除き禁じられています．複写される場合は，そのつど事前に㈳日本著作出版権管理システム（電話03-3817-5670, FAX 03-3815-8199）の許諾を得てください．

共立叢書 現代数学の潮流

21世紀のいまを活きている数学の諸相を描くシリーズ!!

編集委員：岡本和夫・桂　利行・楠岡成雄・坪井　俊

数学には、永い年月変わらない部分と、進歩と発展に伴って次々にその形を変化させていく部分とがある。これは、歴史と伝統に支えられている一方で現在も進化し続けている数学という学問の特質である。また、自然科学はもとより幅広い分野の基礎としての重要性を増していることは、現代における数学の特徴の一つである。「共立講座 21世紀の数学」シリーズでは、新しいが変わらない数学の基礎を提供した。これに引き続き、今を活きている数学の諸相を本の形で世に出したい。「共立講座 現代の数学」から30年。21世紀初頭の数学の姿を描くために、私達はこのシリーズを企画した。これから順次出版されるものは伝統に支えられた分野、新しい問題意識に支えられたテーマ、いずれにしても、現代の数学の潮流を表す題材であろうと自負する。学部学生、大学院生はもとより、研究者を始めとする数学や数理科学に関わる多くの人々にとり、指針となれば幸いである。

\<編集委員\>

離散凸解析
室田一雄著　318頁・定価3990円(税込)
【主要目次】序論（離散凸解析の目指すもの）／組合せ構造とは／離散凸関数の歴史）／組合せ構造をもつ凸関数／離散凸集合／M凸関数／L凸関数／共役性と双対性／ネットワークフロー／アルゴリズム／数理経済学への応用

積分方程式 ―逆問題の視点から―
上村　豊著　304頁・定価3780円(税込)
【主要目次】Abel積分方程式とその遺産／Volterra積分方程式と逐次近似／非線形Abel積分方程式とその応用／Wienerの構想とたたみこみ方程式／乗法的Wiener-Hopf方程式／分岐理論の逆問題／付録

リー代数と量子群
谷崎俊之著　276頁・定価3780円(税込)
【主要目次】リー代数の基礎概念（包絡代数／リー代数の表現／可換リー代数のウェイト表現／生成元と基本関係式で定まるリー代数／他）／カッツ・ムーディ・リー代数／有限次元単純リー代数／アフィン・リー代数／量子群

グレブナー基底とその応用
丸山正樹著　272頁・定価3780円(税込)
【主要目次】可換環（可換環とイデアル／可換環上の加群／多項式環／素元分解環／動機と問題）／グレブナー基底／消去法とグレブナー基底／代数幾何学の基本概念／次元と根基／自由加群の部分加群のグレブナー基底／層の概説

多変数ネヴァンリンナ理論とディオファントス近似
野口潤次郎著　276頁・定価3780円(税込)
【主要目次】有理型関数のネヴァンリンナ理論／第一主要定理／微分非退化写像の第二主要定理／他

超函数・FBI変換・無限階擬微分作用素
青木貴史・片岡清臣・山崎　晋共著　322頁・定価4200円(税込)
【主要目次】多変数整型函数とFBI変換／超函数と超局所函数／超函数の諸性質／無限階擬微分作用素／他

続刊テーマ(五十音順)

アノソフ流の力学系	松元重則
ウェーブレット	新井仁之
可積分系の機能的数理	中村佳正
極小曲面	宮岡礼子
剛　性	金井雅彦
作用素環	荒木不二洋
写像類群	森田茂之
数理経済学	神谷和也
制御と逆問題	山本昌宏
相転移と臨界現象の数理	田崎晴明・原　隆
代数的組合せ論入門	坂内英一・坂内悦子・伊藤達郎
代数方程式とガロア理論	中島匠一
特異点論における代数的手法	渡邊敬一・泊　昌孝
粘性解	石井仁司
保型関数特論	伊吹山知義
ホッジ理論入門	斎藤政彦
レクチャー結び目理論	河内明夫

(続刊テーマは変更される場合がございます)

◆各冊：A5判・上製本・260～330頁

共立出版　http://www.kyoritsu-pub.co.jp/